微视频学设计系列

Photoshop+Illustrator+CorelDRAW 一站式 高效学习一本通

博蓄诚品 编著

U0231381

化学工业出版社
·北京·

内容简介

Photoshop、Illustrator、CorelDRAW是设计领域常用的三大软件，三者各有侧重，又相辅相成。本书通过大量实战案例，系统地讲述了利用这三个软件进行各类设计的方法和技巧。

全书分3篇：第1~10章为Photoshop篇，从Photoshop基础知识讲起，全面介绍了Photoshop在平面设计、包装等行业的应用；第11~20章为Illustrator篇，详细介绍了Illustrator在插图制作、图像绘制方面的应用；第21~29章为CorelDRAW篇，介绍了CorelDRAW在矢量图形设计、印刷排版、图形输出等方面的应用；最后通过综合案例的制作，使读者了解各软件的协调应用方法与原则。

本书内容丰富实用，知识体系完善，讲解循序渐进，操作步骤图解。同时，本书配备了极为丰富的学习资源，有上百个高清教学视频、全部案例的素材和源文件；拓展学习资源有各类设计模板、案例库、素材库、工具库、习题库，各类速查手册、应用技巧、配色宝典等电子书。

本书适合从事平面设计、网页设计、工业设计、插画设计、产品设计、建筑设计、广告设计等行业的人员以及想要学习设计知识的零基础读者自学使用，也可用作高等院校、职业院校或培训学校相关专业的教材及参考书。

图书在版编目（CIP）数据

Photoshop+Illustrator+CorelDRAW一站式高效学习一本通 / 博蓄诚品编著. —北京：化学工业出版社，2021.1

ISBN 978-7-122-37742-5

Ⅰ.①P… Ⅱ.①博… Ⅲ.①图像处理软件-教材 Ⅳ.①TP391.413

中国版本图书馆CIP数据核字（2020）第174337号

责任编辑：耍利娜	美术编辑：王晓宇
责任校对：王素芹	装帧设计：北京壹图厚德网络科技有限公司

出版发行：化学工业出版社（北京市东城区青年湖南街13号　邮政编码100011）
印　　装：北京缤索印刷有限公司
787mm×1092mm　1/16　印张 45¾　字数 1142 千字　2021年3月北京第1版第1次印刷

购书咨询：010-64518888　　　　　　售后服务：010-64518899
网　　址：http://www.cip.com.cn
凡购买本书，如有缺损质量问题，本社销售中心负责调换。

定　　价：198.00元

前 言

1. 选择本书的理由

Photoshop、Illustrator 以及 CorelDRAW 是设计领域常用的三大软件。这三者各有侧重，又相辅相成。为方便读者系统掌握这三个软件的使用技巧，我们组织一线设计师、高校教师共同编写了本书。本书主要有如下特色。

（1）内容全面系统，知识"一站配齐"

本书以凝练的语言，结合设计行业的特点，对 Photoshop、Illustrator 以及 CorelDRAW 进行了全方位的讲解。书中几乎囊括了三种软件的大部分应用知识点，从而保证读者能够更快地入门。

（2）理论实战紧密结合，摆脱纸上谈兵

本书包含大量的案例，既有针对某个知识点的小案例，也有综合性强的大案例。所有的案例均经过了精心设计。读者在学习本书时，可以通过案例更好、更快地理解所学知识并加以应用。这些案例也可以在日后的设计过程中合理引用。

（3）学习 + 练习 + 作业为一体

本书采用基础知识 + 课堂练习 + 综合实战 + 课后作业的编写模式，内容循序渐进，从实战应用中激发学习兴趣。

2. 本书包含哪些内容

本书是一本介绍 Photoshop、Illustrator 以及 CorelDRAW 操作知识的实用图书，全书可分为 3 个部分。

第 1~10 章是对 Photoshop 的讲解，从 Photoshop 基础知识讲起，全面介绍了 Photoshop 在平面设计、包装等行业的应用，内容包括选区与路径、绘图工具、图像修饰工具、图层、文字、色彩与色调的调整、通道与蒙版、滤镜、动画与 3D、动作与自动化等。

第 11~20 章是对 Illustrator 的讲解，详细介绍了 Illustrator 在插图制作、图像绘制等方面的应用，内容涵盖了绘图、填充与描边、图形对象的编辑、图层与蒙版、文字、效果、外观与样式、打印输出等。

第 21~29 章是对 CorelDRAW 的讲解，介绍了 CorelDRAW 在矢量图形设计、印刷排版、图形输出等方面的应用，内容包括入门必读知识、绘制图形方法、填充颜色、文本的应用、应用图形特效、处理位图图像、滤镜特效、打印输出等。

第 30 章为商业案例的剖析与讲解，通过案例的制作让读者了解各软件的协调应用方法与原则。

书中几乎每个章节都有二维码，手机扫一扫，可以随时随地看视频，体验感非常好；从配套到拓展，资源库一应俱全。全书上百个案例丰富详尽，跟着案例边学边做，学习可以更高效。读者可联系 QQ1908754590，获取相应学习资源。

3. 学习本书的方法

关于如何用好本书、学好设计，有以下建议提供给读者。

（1）学习设计要从概念入手

在学习本书之前，读者应先了解 Photoshop、Illustrator 以及 CorelDRAW 这三款软件之间的联系，读懂行业术语，才能更好地与实际相结合。

（2）多动手实践

三款软件的快捷键都很多，只有多上手操作，才能在设计过程中更加得心应手。起步阶段问题肯定不少，要做到沉着镇定，不慌不乱，先自己思考问题出在何处，并试着动手去解决。可能有多种解决方法，但总有一种更高效。

（3）多与他人交流

每个人的思维方式不同，所以解决方法也不尽相同。通过交流可不断吸取别人的长处，提高自身水平。可以找一个一起学习的人，水平高低不重要，重要的是能够志同道合地一起向前走。

4. 本书的读者对象

- 从事各类设计工作的人员
- 高等院校相关专业的师生
- 培训班中学习各类设计的学员
- 对设计有着浓厚兴趣的爱好者
- 零基础想转行到设计行业的人员
- 有空闲时间想掌握更多技能的办公室人员

本书在编写过程中力求严谨细致，但由于时间与精力有限，疏漏之处在所难免，望广大读者批评指正。

编著者

目 录

Ps Photoshop 篇

第1章
Photoshop 轻松入门

第2章
选区与路径的应用

第8章
滤镜的应用

第9章
创建视频动画和3D技术成像

第16章
文字的应用与编辑

第17章
图层和蒙版的应用

Cdr CorelDRAW 篇

第 21 章
CorelDRAW 入门必备

第 22 章
图形的绘制

第 23 章
对象的编辑与管理

第 27 章
处理位图图像

第 28 章
应用滤镜特效

第 29 章
打印输出图像

第 30 章
商业案例综合演练

第1章
Photoshop 轻松入门

★ 内容导读

Photoshop 是 Adobe 公司推出的一款图像处理软件，具有编辑修改、图像制作、广告创意和图像输入与输出等功能，被广泛地应用于平面设计、广告摄影、网页制作等领域。在学习 Photoshop 技能前需对其进行简单的了解。

☾ 学习目标

○ 了解 Photoshop 应用领域
○ 了解位图、矢量、像素、分辨率、常见的色彩模式、常见文件格式
○ 掌握 Photoshop 工作界面
○ 可以调整图像的尺寸大小、画布大小

1.1 Photoshop 概述

Photoshop是一款应用非常广的软件，可以对图像进行编辑、绘制、添加文字等操作。下面对 Photoshop应用领域和位图、矢量图、像素、分辨率、常见色彩模式及常用文件格式进行介绍。

1.1.1 Photoshop的应用领域

Photoshop 具有很强的图像处理功能，可以广泛应用到多个领域。

（1）平面设计

平面设计是Photoshop应用最为广泛的领域，无论是图书封面，还是大街上看到的海报，这些丰富多彩的平面印刷品，基本上都是使用Photoshop软件编辑处理的，如图1-1、图1-2所示。

图 1-2

（2）包装设计

包装作为产品的第一形象最先展现在顾客的眼前，被称为"无声的销售员"。顾客通常在被产品包装吸引并进行查阅后，才决定会不会购买，可见包装设计是非常重要的。

不同的产品包装的方向和需求是不同的。使用Photoshop的绘图功能，不仅可以设计企业的VI（视觉识别）系统，还能赋予产品不同的质感效果，以凸显产品形象，从而达到吸引顾客的目的，如图1-3、图1-4所示。

图 1-1

图 1-3

图 1-4

（3）插画设计

Photoshop具有良好的绘画及调色功能，使用它不仅能得到逼真的传统绘画效果，还可制作出一般画笔无法实现的特殊效果，让图像真正到达"只有想不到，没有做不到"的境界，如图1-5、图1-6所示。

图 1-5

图 1-6

（4）网页制作

网络的普及带动了图形意识的发展，

不管是网站首页的建设还是链接界面的设计，以及图标的设计和制作，都可以借助Photoshop这个强大的工具，让网站的色彩、质感及其独特性表现得更到位，如图1-7、图1-8所示。

图 1-7

图 1-8

（5）艺术文字

利用Photoshop可以使文字产生各种各样的变化，这些处理后的文字可以使图像增强艺术效果。利用Photoshop对文字进行创意设计，可以使文字变得更加美观，大大加强了文字的感染力，如图1-9、图1-10所示。

图 1-9

3

图 1-10

（6）艺术创意

Photoshop可以更好地实现天马行空的创意。利用Photoshop可以将不同的对象组合在一起，也可以使用"狸猫换太子"的手段使图像发生巨大变化，如图1-11、图1-12所示。

图 1-11

图 1-12

（7）图片处理

随着电子产品的普及，图形图像处理技术逐渐被越来越多的人所应用，利用Photoshop强大的图像修饰功能，可以快速修复一些破损的老照片，也可以修复人脸上的斑点等缺陷，如图1-13、图1-14所示。

图 1-13

图 1-14

1.1.2　基础知识讲解

在使用Photoshop软件前要了解一下关于图像和图形等的相关基础知识。

（1）像素

像素是用于计算数码影像的一种虚拟单位，如同拍摄的照片一样，数码影像也具有连续性的浓淡色调。若把影像放大数倍就会发现，这些连续色调其实是由许多色彩相近的小方点组成的。这些小方点即构成影像的最小单位——像素。分辨率越高，图像越清晰，色彩层次越丰富，如图1-15、图1-16所示。

图 1-15

图 1-16

（2）分辨率

分辨率是用于度量位图图像内像素多少的一个参数。包含的数据越多，图像文件也就越大，此时图像表现出的细节就越丰富。同等尺寸的图像文件，分辨率越高，其所占的磁盘空间就越大，编辑和处理所需的时间也越长。如图1-17、图1-18所示。

图 1-17

图 1-18

（3）位图

位图图像(bitmap)，亦称为点阵图像或绘制图像，是由称作像素（图片元素）的单个点组成的。在处理位图图像时，所编辑的是像素而不是对象或形状，它的大小和质量取决于图像中的像素点的多少，每平方英寸中所含像素越多，图像越清晰，颜色之间的混合也越平滑。正因为是对图像中的像素进行编辑，所以在对图像进行拉伸、放大或缩小等处理时，其清晰度和光滑度会受到影响，如图1-19、图1-20所示。

图 1-19

图 1-20

（4）矢量图

矢量图是根据几何特性来绘制的图形，它的特点是放大后图像不会失真，和分辨率无关，文件占用空间较小，适用于图形设计、文字设计和一些标志设计、版式设计等。

矢量图与位图最大的区别是它不受分辨率影响，因此在印刷时可以任意放大或缩小图形而不会影响出图的清晰度，如图1-21、图1-22所示。

图 1- 21

图 1-22

（5）常见色彩模式

不同的颜色模式显示着不同的颜色效果，不同的颜色模式根据其独特的属性拥有不同的代表字母，因而在颜色的设置上同一颜色用不同的数值来表达。下面分别介绍几种常用的色彩模式。

① **RGB模式** RGB模式是基于自然界中3种基色光的混合原理，将红（R）、绿（G）和蓝（B）3种基色按照从0（黑）到255（白色）的亮度值在每个色阶中分配，从而指定其色彩。新建的Photoshop图像的默认模式为RGB，计算机显示器使用RGB模型显示颜色。

② **CMYK模式** CMYK颜色模式是一种印刷模式，在印刷中代表四种颜色的油墨。CMYK模式在本质上与RGB模式没有什么区别，只是产生色彩的原理不同，在RGB模式中是由光源发出的色光混合生成颜色，而在CMYK模式中则由光线照到有不同比例C、M、Y、K油墨的纸上，部分光谱被吸收后，反射到人眼的光产生颜色。由于C、M、Y、K在混

合成色时，随着C、M、Y、K四种成分的增多，反射到人眼的光会越来越少，光线的亮度会越来越低，所以CMYK模式产生颜色的方法又被称为色光减色法。

③ **Lab模式** Lab模式解决了由不同的显示器和打印设备所造成的颜色差异，也就是它不依赖于设备。Lab颜色是以一个亮度分量L及两个颜色分量a和b来表示颜色的，a代表由绿色到红色的光谱变化，b代表由蓝色到黄色的光谱变化。Lab模式所包含的颜色范围最广，能够包含所有的RGB和CMYK模式中的颜色。

④ **HSB模式** 根据人们对颜色的感知顺序来划分，即人们在第一时间看到某一颜色后，首先感知到的是该颜色的色相，如红色或者绿色，其次才是该颜色的深浅度，即饱和度和亮度。H代表色相，S代表饱和度，B代表亮度。

⑤ **灰度模式** 灰度模式可以使用多达256级灰度来表现图像，使图像的过渡更平滑细腻。灰度图像的每个像素有一个0（黑色）~255（白色）之间的亮度值。灰度值也可以用黑色油墨覆盖的百分比来表示（0为白色，100%为黑色）。

（6）常用文件格式

在存储图像时，用户可以根据需要选择不同的文件格式，例如PSD、BMP、GIF、JPEG和PNG等。

① **PSD格式** PSD格式是Photoshop软件的专用格式，能支持网络、通道、路径、剪贴路径和图层等所有Photoshop的功能，还支持Photoshop使用的任何颜色深度和图像模式。PSD格式采用RLE的无损压缩，在Photoshop中存储和打开此格式也是较快速的。

② BMP格式 这种格式也是Photoshop最常用的点阵图格式，此种格式的文件几乎不压缩，占用磁盘空间较大，存储格式可以为1bit、4bit、8bit、24bit，支持RGB、索引、灰度和位图色彩模式，但不支持Alpha通道。由于BMP文件格式是Windows环境中交换与图有关数据的一种标准，因此在Windows环境中运行的图形图像软件都支持BMP图像格式。在保存BMP格式时，会弹出"BMP选项"对话框，如图1-23所示。

③ GIF格式 GIF分为静态GIF和动画GIF两种，它支持透明背景图像，适用于多种操作系统，"体型"很小，网上很多小动画都是GIF格式。其实GIF是将多幅图像保存为一个图像文件，从而形成动画，所以归根到底

图 1-23

图 1-24

GIF仍然是图片文件格式，但GIF只能显示256色。在保存为GIF格式时，会弹出"索引颜色"对话框，如图1-24所示。

④ JPEG格式 JPEG格式是目前网络上最常用的图像格式，是可以把文件压缩到最小的格式。JPEG是一种很灵活的格式，具有调节图像质量的功能，允许用不同的压缩比例对文件进行压缩，支持多种压缩级别，压缩比率通常在10∶1～40∶1，压缩比越大，品质就越低；压缩比越小，品质就越好。

⑤ PNG格式 PNG格式是Netscape公司开发出来的格式，可以用于网络图像，它可以保存24bit的真彩色图像，并且支持透明背影和消除锯齿边缘的功能，可以在不失真的情况下压缩保存图像。

⑥ PDF格式 PDF格式是Adobe公司开发的用于Windows、MACOSUNIX和DOS系统的一种电子出版软件的文档格式，适用于不同的平台。该格式基于PostScript Leve 2语言，因此可以覆盖矢量图像和位图图像，并且支持超链接。

⑦ TIFF格式 TIFF支持位图、灰度、索引、RGB、CMYK和Lab等图像模式。TIFF是跨平台的图像格式，既可在Windows又可在Macintosh中打开和存储，常用于出版和印刷业中。

1.2 Photoshop 的工作界面

在图像编辑前首先了解软件的界面，才能更快地处理图像。下面将对Photoshop的菜单栏、工具箱、属性栏、浮动面板等界面组件进行介绍。

1.2.1 认识Photoshop的工作界面

启动Photoshop应用程序，打开任意一个图像文件，进入其工作界面。Photoshop的操作界面主要包括菜单栏、工具箱、属性栏、状态栏、编辑窗口以及浮动面板，如图1-25所示。

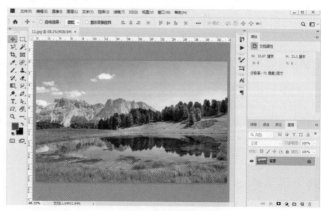

图 1-25

（1）菜单栏

菜单栏由文件、编辑、图像、文字和选择等11类菜单组成，包含操作时要使用的所有命令，如图1-26所示。

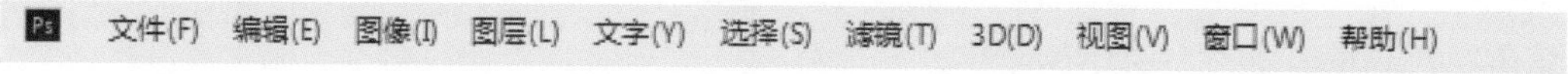

Ps
文件(F)
编辑(E)
图像(I)
图层(L)
文字(Y)
选择(S)
滤镜(T)
3D(D)
视图(V)
窗口(W)
帮助(H)

图 1-26

当鼠标单击菜单栏中的菜单按钮，此时将显示相应的子菜单，在子菜单中进行选择，单击要执行的菜单项目，即可执行该命令。

（2）工具箱

默认情况下，工具箱位于工作区的左侧，用鼠标单击工具箱中的工具图标，即可调用该工具。部分工具图标的右下角带有一个黑色小三角形图标，表示该工具为一个工具组。鼠标右击工具图标或按住鼠标左键不放，即可显示工具组中隐藏的子工具。

（3）属性栏

属性栏通常位于菜单栏的下方，它是各种工具的参数控制中心。根据选择工具的不同，所提供的属性栏选项也有所不同。用户使用工具栏中的某个工具时，属性栏会变成当前工具的属性设置选项，如图1-27所示为选区工具的属性栏。

羽化：
0 像素
消除锯齿
样式：
正常
宽度：
高度：
选择并遮住 ...

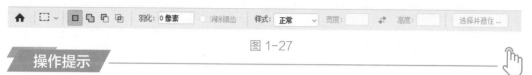

图 1-27

操作提示

在使用某种工具前，先要在工具选项栏中设置其参数。执行“窗口>选项”命令，可以将工具选项栏隐藏或显示。

（4）状态栏

状态栏位于图像窗口的底部，用于显示当前操作提示和当前文档的相关信息。用户可以选择需要在状态栏中显示的信息，只需单击状态栏右端的按钮，在弹出的快捷菜单中选择信息即可，如图1-28所示。

（5）工作区和图像编辑窗口

在Photoshop 工作界面中，灰色的区域就是工作区，图像编辑窗口在工作区内。图像编辑窗口的顶部为标题栏，标题中可以显示各文件的名称、格式、大小、显示比例和颜色模式等，如图1-29所示。

图 1-28

图 1-29

（6）浮动面板

浮动面板浮动在窗口的上方，可以随时切换以访问不同的面板内容。它们主要用于配合图像的编辑，对操作进行控制和参数设置。常见的面板有"图层"面板、"通道"面板、"路径"面板、"历史"面板和"颜色"面板等。每个面板中右上角都有菜单按钮，单击该按钮即可打开该面板的设置菜单。

1.2.2 认识面板并调整面板

面板是Photoshop最重要的组件之一，下面对面板进行介绍。

（1）打开面板

在"窗口"菜单中可以选择面板名称打开不同的面板，从而对图像进行编辑。例如执行"窗口>信息"命令，即可打开"信息"面板，如图1-30所示。

图 1-30

（2）调整面板

当鼠标停放在某一面板的名称上，按住鼠标左键不放，将其拖动至工作界面的空白处释放鼠标，可将该面板单独拆分出来；若将其拖动到其他面板的标签处释放，则可将其合并到其他面板中，并且面板在移动过程中有自动对齐其他面板的功能。

单击面板的右上角"折叠为图标" ▶▶ 按钮折叠该面板；单击相反方向按钮，即可展开该面板；双击面板左侧的名称，可以折叠或展开该面板。

按Tab键可切换显示或隐藏所有的控制面板，如果按Shift+Tab则属性栏不受影响，只显示或隐藏其他的控制面板。

9

1.3 Photoshop 中文件的基本操作

在编辑图像之前，通常需要对图像进行一些基本操作，如文件的打开、关闭、新建和存储等，熟练掌握这些操作能为学习后面的知识奠定良好的基础。

1.3.1 打开和关闭文件

打开文件的方法有多种，首先打开Photoshop的工作界面，执行"文件 > 打开"命令，或按Ctrl+O组合键，弹出"打开"对话框，在该对话框中选择图像文件，单击"打开"按钮即可。此外，还可以双击Photoshop的灰色区域，在弹出的"打开"对话框中选择要打开的文件，单击"打开"按钮，如图1-31所示。

文件打开之后，还可以对其进行关闭操作。关闭文件最常用的方法是单击图像窗口标题栏左上角的"关闭"按钮，或按Ctrl+W组合键，如图1-32所示。

图 1-31

图 1-32

1.3.2 新建文件

新建文件是指在Photoshop工作界面中创建一个自定义尺寸、分辨率和模式的图像窗口，在该图像窗口中可以进行图像的绘制、编辑和保存等操作。

执行"文件 > 新建"命令，或者按Ctrl+N组合键，弹出新建对话框，如图1-33所示。从中可设置新文件的名称、尺寸、分辨率、颜色模式及背景内容等参数。设置完成后，单击"创建"按钮即可。

图 1-33

课堂练习 新建A4文件

扫一扫 看视频

本案例为新建A4文件，下面对其具体操作步骤进行讲解。

Step 01 启动 Photoshop 应用程序，执行"文件 > 新建"命令，或按 Ctrl+N 组合键，打开"新建文档"对话框，如图 1-34 所示。

Step 02 在"新建文档"对话框中单击"打印"按钮，在"空白文档预设"中的单击"A4"预设文档，也可以在宽度和高度文本框中设置 A4 纸大小，如图 1-35 所示。

图 1- 34

图 1- 35

Step 03 设置文档的名称、分辨率、颜色模式，单击"创建"按钮，如图 1-36 所示。

Step 04 创建文档的效果如图 1-37 所示。

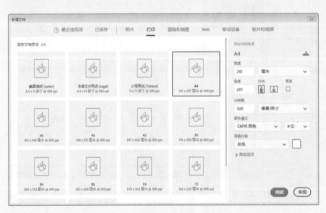

图 1-36

图 1-37

至此，完成A4文件的创建。

1.3.3　存储文件

存储文件是指在使用Photoshop处理图像过程中或处理完毕后对图像所做的保存操作。若不需要对当前文档的文件名、文件类型或存储位置进行修改，则直接执行"文件

>存储"命令或者按Ctrl+S组合键即可。

　　若要将编辑后的图像文件以不同的文件名、文件类型或存储位置进行存储时，则应使用"另存为"的方法，即执行"文件>存储为"命令或者Ctrl+Shift+S组合键，弹出"存储为"对话框，选择存储路径，输入文件名，在格式下拉列表框中选择文件格式，单击"保存"按钮即可。

课堂练习 存储为jpg图像

扫一扫 看视频

　　本案例主要对图像的保存进行练习，下面对其具体操作步骤进行讲解。

Step 01 执行"文件 > 打开"命令，打开本章素材"二月二 .tif"，如图 1-38 所示。

Step 02 执行"文件 > 存储为"命令，如图 1-39 所示。

图 1-38　　　　　　　　　　　　　　　图 1-39

Step 03 弹出"另存为"对话框，单击"保存类型"弹出列表，选择 JPEG 格式，单击"保存"按钮，保存图像，如图 1-40 所示。

Step 04 在弹出的"JPEG 选项"对话框中设置图像参数，单击"确定"按钮，完成图像的保存，如图 1-41 所示。

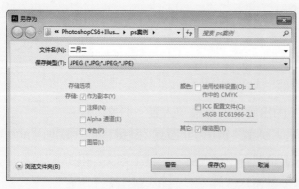
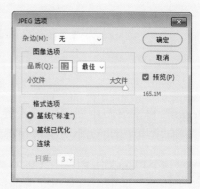

图 1-40　　　　　　　　　　　　　　　图 1-41

至此，完成图像的保存。

1.4 Photoshop 中图像的基本操作

本节主要讲解图像和图像窗口的缩放，调整图像的尺寸、画布的大小和图像的恢复操作等命令。

1.4.1 图像和图像窗口的缩放

在编辑图像时为了更好地观察图像的编辑效果，可以指定放大或缩小工作区域中的图像。在图像窗口脱离工作区顶部的情况下，拖动文件窗口即可缩放图像窗口。

（1）图像的缩放

用户可根据需要对图像进行放大和缩小，以达到更好的浏览效果。执行"视图>放大"命令，或者按Ctrl++组合键，可以放大显示图像；反之，执行"视图>缩小"命令，或按Ctrl+-组合键，可以缩小显示图像。也可在状态栏的"显示比例"文本框中输入数值后按Enter键缩放图像。如图1-42~图1-44所示为缩放图像的对比效果图。

图 1-43

图 1-44

操作提示

连续按下Ctrl++或Ctrl+-组合键，可连续放大或缩小图像。

用户还可以使用工具箱中的缩放工具对图像进行缩放。在工具箱中单击"缩放工具"，将光标移动到图像窗口中，当其变为形状时单击鼠标左键，此时将以单击处为中心将图像放大显示。放大图像后按住Alt键可快速将

图 1-42

13

光标显示状态切换到 🔍，按住Alt键的同时单击鼠标即可缩小图像。在图像窗口中单击鼠标并拖动绘制出一个矩形选框后释放鼠标，可将所选区域放大至整个窗口显示。

（2）图像窗口的缩放

图像窗口的缩放与图像的缩放不同。其操作方法也很简单：拖动光标将文件窗口从工作区顶部拖出，然后将光标移动到文件窗口右下角，当其变为 ⬚ 形状时单击并拖动，此时图像窗口会跟随光标移动，进而改变窗口大小。如图1-45、图1-46所示。

图 1-45

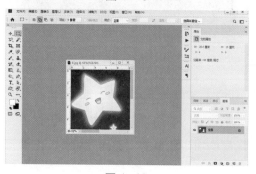

图 1-46

1.4.2　图像尺寸大小的调整

调整图像大小是指在保留所有图像的情况下通过改变图像的比例来调整图像尺寸。

（1）使用"图像大小"命令调整图像尺寸

图像质量的好坏与图像的大小、分辨率有很大的关系，分辨率越高，图像就越清晰，而图像文件所占用的空间也就越大。执行"图像 > 图像大小"命令，弹出"图像大小"对话框，从中可对图像的参数进行设置，然后单击"确定"按钮即可，如图1-47所示。

图 1-47

（2）使用"裁剪工具"调整图像尺寸

"裁剪工具" 🔲 主要用来匹配画布的尺寸与图像中对象的尺寸。裁剪图像是指使用"裁剪工具" 🔲 将部分图像剪去，从而改变图像尺寸。

选择工具箱中"裁剪工具" 🔲，在图像中拖曳得到矩形区域，这块区域的周围会变暗，以显示出被裁剪的区域。矩形区域的内部代表裁剪后图像保留的部分。裁剪框的周围有8个控制点，利用它可以把这个框移动、缩小、放大和旋转等。如图1-48、图1-49所示。

图 1-48

图 1-49

📋 课堂练习　减小图像的体积

　　若将图像上传网站，有些图片的尺寸相符但体积太大无法上传。本案例具体讲解如何优化图像，减小体积。

扫一扫 看视频

Step 01　执行"文件 > 打开"命令，打开本章素材"风景 .jpg"图像，如图 1-50 所示。

Step 02　执行"图像 > 图像大小"命令，打开"图像大小"的对话框，在对话框中，设置分辨率，单击"确定"按钮，图像的画质降低，如图 1-51 所示。

图 1-50

图 1-51

Step 03　执行"文件 > 导出 > 存储为 Web 所有格式"命令，在弹出的"存储为 Web 所有格式"对话框，在对话框中设置参数，然后单击"确定"按钮，如图 1-52 所示。

图 1-52

Step 04　保存完成后，可以打开图像与原来的对比，如图 1-53 所示。

图 1-53

至此，完成减小图像体积的操作。

1.4.3　**画布大小的调整**

　　画布是显示、绘制和编辑图像的工作区域。对画布尺寸进行调整可以在一定程度上影响图像尺寸的大小。放大画布时，会在图像四周增加空白区域，而不会影响原有的图像；缩小画布时，会裁剪掉不需要的图像边缘。

执行"图像>画布大小"命令，弹出"画布大小"对话框，如图1-54所示。在该对话框中可以设置扩展图像的宽度和高度，并能对扩展区域进行定位。

图 1-54

同时，在"画布扩展颜色"下拉列表中有背景、前景、白色、黑色、灰色等颜色可供选择。最后只需单击"确定"按钮即可让图像的调整生效。如图1-55、1-56所示为图片扩展画布前后的效果。

图 1-55

图 1-56

1.4.4　图像的恢复操作

在处理图像的过程中，若对效果不满意或出现操作错误，可使用软件提供的恢复操作功能来处理这类问题。

（1）退出操作

退出操作是指在执行某些操作的过程中，完成该操作之前可中途退出该操作，从而取消当前操作对图像的影响。要退出操作，只需在执行该操作时按Esc键即可。

（2）恢复到上一步操作

恢复到上一步是指图像恢复到上一步编辑操作之前的状态，所做的更改将被全部撤销。其方法是执行"编辑 > 还原移动"命令，或按 Ctrl+Z组合键，如图1-57所示。

图 1-57

（3）恢复到任意步操作

如果需要恢复的步骤较多，可执行"窗口 > 历史记录"命令，打开"历史记录"面板，在历史记录列表中找到需要恢复到

图 1-58

的操作步骤，在要返回的相应步骤上单击鼠标即可，如图1-58所示。

1.4.5　屏幕模式的切换

屏幕模式是方便用户预览效果图的工具。在Photoshop中有三种屏幕模式：标准屏幕模式、带有菜单的全屏模式、全屏模式。按住字母键F可以进行三种模式之间切换。

① **标准屏幕模式** 编辑状态显示的效果，如图1-59所示。

② **带有菜单的全屏模式** 隐藏顶部及底部的文件信息，如图1-60所示。

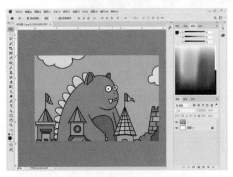

图 1-59　　　　　　　　　　　图 1-60

③ **全屏模式** 只显示图像文件，如图 1-61所示。

若切换到全屏模式后要退出全屏模式，只需按Esc键即可回到标准屏幕模式。

图 1-61

扫一扫 看视频

综合实战　为图像添加蓝色的边框

本案例主要使用画布大小命令来为图像添加边框，具体操作步骤如下。

Step 01 执行"文件 > 打开"命令，打开本章素材"树.jpg"，如图1-62所示。

Step 02 执行"图像 > 画布大小"命令，打开"画布大小"对话框，设置参数，如图1-63所示。

图 1-62　　　　　　　　　　　图 1-63

Step 03 在"画布大小"对话框中单击画布扩展颜色处的颜色按钮，弹出"拾色器"对话框，在对话中设置颜色，如图 1-64 所示。

Step 04 最终效果图如图 1-65 所示。

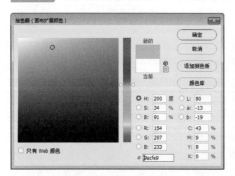

图 1-64

图 1-65

至此，完成边框的添加。

 课后作业 / **制作相机广告**

项目需求

受某人的委托帮其制作相机广告，要求文字简洁，突出产品，表现相机拍摄的照片非常清楚，能起到广告宣传的效果。

项目分析

作品采取画中画的特效制作，将大的照片添加模糊效果并对其进行虚化，可以突出产品。在相机上放置比较清晰的局部照片图像，与大的照片图像形成对比，用来说明相机的像素非常高，拍出的照片非常清晰。

项目效果

效果如图1-66所示。

操作提示

Step01：将素材置入文档中，调整素材的大小与位置。

Step02：裁剪素材，变换素材。

Step03：使用文字工具输入文字信息，设置字体、字号。

图 1-66

第 2 章
选区与路径的应用

★ 内容导读

本章主要对 Photoshop 中选区及路径的创建和编辑进行介绍。在 Photoshop 软件中，可以通过路径创建选区，抠取复杂的图像。使用路径，可以绘制一些矢量图像，利用选区可以更快捷地编辑图像。

⚙ 学习目标

○ 掌握规则选区和不规矩选区的创建
○ 掌握如何创建和调整路径
○ 掌握路径的编辑
○ 掌握如何绘制形状图像

2.1 规则选区的创建

在软件中为了对图像进行局部的编辑，会通过创建选区来选取局部的图像。按照选区的形状来分，将选区分为：规则选区和不规则选区两大类型。

2.1.1 创建矩形和正方形选区

创建矩形选区的方法是在工具箱中使用"矩形选框工具" ，在图像中单击并拖动光标，绘制出矩形选框，框内的区域就

图2-1　　　　　　　　　　　　图2-2

是选择区域，即选区，如图2-1所示。若按住Shift键的同时在图像中单击并拖动光标，则可绘制正方形选区，如图2-2所示。

使用"矩形选框工具" 后，将会显示出该工具的属性栏，如图2-3 所示。

图2-3

下面对其属性栏中的重要选项进行介绍。

●"当前工具"按钮 ：该按钮显示的是当前所选择的工具，单击该按钮可以弹出工具箱的快捷菜单，在其中可以调整工具的相关参数。

●选区编辑按钮组 ：该按钮组又被称为"布尔运算"按钮组，各按钮的名称从左至右分别是新选区、添加到选区、从选区中减去及与选区交叉。

●"羽化"文本框：羽化是指通过创建选区边框内外像素的过渡来使选区边缘模糊，羽化宽度越大，则选区的边缘越模糊，此时选区的直角处也将变得圆滑。

●"样式"下拉列表：该下拉列表中有"正常""固定比例"和"固定大小"3种选项，用于设置选区的形状。

2.1.2 创建椭圆和正圆选区

创建椭圆形选区的方法是在工具箱中单击"椭圆选框工具" ，在图像中单击并拖动光标，绘制出椭圆形的选区，如图2-4所示。若要绘制正圆形的选区，可按住Shift键

的同时在图像中单击并拖动光标，绘制出的选区即为正圆形，如图2-5所示。

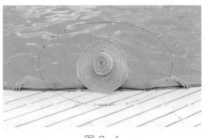

图 2-4

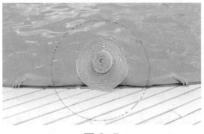

图 2-5

实际应用中，环形选区应用是比较多的，创建环形选区需要借助"从选区减去"按钮。首先创建一个圆形选区，如图2-6所示。然后单击"从选区减去"按钮，再次拖动绘制选区，此时绘制的部分比原来的选区略小，其中间的部分被减去，而只留下圆环区域，如图2-7所示。

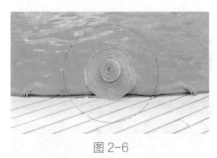

图 2-6

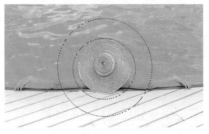

图 2-7

2.1.3　创建十字形选区

使用"单行选框工具"和"单列选框工具"可以创建出十字形选区。

在工具箱中单击"单行选框工具"，在属性栏中单击"添加到选区"按钮使其成被选中的状态，在图像中单击绘制出单行选区，效果如图2-8所示。选中"单列选框工具"，在属性栏中单击"添加到选区工具"按钮，在图像中单击并拖动光标绘制出单列选区以增加选区，绘制出十字选区，如图2-9所示。

图 2-8

图 2-9

操作提示

利用单行选框工具和单列选框工具创建的是1像素宽的横向或纵向选区，主要用于制作一些线条。

2.2　不规则选区的创建

使用"套索工具" ☌、"多边形套索工具" ☑、"磁性套索工具" ☑、"魔棒工具" ☑、"快速选择工具" ☑等工具创建不规则的选区，也可以使用"色彩范围"命令来创建不规则的选区。

2.2.1　创建自由选区

使用"套索工具" ☌可以创建任意形状的选区，操作时只需要在图像窗口中按住鼠标进行绘制，释放鼠标后即可创建选区，如图2-10、图2-11所示。

图 2-10

图 2-11

知识点拨

如果所绘轨迹是一条闭合曲线，则选区即为该曲线所选范围；若轨迹是非闭合曲线，则套索工具会自动将该曲线的两个端点以直线连接，从而构成一个闭合选区。

2.2.2　创建多边形选区

使用"多边形套索工具" ☑可以创建具有直线轮廓的不规则选区。多边形套索工具的原理是使用线段作为选区局部的边界，由鼠标连续点击生成的线段连接起来形成一个多边形的选区。

在图像中单击创建出选区的起始点，沿需要创建选区的轨迹上单击鼠标，创建出选区的其他端点，最后将光标移动到起始点处，当光标变成 ☑形状时单击，即创建出需要的选区，如图2-12、图2-13所示。

图 2-12

图 2-13

2.2.3　创建精确选区

使用"磁性套索工具" ☑可以为图像中颜色交界处反差较大的区域创建精确选区。磁性套索工具是根据颜色像素自动查找边缘来生成与选择对象最为接近的选区，一般适合于选择与背景反差较大且边缘复杂的对象。

在图像窗口中需要创建选区的位置单击确定选区起始点，沿选区的轨迹拖动鼠标，系统将自动在鼠标移动的轨迹上选择对比度较大的边缘产生节点，当光标回到起始点变为 形状时单击，即可创建出精确的不规则选区，如图2-14、图2-15所示。

图 2-14

图 2-15

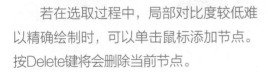
操作提示

若在选取过程中，局部对比度较低难以精确绘制时，可以单击鼠标添加节点。按Delete键将会删除当前节点。

2.2.4 快速创建选区

魔棒工具组包括"魔棒工具" 和

"快速选择工具" ，属于灵活性很强的选择工具，通常用于选取图像中颜色相同或相近的区域，不必跟踪其轮廓。

在工具箱中选择"魔棒工具" ，在属性栏中设置"容差"以辅助软件对图像边缘进行区分，将光标移动到需要创建选区的图像中，当其变为 形状时单击即可快速创建选区，如图2-16所示。

使用"快速选择工具" 创建选区时，其选取范围会随着光标移动而自动向外扩展并自动查找和跟随图像中定义的边缘，如图2-17所示。

图 2-16

图 2-17

2.2.5 使用色彩范围命令创建选区

"色彩范围"命令的原理是根据色彩范围创建选区，主要针对色彩进行操作。执行"选择 > 色彩范围"命令，弹出"色彩范围"对话框，如图2-18所示，可根据需要调整参数，完成后单击"确定"按钮即可创建选区，如图2-19所示。

23

图 2-18

图 2-19

在"色彩范围"对话框中,各主要选项的含义介绍如下。

● "选择"选项:用于选择预设颜色。

● "颜色容差"文本框:用于设置选择颜色的范围,数值越大,选择颜色的范围越大;反之,选择颜色的范围就越小。拖动下方滑动条上的滑块可快速调整数值。

● 预览区:用于显示预览效果。选中"选择范围"单选按钮,在预览区中白色表示被选择的区域,黑色表示未被选择的区域;选中"图像"单选按钮,预览区内将显示原图像。

● "范围"选项:用于设置加深的作用范围,包括3个选项,分别为"阴影""中间调"和"高光"。

📋 **课堂练习** ┃ 制作阳光穿透树林的效果

扫一扫 看视频

本案例主要使用色彩范围命令和滤镜中的模糊命令,下面进行具体的讲解。

Step 01 启动Photoshop应用程序,执行"文件>打开"命令,打开本章素材"树.jpg",并按 Ctrl+J 组合键复制背景图层,如图2-20 所示。

图 2-20

图 2-21

Step 02 执行"选择>色彩范围"命令,打开"色彩范围"对话框,使用对话框中的吸管工

操作提示

在处理图像时会将背景图层复制、备份。

具吸取画面中高光部分的颜色,设置颜色容差值,单击"确定"按钮建立选区,选中画面的亮部,如图 2-21 所示。

Step 03 建立选区的效果如图 2-22 所示。按 Ctrl+J 组合键，复制图层。

Step 04 选中复制的亮部图像图层，执行"滤镜 > 模糊 > 动感模糊"的命令，打开动感模糊对话框，设置其参数制作出模糊的光线，如图 2-23 所示。

图 2-22

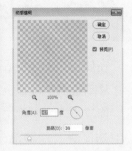

图 2-23

Step 05 添加动感模糊后效果如图 2-24 所示。

Step 06 将高光图层选中，按 Ctrl+J 组合键复制图层，增强光线，如图 2-25 所示。

图 2-24

图 2-25

Step 07 将高光图层按 Ctrl+E 组合键将图层合并，如图 2-26 所示。执行"滤镜 > 模糊 > 高斯模糊"命令，弹出"高斯模糊"对话框，设置半径，单击"确定"命令，柔化光线，如图 2-27 所示。

Step 08 单击"图层"面板底端"创建新的填充或调整图层"按钮，在下拉菜单中选择"色阶"选项，创建色阶调整图层，在"属性"面板中设置调整图层的参数，调整画面的亮度，如图 2-28 所示。效果如图 2-29 所示。

　至此，完成阳光穿透树林的效果。

图 2-26

图 2-27

图 2-28

图 2-29

2.3 选区的基本编辑和调整

在使用Photoshop软件创建选区后，除了移动选区的位置、反选选区、变换选区、修改边界、羽化选区等操作外，还可以对选区进行隐藏显示、存储载入等操作。下面对其相关知识进行详细介绍。

2.3.1 全选和取消选区

全选选区即将图像整体选中。执行"选择 > 全部"命令或按Ctrl+A组合键即可。

取消选区有3种方法：一是执行"选择 > 取消选择"命令；二是按Ctrl+D组合键；三是选择任意选区创建工具，在"新选区"模式下，单击图像中任意位置即可取消选区。

2.3.2 隐藏和显示选区

用户在创建选区后可将选区隐藏，以免影响对图像的观察。其操作方法是按Ctrl+H组合键即可将选区隐藏。当需要显示选区继续对图像进行处理时，再次按Ctrl+H组合键即可显示隐藏的选区。

2.3.3 移动选区

若创建的选区并未与目标图像重合或未完全选择所需要的区域，此时需要对选区位置进行调整，以重新定位选区。在选择任意选区工具的状态下，将光标移动到选区的边缘位置，当其变为形状时单击

并拖动鼠标即可移动选区，如图2-30、图2-31所示。在使用鼠标拖动选区的同时按住Shift键，可使选区在水平、垂直或45°斜线方向移动。

图 2-30

图 2-31

在建立选区后单击"移动工具" ⊕，当鼠标光标变为形状，同时将选区拖动到另一个图像窗口中，此时该选区内的图像复制到该图像窗口中。

除此之外，还可以使用方向键移动选区。按方向键可以每次以1像素为单位移动选区，若按Shift键的同时按方向键，则每次以10像素为单位移动选区。

2.3.4 反选选区

反选选区是指快速选择当前选区外的其他图像区域，而当前选区将不再被选

择。创建选区后执行"选择 > 反向"命令或者按Ctrl+Shift+I组合键，可以选取图像中除选区以外的其他图像区域，如图2-32、图2-33所示。

图 2-32

图 2-33

知识延伸

在创建的选区中单击鼠标右键，在弹出的快捷菜单中选择"选择反向"命令也可以反选选区。

2.3.5 存储和载入选区

对于创建好的选区，如果需要多次使用，可以将其存储。使用存储选区命令，可以将当前的选区存放到一个新的Alpha通道中。执行"选择 > 存储选区"命令，弹出"存

图 2-34

储选区"对话框，如图2-34所示，设置选区名称后，单击"确定"按钮即可对当前选区进行存储。

在"存储选区"对话框中，各主要选项的含义如下。

● "文档"选项：用于设置保存选区的目标图像文件，默认为当前图像，若使用"新建"选项，则将其保存到新建的图像中。

● "通道"选项：用于设置存储选区的通道。

● "名称"文本框：用于输入要存储选区的名称。

● "新建通道"单选按钮：选中该单选按钮表示为当前选区建立新的目标通道。

使用载入选区命令可以调出Alpha通道中存储过的选区。执行"选择 > 载入选区"命令，弹出"载入选区"对话框，如图2-35所示。在其"文档"下拉列表中选择刚才保存的选区，在"通道"下拉列表中选择存储选区的通道名称，在"操作"选项区中选择载入选区后与图像中现有选区的运算方式，完成后单击"确定"按钮即可载入选区。

图 2-35

操作提示

存储和载入选区的操作适合于一些需多次使用的选区或制作过程复杂的选区，节省了重复制作选区的操作。

27

2.3.6 变换选区

通过变换选区可以改变选区的形状，包括缩放和旋转等，变换时只是对选区进行变换，选区内的图像将保持不变。

执行"选择 > 变换选区"命令，或在选区上单击鼠标右键，在弹出的菜单中执行"变换选区"命令，此时将在选区的四周出现调整控制框，如图2-36所示。可以移动控制框上控制点的位置，完成调整后按Enter键确认变换即可，如图2-37所示。

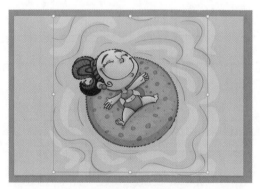

图 2-36

图 2-37

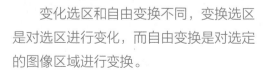 操作提示

变化选区和自由变换不同，变换选区是对选区进行变化，而自由变换是对选定的图像区域进行变换。

2.3.7 调整选区

创建选区后还可以对选区的大小范围进行一定的调整和修改。执行"选择 > 修改"命令，在弹出的子菜单中选择相应命令即可实现对应的功能，包括"边界""平滑""扩展""收缩"和"羽化"5种命令。

（1）边界

边界也叫扩边，即指用户可以在原有的选区上再套用一个选区，填充颜色时则只能填充两个选区中间的部分。执行"选择 > 修改 > 边界"命令，弹出"边界选区"对话框，从中在"宽度"文本框中输入数值，单击"确定"按钮即可。通过边界选区命令创建出的选区是带有一定模糊过渡效果的选区，填充选区即可看出，如图2-38、图2-39所示。

图 2-38

图 2-39

（2）平滑

平滑选区是指调节选区的平滑度，清除选区中杂散像素以及平滑尖角和锯齿，如图2-40、图2-41所示。执行"选择 >

修改 > 平滑"命令，弹出"平滑选区"对话框，在"取值半径"文本框中输入数值，单击"确定"按钮即可。

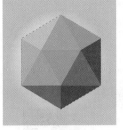 

图 2-40　　　　　　图 2-41

（3）扩展

扩展选区即按特定数量的像素扩大选择区域，通过扩展选区命令能精确扩展选区的范围，如图2-42、图2-43所示。执行"选择 > 修改 > 扩展"命令，弹出"扩展选区"对话框，在"扩展量"文本框中输入数值，单击"确定"按钮即可。

图 2-42

图 2-43

（4）收缩

收缩与扩展相反，收缩即按特定数量的像素缩小选择区域，通过收缩选区

命令可去除一些图像边缘杂色，让选区变得更精确，选区的形状也没有改变，如图2-44、图2-45所示。执行"选择 > 修改 > 收缩"命令，弹出"收缩选区"对话框，在"收缩量"文本框中输入数值，单击"确定"按钮即可。

图 2-44

图 2-45

（5）羽化

羽化选区的目的是使选区边缘变得柔和，从而使选区内的图像与选区外的图像自然地过渡，常用于图像合成实例中。

羽化选区的方法有以下两种。

① 创建选区前羽化　使用选区工具创建选区前，在其对应属性栏的"羽化"文本框中输入一定数值后再创建选区，这时创建的选区将带有羽化效果。

② 创建选区后羽化　创建选区后执行"选择 > 修改 > 羽化"命令或按Shift +F6组合键，弹出"羽化选区"对话框，设置羽化半径，单击"确定"按钮即可完成选区的羽化操作，羽化前后对比效果如图2-46、图2-47所示。

图 2-46　　　　　　　　图 2-47

操作提示

对选区内的图像进行移动、填充等操作才能看到图像边缘的羽化效果。

课堂练习　修饰生活照片

为了使拍摄的照片更有趣味，将对照片进行修饰，下面进行具体的讲解。

扫一扫 看视频

Step 01 启动 Photoshop 应用程序，执行"文件 > 打开"命令，打开本章素材"桌面 .jpg"，如图 2-48 所示。

Step 02 将本章素材"女生 .jpg"拖入到当前文档中，调整图像的大小与位置，按 Enter 键，置入嵌入的智能对象，如图 2-49 所示。

图 2-48　　　　　　　　图 2-49

Step 03 在"图层"面板选中"女生"图层，在图层右侧空白处右击鼠标，在弹出的菜单中执行"栅格化图层"命令，如图 2-50 所示。

Step 04 在工具箱中选择"椭圆选区工具"，在属性栏中单击"添加到选区"按钮，然后在画面中绘制圆，重复多次，效果如图 2-51 所示。

图 2-50　　　　　　　　图 2-51

Step 05 执行"选择 > 修改 > 平滑"命令，弹出"平滑选区"对话框，在对话框中设置取样半径参数，单击"确定"按钮，应用平滑效果，如图 2-52 所示。

Step 06 执行"选择 > 反选"命令，反选选区，如图 2-53 所示。

图 2-52

图 2-53

Step 07 选择女生素材的图层，按 Delete 键删除多余的图像，如图 2-54 所示。

Step 08 单击"图层"面板底端"添加图层样式"按钮，在下拉菜单中执行"描边"命令，弹出"图层样式"对话框，在对话框中设置描边的参数，为女生图层添加描边效果，如图 2-55 所示。

图 2-54

图 2-55

Step 09 在"图层样式"对话框中左侧选择"投影"选项，切换至投影设置界面，设置投影参数，单击"确定"按钮，应用效果，如图 2-56 所示。

Step 10 选中女生图层，按 Ctrl+T 组合键，调整图像的大小，按 Enter 键应用自由变化效果，如图 2-57 所示。

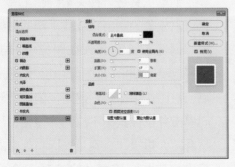

图 2-56

图 2-57

至此，完成照片的修饰。

2.4　路径的创建和调整

利用Photoshop提供的路径功能，可以绘制直线或曲线，还可以对绘制的线条进行描边和填充。使用工具箱中"钢笔工具" ⌀.、"自由钢笔工具" ⌀.等工具可以创建路径。下面对其相关知识进行详细介绍。

2.4.1　认识路径和路径面板

所谓路径是指在屏幕上表现为一些不可打印、不能活动的矢量形状，由锚点和连接锚点的线段或曲线构成，每个锚点还包含了两个控制柄，用于精确调整锚点及前后线段的曲度，从而匹配想要选择的边界。

执行"窗口>路径"命令，弹出"路径"面板，如图2-58所示。可在该面板中进行路径的新建、保存、复制、填充以及描边等操作。

图 2-58

在"路径"面板中，各主要选项的含义介绍如下。

● 路径缩览图和路径层名：用于显示路径的大致形状和路径名称，双击名称后可为该路径重命名。

● "用前景色填充路径"按钮●：单击该按钮将使用前景色填充当前路径。

● "用画笔描边路径"按钮○：单击该按钮可用画笔工具和前景色为当前路径描边。

● "将路径作为选区载入"按钮⊙：单击该按钮可将当前路径转换成选区，此时还可对选区进行其他编辑操作。

● "范围"选项：用于设置加深的作用范围，包括3个选项，分别为"阴影""中间调"和"高光"。

● "添加图层蒙版"按钮▣：单击该按钮可以为路径添加图层蒙版。

● "创建新路径"按钮▢：单击该按钮可以创建新的路径图层。

● "删除当前路径"按钮🗑：单击该按钮可以删除当前路径图层。

2.4.2　使用钢笔工具绘制路径

钢笔工具是一种矢量绘图工具，使用它可以精确绘制出直线或平滑的曲线。选择"钢笔工具" ⌀.，在图像中单击创建路径起点，此时在图像中会出现一个锚点，沿图像中需要创建路径的图案轮廓方向单击并按住鼠标不放向外拖动，让曲线贴合图像边缘，直到当光标与创建的路径起点相连接，路径才会自动闭合，如图2-59、图2-60所示。

图 2-59

图 2-61

图 2-60

图 2-62

知识点拨

在绘制过程中，最后一个锚点为实心方形，表示处于选中状态。继续添加锚点时，之前定义的锚点会变成空心方形。若勾选属性栏中的"自动添加/删除"选项，则单击现有点可将其删除。

知识点拨

"自由钢笔工具"类似于"套索工具"，不同的是，"套索工具"绘制的是选区，而"自由钢笔工具"绘制的是路径。

2.4.3 了解自由钢笔工具

自由钢笔工具可以在图像窗口中拖动鼠标绘制任意形状的路径。在绘画时，将自动添加锚点，无须确定锚点的位置，完成路径后同样可进一步对其进行调整。

选择"自由钢笔工具" ，在属性栏中勾选"磁性的"复选框将创建连续的路径，同时会随着鼠标的移动产生一系列的锚点，如图2-61所示；若取消勾选该复选框，则可创建不连续的路径，如图2-62所示。

2.4.4 添加和删除锚点

路径可以是平滑的直线或曲线，也可以是由多个锚点组成的闭合形状，在路径中添加锚点或删除锚点都能改变路径的形状。

（1）添加锚点

在工具箱中选择"添加锚点工具" ，将鼠标移到要添加锚点的路径上，当鼠标光标变为 形状时单击鼠标即可添加一个锚点，添加的锚点以实心显示，此时拖动该锚点可以改变路径的形状，如图2-63～图2-65所示。

图 2-63

图 2-64

图 2-65

操作提示

添加锚点除了可以使用添加锚点工具外,还可以使用钢笔工具直接在路径上添加,但前提是要勾选钢笔工具属性栏上的"自动添加/删除"复选框。

(2)删除锚点

"删除锚点工具" 📍.的功能与"添加锚点工具" 📍.相反,主要用于删除不需要的锚点。在工具箱中选择"删除锚点工具" 📍.,将鼠标移到要删除的锚点上,当鼠标变为 📍 形状时单击鼠标即可删除该锚点,删除锚点后路径的形状也会发生相应变化,如图2-66、图2-67所示。

图 2-66

图 2-67

操作提示

如果在"钢笔工具"或"自由钢笔工具"的属性栏中勾选"自动添加/删除"选项,则在单击线段或曲线时,将会添加锚点;单击现有的锚点时,该锚点将被删除。

2.4.5 转换锚点调整路径

使用"转换点工具" ↖.能将路径在尖角和平滑之间进行转换,具体有以下几种方式。

● 若要将锚点转换为平滑点,在锚点上按住鼠标左键不放并拖动,会出现锚点的控制柄,拖动控制柄即可调整曲线的形状,如图2-68所示。

● 若要将平滑点转换成没有方向线的角点,只要单击平滑锚点即可,如图2-69所示。

图 2-68

图 2-69

●若要将平滑点转换为带有方向线的角点，要使方向线出现，然后拖动方向点，使方向线断开，如图2-70所示。

图 2-70

课堂练习 使用钢笔工具抠取复杂的人物图像

在背景颜色与抠取的图像相近，且图像又比较复杂时，使用"钢笔工具" 可以比较方便快捷地抠取图像。下面进行具体的讲解。

扫一扫 看视频

Step 01 启动 Photoshop 应用程序，执行"文件 > 打开"命令，打开本章素材"舞蹈 .jpg"，如图 2-71 所示。

图 2-71

Step 02 在工具箱中选择"钢笔工具"，在属性栏中选择"路径"，沿人物的边缘绘制路径，如图2-72所示。

图 2-72

Step 03 单击"路径"面板底端的"将路径作为选区载入"按钮，建立选区，如图 2-73 所示。

Step 04 按Ctrl+J组合键复制图层，如图 2-74 所示。

图 2-73

图 2-74

Step 05 在"图层"面板中选中"背景"图层，按Delete键删除背景图层，如图 2-75 所示。

Step 06 使用"钢笔工具"继续绘制路径，如图 2-76 所示。

图 2-75

图 2-76

效果如图 2-78 所示。

图 2-77

图 2-78

Step 07 单击"路径"面板底端的"将路径作为选区载入"按钮,建立选区,如图 2-77 所示。

Step 08 按 Delete 键删除选区内容,

至此,完成人物的抠取。

2.5 路径的编辑

除了使用"路径选择工具" ▶、"直接选择工具" ▶ 对路径进行调整外,还可以复制/删除路径、存储路径,描边路径和填充路径等。下面对其相关知识进行详细介绍。

2.5.1 选择路径

在对路径进行编辑操作之前首先需要选择路径。在工具箱中选择"路径选择工具" ▶,将光标移动到图像窗口中单击路径,即可选择该路径,如图2-79所示。选择路径后按住鼠标左键不放进行拖动即可改变所选择路径的位置,如图2-80所示。"路径选择工具" ▶ 用于选择和移动整个路径。

图 2-79

图 2-80

"直接选择工具" ▶. 用于移动路径的部分锚点或线段，或者调整路径的方向点和方向线，而其他未选中的锚点或线段则不被改变，如图2-81、图2-82所示。选中的锚点显示为实心方形，未被选中的显示为空心方形。

图 2-81

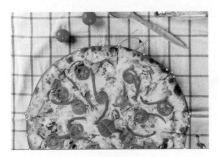

图 2-82

操作提示

按住Shift键，可以选择其他锚点。

2.5.2 复制和删除路径

选择需要复制的路径，按住Alt键，此时光标变为▶₊形状，如图2-83所示，拖动路径即可复制出新的路径，如图2-84所示。

操作提示

按住Alt键的同时按住Shift键并拖动路径，能让复制出的路径与原路径成水平、垂直或45°效果。

图 2-83

图 2-84

删除路径非常简单，若要删除整个路

37

径，在"路径面板"中单击选中该路径，单击该面板底端的"删除当前路径"按钮即可。若要删除一个路径的某段路径，使用"直接选择工具"选择所要删除的路径段，按Delete键即可。

2.5.3 存储路径

在图像中首次绘制路径会默认为工作路径，若将工作路径转换为选区并填充选区后，再次绘制路径则会自动覆盖前面绘制的路径，只有将其存储为路径，才能对路径进行保存。

在"路径"面板中单击右上角的 ≡ 按钮，在弹出的菜单中选择"存储路径"命令，弹出"存储路径"对话框，在该对话框的"名称"文本框中设置路径名称，单击"确定"按钮即可保存路径。此时在"路径"面板中可以看到，"工作路径"变为了"路径1"，如图2-85、图2-86所示。

图 2-85

图 2-86

操作提示

将工作路径拖动到"路径面板"底部的"创建新路径"按钮上松开鼠标也可以存储路径。

2.5.4 描边路径和填充路径

描边就是在边缘加上边框，描边路径则是沿已有的路径为路径边缘添加画笔线条效果，画笔的笔触和颜色用户可以自定义，可使用的工具包括画笔、铅笔、橡皮擦和图章工具等。

具体的操作方法是设置好前景色，选择用于描边的工具（画笔工具，笔触大小为2像素），在"路径面板"中选中要描边的路径，单击面板底端的"用画笔描边路径"按钮即可，如图2-87、图2-88所示。

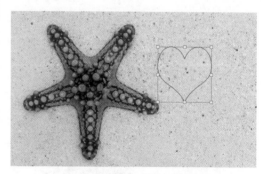

图 2-87

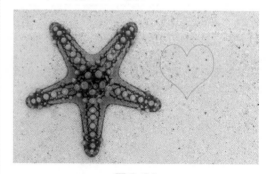

图 2-88

Photoshop+Illustrator+CorelDRAW | 站式高效学习 | 本通

操作提示

按住Alt键的同时单击用画笔描边路径按钮，将打开描边路径对话框，在该对话框中可以选择描边使用的工具。

填充路径能对路径填充前景色、背景色或其他颜色，同时还能快速为图像填充图案。若路径为线条，则会按"路径"面板中显示的选区范围进行填充。

操作方法:设置好前景色后，在"路径面板"中选中要描边的路径，单击面板右上角的菜单按钮，在弹出的快捷菜单中选择"填充路径"命令，打开的"填充路径"对话框，从中设置填充的方式，如图2-89所示。单击"确定"按钮即可，如图2-90所示。

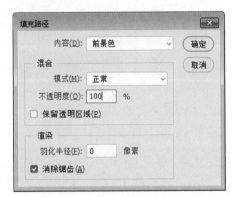

图 2-89

图 2-90

课堂练习　制作路径文字

本案例主要利用了描边路径的命令制作文字，下面将对其进行具体的讲解。

扫一扫 看视频

Step 01　启动 Photoshop 应用程序，执行"文件 > 打开"命令，打开本章素材"灯光背景.jpg"，如图 2-91 所示。

Step 02　选择"文字工具"输入文字，设置文字的字体、字号，如图2-92所示。

图 2-91

图 2-92

Step 03　按住 Ctrl 键的同时单击"图层"面板中的缩览图，建立选区，如图 2-93、图 2-94 所示。

图 2-93

图 2-94

Step 04 单击 "路径" 面板底端的 "从选区生成工作路径" 按钮,将选区转化为路径,如图 2-95 所示。

Step 05 单击工具箱中的 "设置前景色" 按钮,弹出 "拾色器" 对话框,在对话框中选择前景色,单击 "确定" 按钮,应用颜色,如图 2-96 所示。

图 2-95

图 2-96

Step 06 单击 "图层" 面板底端 "创建新图层" 按钮,新建图层,如图 2-97 所示。

Step 07 在工具箱中选择 "画笔工具",执行 "窗口>画笔设置" 命令,弹出 "画笔设置" 面板,在面板中设

置 "画笔笔尖形状" 及 "形状动态",如图 2-98、图 2-99 所示。

图 2-97

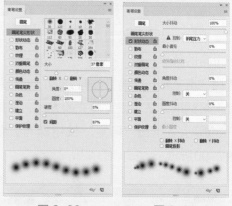

图 2-98　　　　图 2-99

Step 08 选择新创建的图层,在 "路径" 面板中选择工作路径,右击鼠标,在弹出的菜单栏中执行 "描边路径" 命令,如图 2-100 所示。

Step 09 弹出 "描边路径" 对话框,在工具下拉列表中选择 "画笔",单击 "确定" 按钮,应用画笔描边,如图 2-101 所示。

图 2-100

图 2-101

Step 10 隐藏路径，如图 2-102 所示。在"图层"面板中单击文字图层"指示图层可见性"，将文字图层隐藏，如图 2-103 所示。

图 2-102

图 2-103

Step 11 按 Ctrl+J 组合键多次复制"图层 1"，加强光线，并将新建的图层和拷贝的图层选中，并按 Ctrl+E 组合键，将图层合并，如图 2-104 所示。

Step 12 最终效果如图 2-105 所示。

图 2-104

图 2-105

至此，完成路径文字的制作。

2.6 形状与路径

形状工具绘制出来的图形会显示路径，具有矢量图形的性质。使用形状工具可以绘制多种图形或路径，例如矩形、圆角矩形、多边形及自定义形状等。

2.6.1 绘制矩形和圆角矩形

使用"矩形工具" ▢ 可以在图像窗口中绘制任意方形或具有固定长宽的矩形。具体的操作方法是单击"矩形工具" ▢，在属性栏上选择"形状"选项，在图像中拖动绘制出以前景色填充的矩形。此时若选择"路径"选项，则绘制出矩形路径，如图2-106所示。

使用"圆角矩形工具"能绘制出带有一定圆角弧度的图形。"圆角矩形工具"◯.的使用方法与"矩形工具"相同，不同的是，单击"圆角矩形工具"◯.，在属性栏中会出现"半径"文本框，在其中输入的数值越大，圆角的弧度也越大。若选择"路径"选项，则绘制出矩形路径，如图2-107所示。

图 2-106

图 2-107

2.6.2 绘制椭圆和正圆

使用"椭圆工具"◯.可以绘制椭圆形状和正圆形状。在绘制过程中按住Shift键的同时拖动鼠标，绘制的则为正圆形状，在绘制图形之后可以设置形状的填充效果，如图2-108、2-109所示。

图 2-108

图 2-109

2.6.3 绘制多边形

使用"多边形工具"◯.可以绘制具有不同边数的多边形和星形，在属性栏的"边"文本框中输入需要的边数，即可绘制相应边数的图形。如图2-110所示。单击 ☀ 按钮，在弹出的选项中可以设置半径、缩进边依据等，绘制更多的多边形，如图2-111所示。

图 2-110

图 2-111

2.6.4 绘制自定义形状

使用"自定形状工具" 可绘制系统自带的不同形状。Photoshop为用户提供了动物、箭头、画框、音乐、自然、物体、装饰和符号等多种类型的各样形状。在属性栏的"形状"下拉列表中选择需要绘制的形状即可，如图2-112、图2-113所示。

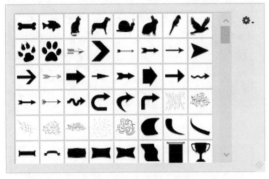

图 2-112

图 2-113

操作提示

单击面板中的扩展按钮 ，在弹出的菜单中还可以选择其他预设的形状进行绘制。

综合实战 制作服装网页广告

本案例主要利用选区和"渐变工具" 来制作完成，下面将具体讲解操作过程。

扫一扫 看视频

Step 01 启动 Photoshop 应用程序，执行"文件 > 新建"命令，在弹出的"新建文档"对话框中设置宽度、高度和分辨率等参数，单击"创建"按钮，如图 2-114 所示。

Step 02 将本章素材"模特 .jpg"拖入到文档中，调整大小与位置，按 Enter 键置入对象，如图 2-115 所示。

图 2-114

图 2-115

Step 03 单击"图层"面板底端 "新建图层"按钮，新建图层，在工具箱中选择"椭圆选框工具"，按 Shift 键在新建图层上绘制圆形选区，如图 2-116 所示。

在工具箱中选择"渐变工具"，在属性栏中单击"点按可编辑渐变"按钮，弹出"渐变编辑器"对话框，双击左侧控制颜色"色标"，弹出"拾色器"对话框，在其中设颜色为蓝色，单击"确定"按钮，完成渐变颜色的设置，如图2-117所示。

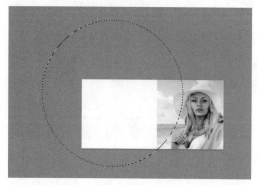

图 2-116

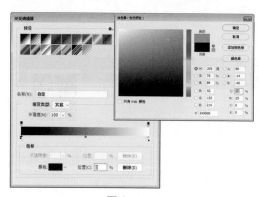

图 2-117

操作提示 ✋

　　一般情况渐变色为黑白渐变，本步骤需要蓝白渐变颜色，所以在设置渐变颜色时只需要改变黑色颜色的色标。

Step 05 选择"渐变工具"在画面中拖拽，为圆形选框填充渐变颜色，如图2-118所示。最终渐变效果如图2-119所示。

Step 06 选择"椭圆选框工具"移动画面中的椭圆选区，如图2-120所示。

Step 07 单击"图层"面板底端"新建图层"按钮，新建图层，选择"渐变工具"为图像填充渐变色，如图2-121所示。

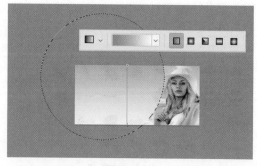

图 2-118

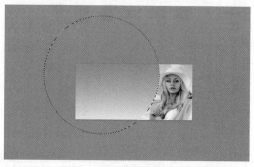

图 2-119

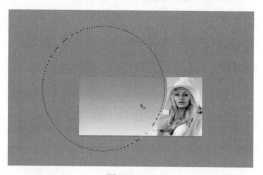

图 2-120

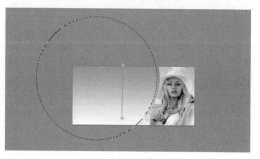

图 2-121

Step 08 将本章素材"绿色水墨背景.jpg"

拖入到当前文档中，调整图像的大小与位置，如图 2-122 所示。

Step 09 单击第二个填充渐变的图层缩览图，建立选区，如图 2-123 所示。

Step 10 选中"绿色水墨背景"图层，按 Ctrl+J 组合键复制图层，删除"绿色水墨背景"图层，如图 2-124 所示。

图 2-122

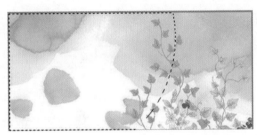

图 2-123

图 2-124

Step 11 按"图层"面板底端"新建图层"按钮，新建图层，然后单击复制的绿色水墨图层的左侧缩览图，建立选区，如图 2-125 所示。

图 2-125

Step 12 选择"渐变工具"为图像添加绿白渐变效果，如图 2-126 所示。按 Ctrl+D 组合键取消选区，如图 2-127 所示。

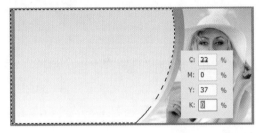

图 2-126

图 2-127

Step 13 单击"图层"面板底端"添加图层蒙版"按钮，为图像添加蒙版，如图 2-128 所示。

Step 14 选中图层上的蒙版，选择"渐变工具"为蒙版添加黑白渐变效果，隐藏部分图像，如图 2-129 所示。

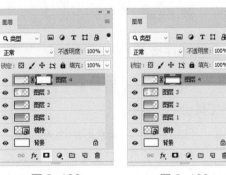

图 2-128　　　　图 2-129

Step 15 依次拖入本章素材"服装文字 .png""手绘花朵 .png"到当前文档中，调整其大小与位置，如图 2-130、图 2-131 所示。

图 2-130

图 2-131

至此，完成服装网页广告的制作。

 课后作业 / **制作果汁标志**

项目需求

受某人的委托帮其设计果汁标志，要求可爱、具有亲和力，可以用于网站、儿童食品等平面应用上。

项目分析

果汁标志由橙子和果汁构成，表现出果汁的新鲜，并将标志拟人化，变成可爱的卡通形象，非常有亲和力。标志的颜色采取比较明亮的暖色调颜色，能勾起人的食欲，想到甜美的果汁。

项目效果

效果如图2-132所示。

操作提示

Step01：使用钢笔工具和形状工具绘制卡通形象。

Step02：为卡通形象填充颜色。

Step03：使用文字工具输入文字，设置字体、字号、颜色。

图 2-132

Ps

第 3 章
图像的绘制与修饰

★ 内容导读

Photoshop 工具箱中有很多能绘制图像和修饰图像的工具，包括画笔工具、铅笔工具、颜色替换工具、橡皮擦工具、背景橡皮擦工具、裁剪工具等，如果想将图像变得更加完美，必须熟练掌握这些工具，下面将对这些工具进行具体的介绍。

⌖ 学习目标

○ 掌握如何使用画笔工具、铅笔工具、颜色替换工具绘制图像
○ 掌握如何使用工具擦除和填充
○ 了解修饰工具的使用
○ 掌握如何使用修补工具修补图像

3.1 使用工具绘制图像

在Photoshop中有很多可以绘制图像的工具，掌握这些绘图工具的功能与操作方法后，用户可以快速绘制自己想要的图像效果，下面进行具体的介绍。

3.1.1 画笔工具

在Photoshop中，画笔工具的应用比较广泛，选择"画笔工具" 可以绘制出多种图形。在"画笔"控制面板上所选择的画笔决定了绘制效果。

选择"画笔工具" 后，在菜单栏下方显示该工具的属性栏，如图3-1所示。

图 3-1

其中，属性栏中主要选项的含义如下。

● "工具预设" ：实现新建工具预设和载入工具预设等操作。

● "画笔预设" ：选择画笔笔尖，设置画笔大小和硬度。

● "模式" ：设置画笔的绘画模式，即绘画时的颜色与当前颜色的混合模式。

● "不透明度" ：设置在使用画笔绘图时所绘颜色的不透明度。该值越小，所绘出的颜色越浅，反之则越深。

● "流量" ：设置使用画笔绘图时所绘颜色的深浅。若设置的流量较小，则其绘制效果如同降低透明度一样，但经过反复涂抹，颜色就会逐渐饱和。

● "启用喷枪样式的建立效果" ：单击该按钮即可启动喷枪功能，将渐变色调应用于图像，同时模拟传统的喷枪技术，Photoshop会根据单击程度确定画笔线条的填充数量。

● "设置绘画的对称选项" ：单击该按钮则有多种对称类型，例如垂直、水平、双轴、对角线、波纹、圆形螺旋线、平行线、径向、曼陀罗。

在属性栏中单击画笔栏旁的下拉按钮 ，会打开画笔预设面板，如图3-2所示。在画笔预设面板中可以看到，Photoshop提供了多种画笔样式，用户可根据需要进行选择。其中，画笔样式指的是画笔笔头落笔形成的形状，尖角画笔的边缘较为清晰，柔角画笔的边缘较为模糊；画笔的大小指的是画笔笔头的大小，像素值越大，画笔的笔头形成的绘制点也就越大。选择"画笔工具" 绘制图像，效果如图3-3、图3-4所示。

在属性栏中，单击"切换画笔面板"按钮 显示"画笔"面板，在其中同样也能对画笔样式、大小以及绘制选项进行设置。

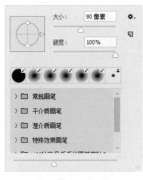

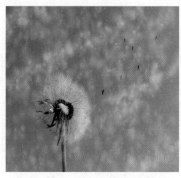

图 3-2 图 3-3 图 3-4

3.1.2 铅笔工具

"铅笔工具" ✐.在功能及运用上与"画笔工具" ✐.较为类似，但使用"铅笔工具" ✐.可以绘制出硬边缘的效果，特别是绘制斜线、锯齿效果会非常明显，并且所有定义的外形光滑的笔刷也会被锯齿化。选择"铅笔工具" ✐.后在菜单栏下方会显示该工具的属性栏，如图3-5所示。

图 3-5

在属性栏中，除了"自动抹掉"选项外，其他选项均与画笔工具相同。勾选"自动抹掉"复选框，铅笔工具会自动选择是以前景色还是背景色作为画笔的颜色。若起始点为前景色，则以背景色作为画笔颜色；若起始点为背景色，则以前景色作为画笔颜色。

按住Shift键的同时单击铅笔工具，在图像中拖动鼠标则可以绘制直线效果。如图3-6、图3-7为使用不同的铅笔样式绘制出的图像效果。

图 3-6 图 3-7

操作提示

不管是使用"画笔工具"还是"铅笔工具"绘制图像，画笔的颜色皆默认为前景色。

3.1.3 颜色替换工具

颜色替换工具位于画笔工具组中，使用颜色替换工具能够很容易用前景色置换图像中的色彩，并能够保留图像原有材质的纹理与明暗，赋予图像更多变化。选择"颜色替换工具" ，在菜单栏下方显示该工具的属性栏，如图3-8所示。

图 3-8

在属性栏中，各主要选项的含义如下。

● "模式" 选项：用于设置替换颜色与图像的混合方式，有"色相""饱和度""明度"和"颜色"四种方式供选择。

● 取样方式选项 ：用于设置所要替换颜色的取样方式，包括"连续""一次"和"背景色板"三种方式。

● "限制"选项 ：用于指定替换颜色的方式。不连续表示替换在容差范围内所有与取样颜色相似的像素；连续表示替换与取样点相接或邻近的颜色相似区域；查找边缘表示替换与取样点相连的颜色相似区域，能较好地保留替换位置颜色反差较大的边缘轮廓。

● "容差"选项 ：用于控制替换颜色区域的大小。数值越小，替换的颜色就越接近色样颜色，所替换的范围也就越小，反之替换的范围越大。

● "消除锯齿"复选框 ：选择此复选框，在替换颜色时，将得到较平滑的图像边缘。

颜色替换工具的使用方法很简单，即首先设置前景色，然后选择"颜色替换工具" ，并设置其各选项参数值，在图像中进行涂抹即可实现颜色的替换，如图3-9、图3-10所示。

图 3-9

图 3-10

操作提示

需要注意的是，该工具不能用于替换位图、索引颜色和多通道模式的图像。

3.1.4 历史记录画笔工具

执行"窗口 > 历史记录"命令，弹出"历史记录"
面板，如图3-11所示。单击执行过的相应操作步骤即可
还原图像效果。而"历史记录画笔工具"类似于一个还
原器，比"历史记录"面板更具有弹性，使用它可以将
图像恢复到某个历史状态下的图像，图像中未被修改过
的区域将保持不变。

历史记录画笔工具的具体操作方法为：单击"历史
记录画笔工具" ，在其属性栏中可以设置画笔大小、
模式、不透明度和流量等参数，如图3-12所示。完成后

图 3-11

单击并按住鼠标不放，同时在图像中需要恢复的位置处拖动，光标经过的位置即会恢复
为上一步中为对图像进行操作的效果，而图像中未被修改过的区域将保持不变。

图 3-12

3.1.5 历史记录艺术画笔工具

使用"历史记录艺术画笔工具" 恢复图像时，将产生一定的艺术笔触，常用于制
作富有艺术气息的绘画图像。

单击"历史记录艺术画笔工具" ，在其属性栏中可以设置画笔大小、模式、不
透明度、样式、区域和容差等参数，如图3-13所示。

图 3-13

在样式下拉列表框中，可以选择不同的笔刷样式绘制。在区域文本框中可以设置历
史记录艺术画笔描绘的范围，范围越大，影响的范围就越大。如图3-14、图3-15所示
为使用历史记录艺术画笔工具绘制图像的效果。

图 3-14

图 3-15

在画笔工具组中，包括"混合器画笔工具" ✓，使用混合器画笔能够让用户轻易画出漂亮的画面。用户可以用侧锋涂出大片模糊的颜色，也可以用笔尖画出清晰的笔触，可以将图片转换为水粉画风格。

课堂练习　绘制对称花纹

本案例主要使用画笔工具来绘制花纹，下面进行具体的讲解。

Step 01 启动 Photoshop 应用程序，执行"文件 > 新建"命令，打开"新建文档"对话框，在对话框中设置参数，单击"创建"按钮，新建文档，如图 3-16、图 3-17 所示。

图 3-16

图 3-17

Step 02 单击"图层"面板底部"创建新图层"按钮，新建图层，如图 3-18 所示。

Step 03 选择新建的图层，单击"画笔工具"，在属性栏中单击"设置绘画对称选项"按钮，在下拉菜单栏中选择"曼陀罗"选项，打开"曼陀罗对称"对话框，在对话框中设置段计数，单击"确定"按钮，画面出现对称轴路径，如图 3-19 所示。

图 3-18

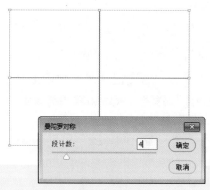

图 3-19

Step 04 再次选择"画笔工具"，设置前景色，设置画笔的硬度、大小，在画面中绘制图像，对称路径其他的位置会自动生成图像，如图 3-20 所示。

Step 05 单击"图层"面板底部"创建新图层"按钮，再次创建新图层，如图 3-21 所示。

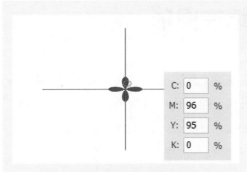

图 3-20

图 3-21

Step 06 再单击"画笔工具"属性栏中单击"设置绘画对称选项"按钮，在下拉菜单栏中选择"曼陀罗"选项，打开"曼陀罗对称"对话框，在对话框中设置段计数为"8"，如图 3-22 所示。

Step 07 使用"画笔工具"在第二次新建的图层上绘制图像，如图 3-23 所示。

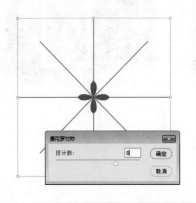

图 3-22

图 3-23

Step 08 上一步骤完成效果如图 3-24 所示。

Step 09 使用上述的方法继续绘制对称图案，如图 3-25 所示。

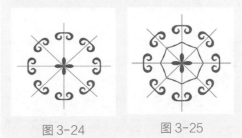

图 3-24　　　　　　图 3-25

Step 10 继续绘制对称图案，如图 3-26 所示。最终效果图 3-27 所示。

图 3-26

图 3-27

至此，完成对称图案的绘制。

3.2 使用工具擦除或填充图形

擦除工具包括"橡皮擦工具" 🖌️、"背景橡皮擦工具" 🖌️和"魔术橡皮擦工具" 🖌️。这些工具可以通过对图像进行擦除来修饰图像。同时还可以使用"渐变工具" 🔲、"油漆桶工具" 🪣填充多彩的颜色或图案装饰图像，下面进行具体的介绍。

3.2.1 橡皮擦工具

橡皮擦工具主要用于擦除当前图像中的颜色。选择"橡皮擦工具"，在菜单栏的下方会显示该工具的属性栏，如图3-28所示。

图 3-28

在该属性栏中，主要选项的含义如下。

● "模式"：包括"画笔""铅笔"和"块"3个选项。若选择"画笔"或"铅笔"模式，可以设置使用画笔工具或铅笔工具的参数，包括笔刷样式、大小等。若选择"块"模式，橡皮擦工具将使用方块笔刷。

● "不透明度"：若不想完全擦除图像，则可以降低不透明度。

● "抹到历史记录"：在擦除图像时，可以使图像恢复到任意一个历史状态。该方法常用于恢复图像的局部到前一个状态。

使用橡皮擦工具在图像窗口中拖动鼠标，可用背景色的颜色来覆盖鼠标拖动处的图像颜色。若是对背景图层或是已锁定透明像素的图层使用"橡皮擦工具" 🖌️，则会将像素更改为背景色；若是对普通图层使用"橡皮擦工具" 🖌️，则会将像素更改为透明效果，如图3-29、图3-30所示。

图 3-29

图 3-30

3.2.2 背景橡皮擦工具

背景橡皮擦工具可用于擦除指定颜色，并且将被擦除的区域以透明色填充。选择"背景橡皮擦工具"，在菜单栏的下方会显示该工具的属性栏，如图3-31所示。

图 3-31

在该属性栏中，各主要选项含义如下。

● "限制"选项：在该下拉列表中包含"不连续""连续""查找边缘"3种选项。

● "容差"文本框：可设置被擦除的图像颜色与取样颜色之间差异的大小，取值范围为0·100%。数值越小被擦除的图像颜色与取样颜色越接近，擦除的范围越小；数值越大则擦除的范围越大。

● "保护前景色"复选框：勾选该复选框可防止具有前景色的图像区域被擦除。如图3-32、图3-33所示为使用背景橡皮擦工具擦除图像效果图。

图 3-32

图 3-33

3.2.3 魔术橡皮擦工具

"魔术橡皮擦工具" 是"魔术棒工具" 和"背景橡皮擦工具" 的综合，它是一种根据像素颜色来擦除图像的工具。选择"魔术橡皮擦工具"，在属性栏中可以设置其参数，如图3-34所示。

图 3-34

在属性栏中，各主要选项的含义如下。

● "消除锯齿"：选择此复选框，将得到较平滑的图像边缘。

● "连续"复选框：勾选该复选框，可使擦除工具仅擦除与单击处相连接的区域。

● "对所有图层取样"：勾选该复选框，将利用所有可见图层中的组合数据来采集色样，否则只对当前图层的颜色信息进行取样。

使用"魔术橡皮擦工具" 可以一次性擦除图像或选区中颜色相同或相近的区域，让擦除部分的图像呈透明效果。该工具能直接对背景图层进行擦除操作，而无须进行解锁。使用魔术橡皮擦擦除图像的效果，如图3-35、图3-36所示。

图 3-35

图 3-36

55

在使用"魔术橡皮擦工具" 时，容差的设置很关键，容差越大，颜色范围广，擦除的部分也越多。

3.2.4 渐变工具

在填充颜色时，使用"渐变工具" 可以将颜色从一种颜色变化到另一种颜色，如由浅到深、由深到浅。选择"渐变工具"，属性栏中将显示渐变工具的参数选项，如图3-37所示。

图 3-37

在该属性栏中，各主要选项的含义如下。

● "编辑渐变"选项：用于显示渐变颜色的预览效果图。单击渐变颜色，弹出"渐变编辑器"对话框，从中可以设置渐变颜色，如图3-38所示。

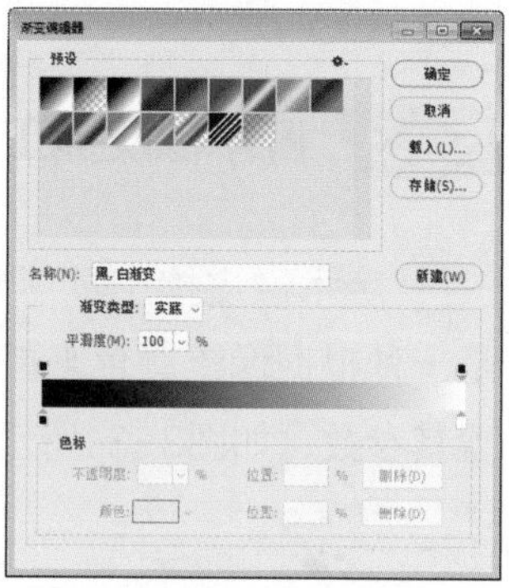

● "渐变类型"：单击不同的按钮即选择不同渐变类型，从左到右分别是"线性渐变""径向渐变""角度渐变""对称渐变""菱形渐变"。

● "模式"：用于设置渐变的混合模式。

● "不透明度"：用于设置填充颜色的不透明度。

图 3-38

● "反向"：勾选该复选框，填充后的渐变颜色刚好与用户设置的渐变颜色相反。

● "仿色"：勾选该复选框，可以用递色法来表现中间色调，使渐变效果更加平衡。

● "透明区域"：勾选该复选框，打开透明蒙版功能，使渐变填充可以应用透明设置。

选择"渐变工具" ，在弹出的面板中单击选择相应的渐变样式，然后将鼠标定位在图像中要设置为渐变起点的位置，拖动以定义终点，然后自动填充渐变。不同的渐变类型绘制出的渐变效果如图3-39～图3-43所示。

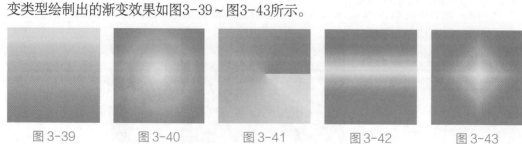

图 3-39   图 3-40   图 3-41   图 3-42   图 3-43

3.2.5　油漆桶工具的应用

"油漆桶工具" 与填充命令相似，在图像或选区中填充颜色或图案。但是该工具不能用于位图模式的图像。选择"油漆桶工具"，在属性栏中显示其属性参数，如图3-44所示。

图 3-44

在属性栏中，各主要选项的含义如下。

● "填充"选项：可选择前景色或图案两种填充。当选择图案填充时，可在后面的下拉列表中选择相应的图案，如图3-45所示。

● "不透明度"：用于设置填充的颜色或图案的不透明度。

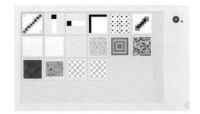

图 3-45

● "容差"：用于设置油漆桶工具进行填充的图像区域。

● "消除锯齿"：用于消除填充区域边缘的锯齿形。

● "连续的"：若选择此选项，则填充的区域是和鼠标单击点相似并连续的部分；若不选择此项，则填充的区域是所有和鼠标单击点相似的像素，无论是否和鼠标单击点相连续。

● "所有图层"：选择表示作用于所有图层。

课堂练习　为人物换脸

本案例主要用"橡皮擦工具" 来给人物换脸，下面进行具体的介绍。

扫一扫 看视频

Step 01　启动 Photoshop 应用程序，执行"文件 > 打开"命令，打开本章素材"兄妹 .jpg"图像，如图 3-46 所示。

Step 02　按 Ctrl+J 组合键复制背景图层，按 Ctrl+T 组合键自由变换对象，按住 Shift 键等比例调整大小，并旋转至合适角度，如图 3-47 所示。

图 3-46

图 3-47

Step 03 使用"橡皮擦工具"擦除"背景拷贝"图层上男孩的面部以外的区域，如图3-48所示。

图 3-48　　　　　　　　图 3-49

Step 04 选中背景图层，按 Ctrl+J 组合键复制背景图层，按 Ctrl+T 组合键自由变换对象，按住 Shift 键等比例调整大小，并旋转至合适角度，如图 3-49 所示。

Step 05 使用"橡皮擦工具"擦除"背景拷贝 2"图层上女孩的面部以外的区域，如图 3-50 所示。

至此，完成人物的换脸。

图 3-50

3.3　使用工具修饰图像

在Photoshop中使用"裁剪工具" ⊹ 、"透视裁剪工具" ⊞ 和"切片工具" ⊿ 可以对图像进行裁剪，矫正图像的透视、分割图像。同时还可以使用"加深工具" ◉ 、"减淡工具" ◔ 、"模糊工具" ◖ 、"锐化工具" △ 对图像的细节进行调整。

3.3.1　裁剪工具和透视裁剪工具

"裁剪工具" ⊹ 能改变图像的大小，用户可根据需要对图像进行裁剪。在使用裁剪工具时，可以在工具选项栏中设置裁剪区域的大小，也可以固定的长宽比例裁剪图像。选择"裁剪工具" ⊹ ，在菜单栏下方将显示该工具的属性参数，如图3-51所示。

图 3-51

在该属性栏中，各选项的含义如下。

●"不受约束"：在下拉列表框中可以选择一些预设的长宽比，也可以在后面的文本框中直接输入数值。

● "拉直"：该功能允许用户为照片定义水平线，将倾斜的照片"拉"回水平。

● "视图"：该列表框中可以选择裁剪区域的参考线，包括三等分、黄金分割、金色螺旋线等常用构图线。

● ✿ 按钮：单击该按钮，可以进行一些功能的设置。

● "删除裁剪的像素"：若勾选该复选框，多余的画面将会被删除；若取消"删除裁剪的像素"复选框，则对画面的裁剪可以是无损的，即被裁剪掉的画面部分并没有被删除，可以随时改变裁剪范围。

选择"裁剪工具" 🔲，在图像边缘会显示裁剪框，裁剪框的周围有8个控制点，利用这些控制点能快速调整图像的大小和旋转角度等，起到了纠正图像构图的作用。裁剪后，图像自动沿裁剪边缘放大或缩小图像，如图3-52、图3-53所示。

图 3-52

图 3-53

"透视裁剪工具" 🔲 用来纠正不正确的透视变形。选择透视裁剪工具，鼠标变成 ⤢ 形状时，在图像上拖拽裁剪区域，只需要分别点击画面中的四个顶点，即可定义一个任意形状的四边形。进行裁剪时，软件不仅会对选择的画面区域进行裁剪，还会把选定区域"变形"为正四边形，如图3-54、图3-55所示。

图 3-54

图 3-55

操作提示

任何变形都会导致画面的扭曲，所以变形的程度不能太大。

3.3.2 切片工具和切片选择工具

切片是指对图像进行重新切割划分。在制作网页切图时使用较多，可以用来制作HTML标记、创建链接、翻转和动画等。使用切片工具对图像进行分割后，还能对分割的切片区域进行编辑、保存等操作。

选择"切片工具" ，在图像中绘制出一个切片区域，释放鼠标后图像被分割，每部分图像的左上角显示序号。在任意一个切片区域内单击鼠标右键，在弹出的快捷菜单中选择"划分切片"命令，弹出"划分切片"对话框，如图3-56所示。

勾选"水平划分"或"垂直划分"复选框，在文本框中输入切片个数，完成后单击"确定"按钮即可将切片平均划分。

图 3-56

使用切片工具之前先调出参考线，拖动参考线划分出区域，单击上方的"基于参考线的切片" 基于参考线的切片 按钮就可以按参考线进行切片，如图3-57、图3-58所示。

图 3-57

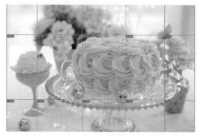

图 3-58

如果需要变换切片的位置和大小，可以使用"切片选择工具" ，对切片进行选择和编辑等操作。选择"切片工具" ，在切片的上方单击鼠标右键需要编辑的切片，鼠标左键按住不放，可以随意挪动切片位置。还可以用左键按住切片四周的控制点，随意伸展或收缩切片大小，如图3-59、图3-60所示。

图 3-59

图 3-60

3.3.3 加深、减淡和海绵工具

图像颜色调整工具组包括"减淡工具""加深工具"和"海绵工具"，可以对图像的局部进行色调和颜色的调整，使作品产生立体感。

（1）加深工具

"加深工具" 主要用于加深阴影效果。使用加深工具可以改变图像特定区域的曝光度，从而使图像呈加深或变暗显示。选择"加深工具" ，在菜单栏下方显示其属性栏，如图3-61所示。

图3-61

在该属性栏中，各主要选项的含义如下。

● "范围"选项：用于设置加深的作用范围，包括3个选项，分别为"阴影""中间调"和"高光"。

● "曝光度"文本框：用于设置对图像色彩减淡的程度，取值范围为0～100%，输入的数值越大，对图像减淡的效果就越明显。

● "保护色调"复选框：勾选该复选框后，使用加深或减淡工具进行操作时可以尽量保护图像原有的色调不失真。

选择"加深工具" ，在属性栏中设置相应参数后，将鼠标移到图像窗口中，单击并拖动鼠标进行涂抹即可应用加深效果，如图3-62、图3-63所示。

图 3-62

图 3-63

（2）减淡工具

"减淡工具" 可以使图像的颜色更加明亮。使用"减淡工具"可以改变图像特定区域的曝光度，从而使图像该区域变亮。

选择"减淡工具" ，在属性栏中设置相应参数后，将鼠标移动到需处理的位置，单击并拖动鼠标进行涂抹即可应用减淡效果，如图3-64、图3-65所示。

图 3-64

图 3-65

（3）海绵工具

"海绵工具" 为色彩饱和度调整工具，可用来增加或减少一种颜色的饱和度或浓度。当增加颜色的饱和度时，其灰度就会减少；饱和度为0的图像为灰度图像。选择"海绵工具"，在菜单栏下方显示其属性参数，如图3-66所示。

图 3-66

在该属性栏中，各主要选项的含义如下。

● "模式"下拉列表：包括"降低饱和度"和"饱和"两个选项。选择"降低饱和度"选项将降低图像颜色的饱和度；选择"饱和"选项则增加图像颜色的饱和度。

● "流量"文本框：用于设置饱和或不饱和的程度。

选择"海绵工具" ，在属性栏中设置相关选项后，将鼠标移动到图像窗口中单击并拖动鼠标涂抹即可。使用"海绵工具" 的前后对比效果如图3-67、图3-68所示。

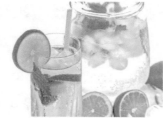
图 3-67

图 3-68

3.3.4 模糊、锐化和涂抹工具

模糊工具组包括"模糊工具""锐化工具"和"涂抹工具"，使用模糊工具组中的工具可以对图像进行清晰或模糊处理。

（1）模糊工具

"模糊工具" 可以降低图像相邻像素之间的对比度，使图像边界区域变得柔和，产生一种模糊效果，以凸显图像的主体部分。选择"模糊工具"，在属性栏中显示该工具的属性参数，如图3-69所示。

图 3-69

在该属性栏中，各主要选项的含义如下。

● "画笔"下拉列表：用于设置涂抹画笔的直径、硬度以及样式。

● "强度"文本框：用于设置模糊的强度，数值越大，模糊效果越明显。

选择"模糊工具" ，在其属性栏中设置参数，在图像窗口中单击并拖动鼠标涂抹需要模糊的区域即可，如图3-70、图3-71所示。

图 3-70

图 3-71

（2）锐化工具

"锐化工具" △.与"模糊工具" ◦.相反，"锐化工具" △.用于增强图像中像素边缘的对比度和相邻像素间的反差，提高图像清晰度或聚焦程度，从而使图像产生清晰的效果。通过属性栏"模式"的切换，即可控制要影响的图像区域。"强度"文本框中的数值越大，锐化效果越明显。

选择"锐化工具"，在其属性栏中设置参数，在图像窗口中单击并拖动鼠标涂抹需要锐化的区域即可，如图3-72、图3-73所示。

图 3-72

图 3-73

（3）涂抹工具

"涂抹工具" ◠.的作用是模拟手指进行涂抹绘制的效果，提取最先单击处的颜色与鼠标拖动经过的颜色相融合挤压，以产生模糊的效果。选择"涂抹工具"，在属性栏中显示其参数，如图3-74所示。

图 3-74

在该属性栏中，若勾选手指绘画复选框，单击鼠标拖拽时，则使用前景色与图像中的颜色相融合；若取消该复选框，则使用开始拖拽时的图像颜色，如图3-75、图3-76所示。

图 3-75

图 3-76

操作提示

在索引颜色或位图模式的图像上不能使用涂抹工具。

扫一扫 看视频

本案例主要使用"涂抹工具" 和"模糊工具" 制作出景深的效果，下面将对其进行具体的讲解。

Step 01　启动 Photoshop 应用程序，执行"文件 > 打开"命令，打开本章素材"车 .jpg"图像，按 Ctrl+J 组合键复制背景图层，如图 3-77 所示。

Step 02　使用"快速选择工具"在图像上小车位置处拖拽，创建选区，如图 3-78 所示。

图 3-77

图 3-78

Step 03　执行"选择 > 反选"命令，反选选区，选择小车以外的图像，如图 3-79 所示。

Step 04　选择拷贝的背景图层，使用"涂抹工具"和"模糊工具"为选区里的图像添加模糊效果，如图 3-80 所示。

图 3-79

图 3-80

至此，完成景深效果的制作。

3.4 使用工具修补图像

在 Photoshop 中可以使用"污点修复画笔工具" 、"修复画笔工具" 、"修补工具" 、"内容感知移动工具" 、"红眼工具" 、"仿制图章工具" "图案图章工具" 对图像进行修复，下面进行具体的介绍。

3.4.1 污点修复画笔工具

"污点修复画笔工具" 是将图像的纹理、光照和阴影等与所修复的图像进行自动匹配。该工具不需要进行取样定义样本，只要确定需要修补的图像的位置，然后在需要修补的位置单击并拖动鼠标，释放鼠标即可修复图像中的污点，快速除去图像中的瑕疵。

选择"污点修复画笔工具" ，在属性栏中显示其属性参数，如图3-81所示。

图 3-81

在属性栏中，各主要选项含义如下。

● "类型"按钮组："近似匹配"将使用选区边缘周围的像素来查找要用作选定区域修补的图像区域；"创建纹理"将使用选区中的所有像素创建一个用于修复该区域的纹理；"内容识别"将比较附近的图像内容，不留痕迹地填充选区，同时保留让图像栩栩如生的关键细节，如阴影和对象边缘。

● "对所有图层取样"复选框：勾选该复选框，可使取样范围扩展到图像中所有的可见图层。

使用"污点修复画笔工具" 修复图像前后的效果如图3-82、图3-83所示。

图 3-82

图 3-83

3.4.2 修复画笔工具

"修复画笔工具" 与"污点修复画笔工具" 相似，最根本的区别在于在使用"修复画笔工具"前需要指定样本，即在无污点位置进行取样，再用取样点的样本图像来修复图像。"修复画笔工具"在修复时，在颜色上会与周围颜色进行一次运算，使其更好地与周围融合。选择"修复画笔工具" ，在属性栏中显示其属性参数，如图3-84所示。

65

图 3-84

在该属性栏中，选择"取样"单选按钮表示"修复画笔工具"对图像进行修复时以图像区域中某处颜色作为基点。选择"图案"单选按钮可在其右侧的列表中选择已有的图案用于修复。

选择"修复画笔工具" ✎，按住Alt键的同时在其他的图像区域单击取样，释放Alt键后在需要清除的图像区域单击即可修复，如图3-85、图3-86所示为利用"修复画笔工具"修复污点前后的效果。

图 3-85   图 3-86

3.4.3 修补工具

"修补工具" ◎ 和"修复画笔工具" ✎ 类似，是使用图像中其他区域或图案中的像素来修复选择的区域。"修补工具"会将样本像素的纹理、光照和阴影与源像素进行匹配。

选择"修补工具" ◎，在属性栏中显示其属性参数，如图3-87所示。其中，若选择"源"单选按钮，则修补工具将从目标选区修补源选区；若选择"目标"单选按钮，则修补工具将从源选区修补目标选区。

图 3-87

选择"修补画笔工具" ◎，在属性栏中设置参数，沿需要修补的部分绘制出一个随意性的选区，拖动选区到其他部分的图像上，释放鼠标即可用其他部分的图像修补有

图 3-88   图 3-89

缺陷的图像区域，如图3-88、图3-89所示。

3.4.4 内容感知移动工具

"内容感知移动工具" ✕.是Photoshop CS6新增的一个功能强大、操作简单的智能修复工具。内容感知移动工具主要有两大功能。

① 感知移动功能 该功能主要用来移动图片中的主体，并随意放置到合适的位置。移动后的空隙位置，软件会智能修复。

② 快速复制 选取想要复制的部分，移到其他需要的位置就可以实现复制，复制后的边缘会自动柔化处理，跟周围环境融合。

选择"内容感知移动工具" ✕.，在属性栏中显示其属性参数，如图3-90所示。

图 3-90

其中，该属性栏中各主要选项的含义如下。

● "模式"：其中包括"移动""扩展"两个选择。若选择"移动"选项，就会实现"感知移动"功能；若选择"扩展"选项，就会实现"快速复制"功能。

● "适应"：在该下拉列表中，包含"非常严格""严格""中""松散""非常松散"五个调整方式选项。这是用来设定复制时是完全复制，还是允许"内容感知"感测环境后做些调整，一般来说，预设的"中"就有不错的效果。

选择"内容感知移动工具" ✕.，鼠标上出现有"X"图形，按住鼠标左键并拖动画出选区，然后在选区中再按住鼠标左键拖动，移到想要放置的位置后释放鼠标后即可，如图3-91、图3-92所示。

图 3-91

图 3-92

3.4.5 红眼工具

在使用闪光灯或光线昏暗处进行人物拍摄，拍出的照片人物眼睛容易泛红，这种现象即我们常说的红眼现象。Photoshop提供的"红眼工具"可以去除照片中人物眼睛中的红点，以恢复眼睛光感。

选择"红眼工具" ，在属性栏中设置瞳孔大小，设置其瞳孔的变暗程度，数值越大颜色越暗，在图像中红眼位置单击即可，如图3-93、图3-94所示。

图 3-93

图 3-94

3.4.6 仿制图章工具和图案图章工具

"图章工具" ♣.是常用的修饰工具，主要用于对图像的内容进行复制和修复。图章工具包括"仿制图章工具"和"图案图章工具"。

（1）仿制图章工具

"仿制图章工具" ♣.的作用是将取样图像应用到其他图像或同一图像的其他位置。"仿制图章工具"在操作前需要从图像中取样，将样本应用到其他图像或同一图像的其他部分。

选择"仿制图章工具" ♣.，在属性栏上显示其参数属性，如图3-95所示。

图 3-95

在属性栏中，若勾选"对齐"复选框，则可以对像素连续取样，而不会丢失当前的取样点；若取消"对齐"复选框，则会在每次停止并重新开始绘画时使用初始取样点中的样本像素。选择"仿制图章工具" ♣.，在属性栏中设置工具参数，按住Alt键，在图像中单击取样，释放Alt键后在需要修复的图像区域单击即可仿制出取样的图像，如图3-96、图3-97所示。

图 3-96

图 3-97

（2）图案图章工具

"图案图章工具"  是将系统自带的或用户自定义的图案进行复制，并应用到图像中。图案可以用来创建特殊效果、背景网纹或壁纸设计等。选择"图案图章工具" ，在属性栏上显示其参数属性，如图3-98所示。

图 3-98

在属性栏中，若勾选对齐复选框，每次单击拖拽得到的图像效果是图案重复衔接拼贴；若取消对齐复选框，多次复制时会得到图像的重叠效果。

首先使用矩形选框工具选取要作为自定义图案的图像区域，然后执行"编辑 > 定义图案"命令，弹出"图案名称"对话框，为选区命名并保存，选择"图案图章工具"，在属性栏的"图案"下拉列表中选择所需图案，将鼠标移到图像窗口中，按住鼠标左键并拖动，即可使用选择的图案覆盖当前区域的图像，如图3-99、图3-100所示。

图 3-99

图 3-100

操作提示

矩形选框工具的羽化值必须为0。

综合实战　去除面部色斑

扫一扫 看视频

本案例主要使用修补工具和滤镜中的命令，下面进行具体的介绍。

Step 01 启动 Photoshop 应用程序，执行"文件 > 打开"命令，打开本章素材"女生 .jpg"图像，如图 3-101 所示。

图 3-101

Step 02 按 Ctrl+J 组合键复制背景图层，生成"背景拷贝"图层，使用"修补工具"将人物脸中的色斑去除，如图 3-102 所示。

图 3-102

Step 03 选择"背景拷贝"按 Ctrl+J 组合键将图层复制，执行"滤镜 > 模糊 > 表面模糊"命令，弹出"表面模糊"对话框，在对话框中进行设置，单击"确定"按钮，应用模糊效果，为新复制的图层添加模糊效果，如图 3-103、图 3-104 所示。

图 3-103

图 3-104

Step 04 在"图层"面板中设置图层不透明度为"45%"，效果如图 3-105 所示。

图 3-105

Step05 按 Ctrl+J 组合键复制再次复制"背景拷贝"图层，按 Ctrl+】组合键将图层置于顶层，执行"滤镜 > 其他 > 高反差保留"命令，弹出"高反差保留"对话框，在对话框中设置半径，单击"确定"按钮，应用滤镜效果，如图 3-106 所示。

Step06 应用滤镜效果如图 3-107 所示。在"图层"面板中将图像的混合模式改为"叠加"，如图 3-108 所示。

图 3-106

图 3-107

图 3-108

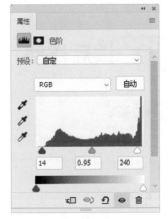

图 3-110

Step 09 选择顶层图层,按Ctrl+Shift+Alt+E 组合键盖印图像,生成新图层,如图 3-111 所示。

Step 10 选择"减淡工具"和"加深工具"对人物的五官亮部与暗部进行调整,用"锐化工具"对面部的细节进行锐化,完成面部调整,如图 3-112 所示。

Step 07 选择"橡皮擦工具"在应用高反差保留效果的图层中擦除部分图像,只留人物五官的图像,使人物五官更加清晰,如图 3-109 所示。

Step08 单击"图层"面板底端"创建新的填充或调整图层"按钮,在弹出的菜单中执行"色阶"命令,创建"色阶"图层,选择"色阶"图层,在"属性"面板中对"色阶"图层进行设置,调整画面的亮度,如图 3-110 所示。

图 3-111

图 3-112

图 3-109

至此,完成色斑的去除。

71

课后作业 / 处理人物图片

项目需求

受某人的委托帮其处理人物的照片，要求去除人物脸上的色斑，皮肤要有质感，提亮照片。

项目分析

对于脸上色斑的图像，一般使用模糊命令，将色斑与皮肤融为一体，然后再使用一些保留细节的命令，为皮肤保留细节。在处理图像时，为了不让人物的五官变得模糊，可以使用蒙版命令进行调整，然后调整曲线，提亮照片。

项目效果

效果如图3-113、图3-114所示。

图 3-113

图 3-114

操作提示

Step01：使用模糊命令将皮肤模糊。

Step02：使用高反差保留命令，为皮肤添加细节。

Step03：使用污点修复画笔工具，对人物面部的色斑进一步修复。

Step04：添加曲线和照片滤镜调整图层，提亮照片。

Ps

第 4 章
图层的应用

★ **内容导读**

图层在 Photoshop 中起了重要的作用，任何操作都必须通过图层来完成。图像可以放在不同的图层上进行独立的操作，也可以合并为一个图层。通过本章的学习希望大家可以充分掌握图层的知识，并且可以熟练地进行图层操作。

Ｃ **学习目标**

○ 了解图层概念　　　　　　　　○ 熟悉图层面板
○ 掌握图层的基本操作　　　　　○ 掌握如何编辑图层
○ 熟悉图层混合模式　　　　　　○ 掌握如何添加编辑图层样式
○ 掌握如何使用图层组管理图层

本节主要带大家认识图层，了解图层在设计作品中起到什么样作用，图层类型分为几种，以及熟悉"图层"面板。

4.1.1 图层类型

常见的图层类型包括普通图层、背景图层、文本图层、蒙版图层、形状图层以及调整图层等。

（1）背景图层

背景图层即叠放于各图层最下方的一种特殊的不透明图层，它以背景色为底色。用户可以在背景图层中自由涂画和应用滤镜，但不能移动位置和改变叠放顺序，也不能更改其不透明度和混合模式。使用橡皮擦工具擦除背景图层时会得到背景色。

（2）普通图层

普通图层即最普通的一种图层，在Photoshop中显示为透明。用户可以根据需要在普通图层上随意添加与编辑图像。在隐藏背景图层的情况下，图层的透明区域显示为灰白方格，如图4-1、图4-2所示。

图 4-2

（3）文本图层

文本图层主要用于输入文本内容，当用户选择"文字"工具在图像中输入文字时，系统将会自动创建一个文字图层，如图4-3、图4-4所示。若要对其进行编辑操作，应先执行"栅格化"命令，将其转换为普通图层。

图 4-3

图 4-1

图 4-4

（4）蒙版图层

蒙版是图像合成的重要手段，蒙版图层中的黑、白和灰色像素控制着图层中相应位置图像的透明程度。其中，白色表示显示的区域，黑色表示未显示的区域，灰色表示半透明区域。此类图层缩览图的右侧会显示一个黑白的蒙版图像，如图4-5、图4-6所示。

图 4-5

图 4-6

（5）形状图层

在使用形状工具创建图形时，系统会自动建立一个形状图层，如图4-7、图4-8所示。

图 4-7

图 4-8

 知识点拨

形状图层具有可以反复修改和编辑的特性。

（6）调整图层和填充图层

调整图层主要用于存放图像的色调与色彩，以及调节该层以下图层中图像的色调、亮度和饱和度等。它对图像的色彩调整很有帮助，该图层的引入解决了存储后图像不能再恢复到以前色彩的状况。若图像中没有任何选区，则调整图层作用于其下方所有图层，但不会改变下面图层的属性。

填充图层的填充内容可为纯色、渐变或图案，如图4-9、图4-10所示。

图 4-9

图 4-10

4.1.2 熟悉图层面板

在Photoshop中，几乎所有应用都是基于图层的，很多复杂强大的图像处理功能也是图层所提供的。执行"窗口 > 图层"命令，弹出"图层"面板，如图4-11所示。

图 4-11

在"图层"面板中，主要选项的含义如下。

● "图层滤镜"：位于"图层"面板的顶部，显示基于名称、种类、效果、模式、属性或颜色标签的图层的子集。

● "图层的混合模式"：用于选择图层的混合模式。

● "图层整体不透明度" 不透明度: 100% ∨：用于设置当前图层的不透明度。

● "图层锁定" 锁定: ⊠ ✓ ✦ ⫶ 🔒：用于对图层进行不同的锁定，包括锁定透明像素、锁定图像像素、锁定位置和锁定全部。图层被锁定后，将显示完全锁定图标 🔒 或部分锁定图标 🔓。

● "图层内部不透明度" 填充: 100% ∨：可以在当前图层中调整某个区域的不透明度。

● "指示图层可见性" ●：用于控制图层显示或者隐藏，不能编辑在隐藏状态下的图层。

● "图层缩览图"：指图层图像的缩小图，方便确定调整的图层。在缩小图上右击弹出列表，在列表中可以选择缩小图的大小、颜色、像素等。

● "图层名称"：用于定义图层的名称，若想要更改图层名称，只需双击要重命名的图层，输入名称即可。

● "图层按钮组" ∞ ƒx ▣ ❂ ▭ 🗇 🗑：在图层面板底端的7个按钮分别是链接图层、添加图层样式、添加图层蒙版、创建新的填充或调整图层、创建新组、创建新图层、删除图层，它们是图层操作中常用的命令。

4.2 图层的基本操作

图层的基本操作主要包括新建图层、选择图层、复制和重命名图层、删除图层、调整图层顺序等操作，下面进行具体的介绍。

4.2.1　新建图层

默认状态下，打开或新建的文件只有背景图层。执行"图层>新建>图层"命令，弹出"新建图层"对话框，单击"确定"按钮即可新建图层，如图4-12所示；或者在"图层"面板中，单击"创建新图层" 按钮，即可在当前图层上面新建一个图层，新建的图层会自动成为当前图层。

图4-12

除此之外，还应该掌握其他图层创建的方法。

① 文字图层　单击"文字工具" T.，在图像中单击鼠标，出现闪烁光标后输入文字，按Ctrl +Enter组合键确认即可创建文字图层。

② 形状图层　单击"自定形状工具"，打开属性栏中"设置待创建的形状"选项右侧的下拉列表，从中选择相应的形状，在图像上单击并拖动鼠标，即会自动生成形状图层。

③ 填充或调整图层　单击"图层"面板底端的"创建新的填充或调整图层" 按钮，在弹出的菜单中选择相应的命令，设置适当的调整参数后单击"确定"按钮，即会在"图层"面板中出现调整图层或填充图层。

4.2.2　选择图层

在对图像进行编辑之前，要选择相应图层作为当前工作图层，此时只须将光标移动到"图层"面板上，当其变为 形状时单击需要选择的图层即可；或者在图像上单击鼠标右键，在弹出的快捷菜单中选择相应的图层名称也可选择该图层。

单击第一个图层的同时按住Shift键单击最后一个图层，即可选择之间的所有图层，如图4-13所示。按住Ctrl键的同时单击需要选择的图层，这样可以选择非连续的多个图层，如图4-14所示。

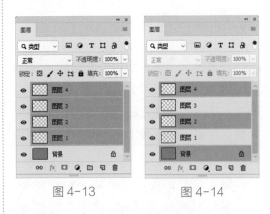

图4-13　　　　　图4-14

4.2.3　复制并重命名图层

复制图层在编辑图像的过程中应用非常广泛，根据实际需要可以在同一个图像中复制图层或组，也可以在不同的图像间复制

图4-15

图层或组。选择需要复制的图层，将其拖动到"创建新图层" 按钮上即可复制出一个副本图层，如图4-15所示。复制副本图层可以避免因为操作失误造成的图像效果的损失。

若需要修改图层的名称，在图层名称上双击鼠标，图层名称变为蓝色，呈可编辑状态，如图4-16所示。输入新的图层名称，按Enter键确认即可重命名该图层，如图4-17所示。

图 4-16

图 4-17

4.2.4 删除图层

为了减少图像文件占用的磁盘空间，在编辑图像时，通常会将不再使用的图层删除。具体的操作方法是右击需要删除的图层，在弹出的菜单中选择"删除图层"命令即可。

除此之外，还可以选中要删除的图层，并将其拖动到"删除图层"按钮 🗑 上，释放鼠标即可删除。

4.2.5 调整图层叠放顺序

通常一个图像会有多个图层，图层的叠放顺序直接影响着图像的合成结果，因此，常常需要调整图层的叠放顺序，来达到设计的要求。

最常用的方法是在"图层"面板中单击选择需要调整位置的图层，将其直接拖动到目标位置，出现蓝色双线时释放鼠标即可，如图4-18所示；或者选择图层，在"图层"面板上选择要移动的图层，执行"图层>排列"命令，然后从子菜单中选取相应的命令，选定图层被移动到指定的位置上，如图4-19所示。

图 4-18

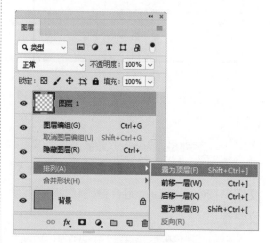

图 4-19

扫一扫 看视频

📑 课堂练习 / 制作印花图案

本案例主要讲解如何制作印花图案，在制作过程中为了图像的美观，先给图像添加背景色，然后再制作出要填充的图案，最后创建图案填充图层，填充图案。

Step 01 启动 Photoshop 应用程序，执行"文件>新建"命令，弹出"新建文档"对话框，在对话框中设置参数，单击"创建"按钮，新建文档，如图 4-20、图 4-21 所示。

图 4-20

图 4-21

Step 02 单击工具箱中的"前景色"按钮，弹出"拾色器"对话框，在对话框中设置颜色，如图 4-22 所示。

Step 03 选中背景图层，按 Alt+Delete 组合键填充颜色，如图 4-23 所示。

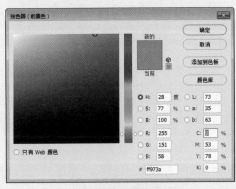

图 4-22

图 4-23

Step 04 执行"文件>新建"命令，弹出"新建文档"对话框，在对话框中设置参数，单击"创建"按钮，再次新建文档，如图 4-24、图 4-25 所示。

图 4-24

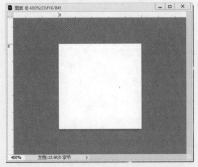

图 4-25

Step 05 设置工具箱中的前景色为白色，选择"自定形状工具"在属性栏中选择形状，并在画布中绘制，如图 4-26 所示。

Step 06 选中"背景"图层，按 Delete 键将背景删除，如图 4-27 所示。

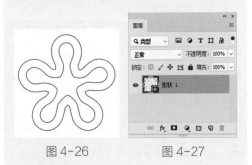

图 4-26　　　　图 4-27

Step 07 执行"编辑>定义图案"命令，弹出"图案名称"对话框，对图案进行命名，单击"确定"按钮，新建图案，如图4-28所示。

Step 08 切换至第一次新建的文档，单击"图层"面板底端"创建新的填充或调整图层"按钮，在弹出的下拉菜单中选择"图案"选项，弹出"图案填充"对话框，选择新建的图案，单击"确定"按钮，填充图像，如图4-29所示。

图 4-28

图 4-29

Step 09 填充效果如图4-30、图4-31所示。

图 4-30

图 4-31

至此，完成印花图案的制作。

4.3 图层的编辑

图层的编辑主要包括了图层的对齐与分布、图层的链接、图层的锁定、合并图层以及盖印图层，下面对其进行具体的介绍。

4.3.1 图层的对齐与分布

在图像编辑过程中，常常需要将多个图层进行对齐或分布排列。对齐图层是指将两个或两个以上图层按一定规律进行对齐排列，以当前图层或选区为基础，在相应方向上对齐。执行"图层 > 对齐"命令，在弹出的快捷菜单中选择相应的对齐方式即可，如图4-32、图4-33所示为顶边对齐效果。

分布图层是指将3个以上图层按一定规律在图像窗口中进行分布。在"图层"面板中选择图层后执行"图层 > 分布"命令，在弹出的快捷菜单中选择所需的分布方式即可，如图4-34、图4-35所示为水平居中分布效果。

图 4-32

图 4-33

图 4-34

图 4-35

操作提示

选择"移动工具" ⊕，其属性栏中提供了"对齐"按钮和"分布"按钮 ⊨ ⊥ ⊒ ═ ┳ ┻ ┃ ╽，单击相应的按钮即可快速对图像进行对齐和分布操作。

4.3.2 图层的链接与锁定

图层的链接是指将多个图层链接在一起，链接后可同时对已链接的多个图层进行移动、变换和复制等操作。要链接图层，应在"图层"面板中选择至少两个图层，单击"链接图层"按钮 ⊙ 即可，如图4-36所示。

若要取消图层之间的链接，具体的操作方法是选择要取消链接的图层，然后单击"图层"面板底端的"链接图层"按钮 ⊙ 即可。

知识延伸

按住Shift键，单击链接图层右侧的链接图标，在链接图标上出现一个红x，表示当前图层的链接被禁用。按住Shift键，再次单击链接图标可重新启用链接。

为了防止对图层进行一些错误操作，还可以将图层锁定。Photoshop为用户提供了锁定透明像素、锁定图像像素、锁定位置和锁定全部4种锁定方式，只要选择需要锁定的图层，然后在"图层"面板中单击相应的锁定按钮即可，如图4-37所示。

图 4-36　　　　　　　　图 4-37

"图层锁定"各按钮的功能如下。

● 锁定透明像素 ⊠：锁定图层或图层组中的透明区域。当使用绘图工具绘图时，将只对图层的非透明区域（即有图像像素的部分）有效。

● 锁定图像像素 ∕：锁定图层或图层组中有像素的区域。单击此按钮，任何绘图、编辑工具和命令都不能在图层上操作。

● 锁定位置 ✛：锁定像素的位置。单击此按钮，将不能对图层执行移动、旋转和自由变换等操作，但可以绘图和编辑。

● 防止在画板和画框内外自动嵌套 ⊡：锁定视图中指定的内容，以禁止在画板内外自动嵌套；或指定给画板内的特定图层，以禁止这些特定图层的自动嵌套。

● 锁定全部 🔒：完全锁定图层，不能对图层进行任何操作。

4.3.3　合并图层

一幅图像通常是由许多图层组成的，图层越多，文件越大。当最终确定图像的内容后，为了缩减文件，可以将两个或两个以上图层中的图像合并到一个图层上。

（1）合并图层

当需要合并两个或多个图层时，在"图层"面板中选中要合并的图层，执行"图层 > 合并图层"命令或单击"图层"面板右上角的三角按钮 ☰，在弹出的菜单中执行"合并图层"命令，即可合并图层，如图4-38、图4-39所示。

图 4-38　　　　　　　　图 4-39

操作提示

按Ctrl+E组合键也可合并图层。

（2）合并可见图层

合并可见图层就是将图层中可见的图层合并到一个图层中，而隐藏的图像则保持不动。执行"图层 > 合并可见图层"命令或按Ctrl+Shift+E组合键即可合并可见图层，如图4-40、图4-41所示。

图 4-40　　　　　　　　图 4-41

（3）拼合图像

拼合图像是将所有可见图层进行合并而丢弃隐藏的图层。执行"图层 > 拼合图像"命令，软件会将所有处于显示的图层合并到背景图层中。若有隐藏的图层，则会弹出提示对话框，询问是否要扔掉隐藏的图层，单击"确定"按钮即可。

4.3.4 盖印图层

盖印图层是将之前对图像进行处理后的效果以图层的形式复制在一个图层上，便于继续进行编辑，这种方式极大方便了用户操作，同时也节省了时间。

一般情况下，选择位于"图层"面板

最顶层的图层，并按下 Ctrl+Shift+Alt+E 组合键即可盖印所有图层，如图4-42、图4-43所示。

图 4-42

图 4-43

4.4 图层的混合模式

本节主要介绍如何设置图像的不透明度和混合模式，改变图层的不透明度可以淡化当前图像，改变当前图层的混合模式图层会与下层像素进行混合，可以得到多个特殊的效果。

4.4.1 设置图层不透明度

图层的不透明度直接影响图层上图像的透明效果，对其进行调整可淡化当前图层中的图像，使图像产生虚实结合的透明感。在"图层"面板的"不透明度"数值框中输入相应的数值或直接拖动滑块即可。数值的取值范围为0~100%：当数值为100时，图层完全不透明，如图4-44所示；当数值为0时，图层完全透明。如图4-45所示是数值为40%时的效果。

图 4-44

图 4-45

在"图层"调板中,"不透明度"和"填充"两个选项都可用于设置图层的不透明度,但其作用范围是有区别的。"填充"只用于设置图层的内部填充颜色,对添加到图层的外部效果(如投影)不起作用。

4.4.2 设置图层混合模式

混合模式的应用非常广泛,在"图层"面板中,可以很方便地设置各图层的混合模式,选择不同的混合模式会得到不同的效果。

默认情况为正常模式,除正常模式外,软件提供了26种混合模式,分别为:溶解、变暗、正片叠底、颜色加深、线性加深、深色、变亮、滤色、颜色减淡、线性减淡(添加)、浅色、叠加、柔光、强光、亮光、线性光、点光、实色混合、差值、排除、减去、

图 4-46

划分、色相、饱和度、颜色和明度。如图4-46所示。

图层混合模式的设置效果及其功能如下。

● 正常:该模式为默认的混合模式,使用此模式时,图层之间不会发生相互作用,如图4-47所示。

● 溶解:在图层完全不透明的情况下,溶解模式与正常模式所得到的效果是相同的。若降低图层的不透明度时,图层像素不是逐渐透明化,而是某些像素透明,其他像素则完全不透明,从而得到颗粒化效果。如图4-48所示。

● 变暗:该模式的应用将会产生新的颜色,即它对上下两个图层相对应像素的颜色值进行比较,取较小值得到自己各个通道的值,因此叠加后图像效果整体变暗,如图4-49所示。

图 4-47

图 4-48

图 4-49

● 正片叠底：该模式可用于添加阴影和细节，而不会完全消除下方的图层阴影区域的颜色，如图4-50所示。其中，任何颜色与黑色混合时仍为黑色，与白色混合时没有变化。

● 颜色加深：该模式主要用于创建非常暗的阴影效果。根据图像每个通道中的颜色信息通过增加对比度使基色变暗以反映混合色，如图4-51所示。

● 线性加深：该模式查看每一个颜色通道的颜色信息，加暗所有通道的基色，并通过提高其他颜色的亮度来反映混合颜色，与白色混合时没有变化，如图4-52所示。

图 4-50   图 4-51   图 4-52

● 深色：应用该模式将比较混合色和基色的所有通道值的总和，并显示值较小的颜色。正是由于它从基色和混合色中选择最小的通道值来创建结果颜色，因此该模式的应用不会产生第三种颜色，如图4-53所示。

● 变亮：此模式与变暗模式相反，混合结果为图层中较亮的颜色，如图4-54所示。

● 滤色：根据图像每个通道中的颜色信息，并将混合色的互补色与基色复合。结果色总是较亮的颜色，用黑色过滤时颜色保持不变，如图4-55所示。

图 4-53   图 4-54   图 4-55

● 颜色减淡：根据图像每个通道中的颜色信息，并通过减小对比度使基色变亮以反映混合色，与黑色像素混合时无变化，如图4-56所示。

● 线性减淡（添加）：应用该模式将查看每个颜色通道的信息，通过降低其亮度来使颜色变亮，但与黑色混合时无变化，如图4-57所示。

● 浅色：该模式的应用与"深色"模式的应用效果正好相反，如图4-58所示。

<table>
<tr><td>图 4-56</td><td>图 4-57</td><td>图 4-58</td></tr>
</table>

●**叠加**：该模式的应用将对各图层颜色进行叠加，具体取决于基色。保留底色的高光和阴影部分，底色不被取代，而是和上方图层混合来体现原图的亮度和暗部，图案或颜色在现有像素上叠加，同时保留基色的明暗对比，不替换基色，如图4-59所示。

●**柔光**：该模式的应用将根据上方图层的明暗程度决定最终的效果是变亮还是变暗，如图4-60所示。

●**强光**：该模式的应用效果与柔光类似，但其加亮与变暗的程度比柔光模式强很多，如图4-61所示。

<table>
<tr><td>图 4-59</td><td>图 4-60</td><td>图 4-61</td></tr>
</table>

●**亮光**：该模式的应用将通过增加或降低对比度来加深或减淡颜色。如果上方图层颜色比50%的灰度亮，则图像通过降低对比度来减淡，反之图像被加深，如图4-62所示。

●**线性光**：通过减小或增加亮度来加深或减淡颜色，具体取决于混合色。若上方图层颜色比50%的灰度亮，则图像增加亮度，反之图像变暗，如图4-63所示。

●**点光**：该模式的应用将根据颜色亮度，决定上方图层颜色是否替换下方图层颜色，如图4-64所示。

<table>
<tr><td>图 4-62</td><td>图 4-63</td><td>图 4-64</td></tr>
</table>

●**实色混合**：应用该模式后将使两个图层叠加后具有很强的硬性边缘，如图4-65所示。

●**差值**：该模式的应用将使上方图层颜色与底色的亮度值互减，取值时以亮度较高的颜色减去亮度较低的颜色，如图4-66所示。

●**排除**：该模式的应用效果与差值模式相类似，但图像效果会更加柔和，如图4-67所示。

图 4-65

图 4-66

图 4-67

●**减去**：该模式的应用将当前图层与下面图层中图像色彩进行相减，将相减结果呈现出来，如图4-68所示。

●**划分**：该模式的应用将上一层的图像色彩以下一层的颜色为基准进行划分所产生的效果，如图4-69所示。

●**色相**：该模式的应用将采用底色的亮度、饱和度以及上方图层中图像的色相作为结果色，如图4-70所示。

图 4-68

图 4-69

图 4-70

●**饱和度**：该模式的应用将采用底色的亮度、色相以及上方图层中图像的饱和度作为结果色。混合后的色相及明度与底色相同，但饱和度由上方图层决定。若上方图层中图像的饱和度为零，则原图就没有变化，如图4-71所示。

●**颜色**：该模式的应用将采用底色的亮度以及上方图层中图像的色相和饱和度作为结果色。混合后的明度与底色相同，颜色由上方图层图像决定，如图4-72所示。

●**明度**：该模式的应用将采用底色的色相饱和度以及上方图层中图像的亮度作为结果色。此模式与颜色模式相反，即其色相和饱和度由底色决定，如图4-73所示。

图 4-71

图 4-72

图 4-73

本案例主要讲解如何制作素描效果的图像，涉及的知识点包括调整图像、混合模式等。下面介绍具体的操作步骤。

扫一扫 看视频

Step 01 启动 Photoshop 应用程序，执行"文件 > 打开"命令，打开本章素材"人物 .jpg"，并选中背景图像，按 Ctrl+J 组合键，复制背景图层，如图 4-74、图 4-75 所示。

图 4-74

图 4-75

Step 02 执行"图像 > 调整 > 黑白"命令，在弹出的"黑白"对话框设置参数，单击"确定"按钮，将图像变成黑白图像，如图 4-76、图 4-77 所示。

图 4-76

图 4-77

Step 03 单击"图层"面板底端"新建图层"按钮，新建图层，如图 4-78 所示。

Step 04 选中新建的图层，在工具箱中设置前景色为白色，按 Alt+Delete 组合键，填充前景色，并在"图层"面板中设置混合模式为"颜色减淡"如图 4-79 所示。

图 4-78

图 4-79

Step 05 设置前景色为黑色，使用"画笔工具"，然后在属性栏中设置画笔的大小、硬度、不透明度，并在画面中绘制，显示出人物的五官，如图4-80所示。

Step 06 继续使用"画笔工具"在新建的图层上绘制，调整图像，如图4-81所示。

图4-80　　　　　图4-81

至此，完成图像素描效果的制作。

4.5 图层样式

图层样式是Photoshop软件一个重要的功能，利用图层样式功能，可以简单快捷地为图像添加投影、内阴影、内发光、外发光、斜面和浮雕、光泽、渐变等效果。下面对图层样式的应用进行具体介绍。

4.5.1 了解不同的图层样式

为图层添加样式，有以下 3种操作方法。

● 双击需要添加图层样式的图层，打开"图层样式"对话框，如图4-82所示，勾选相应的复选框并设置参数以调整效果，单击"确定"按钮即可。

● 单击"图层"面板底端的"添加图层样式" fx 按钮，从弹出的下拉菜单中选择任意一种样式，弹出"图层样式"对话框，勾选相应的复选框并设置参数即可。

● 在"图层"面板中双击要添加样式的图层缩览图，弹出"图层样式"对话框，勾选相应的复选框并设置参数即可。

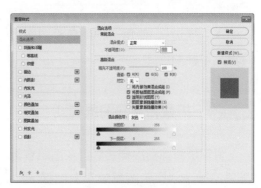

图4-82

下面对各图层样式的应用进行简单介绍。

● "投影"：用于模拟物体受光后产生的投影效果，以增加图像的层次感。

● "内阴影"：指沿图像边缘向内产

生投影效果。"投影"是在图层内容的背后添加阴影；"内阴影"是在图层边缘内添加阴影，使图层呈现内陷的效果。

● "外发光"：在图像边缘的外部添加发光效果。

● "内发光"：在图像边缘的内部添加发光效果。

● "斜面和浮雕"：用于增加图像边缘的明暗度，并增加投影来使图像产生不同的立体感。

● "光泽"：在图像上填充明暗度不同的颜色并在颜色边缘部分产生柔化效果，常用于制作光滑的磨光或金属效果。

● "颜色叠加"：使用一种颜色覆盖在图像表面。为图像添加"颜色叠加"样式就如同使用画笔工具沿图像涂抹上一层颜色，不同的是由"颜色叠加"样式叠加的颜色不会破坏原图像。

● "渐变叠加"：使用一种渐变颜色覆盖在图像表面。

● "图案叠加"：使用一种图案覆盖在图像表面。

● "描边"：使用一种颜色沿图像边缘填充某种颜色。

4.5.2 折叠和展开图层样式

为图层添加图层样式后，在图层右侧会显示一个"指示图层效果"图标 。当三角形图标指向下端时，图层样式折叠到一起，如图4-83所示。

单击该按钮，图层样式将展开，可以在"图层"面板中清晰看到为图层添加的图层样式，此时三角形图标指向上端，如图4-84所示。

图 4-83

图 4-84

4.5.3 复制和删除图层样式

如果要重复使用一个已经设置好的样式，用户可以复制该图层样式并将其应用到其他图层上。用户可以通过以下方式复制图层样式：

● 选中已添加图层样式的图层，执行"图层 > 图层样式 > 拷贝图层样式"命令，复制该图层样式，再选择需要粘贴图层样式的图层，执行"图层 > 图层样式 > 粘贴图层样式"命令即可完成复制。

● 选中已添加图层样式的图层，单击鼠标右键，在弹出的快捷菜单中选择"拷贝图层样式"命令，在需要粘贴图层样式的图层上单击鼠标右键，在弹出的快捷菜单中选择"粘贴图层样式"命令即可。

操作提示

按住Ctrl+Alt组合键的同时，将要复制图层样式的图层上的图层效果图标拖动到要粘贴的图层上，释放鼠标即可复制图层样式到其他图层中。

删除图层样式可分为以下两种形式。

（1）删除图层中运用的所有图层样式

具体的操作方法是，将要删除的图层中的图层效果图标 拖动到"删除图层"

按钮 上，释放鼠标即可删除图层样式。

（2）删除图层中运用的部分图层样式

具体的操作方法是，展开图层样式，选择要删除的其中一种图层样式，将其拖到"删除图层" 按钮上，释放鼠标即可删除该图层样式，而其他的图层样式依然保留，如图4-85、图4-86所示。

图 4-85

图 4-86

4.5.4 隐藏图层样式

有时图像中的效果太过复杂，难免会扰乱画面，这时用户可以隐藏图层效果。隐藏图层样式有两种形式：一种是隐藏所有图层样式；另一种是隐藏当前图层的图层样式。

（1）隐藏所有图层样式

选择任意图层，执行"图层 > 图层样式 > 隐藏所有效果"命令，此时该图像文件中所有图层的图层样式将被隐藏。

（2）隐藏当前图层的图层样式

单击当前图层中已添加的图层样式前的图标 ，即可将当前层的图层样式隐藏。此外，还可以单击其中某一种图层样式前的图标 ，隐藏该图层样式，如图4-87、图4-88所示。

图 4-87　　　　　图 4-88

📋 课堂练习　制作水迹效果

本案例主要使用图层样式功能来制作出带有水迹的叶面效果，下面对其操作步骤进行具体进行介绍。

扫一扫 看视频

Step 01 启动 Photoshop 应用程序，执行"文件 > 打开"命令，打开本章素材"叶子 .jpg"，如图 4-89 所示。

图 4-89

Step 02 单击"图层"面板底端"新建图层"按钮，新建图层，设置前景色和背景色为白黑颜色，并填充颜色为白色，如图 4-90 所示。

图 4-90

Step 03 执行"滤镜 > 渲染 > 分层云彩"命令，应用效果如图 4-91 所示。

Step 04 执行"滤镜 > 滤镜库"命令，弹出"滤镜"对话框，在对话框中执行"素描 > 图章"命令，并设置右侧的参数，单击"确定"应用图章滤镜效果，如图 4-92 所示。

图 4-91

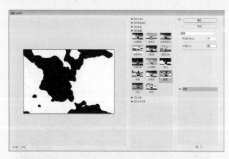

图 4-92

Step 05 使用"魔棒工具"选区白色的图像，如图 4-93 所示。然后按 Delete 键删除白色图像，按 Ctrl+D 组合键取消选区，如图 4-94 所示。

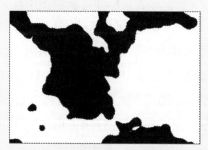

图 4-93

图 4-94

Step 06 单击"图层"面板的底端"添加图层样式"按钮，在下拉的菜单中选择"斜面和浮雕"选项，弹出"图层样式"对画框，在对话框中设置参数，为图像添加立体效果，如图 4-95、图 4-96 所示。

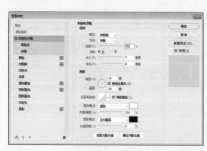

图 4-95

图 4-96

Step 07 在"图层样式"对话框中，选择"内阴影"和"光泽"选项，然后分别设置内阴影和光泽的参数，完善水迹，如图 4-97、图 4-98 所示。

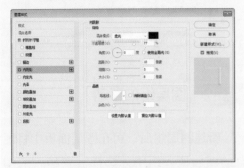

图 4-97

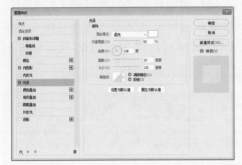

图 4-98

Step 08 在"图层样式"对话框中选择"投影"选项，设置投影的参数，为图像添加投影，如图 4-99、图 4-100 所示。

Step 09 单击"图层"面板底端"新建图层"按钮，新建图层，设置前景色为白色，使用"画笔工具"在水迹上绘制高光，如图 4-101 所示。

Step 10 选中绘制的高光，执行"滤镜 > 模糊 > 高斯模糊"命令，弹出"高斯模糊"对话框，在对话框中进行设置参数为 4，单击"确定"按钮，应用模糊效果，为高光添加模糊效果，如图 4-102 所示。

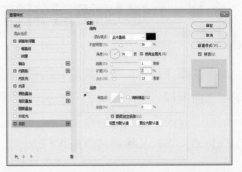

图 4-99

图 4-100

图 4-101

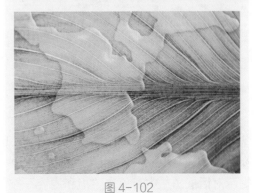

图 4-102

至此，完成水迹效果的制作。

在创建作品时，图层数量会随着图形的增加而增加，使用图层组对图层进行管理，可以方便快速查找到需要图层，提高工作效率，下面具体对其应用进行介绍。

4.6.1　新建和删除图层组

图层组就是将多个层归为一个组，这个组可以在不需要操作时折叠起来，无论组中有多少图层，折叠后只占用相当于一个图层的空间，并方便管理图层，节省工作时间以提高效率。

单击"图层"面板底端的"创建新组"按钮 ▢。新建后图层组前有一个"扩展"按钮 ›，单击该按钮，按钮呈 ⌄ 状态时即可查看图层组中包含的图层，再次单击该按钮即可将图层组层叠，如图4-103、图4-104所示。

图 4-103　　　　　　图 4-104

对于不需要的图层组，可以选择删除。首先选择要删除的图层组，单击"删除图层"按钮🗑，弹出如图4-105所示的提示对话框。从中若单击"组和内容"按钮，则在删除组的同时还将删除组内的图层；若单击"仅组"按钮，则只删除图层

组，并不删除组内的图层。

图 4-105

4.6.2　图层组的移动

新建图层组后，可在图层面板中将现有的图层拖入组中。选择需要移入的图层，将其拖动到新建的图层组上，当出现蓝色双线时释放鼠标即可将图层移入图层组中。将图层移出图层组的方法与之相似，如图4-106、图4-107所示。

图 4-106　　　　　　图 4-107

此外，两个图层组中的图层也可以进行移动。选择需要移入另一个图层组的图层，将图层拖动到另一个图层组上，出现蓝色双线时释放鼠标即可，如图4-108、图4-109所示。

操作提示

如果组中已经有图层存在，则只需要拖动到组中的任意图层间就可以了，这样同时也可以决定拖入的层在组中的层次。如果都拖动到组名称上，则先拖入的图层

层次较高，后拖入的图层层次在前者之下。当然，可以任意改变组中图层的层次。

图 4-108　　　　　图 4-109

4.6.3　合并图层组

虽然利用图层组制作图像较为方便，但某些时候可能需要合并一些图层组。具体的操作方法是，选中要合并的图层组，然后单击鼠标右键，在弹出的快捷菜单中选择"合并组"命令，即可将图层组中的所用图层合并为一个图层。

综合实战　制作灯管效果的文字

扫一扫 看视频

本案例主要通过添加图层样式，制作出夜晚发光的文字效果，下面对其进行具体的讲解。

Step 01 启动 Photoshop 应用程序，执行"文件 > 新建"命令，在弹出的"新建文档"对话框中设置参数，单击"创建"按钮，新建文档，如图 4-110 所示。

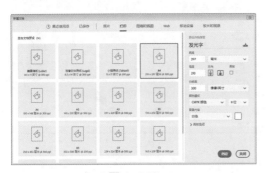

图 4-110

Step 02 将本章素材"墙 .jpg"拖入当前文档中，调整大小与位置，如图 4-111 所示。

Step 03 使用"矩形工具"绘制一个与素材等大的矩形，使用"渐变工具"填充径向渐变，如图 4-112 所示。

图 4-111

图 4-112

Step 04 选择"自定形状工具" 绘制心形图案，并设置心形填充为无，描边为白色和"20 像素"，如图 4-113 所示。

95

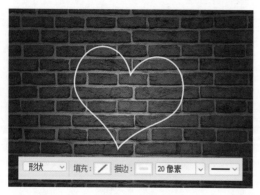

图 4-113

Step 05 按 Ctrl+J 组合键复制心形图案图层，按 Ctrl+T 组合键调整复制的图像大小、位置及角度，并设置其描边为红色，如图 4-114 所示。

Step 06 选择"钢笔工具"绘制酒杯和三角形，设置其描边的颜色及描边的粗细，如图 4-115 所示。

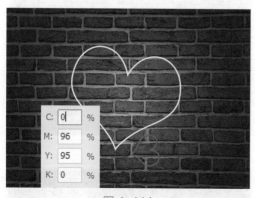

图 4-114

图 4-115

Step 07 选择"横排文字工具"输入文

字，设置文字的字体、字号及颜色，如图 4-116 所示。选中所有形状图层，按 Ctrl+Alt+E 组合键盖印。

Step 08 选中白色心形图案图层，单击"图层"面板底端 "添加图层样式"按钮，在下拉菜单中选择"斜面和浮雕"选项，弹出"图层样式"对话框，在对话框中设置"斜面和浮雕"参数，为白色的心形图案添加立体的效果，如图 4-117 所示。

图 4-116

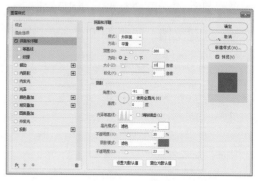

图 4-117

Step 09 在"图层样式"对话框中选择"内发光"选项，设置内发光参数，为图像添加内发光效果，如图 4-118 所示。

Step 10 在"图层样式"对话框中选择"外发光"选项，设置外发光参数，为图像添加外发光效果，如图 4-119 所示。

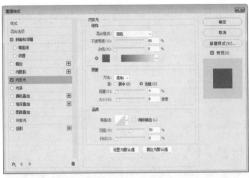

图 4-118

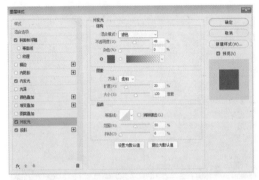

图 4-119

Step 11 在"图层样式"对话框中完成设置后，单击"确定"按钮应用图层样式效果，制作出发光字的效果，如图 4-120 所示。

Step 12 选中白色的心形图像的图层，在图层右侧空白处右击鼠标键，在弹出的菜单栏中选中"拷贝图层样式"选项，拷贝白色心形图层的图层样式，如图 4-121 所示。

图 4-120

图 4-121

Step 13 将其他绘制的图形选中，在"图层"面板中右击鼠标，在弹出的菜单中选择"粘贴图层样式"选项，为图像添加发光字的效果，如图 4-122 所示。

Step 14 粘贴图层样式后效果如图4-123所示。

图 4-122

图 4-123

Step 15 选中酒杯图像图层，双击图层下面的"内发光"效果，打开"图层样式对话框"在对话框中修改内发光的颜色为青蓝色，如图 4-124 所示。

Step 16 在"图层样式"对话框中选择"外发光"，修改外发光的颜色，单击"确定"按钮，应用图层样式效果，如图 4-125 所示。

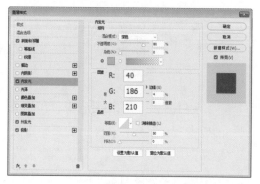

图 4-124

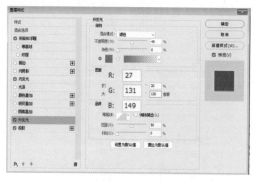

图 4-125

Step 17 修改过的发光效果如图 4-126 所示。

Step 18 使用上述同样的方法，修改三角形和文字的内发光和外发光效果，使三角形发出橘色光，文字发出红光，如图 4-127 所示。

Step 19 选中盖印图层，单击"图层"面板底端"添加图层样式"按钮，在下拉菜单中选择"投影"选项，弹出"图层样式"对话框，在对话框中设置"投影"参数，为盖印对象添加投影的效果，如图 4-128 所示。完成后效果如图 4-129 所示。

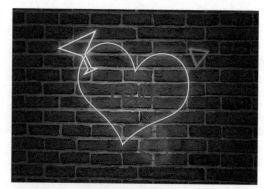

图 4-126

图 4-127

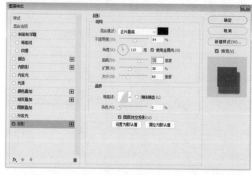

图 4-128

图 4-129

至此，完成灯管效果的文字的制作。

课后作业 / 制作霓虹灯效果文字

项目需求

制作一张霓虹灯效果文字图像，要求简洁大气精致、蓝色的字体，文字有很强的质感。

项目分析

画面的光感比较强，文字的阴影比较明确，这使整体的画面更加有空间感、有层次，给人舒适的感觉。霓虹灯效果文字的背景采用磨砂的绿黑色背景，能突出文字，使画面整体更加大气。

项目效果

效果如图4-130所示。

图4-130

操作提示

Step01：制作空间感的背景。

Step02：使用文字工具和图层样式对话框制作凹凸感的文字。

Step03：绘制霓虹灯的电灯泡。

第 5 章
文本的应用

⭐ **内容导读**

文字是设计中不可或缺的元素之一，它能辅助传递图像的相关信息。
在 Photoshop 中可以选择文字组中的工具为图像添加文字信息，选
择"文字"面板和"段落"面板可以对文字和段落文字格式进行设置，
下面将对文本的应用进行具体的介绍。

📀 **学习目标**

○ 掌握文字工具的使用方法
○ 掌握文字和段落格式的设置方法
○ 掌握文字的编辑方法

5.1 文字的输入

在设计制作图像时首先要了解文字的输入方法，将文字信息输入到当前文档中，然后才能对添加在文档的文字进行编辑，完善画面，下面对文字的输入进行具体介绍。

5.1.1 认识文字工具组

在Photoshop 中，文字工具包括“横排文字工具”、“直排文字工具”、“直排文字蒙版工具”和“横排文字蒙版工具”。使用鼠标右键单击“横排文字工具”按钮右下角的小三角形图标或按住左键不放，即可显示出该工具组中隐藏的子工具，如图5-1所示。

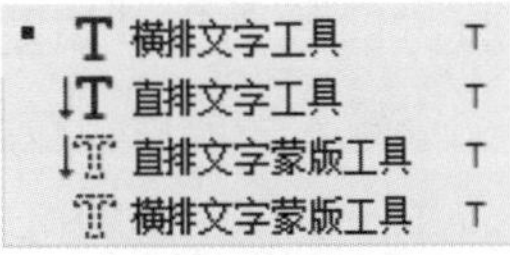

图 5-1

“横排文字工具”是最基本的文字类工具之一,一般用于横行文字的处理，输入方向为从左至右；“直排文字工具”与“横排文字工具”用法差不多，但是其排列方式为直排，输入方向为由上至下；“横排文字蒙版工具”可创建出横排的文字选区，使用该工具时图像上会出现一层红色蒙版；“直排文字蒙版工具”与“横排文字蒙版工具”效果一样，只是方向为直排文字选区。

选择文字工具后，将在属性栏中显示该工具的属性参数，其中包括了多个按钮和选项设置，如图5-2所示。

图 5-2

下面对其重要选项进行介绍。

- “更改文本方向”按钮：单击该按钮即可实现文字横排和直排之间的转换。
- “字体”选项：用于设置文字字体。
- “设置字体样式”选项：用于设置的样式。
- “设置字体大小”选项：用于设置文字的字体大小，默认单位为点，即像素。
- “设置消除锯齿的方法”选项：用于设置消除文字锯齿的模式。
- 对齐按钮组：用于快速设置文字对齐方式，从左到右依次为“左对齐”“居中对齐”和“右对齐”。
- “设置文本颜色”色块：单击色块，将打开“拾色器”对话框，在其中设置文本颜色。
- “创建文字变形”按钮：单击该按钮，将打开“变形文字”对话框，在其中可设置其变形样式。
- “切换字符和段落面板”按钮：单击该按钮即可快速打开“字符”面板和“段落”面板。

5.1.2 输入水平与垂直文字

选择文字工具，在属性栏中设置文字的字体和字号，在图像中单击，此时在图像中出现相应的文本插入点，输入文字即可。使用"横排文字工具" **T.** 可以在图像中从左到右输入水平方向的文字，使用"直排文字工具" **IT.** 可以在图像中输入垂直方向的文字，如图5-3、图5-4所示。文字输入完成后，按组合键Ctrl+Enter或者单击文字图层即可。

图5-3

图5-4

若需要调整已经创建好的文本排列方式，则可以单击文本工具选项栏中的"切换文本取向"按钮 **凸**，或执行"文字>取向（水平或垂直）"命令即可。

知识延伸

在输入文字时，若输入文字有误或需

要更改文字，可按退格键将输入的文字逐个删除，或者单击属性栏中的"取消所有当前编辑" 按钮，可以取消文字的输入。

5.1.3 输入段落文字

若需要输入的文字内容较多，可通过创建段落文字的方式来进行文字输入，以便对文字进行管理并对格式进行设置。

选择文字工具，将鼠标指针移动到图像窗口中，当鼠标变成插入符号时，按住鼠标左键不松，拖动鼠标，此时在图像窗口中拉出一个文本框。文本插入点会自动插入到文本框前端，然后在文本框中输入文字，当文字到达文本框的边界时会自动换行。如果文字需要分段时，按Enter键即可，如图5-5、图5-6所示。

图5-5

图5-6

若开始绘制的文本框较小，会导致输入的文字内容不能完全显示在文本框中，此时将鼠标指针移动到文本框四周的控制点上拖动鼠标调整文本框大小，使文字全部显示在文本框中。

在缩放文本框时，其中的文字会根据文本框的大小自动调整。如果文本框无法容纳输入的文本，其右下角的方形控制点中会显示一个"⊞"号。

5.1.4 输入文字型选区

文字型选区即沿文字边缘创建的选区，选择"横排文字蒙版工具"或"直排文字蒙版工具"可以创建文字选区，如图5-7、图5-8所示。使用文字蒙版工具创建选区时，"图层"面板中不会生成文字图层，因此输入文字后，不能再编辑该文字内容。

文字蒙版工具与文字工具的区别在于，使用它可以创建未填充颜色的以文字为轮廓边缘的选区。用户可以为文字型选区填充渐变颜色或图案，以便制作出更多的文字效果。

图 5-7

图 5-8

课堂练习 制作镂空字

本案例主要利用了"横排文字蒙版工具"，下面对其制作过程进行具体的讲解。

扫一扫 看视频

Step 01 启动 Photoshop 应用程序，执行"文件 > 打开"命令，打开本章素材"夏天.jpg"，如图5-9所示。

Step 02 选择"矩形工具"绘制矩形，在属性栏中设置其填充为白色，然后将背景图层和矩形图层选中，单击属性栏中 "水平居中对齐"和"垂直居中对齐"按钮将图像与背景对齐，如图5-10所示。

图 5-9

图 5-10

Step 03 选择白色的矩形图层，在图层名称右边的空白处右击鼠标，在弹出的菜单中执行"栅格化图层"命令，将图像栅格化，如图 5-11 所示。

Step 04 选择"横排文字蒙版工具"在画面中输入文字，在属性栏中设置文字的字体、字号，如图 5-12 所示。

图 5-11

图 5-12

Step 05 按 Ctrl+Enter 组合键，结束文字的输入，建立选区，如图 5-13 所示。

Step 06 选择白色矩形的图层，按Delete 组合键，删除选区图像，并按Ctrl+D 组合键，删除选区的图像，如图 5-14 所示。

图 5-13

图 5-14

至此，完成镂空字的制作。

5.2 文字格式和段落格式

在Photoshop中可以对点文字和段落文字进行设置，调整文字的字体、大小、行间距、字符间距、颜色、文字加粗等属性，使文字更能展现出用户想表达的主题，使画面充满艺术性。

5.2.1 认识字符面板

选择文字工具，在属性栏中单击"字符"按钮，即可弹出"字符"面板，如图5-15所示。

执行"文字>面板>字符"命令或执

行"窗口＞字符"命令也可以弹出"字符"面板。在该面板中可以对文字进行更多设置，例如字体、字号、行间距、竖向缩放、横向缩放、比例间距、字符间距和字体颜色等。

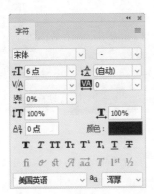

图5-15

下面对面板中主要选项的功能进行介绍。

● "设置行距" ⬚：用于设置输入文字行与行之间的距离。

● "字距调整" ⬚：用于设置字与字之间的距离。

● "比例间距" ⬚：用于设置文字字符间的比例间距，数值越大则字距越小。

● "垂直缩放" ⬚：用于设置文字垂直方向上的缩放大小，即高度。

● "水平缩放" ⬚：用于设置文字水平方向上的缩放大小，即宽度。

● "基线偏移" ⬚：用于设置文字在默认高度基础上向上（正）或向下（负）偏移。

● 文字效果按钮组 ⬚：单击相应按钮即可为文字添加一定的特殊效果。包括仿粗体、仿斜体、全部大写字母、小型大写字母、上标、下标、下划线和删除线8种。

5.2.2 设置文字格式

在设计作品中，如果只是输入文本会使文字版面显得很单调，这就需要对文字格式进行设置。文字的格式包括文字的行距、间距、垂直和水平缩放等。

（1）选择文字

若要修改文本，首先要选择文本。在"图层"面板中双击文字图层缩览图即可选择全部文字，如图5-16所示。若要选择部分文字，则应先单击文字工具，将鼠标移动到需要选择的文字开始处单击并拖动鼠标，此时被选择的文字呈反色显示，如图5-17所示。

图5-16

图5-17

（2）调整间距

调整间距一般有两种方式：一种是设置所选字符的字距调整；另一种是设置所选字符的比例间距。

选择要调节字符间距的文本，在"字符"面板中的"设置所选字符的字距调整" VA 中的下拉列表框中输入字符间距的数值即可调整字符间距。数值越大，字符间距越大；数值越小，字符间距越小。在下拉列表中输入不同数值，文字效果如图5-18、图5-19所示。

图 5-18

图 5-19

设置所选字符的比例间距与设置所选字符的字距调整方法相似。选择需要调整的文字后，在"字符"面板中的"设置所选字符的比例间距"下拉列表框中输入比例间距的百分比即可对文字的比例间距进行调整。

（3）调整行距

行距即文字行与行之间的距离。默认情况为"自动"。调整行距的具体操作方法为下：

选择要调整行距的文本，在"字符"

面板的设置行距 A 下拉列表中选择或输入数值。输入不同数值，文字效果如图5-20、图5-21所示。

图 5-20

图 5-21

（4）调整垂直和水平缩放

文字的垂直缩放即文字垂直方向上的大小比例。水平缩放即文字水平方向上的大小比例。输入文字后可对全部文字或部分文字进行高度或宽度的调整。调整部分文字的垂直缩放为140%和水平缩放为200%的文字效果，如图5-22、图5-23所示。

图 5-22

图 5-23

图 5-25

5.2.3 设置文字效果

在制作图像时，一些独特的文字效果往往更能吸引人的注意。通过改变文字的颜色，为文字添加粗体、斜体或转换为全部大写，以及为文字添加上标和下标、下划线和删除线等，能让文字效果更丰富多彩。

（1）调整文字颜色

调整文字的颜色可以设置整个文本的颜色，也可以针对单个字符。设置文字颜色的具体方法为：选择需要调整颜色的文字，在属性栏中单击颜色色块，在弹出的"拾色器"对话框中设置颜色。也可以在"字符"面板的"颜色"选项中设置文字颜色，如图5-24、图5-25所示。

图 5-24

（2）添加文字效果

在Photoshop中，在"字符"面板中单击文字效果按钮组 中相应的选项即可为文字添加特殊效果。这些文字样式可以重复使用，且能同时单击多个按钮应用多种样式，如图5-26、图5-27所示。

图 5-26

图 5-27

107

5.2.4 设置段落格式

设置段落格式包括设置文字的对齐方式和缩进方式等，不同的段落格式具有不同的文字效果。段落格式的设置主要通过段落面板来实现，执行"窗口>段落"命令，打开"段落"面板，如图5-28所示。在面板中单击相应的按钮或输入数值即可对文字的段落格式进行调整。

图 5-28

"段落"面板中，各主要选项的含义介绍如下。

● "对齐方式"按钮组 ：从左到右依次为"左对齐文本""居中对齐文本""右对齐文本""最后一行左对齐""最后一行居中对齐""最后一行右对齐""全部对齐"。

● "缩进方式"按钮组："左缩进"按钮 （段落的左边距离文字区域左边界的距离）、"右缩进"按钮 （段落的右边距离文字区域右边界的距离）、"首行缩进"按钮 （每一段的第一行留空或超前的距离）。

● "添加空格"按钮组："段前添加空格"按钮 （设置当前段落与上一段的距离）、"段后添加空格"按钮 （设置当前段落与下一段落的距离）。

● "避头尾法则设置"选项：用于将换行集设置为宽松或严格。

● "间距组合设置"选项：用于设置内部字符集间距。

● "连字"复选框：勾选该复选框，可将文字的最后一个英文单词拆开，形成连字符号，而剩余的部分则自动换到下一行。

5.3 文字的编辑

在Photoshop中可以对文字进行编辑，例如改变文本的排列方式、转化点文字与段落文字、栅格化文字图层等，下面进行具体介绍。

5.3.1 更改文本的排列方式

文本的排列方式有横排和直排两种，这两种排列方式是可以相互转换的。首先选择要更改排列方式的文本，在属性栏中单击"更改文本方向"按钮 或者执行"文字>取向（水平或垂直）"命令即可实现文字横排和直排之间的转换。

5.3.2 转换点文字与段落文字

当要输入少量的文字时，例如一个字、一行或一列文字，可以使用点文字类型，点文字是Photoshop中的一种文字输入方式。当文本较多时，选择文字工具，先拖拽一个文本框，在文本框中输入文字，这种文字称为段落文字。

若要将点文字转换为带文本框的段落文字，则只需执行"文字 > 转换为段落文本"命令即可。若执行"文字 > 转换为点文本"命令，则可将段落文本转换为点文本。

5.3.3 栅格化文字图层

文字图层是一种特殊的图层，它具有文字的特性，可对其文字大小、字体等进行修改，但是如果要在文字图层上进行绘制、应用滤镜等操作，需要将文字图层转化为普通图层。文字的栅格化即是将文字图层转换成普通图层，如图5-29、图5-30所示。

图 5-29　　　　　　　图 5-30

转换后的文字图层可以应用各种滤镜效果，且以前所应用的图层样式并不会因转换而受到影响，但文字图层栅格化后用户无法再对文字字体、大小等参数进行修改。

栅格化文字图层主要有两种方法：

① 选择文字图层，执行"图层 > 栅格化 > 文字"命令或者执行"文字 > 栅格化文字图层"命令。

② 选择文字图层，在图层名称上单击鼠标右键，在弹出的快捷菜单中选择"栅格化文字"命令。

5.3.4 将文字转换为工作路径

在图像中输入文字后，选择文字图层，单击鼠标右键，从弹出的快捷菜单中选择"创建工作路径"命令或选择"文字 > 创建工作路径"命令，即可将文字转换为文字形状的路径。

转换为工作路径后，可以选择"路径选择工具"对文字路径进行移动，调整工作路径的位置。同时还能通过按Ctrl+Enter组合键将路径转换为选区，让文字在文字型选区、文字型路径以及文字型形状之间进行相互转换，变换出更多效果，如图5-31~图5-33所示。

图 5-31　　　　　　　图 5-32　　　　　　　图 5-33

将文字转换为工作路径后，原文字图层保持不变并可继续进行编辑。

5.3.5 变形文字

变形文字即对文字的水平形状和垂直形状做出调整，让文字效果更多样化。

Photoshop为用户提供了15种文字的变形样式，分别为扇形、下弧、上弧、拱形、凸起、贝壳、花冠、旗帜、波浪、鱼形、增加、鱼眼、膨胀、挤压和扭转，使用这些样式可以创建多种艺术字体。

执行"文字>文字变形"命令或单击工具选项栏中的创建文字变形按钮 ，弹出如图5-34所示的"变形文字"对话框。

图 5-34

其中，"水平和垂直"选项主要用于调整变形文字的方向；"弯曲"选项用于指定对图层应用的变形程度；"水平扭曲和垂直扭曲"选项用于对文字应用透视变形。结合"水平"和"垂直"方向上的控制以及弯曲度的协助，可以为图像中的文字增加许多效果。如图5-35、图5-36所示分别为扇形、凸起变形文字的效果。

图 5-35

图 5-36

变形文字工具只针对整个文字图层而不能单独针对某些文字。如果要制作多种文字变形混合的效果，可以通过将文字输入到不同的文字图层，然后分别设定变形的方法来实现。

5.3.6 沿路径绕排文字

沿路径绕排文字的实质就是让文字跟随路径的轮廓形状进行自由排列，有效地将文字和路径结合，在很大程度上扩充了文字带来的图像效果。选择钢笔工具或形状工具，在属性栏中执行"路径"，在图像中绘制路径，然后使用文本工具，将鼠标指针移至路径上方，当鼠标变为 形状时，在路径上单击鼠标，此时光标会自动吸附到路径上，即可输入文字。按Ctrl+Enter组合键确认，即得到文字按照路径走向排列的效果，如图5-37、图5-38所示。

图 5-37

图 5-38

课堂练习　制作趣味字体

本案例主要应用文字的编辑命令来制作出趣味字体，下面对其制作过程进行具体的讲解。

扫一扫 看视频

Step 01 启动 Photoshop 应用程序，执行"文件 > 打开"命令，打开本章素材"草坪 .jpg"，如图 5-39 所示。

图 5-39

Step 02 选择"横排文字工具"输入文字，如图 5-40 所示。

图 5-40

Step 03 执行"文字 > 面板 > 字符面板"命令，弹出"字符"面板，在面板中设置文字参数，如图 5-41、图 5-42 所示。

图 5-41

图 5-42

Step 04 选择文字，执行"文字 > 创建工作路径"命令，如图 5-43 所示。

图 5-43

Step 05 单击"图层"面板底端"创建新图层"按钮，新建图层。在工具箱中设置前景色为白色，选择"画笔工具"，执行"窗口 > 画笔"命令，弹出"画笔"面板，在画板中设置画笔的效果，如图 5-44 所示。

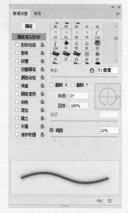

图 5-44

Step 06 选择新建的图层，选择"路径选择工具"在画布中右击鼠标，在弹出的菜单栏中选择"描边路径"命令，如图 5-45 所示。

Step 07 在弹出的"描边路径"对话框中，选择工具为"画笔"，单击"确定"按钮，应用描边效果，制作磨绒的边缘，如图 5-46 所示。

图 5-45

图 5-46

Step 08 取消路径的选择，选中文字图层和毛绒边缘的图层，按 Ctrl+Alt+E 组合键盖印图层，并将原来文字图层和毛绒边缘的图层取消其显示，如图 5-47 所示。

图 5-47

Step 09 单击"图层"面板底部"添加图层样式"按钮，在下拉列表中选择"投影"选项，在弹出的"图层样式"对话框中，设置投影的参数，如图 5-48 所示。

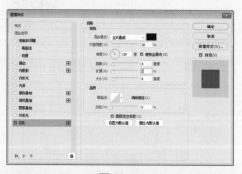

图 5-48

Step 10 应用投影效果，如图 5-49 所示。

Step 11 按 Ctrl+J 组合键复制文字图层，按 Ctrl+Shift+】组合键将图层置于顶层，单击"图层"面板底部"添加图层样式"按钮在弹出的菜单栏中选择"渐变叠加"，在打开的"图层样式"对话框中，设置渐变的参数，单击"确定"按钮，应用渐变效果，如图 5-50 所示。

图 5-49

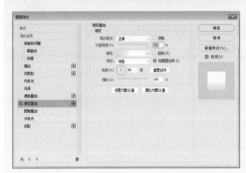

图 5-50

Step 12 在图层名称右边空白处右击鼠标，在弹出的菜单栏中执行"栅格化图层样式"命令，将文字图层栅格化。选择"矩形选框工具"在属性栏中单击"添加到选区"按钮，然后在画面中绘制选区，如图 5-51 所示。

Step 13 按 Ctrl+J 组合键复制栅格化文字的图层，按 Ctrl 单击图层缩略图，建立选区，如图 5-52 所示。

Step 14 设置工具箱中的前景色，按 Alt+Delete 组合将为选区填充颜色，然后按 Ctrl+D 组合键取消选区，如图

5-53 所示。

图 5-51

图 5-52

图 5-53

Step 15 执行"滤镜 > 杂色 > 添加杂色"命令，弹出"添加杂色"对话框，在对话框中设置参数，单击"确定"应用添加杂色效果，如图 5-54 所示。

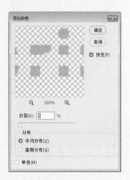

图 5-54

113

Step 16 上一步添加杂色的效果如图 5-55 所示。使用同样的方法，为栅格化文字图层添加杂色效果，如图 5-56 所示。

图 5-55

图 5-56

至此，完成趣味字体的制作。

◈ **综合实战** **文字人像广告**

扫一扫 看视频

在制作文字人像广告时，要先建立文字图层，然后将人物拖入到文档中，制作出文字组成的人像，最后添加背景广告文字，完成制作。下面对其制作过程进行具体的介绍。

Step 01 启动 Photoshop 应用程序，执行"文件 > 新建"命令，弹出"新建"对话框，在对话框中进行设置，单击"创建"按钮，创建空白文档，如图 5-57 所示。

Step 02 选择"横排文字工具"输入文字，然后将背景图层隐藏，如图 5-58 所示。

图 5-57

图 5-58

Step 03 选择"矩形选框工具"绘制矩形选框，执行"编辑 > 定义图案"命令，弹出"图案名称"对话框，在对话框中设置名称，单击"确定"按钮，新建图案，然后按"Ctrl+D"组合键取消选区，如图 5-59 所示。

图 5-59

Step 04 单击"图层"面板底部"创建新图层"按钮，新建图层，如图5-60所示。

图 5-60

Step 05 按 Shift+F5 组合键，弹出"填充"对话框，在对话框中选择填充的内容为"图案"，在自定图案下拉列表中，选择步骤03中新创建的图案，单击"确定"按钮，在新建的"图层1"上填充图案，如图 5-61、图 5-62 所示。

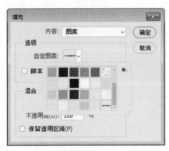

图 5-61

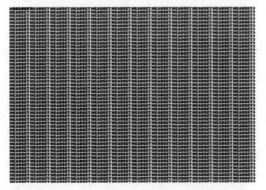

图 5-62

Step 06 选择"图层1"，按 Ctrl+T 组合键调整图像，如图5-63所示。

Step 07 将素材"女生 .png"置入当前文档中，调整图像大小以及位置，如图 5-64 所示。

图 5-63

图 5-64

Step 08 按 Ctrl 键单击女生图层的缩略图，创建选区，将人的轮廓选中，如图5-65所示。

Step 09 选中"图层1"图层，按 Ctrl+J 组合键复制图层，生成"图层2"，如图 5-66 所示。

图 5-65

图 5-66

于图层的顶部，删除"女生"和"图层2"
图层，如图5-70所示。

图 5-69

Step 10 按 Ctrl 键鼠标单击"图层 2"
缩览图建立选区，如图 5-67 所示。

Step 11 选择"女生"图层，按 Ctrl+J
复制图层，生成"图层 3"，制作出文字
组成的人物图层，如图 5-68 所示。

图 5-67

图 5-70

Step 13 在工具箱中设置前景颜色为橘
色，选中"背景"图层，按 Alt+Delete
组合键，为背景图层填充前景色，如图
5-71 所示。

Step 14 在"图层"面板中单击"图层 1"
的缩览图建立选区，如图 5-72 所示。

图 5-68

Step 12 使用"快速选择工具"选择
人物的耳机，如图5-69所示。按Ctrl+J
组合键复制图层，调整复制的图层将其置

图 5-71

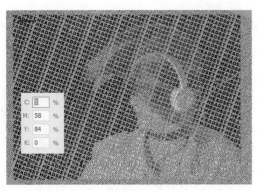

图 5-72

Step 15 设置前景颜色为白色，按 Alt+Delete 组合键，为"图层 1"填充白色，如图 5-73 所示。

Step 16 在"图层"面板中设置"图层1"的不透明度为"9%"，效果如图 5-74 所示。

图 5-73

图 5-74

Step 17 选择文字图层，将其置于图层顶部，如图 5-75 所示。执行"文字 >

面板 > 字符面板"命令，弹出"字符"面板，在字符面板中设置参数，如图 5-76所示。

图 5-75

图 5-76

Step 18 单击"横排文字工具"，在图像编辑窗口单击创建新的文字图层，输入文字内容并调整位置，如图 5-77 所示。

图 5-77

至此，完成文字人像广告的制作。

117

课后作业 / **制作橱柜广告**

项目需求

受某公司的委托帮其制作橱柜广告，要求广告画面为现代风格，展示产品，突出重点文字内容。

项目分析

广告图片选取比较精致的橱柜照片，画面又以高级灰为主色调，给人时尚现代的感觉。在图像的左上方添加主要的文字信息，突出重点文字内容；在画面的左下角添加详细的文字信息，用颜色对内容进行区分，方便顾客阅读。

项目效果

效果如图5-78所示。

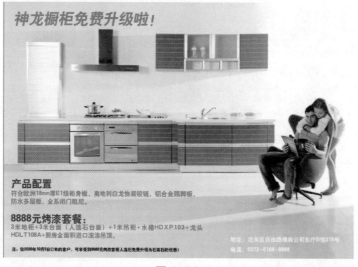

图 5-78

操作提示

Step01：选择变换命令调整置入素材大小，并调整其位置。

Step02：选择调整色调命令调整图片。

Step03：选择文字工具输入文字，并设置其字体、字号、颜色。

Ps

第 6 章
图像色彩的调整

⭐ **内容导读**

色彩是构成图像的重要元素之一，要想制作出精美的图像，对图像的色彩调整是必不可少的。Photoshop 软件提供了很多调整图像色彩的命令，可以对图像的亮度、对比度、色调等进行调整。下面将对图像的色彩调整进行具体的介绍。

🎯 **学习目标**

○ 掌握简单的色彩调整的命令
○ 掌握进阶的色彩调整的命令
○ 了解特殊调整的命令

6.1 图像色彩的简单调整

在Photoshop中，比较常用的简单的调整图像色彩的命令主要有自动调整色调命令、亮度/对比度命令、色阶命令、曲线命令、色相/饱和度命令及色彩平衡命令。通过这些命令，用户可以很好地控制图像的色彩和色调。

6.1.1 认识自动调色相关命令

Photoshop中的自动调色命令包括自动色调、自动对比度和自动颜色3种，如图6-1所示。

执行这些命令，系统将自动通过搜索实际图像来调整图像的对比度和颜色，使其达到一种协调状态。如图6-2~图6-4所示分别为自动色调、自动对比度和自动颜色的效果图。

图 6-1

图 6-2

图 6-3

图 6-4

操作提示

"自动对比度"命令不会单独调整通道，因此不会引入或消除色痕，它剪切图像中的阴影和高光值后将图像剩余部分的最亮和最暗像素映射到纯白和纯黑，使高光更亮，阴影更暗。

6.1.2 亮度/对比度命令

亮度即图像的明暗，可以对图像进行亮度变更的处理；对比度可以通过删减中间像素的色彩值，来加强图像的对比程度，范围越大对比越强，反之越小。

执行"图像 > 调整 > 亮度/对比度"命令，弹出"亮度/对比度"对话框，如图6-5所示。在该对话框中可以对亮度和对比度的参数进行调整，改变图像效果。

图6-5

"亮度/对比度"命令可以增加或降低图像中的低色调、半色调和高色调图像区域的对比度，将图像的色调增亮或变暗，可以一次性地调整图像中所有的像素，其效果如图6-6、图6-7所示。

图6-6

图6-7

6.1.3　色阶命令

色阶是表示图像亮度强弱的指数标准，即色彩指数。图像的色彩丰满度和精细度是由色阶决定的。执行"图像 > 调整 > 色阶"命令或按Ctrl+L组合键，弹出"色阶"对话框，从中可以设置相关参数，调整图像的效果，如图6-8所示。

在该对话框中，其重要选项的含义如下。

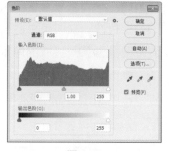

图6-8

● "预设"：Photoshop对一些常见调整做了预先设定，如较暗、较亮、中间调较亮等，直接选择相应的预设选项即可快速调整图像颜色。

● "通道"：不同颜色模式的图像，在其通道下拉列表中显示相应的通道，用户可以根据需要调整整体通道或者调整单个通道。如图6-9、图6-10所示为绿通道前后调整效果。

图6-9

图6-10

121

●"输入色阶"选项区：黑、灰、白滑块分别对应3个文本框，依次用于调整图像的暗调、中间调和高光。

●"输出色阶"选项区：用于调整图像的亮度和对比度，与其下方的两个滑块对应。黑色滑块表示图像的最暗值，白色滑块表示图像的最亮值，拖动滑块调整最暗和最亮值，从而实现亮度和对比度的调整。

6.1.4 曲线命令

曲线命令是通过调整曲线的斜率和形状来实现对图像色彩、亮度和对比度的综合调整，使图像色彩更加协调。功能与色阶命令类似，但不同的是曲线的调整范围更精确，不但具有多样且不破坏像素色彩的操作特性，同时更可以有选择性地单独调整图像上某一区域的像素色彩。

执行"图像 > 调整 > 曲线"命令或按Ctrl + M组合键，弹出"曲线"对话框，如图6-11所示。

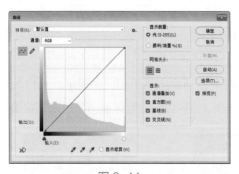

图 6-11

在该对话框中，其重要选项的含义如下。

●"预设"：Photoshop已对一些特殊调整做了设定，在其中选择相应选项即可快速调整图像。

●"通道"：可选择需要调整的通道。

●曲线编辑框：曲线的水平轴表示原始图像的亮度，即图像的输入值；垂直轴表示处理后新图像的亮度，即图像的输出值；曲线的斜率表示相应像素点的灰度值。在曲线上单击可创建控制点。

●"编辑点以修改曲线"按钮 ：表示以拖动曲线上控制点的方式来调整图像。

●"通过绘制来修改曲线"按钮 ：单击该按钮后将鼠标移到曲线编辑框中，当其变为 形状时单击并拖动，绘制需要的曲线来调整图像。

● 按钮：控制曲线编辑框中曲线的网格数量。

●"显示"选项区：包括"通道叠加""基线""直方图"和"交叉线"4个复选框，只有勾选这些复选框才会在曲线编辑框里显示3个通道叠加以及基线、直方图和交叉线的效果。

使用调整曲线命令前后的效果如图6-12、图6-13所示。

图 6-12

图 6-13

图 6-15

图 6-16

调整曲线时，曲线上节点的值显示在输入和输出栏内。按住Shift键可选中多个节点，按Ctrl键后单击可删除节点。

6.1.5 色相/饱和度命令

"色相/饱和度"主要用于调整图像像素的色相及饱和度，通过对图像的色相、饱和度和亮度进行调整，从而达到改变图像色彩的目的；而且还可以通过给像素定义新的色相和饱和度，实现灰度图像上色的功能，或创作单色调效果。

执行"图像 > 调整 > 色相/饱和度"命令或者按Ctrl+U组合键，弹出"色相/饱和度"对话框，如图6-14所示。

图 6-14

在该对话框中，若选择"全图"选项可一次调整整幅图像中的所有颜色。若选中"全图"选项之外的选项，则色彩变化只对当前选中的颜色起作用。若勾选"着色"复选框，则通过调整色相和饱和度，能让图像呈现多种富有质感的单色调效果。使用"色相/饱和度"命令前后的效果如图6-15、图6-16所示。

6.1.6 色彩平衡命令

色彩平衡是指调整图像整体色彩平衡，只作用于复合颜色通道，在彩色图像中改变颜色的混合，用于纠正图像中明显的偏色问题。使用"色彩平衡"命令可以在图像原色的基础上根据需要来添加其他颜色，或通过增加某种颜色的补色，以减少该颜色的数量，从而改变图像的色调。

执行"图像 > 调整 > 色彩平衡"命令或者按Ctrl+B组合键，弹出"色彩平衡"对话框，从中可以通过设置参数或拖动滑块来控制图像色彩的平衡，如图6-17所示。

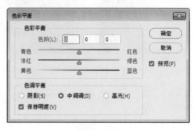

图 6-17

在色彩平衡对话框中，主要选项的含义如下。

● "色彩平衡"选项区：在"色阶"后的文本框中输入数值即可调整组成图像的6个不同原色的比例，用户也可直接用鼠标拖动文本框下方3个滑杆中滑块的位置来调整图像的色彩。

● "色调平衡"选项区：用于选择需要进行调整的色彩范围。勾选"保持明度"复选框时，调整色彩时将保持图像明度不变。

使用色彩平衡命令前后的效果如图6-18、图6-19所示。

图 6-18

图 6-19

课堂练习 制作怀旧色调的照片

本案例主要使用色阶命令和色彩平衡命令来制作出怀旧色调，下面对其制作过程进行具体的讲解。

扫一扫 看视频

Step 01 启动 Photoshop 应用程序，执行"文件>打开"命令，打开本章素材"思考的女生 .jpg"图像，然后按 Ctrl+J 组合键复制背景图层，如图 6-20 所示。

Step 02 选中复制的图层，执行"图像>调整>色阶"命令，弹出"色阶"对话框，在对话框设置参数，单击"确定"按钮应用调整效果，如图 6-21 所示。

图 6-20

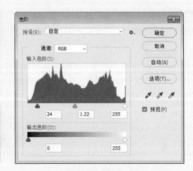

图 6-21

Step 03 上步调整效果，如图 6-22 所示。执行"图像>调整>色彩平衡"命令，弹出"色彩平衡"对话框，在对话框中色调平衡处选择"阴影"，在色彩平衡处设置色阶的参数，对图像的阴影色调进行调整，如图 6-23 所示。

图 6-22

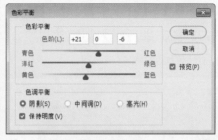
图 6-23

Step 04 在"色彩平衡"对话框色调平衡处选择"中间调"，在色彩平衡处设置色阶的参数，对中色调进行调整，单击"确定"按钮应用调整效果，如图 6-24 所示。

Step 05 最终效果如图 6-25 所示。

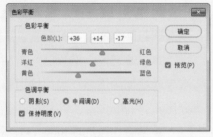
图 6-24

图 6-25

至此，完成怀旧色调的调整。

6.2　图像色彩的进阶调整

本节主要介绍照片滤镜命令、通道混合器命令、可选颜色命令、阴影/高光命令、匹配颜色命令和替换颜色命令。通过这些命令，用户可以对图像中的色彩或图像中的单独一种色彩进行调整。

6.2.1　照片滤镜命令

照片滤镜命令用于模拟传统光学滤镜特效。执行"图像 > 调整 > 照片滤镜"命令，弹出"照片滤镜"对话框，如图6-26所示。

图 6-26

其中，"颜色"用于为自定义颜色滤

125

镜指定颜色，"浓度"用于控制着色的强度。该功能在摄影创作、印刷制版、彩色摄影及放大和各种科技摄影中被广泛应用。如图6-27、图6-28所示为图像使用照片滤镜前后的对比效果。

图 6-27

图 6-28

6.2.2 通道混合器命令

通道混合器可以将图像中某个通道的颜色与其他通道中的颜色进行混合，使图像产生合成效果，从而达到调整图像色彩的目的。通过对各通道彼此不同程度的替换，图像会产生戏剧性的色彩变换，赋予图像不同的画面效果与风格。

执行"图像 > 调整 > 通道混合器"命令，弹出"通道混合器"对话框，通过设置参数或拖动滑块来控制图像色彩，如

图6-29所示。

图 6-29

在该对话框中，各选项的含义如下。

● "输出通道"：在该下拉列表中可以选择对某个通道进行混合。

● "源通道"选项区：拖动滑块可以减少或增加源通道在输出通道中所占的百分比。

● 常数：该选项可将一个不透明的通道添加到输出通道，若为负值则为黑通道，正值则为白通道。

● "单色"复选框：勾选该复选框后则对所有输出通道应用相同的设置，创建该色彩模式下的灰度图，也可继续调整参数让灰度图像呈现不同的质感效果。

如图6-30、图6-31所示为应用通道混合器调整图像的前后对比效果。

图 6-30

图 6-31

操作提示

通道混合器只能作用于RGB和CMYK颜色模式且在选中主通道时可使用。

6.2.3 可选颜色命令

可选颜色命令可以校正颜色的平衡，选择某种颜色范围进行针对性的修改，在不影响其他原色的情况下修改图像中的某种原色的数量。执行"图像>调整>可选颜色"命令，弹出"可选颜色"对话框。用户可以根据需要在颜色下拉列表框中选择相应的颜色后拖动其下的滑块进行调整，如图6-32所示。

图 6-32

在"可选颜色"对话框中，若选中

"相对"单选按钮，则表示按照总量的百分比更改现有的青色、洋红、黄色或黑色的量；若选中"绝对"单选按钮，则按绝对值进行颜色值的调整。调整可选颜色命令前后对比效果如图6-33、图6-34所示。

图 6- 33

图 6-34

6.2.4 阴影/高光命令

阴影/高光命令不是简单地使图像变亮或变暗，而是根据图像中阴影或高光的像素色调增亮或变暗。该命令可以分别控制图像的阴影或高光，非常适合校正强逆光而形成剪影的照片，也适合校正由于太接近相机闪光灯而有些发白的焦点。

执行"图像>调整>阴影/高光"命令，弹出"阴影/高光"对话框，如图6-35所示。其中，"阴影"选项板下的"数量"滑块可以控制图像的阴影强度，

127

"高光"选项板下的"数量"滑块则控制高光强度。

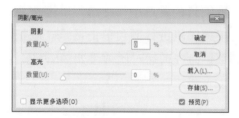

图 6-35

使用阴影/高光命令前后对比效果如图6-36、图6-37所示。

图 6-36

图 6-37

匹配颜色命令实质是在基元相似性的条件下，运用匹配准则搜索线条系数作为同名点进行替换，利用匹配颜色命令可以快速修正图像偏色等问题。

执行"图像 > 调整 > 匹配颜色"命令，弹出"匹配颜色"对话框，如图6-38所示。

图 6-38

勾选"中和"复选框可以使颜色匹配的混合效果有所缓和，在最终效果中将保留一部分原先的色调，使其过渡自然，效果逼真。设置前后对比效果如图6-39、图6-40所示。

图 6-39

图 6-40

6.2.6 替换颜色命令

替换颜色命令将针对图像中某颜色范围内的图像进行调整，作用是用其他颜色替换图像中的某个区域的颜色，来调整色相、饱和度和明度值。简单来说，替换颜色命令可以视为一项结合了"色彩范围"和"色相/饱和度"命令的功能。

执行"图像＞调整＞替换颜色"命令，弹出"替换颜色"对话框，如图6-41所示。

具体的操作方法是将鼠标移动到图像中需要替换颜色的图像上单击以吸取颜色，并在该对话框中设置颜色容差，在图像栏中出现的为需要替换颜

图 6-41

色的选区效果，呈黑白图像显示，白色代表替换区域，黑色代表不需要替换的颜色。设定好需要替换的颜色区域后，在"替换"选项区域中移动三角形滑块对"色相""饱和度"和"明度"进行调整替换，同时可以移动"颜色容差"下的滑块进行控制，数值

图 6-42

图 6-43

越大，模糊度越高，替换颜色的区域越大。替换颜色前后对比效果如图6-42、图6-43所示。

课堂练习 调整风景照片的季节

扫一扫 看视频

本案例主要使用替换颜色的命令，将树的绿色换成秋天的树叶的颜色，最后使用曲线命令调整图像的亮度，完成案例的制作。下面对其进行具体的介绍。

Step 01 启动 Photoshop 应用程序，执行"文件＞打开"命令，打开本章素材文件"树.jpg"，按 Ctrl+J 组合键复制背景图层，如图 6-44 所示。

图 6-44

图 6-45

Step 02 选中复制图像，执行"图像 > 调整 > 替换颜色"命令，弹出"替换颜色"对话框，使用对话框中"吸管工具"和"添加取样工具"吸取画面中的绿色，单击结果，设置颜色及颜色容差参数，单击"确定"按钮，应用调整效果，画面中的绿色替换成红色，如图 6-45 所示。

Step 03 执行"图像 > 调整 > 曲线"命令，打开"曲线"对话框，调整图像的亮度，如图 6-46 所示。

Step 04 最终调整效果如图 6-47 所示。

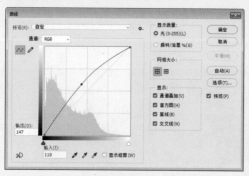

图 6-46

图 6-47

至此，完成照片季节的调整。

6.3 图像色彩的特殊调整

本节主要对反相命令、去色命令、色调分离命令、阈值命令、渐变映射命令、色调均化命令进行介绍，用户可以应用这些命令使图像快速地生成特殊的颜色效果。

6.3.1 反相命令

反相命令可以将图像中的所有颜色替换为相应的补色，即将每个通道中的像素亮度值转换为256种颜色的相反值，以制作出负片效果，当然也可以将负片效果还原为图像原来的色彩效果。

执行"图像 > 调整 > 反相"命令或按 Ctrl+I 组合键即可。如图6-48、图6-49所示为图像反相前后的对比效果。

图 6-48

图 6-49

6.3.2 去色命令

去色命令即去掉图像的颜色，将图像中所有颜色的饱和度变为0，使图像显示为灰度，每个像素的亮度值不会改变。

执行"图像 > 调整 > 去色"命令或按Shift+Ctrl+U组合键即可去除图像的色彩。图像去色前后对比效果如图6-50、图6-51所示。

图 6-50

图 6-51

6.3.3 色调分离命令

色调分离命令可以将图像中有丰富色阶渐变的颜色进行简化，从而让图像呈现出木刻版画或卡通画的效果，在一般的图像调色处理中不经常使用。

执行"图像 > 调整 > 色调分离"命令，弹出"色调分离"对话框，如图6-52所示。

图 6-52

在对话框中拖动滑块调整参数，其取值范围为2～255，数值越小，分离效果越明显。使用色调分离前后对比效果如图6-53、图6-54所示。

图 6-53

131

图 6-54

图 6-57

6.3.4 阈值命令

阈值命令可以将一幅彩色图像或灰度图像转换成只有黑白两种色调的图像。执行"图像 > 调整 > 阈值"命令，弹出"阈值"对话框，在该对话框中可拖动滑块以调整阈值色阶，完成后单击"确定"按钮即可，如图6-55所示。

图 6-55

根据"阈值"对话框中的"阈值色阶"，将图像像素的亮度值一分为二，比阈值亮的像素将转换为白色，而比阈值暗的像素将转换为黑色。如图6-56、图6-57所示为使用阈值命令前后的对比效果。

图 6-56

6.3.5 渐变映射命令

渐变映射命令可以将相等的图像灰度范围映射到指定的渐变填充色，即在图像中将阴影映射到渐变填充的一个端点颜色，高光映射到另一个端点颜色，而中间调映射到两个端点颜色之间。这里说的灰度范围映射，即指按不同的明度进行映射。

执行"图像 > 调整 > 渐变映射"命令，弹出"渐变映射"对话框，单击渐变颜色条，弹出"渐变编辑器"对话框，从中可以设置相应的渐变以确定渐变颜色，如图6-58、图6-59所示。

图 6-58

图 6-59

渐变映射功能首先对所处理的图像进行分析，然后根据图像中各个像素的亮度，用所选渐变模式中的颜色进行替代。但该功能不能应用于完全透明图层，因为完全透明图层中没有任何像素。图像应用渐变映射命令前后对比效果如图6-60、图6-61所示。

图 6-60

图 6-61

如图6-62、图6-63所示。

图 6-62

图 6-63

知识延伸

在Photoshop 中，各种颜色模式之间可以进行转换。执行"图像 > 模式"命令，在弹出的子菜单中有"灰度""RGB""CMYK"等颜色模式，选择相应的命令即可将图像转换为指定的颜色模式。

6.3.6　色调均化命令

色调均化命令可以重新分布图像中像素的亮度值，以便更均匀地呈现所有范围的亮度级。其中最暗值为黑色，最亮值为白色，中间像素则均匀分布。使用色调均化命令，可以让画面的明度感得以平衡，一般用于处理扫描图像过于灰暗的问题。

执行"图像 > 调整 > 色调均化"命令即可，图像使用色调均化前后的对比效果

课堂练习　　制作夕阳美景

本案例主要利用渐变映射命令和图层混合模式来为图像调整出夕阳的色调，最后进一步调整云朵的颜色，制作出夕阳美景效果，下面对其制作过程进行具体的介绍。

扫一扫 看视频

Step 01 启动 Photoshop 应用程序，执行"文件 > 打开"命令，打开本章素材"老人.jpg"图像，然后按 Ctrl+J 组合键复制背景图层，如图 6-64 所示。

Step 02 选中复制的图层，执行"图像 > 调整 > 渐变映射"命令，弹出"渐变映射"对话框，在对话框单击渐变色条，弹出"渐变编辑器"对话框，设置渐变色，单击"确定"按钮，完成渐变颜色的设置，如图 6-65 所示。

图 6-66

图 6-67

图 6-64

Step 05 按 Ctrl+J 组合键复制应用渐变樱色效果的图层，修改其不透明度，如图 6-68 所示。

Step 06 在"图层"面板中单击底端"创建新图层"按钮，新建图层，选择"画笔工具"在新建的图层上绘制橘色图像，如图 6-69 所示。

图 6-65

Step 03 在"渐变映射"对话框中单击"确定"应用调整效果，如图 6-66 所示。

Step 04 在"图层"面板中，将上步操作的图像混合模式改为"柔光"，制作出夕阳西下的色调，如图 6-67

图 6-68

图 6-69

Step 07 设置图层的混合模式为"滤色"，调整云彩的颜色，制作出晚霞

图 6-70

至此，完成夕阳美景的制作。

综合实战　制作恐怖照片效果

本案例主要利用创建图层蒙版和添加图层样式命令，制作出恐怖照片的效果，下面对其进项具体的介绍。

Step 01 启动 Photoshop 应用程序，执行"文件 > 打开"命令，打开本章素材"木偶 .jpg"图像，如图 6-71 所示。

图 6-71

Step 02 按Ctrl+J组合键复制背景图层，在"通道"面板中，选中绿通道，如图6-72所示。

扫一扫 看视频

图 6-72

Step 03 执行"图像 > 应用图像"命令，弹出"应用图像"对话框，设置参数，单击"确定"按钮，应用图像调整，如图6-73所示。

Step 04 选中"RGB"通道，在"图层"面板中选择复制图层，如图 6-74 所示。

图 6-73

135

图 6-74

Step 05 执行"图像>调整>通道混合器"命令，弹出"通道混合器"对话框，在对话框选择输出通道"蓝"，设置蓝输出通道中的参数，单击"确定"按钮应用调整，使图像进一步偏向诡异色调，给人压抑感，如图 6-75、图 6-76 所示。

图 6-75

图 6-76

Step 06 执行"图像>调整>照片滤镜"命令，弹出"照片滤镜"对话框，在对话框中选择滤镜为"水下"设置浓度参数，单击"确定"按钮应用调整，让图像色调更冷一些，如图 6-77、图 6-78 所示。

图 6-77

图 6-78

Step 07 执行"图像>调整>可选颜色"命令，弹出"可选颜色"对话框，在对话框中调整"黄色"和"绿色"参数，完成后单击"确定"按钮，进一步地完善图像色调的诡异性，如图 6-79、图 6-80所示。

图 6-79   图 6-80

Step 08 执行"图像>调整>色阶"命令，弹出"色阶"对话框，在对话框设置参数，单击"确定"按钮应用调整，稍微调整图像的亮度，增强图形的对比度，如图 6-81、图 6-82 所示。

至此，完成照片调整。

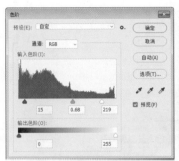

图 6-81

图 6-82

课后作业 / 制作古典名片

项目需求

受某人的委托帮其设计制作名片，要求文字内容简洁，画面诗情画意，具有传统中国水墨画的特点。

项目分析

名片的背景选取古典建筑的照片，并将照片进行黑白处理，模仿水墨画，在黑白照片的上方叠加黄色纸张，能让画面更富有古典韵味。名片上加茶壶和茶杯，体现论坛这一特点。背面采用黄色水墨山水画，与正面风格保持一致。

项目效果

效果如图6-83、图6-84所示。

图 6-83

图 6-84

操作提示

Step01：调整素材的色调。

Step02：使用蒙版制作出背景。

Step03：使用文字工具输入文字，并设置其字体、字号、颜色。

137

第 7 章
通道与蒙版

⭐ 内容导读

通道和蒙版是 Photoshop 中两项重要的功能，通道是用于存储图像颜色和选区等不同类型信息的灰度图像，蒙版是用于保护被遮蔽的工作区域，使其避免受到操作的影响。深入理解通道和蒙版功能对以后处理图像有很大的帮助。

⟳ 学习目标

○ 了解通道面板和面板中通道显示颜色
○ 了解通道的种类　　　　　　　　○ 掌握通道的编辑与创建
○ 掌握蒙版的概念和类型　　　　　○ 掌握蒙版的编辑操作

7.1 通道的概念和通道面板

通道是在操作图像时一个非常好用的辅助设计的功能，可以帮用户调整颜色，存储选区等，帮助用户制作出更加出彩的图像。

7.1.1 认识通道面板

通道是Photoshop中一个非常重要的工具，主要用来存放图像的颜色和选区信息，利用通道用户可以非常容易地制作出很复杂的选区，例如抠取头发等。另外直接调整通道还可以改变图像的颜色。

图 7-1

执行"窗口 > 通道"命令，弹出"通道"面板，如图7-1所示。该面板展示当前图像文件的颜色模式，显示其相应的通道。

下面对其重要的选项进行介绍。

● 指示通道可见性图标 ：图标为 形状时，图像窗口显示该通道的图像，单击该图标后，图标变为 形状，隐藏该通道的图像。

● "将通道作为选区载入"按钮 ：单击该按钮可将当前通道快速转化为选区。

● "将选区存储为通道"按钮 ：单击该按钮可将图像中选区之外的图像转换为一个蒙版的形式，将选区保存在新建的Alpha通道中。

● 创建新通道按钮 ：单击该按钮可创建一个新的Alpha通道。

● 删除当前通道按钮 ：单击该按钮可删除当前通道。

7.1.2 在面板中显示通道颜色

一般情况下，若打开RGB 颜色模式的图像，在"通道"面板中，除第一个RGB通道外，其余各通道在单独显示时均为灰度。

若要以各通道的原色显示相应的通道，可以执行"编辑 > 首选项 > 界面"命令，

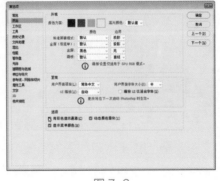

图 7-2

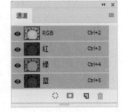

图 7-3

弹出"首选项"对话框，如图7-2所示。勾选"用彩色显示通道"复选框，单击"确定"按钮。此时"通道"面板会有所改变，通道以相应的颜色显示，如图7-3所示。

7.2 了解通道的种类

Photoshop的通道种类很多，主要有颜色通道、专色通道、Alpha通道和临时通道。颜色通道和专色通道主要针对颜色信息，Alpha通道和临时通道主要针对选区。下面对各个类型的通道逐一进行介绍。

7.2.1 颜色通道

利用Photoshop对图像的颜色进行调整，其实质就是编辑颜色通道。颜色通道是用来描述图像色彩信息的彩色通道，图像的颜色模式决定了通道的数量。每个单独的颜色通道都是一幅灰度图像，仅代表这个颜色的明暗变化。

Photoshop会根据图像的颜色模式自动生成颜色通道，颜色通道的数量和图像的颜色模式有关。在RGB颜色模式下，有RGB、红、绿和蓝4种通道，如图7-4所示。在CMYK模式下，有青色、洋红、黄色、黑色和CMYK5种通道，如图7-5所示。

图 7-4

图 7-5

知识延伸

只有 RGB、CMYK 或 Lab 颜色模

式的图像，在生成颜色通道外会有一个复合通道。

7.2.2 专色通道

专色通道是一类较为特殊的通道，它可以使用除青色、洋红、黄色和黑色以外的颜色来绘制图像。专色通道是用特殊的预混油墨来替代或补充印刷色油墨，以便更好地体现图像效果，常用于需要专色印刷的印刷品。它可以局部使用，也可作为一种色调应用于整个图像中，例如画册中常见的纯红色、蓝色以及证书中的烫金、烫银效果等。

创建专色通道的具体方法是在"通道"面板中单击右上角的 ≡ 按钮，在弹出的快捷菜单中选择"新建专色通道"命令，弹出"新建专色通道"对话框，如图7-6所示。在该对话框中设置专色通道的颜色和名称，完成后单击"确定"按钮即可新建专色通道，如图7-7所示。

图 7-6

图 7-7

> **操作提示**
>
> 除了默认的颜色通道外，每一个专色通道都有相应的印版，在打印输出一个含有专色通道的图像时，必须先将图像模式转换到多通道模式下。

7.2.3 Alpha通道

Alpha 通道是计算机图形学中的术语，指的是特别的通道，通常的意思是"非彩色"通道。Alpha通道相当于一个8 位的灰阶图，用256级灰度来记录图像中的透明度信息，定义透明、不透明和半透明区域。Alpha通道主要用于存储选区，它将选区存储为"通道"面板中可编辑的灰度蒙版，并不会影响图像的显示和印刷效果。当图像输出到视频，Alpha通道也可以用来决定显示区域。

创建Alpha通道的方法是：在图像中创建需要保存的选区，然后在"通道"面板中单击"创建新通道"按钮 ，新建Alpha1通道。将前景色设置为白色，选择油漆桶工具填充选

图 7-8

图 7-9

区，如图7-8所示。然后取消选区，即在Alpha1通道中保存了选区，如图7-9所示。保存选区后则可随时重新载入该选区或将该选区载入到其他图像中。

> **操作提示**
>
> Alpha通道中，选中的像素为白色，未选中的像素为黑色，灰色的部分转为选区后在图像中处理像素时显示为半透明。

7.2.4 临时通道

临时通道是在"通道"面板中暂时存在的通道。在创建图层蒙版或快速蒙版时，会自动在通道中生成临时蒙版，如图7-10、图7-11所示。

图 7-10

图 7-11

当删除图层蒙版或退出快速蒙版的时候，在"通道"面板中的临时通道就会消失。

本案例主要讲解如何利用通道抠取图像，下面对其进行具体的介绍。

扫一扫 看视频

Step 01 启动 Photoshop，执行"文件 > 打开"命令，打开本章素材"向日葵 .jpg"图像，然后按 Ctrl+J 组合键复制背景图层，如图 7-12 所示。

Step 02 在"通道"面板中选择对比比较强烈的"蓝"通道，将其拖至面板底端"创建新通道"按钮处，复制通道，如图 7-13 所示。

图 7-12

图 7-13

Step 03 选中"蓝 拷贝"通道，执行"图像 > 调整 > 色阶"命令，弹出"色阶"

对话框，在面板中调整参数，如图 7-14 所示。单击"确定"按钮，应用调整通道颜色，如图 7-15 所示。

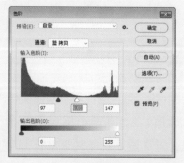

图 7-14

图 7-15

Step 04 使用"画笔工具"在属性栏中调整画笔的大小、硬度，绘制图像，将图像中的部分白色修改成黑色，如图 7-16 所示。

Step 05 按 Ctrl 键单击"蓝 拷贝"通道中的缩览图，载入选区，如图 7-17 所示。

图 7-16

图 7-17

图 7-18

Step 06 在"通道"面板中选择"RGB"通道，如图 7-18 所示。

Step 07 选择复制的图层，按 Delete 键将选区的图像删除，然后将背景图层删除，如图 7-19 所示。

图 7-19

至此，完成图像的抠取。

7.3　通道的创建和编辑

通道的创建和编辑主要包括通道的创建、复制和删除通道、分离和合并通道、通道的转换和通道的计算，下面对其进行具体的介绍。

7.3.1　通道的创建

一般情况下，在Photoshop中新建的通道是保存选择区域信息的Alpha通道，可以帮助用户更加方便地对图像进行编辑。创建通道分为创建空白通道和创建带选区的通道两种。

（1）创建空白通道

空白通道是指创建的通道属于选区通道，但选区中没有图像等信息。新建通道的方法是：在"通道"面板中单击右上角的 ≡ 按钮，在弹出的快捷菜单中选择"新建通道"命令，如图7-20所示。弹出"新建通道"对话框，如图7-21所示。在该对话框中设置新通道的名称等参数，单击"确定"按钮即可。或者在"通道"面板中单击底部的"创建新通道" ⬚ 按钮也可以新建一个空白通道。

图 7-20

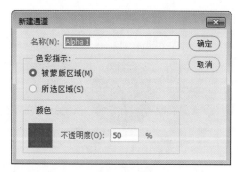

图 7-21

（2）通过选区创建选区通道

选区通道是用来存放选区信息的，一般由用户保存选区，用户可以在图像中将需要保留的图像创建选区，然后在"通道"面板中单击"创建新通道" 🔲 按钮即可。将选区创建为新通道后能方便用户在后面的重复操作中快速载入选区。

7.3.2 复制和删除通道

如果要对通道中的选区进行编辑，一般都要将该通道的内容复制后再进行编辑，以免编辑后不能还原图像。图像编辑完成后，若存储含有Alpha通道的图像会占用一定的磁盘空间，因此在存储含有Alpha通道的图像前，用户可以删除不需要的Alpha通道。

复制通道的方法非常简单，只需拖动需要复制的通道到"创建新通道" 🔲 按钮上释放鼠标即可，如图7-22、图7-23所示。若要删除通道，只需将要删除的通道拖动到"删除当前通道" 🔟 按钮上释放鼠标即可。也可以在需要复制和删除的通道上单击鼠标右键，在弹出的快捷菜单中选择"复制通道"或"删除通道"命令来完成相应的操作。

操作提示

位于"通道"面板中顶层的复合通道是不可复制、删除及重命名的。

图 7-22　　　　　图 7-23

7.3.3 分离和合并通道

在Photoshop中，用户可以将通道进行分离或者合并。分离通道可将一个图像文件中的各个通道以单个独立文件的形式进行存储，而合并通道可以将分离的通道合并在一个图像文件中。

（1）分离通道

分离通道是将通道中的颜色或选区信息分别存放在不同的独立灰度模式的图像中，分离通道后也可对单个通道中的图像进行操作，常用于无须保留通道的文件格式而保存单个通道信息等情况。

分离通道的方法是：在Photoshop中打开一张需要分离通道的图像，如图7-24所示。在"通道"面板中单击右上角的 ≡ 按钮，在弹出的快捷菜单中选择"分离通道"命令，如图7-25所示。此时软件自动将图像分离为三个灰度图像，如图7-26～图7-28所示。

图 7-24

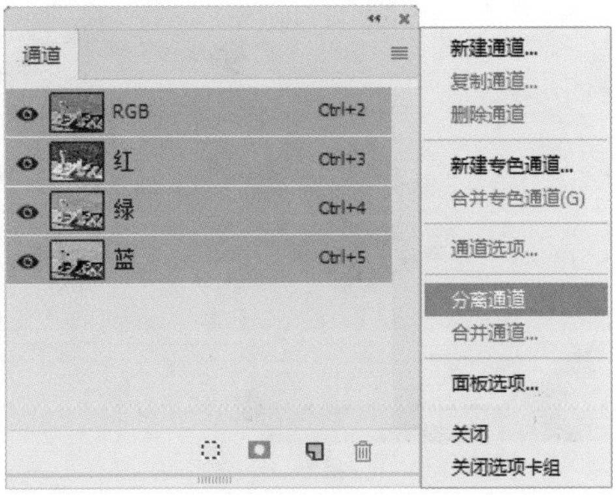

图 7-25

图 7-26

图 7-27

图 7-28

操作提示

当图像的颜色模式不一样时，分离出的通道自然也有所不同。未合并的PSD格式的图像文件无法进行分离通道的操作。

（2）合并通道

合并通道是指将分离后的通道图像重新组合成一个新图像文件。通道的合并类似于简单的通道计算，能同时将两幅或多幅图像经过分离后变为单独的通道灰度图像有选择性地进行合并。

合并通道的方法是：在分离后的图像中，任选一张灰度图像，单击"通道"面板中右上角的 ≡ 按钮，在弹出的快捷菜单中选择"合并通道"命令，弹出"合并通道"对话框，如图7-29所示。在该对话框中设置模式后单击"确定"按钮，弹出"合并RGB通道"对话框，如图7-30所示。可分别对红色、绿色、蓝色通道进行选择，然后单击"确定"按钮即可按选择的相应通道进行合并。

合并通道前后的对比效果如图7-31、图7-32所示。

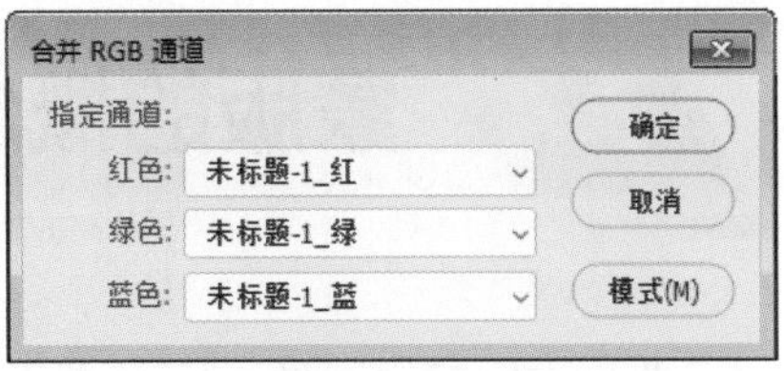

图 7-29

图 7-30

145

图 7-31

图 7-32

操作提示

　　要进行两幅图像通道的合并，两幅图像文件的大小和分辨率必须相同，否则无法进行通道合并。

7.3.4　通道的转换

　　通道的转换是指改变颜色通道中的颜色信息，改变图像颜色模式。具体的操作方法是执行"图像 > 模式"命令，在弹出的子菜单中执行颜色模式对应的命令即可。

　　除此之外，还可以执行"文件 > 自动 > 条件模式更改"命令，弹出"条件模式更改"对话框，如图7-33所示。

　　其中，"源模式"选项区用于设置用以转换的颜色模式，单击"全部"按钮可勾选所有复选框，"目标模式"选项区用于设置图像最终要转换成的颜色模式。

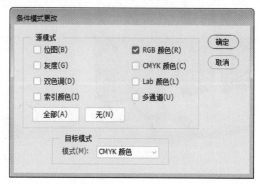

图 7-33

7.3.5　通道的计算

　　选择区域间可以有相加、相减、相交的不同算法。Alpha选区通道同样可以利用计算的方法来实现各种复杂的效果，制作出新的选择区域形状。通道的计算是指将两个来自同一或多个源图像的通道以一定的模式进行混合，其实质是合并通道的升级。对图像进行通道运算能将一幅图像融合到另一幅图像中，方便用户快速得到富于变幻的图像效果。

7.4　蒙版的概念和类型

　　使用蒙版编辑图像，可以避免因为使用橡皮擦或剪刀、删除等造成的失误操

作。蒙版类型主要分为快速蒙版、矢量蒙版、图层蒙版、图框，下面对其进行具体

的介绍。

7.4.1 快速蒙版

快速蒙版是一种临时性的蒙版，是暂时在图像表面产生一种与保护膜类似的保护装置，常用于帮助用户快速得到精确的选区。当在快速蒙版模式中工作时，"通道"调板中会出现一个临时快速蒙版通道。但是，所有的蒙版编辑是在图像窗口中完成的。

创建快速蒙版的方法是单击工具箱底部的"以快速蒙版模式编辑"按钮 □ 或者按Q键，进入快速蒙版编辑状态，单击"画笔工具" ✐ ，适当调整画笔大小，在图像中需要添加快速蒙版的区域进行涂抹，涂抹后的区域呈半透明红色显示，如图7-34所示。然后再按Q键退出快速蒙版，从而建立选区，如图7-35所示。

图 7-34

图 7-35

快速蒙版通过用黑、白、灰三类颜色画笔来做选区，白色画笔可画出被选择区域，黑色画笔可画出不被选择区域，灰色画笔画出半透明选择区域。

操作提示 ✍

快速蒙版主要是快速处理当前选区，不会生成相应附加图层。

7.4.2 矢量蒙版

矢量蒙版是通过形状控制图像显示区域的，它只能作用于当前图层。其本质为使用路径制作蒙版，遮盖路径覆盖的图像区域，显示无路径覆盖的图像区域。矢量蒙版可以通过形状工具创建，也可以通过路径来创建。

矢量蒙版中创建的形状是矢量图，可以使用钢笔工具和形状工具对图形进行编辑修改，从而改变蒙版的遮罩区域，也可以对它任意缩放。

（1）通过形状工具创建

单击"自定形状工具" ✿ ，在属性栏中选择"形状"模式，设置形状样式，在图像中单击并拖动鼠标，绘制形状即可创建矢量蒙版，如图7-36、图7-37所示。

图 7-36

147

图 7-37

（2）通过路径创建

选择钢笔工具，绘制图像路径，如图7-38所示。执行"图层 > 矢量蒙版 > 当前路径"命令，此时在图像中可以看到效果，如图7-39所示。

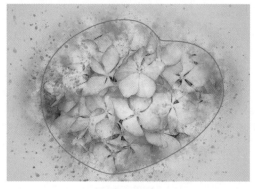

图 7-38

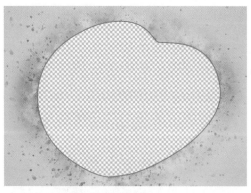

图 7-39

7.4.3 图层蒙版

图层蒙版大大方便了对图像的编辑，它并不是直接编辑图层中的图像，通过使用画笔工具在蒙版上涂抹，控制图层区域的显示或隐藏，常用于制作图像合成。

添加图层蒙版的方法是：首先选择添加蒙版的图层为当前图层，然后单击"图层"面板底端的"添加图层蒙版" ▣ 按钮，设置前景色为黑色，选择"画笔工具" ✐ 在图层蒙版上进行绘制即可。在人物图层上新建图层蒙版，如图7-40所示。然后利用画笔工具擦除多余的背景，只保留人物部分，效果如图7-41所示。

图 7-40

图 7-41

添加图层蒙版的另一种方法是：当图层中有选区时，在"图层"面板上选择该图层，单击面板底部的"添加图层蒙版"按钮，选区内的图像被保留，而选区外的图像将被隐藏。

Photoshop+Illustrator+CorelDRAW 丨 站式高效学习丨一本通

7.4.4 剪贴蒙版

剪贴蒙版是使用处于下方图层的形状来限制上方图层的显示状态。剪贴蒙版由两部分组成：一部分为基层，即基础层，用于定义显示图像的范围或形状；另一部分为内容层，用于存放将要表现的图像内容。使用剪贴蒙版能够在不影响原图像的同时有效地完成剪贴制作。蒙版中的基底图层名称带下划线，上层图层的缩览图是缩进的。

创建剪贴蒙版有如下两种方法：

① 在"图层"面板中按Alt键的同时将鼠标移至两图层间的分隔线上，当其变为↓□形状时，单击鼠标左键即可，如图7-42所示；

② 在"图层"面板中选择要进行剪贴的两个图层中的内容层，按Ctrl+Alt+G组合键即可，如图7-43所示。

图 7-42　　　　　　图 7-43

在使用剪贴蒙版处理图像时，内容层一定位于基础层的上方，才能对图像进行正确剪贴。创建剪贴蒙版后，再按Ctrl+Alt+G组合键即可释放剪贴蒙版。

7.4.5 图框

Photoshop中的图框功能就是创建一个图片的占位符，可以方便图像的填充。

在工具箱中选择"图框工具"⊠可以快速地创建图框将图像置入到图框中，操作的具体方法为：选择工具箱"图框工具"，在属性栏的上方选择矩形图框或椭圆形图框，在一个图像的上方，按鼠标左键拖拽出图框，松开鼠标后将图像嵌入到图框中，如图7-44所示。

若先创建图框，只需将图片与图框相靠近，图像便会快速进入蒙版状态，且图像在填充进图框时，图像会自适应图框大小，自动转为智能对象，有利于无损缩放。当图片和图框相远离时便会重新分成两个图层，如图7-45所示。

图 7-44

图 7-45

课堂练习　制作文字图框

除了使用"图框工具"⊠可以绘制图框，还

扫一扫 看视频

可以将已经创建的形状或文字转换为图框，赋予图框更丰富的轮廓。

Step 01 启动 Photoshop，执行"文件 > 新建"命令，弹出"新建文档"对话框，在对话框中设置参数，单击"确定"按钮新建空白文档，如图 7-46 所示。

Step 02 使用"横排文字工具"输入文字，如图 7-47 所示。

图 7-46

PHOTOSHOP

图 7-47

Step 03 在"图层"面板中选中字体，右击鼠标在弹出的菜单中选择"转换为图框"命令，如图 7-48 所示。

Step 04 在弹出"新建帧"对话框中设置参数，单击"确定"按钮，将文字转换为图框，如图 7-49 所示。

图 7-48

图 7-49

Step 05 在"图层"面板中打开文字图框工具，将本章素材"草.jpg"拖入到当前文档中，图像会自动置入到图框中，如图 7-50 所示。

Step 06 双击置入到图框中的图像将其选中，按 Ctrl+T 组合键调整图像的大小与位置，如图 7-51 所示。

图 7-50

PHOTOSHOP

图 7-51

至此，完成文字图框制作。

蒙版的编辑主要包括蒙版的停用与启用、移动和复制蒙版、删除和应用蒙版、将通道转换为蒙版等操作，下面对其进行具体的介绍。

7.5.1 停用和启用蒙版

停用和启用蒙版能帮助用户对图像使用蒙版前后的效果进行更多的对比观察。若想暂时取消图层蒙版的应用，可以右击图层蒙版缩览图，在弹出的快捷菜单中执行"停用图层蒙版"命令，或者按Shift键的同时，单击图层蒙版缩览图也可以停用图层蒙版功能，此时图层蒙版缩览图中会出现一个红色的"×"标记。

如果要重新启用图层蒙版的功能，再次右击图层蒙版缩览图，在弹出的快捷菜单中选择"启用图层蒙版"命令，或者再次按Shift键的同时单击图层蒙版缩览图即可恢复蒙版效果，如图7-52、图7-53所示。

图 7-52

图 7-53

7.5.2 移动和复制蒙版

蒙版可以在不同的图层进行复制或者移动。若要复制蒙版，按Alt键并拖拽蒙版到其他图层即可，如图7-54所示。若要移动蒙版，只需将蒙版拖拽到其他图层即可，如图7-55所示。在"图层"面板中移动图层蒙版和复制图层蒙版，得到的图像效果是完全不同的。

图 7-54

图 7-55

7.5.3 删除和应用蒙版

若需删除图层蒙版，可以在"图层"面板中的蒙版缩览图上单击鼠标右键，在弹出的快捷菜单中选择"删除图层蒙版"命令。也可拖动图层缩览图蒙版到"删除图层" 按钮上，释放鼠标，在弹出的对话框中单击"删除"按钮即可。

应用蒙版就是将使用蒙版后的图像效果集成到一个图层中，其功能类似于合并图层。应用图层蒙版的方法是在图层蒙版缩览图上单击鼠标右键，在弹出的快捷菜单中选择"应用图层蒙版"命令即可，如图7-56、图7-57所示。

（这里选择的是蓝通道选区）。切换到"图层"面板，选择图层，单击"添加图层蒙版"按钮，即可将通道选区作为图层蒙版，如图7-58、图7-59所示。

图 7-56　　　　图 7-57

图 7-58

7.5.4　将通道转换为蒙版

通道转换为蒙版的实质是将通道中的选区作为图层的蒙版，从而对图像的效果进行调整。将通道转换为蒙版的方法是在"通道"面板中按Ctrl键的同时单击相应的通道缩览图，即可载入该通道的选区

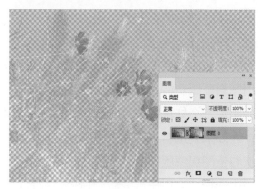

图 7-59

综合实战　制作文艺的开学季海报

扫一扫 看视频

本案例主要使用蒙版和调整通道颜色命令，下面对其制作过程进行具体的介绍。

Step 01 启动 Photoshop 应用程序，执行"文件>新建"命令，弹出"新建"对话框，

图 7-60

图 7-61

在对话框中进行设置，单击"创建"按钮，如图 7-60 所示。将本章素材"教室 .jpg"拖入到当前文档中，调整图像的大小与位置，如图 7-61 所示。

Step 02 选中置入的图像，执行"图像 > 调整 > 曲线"命令，弹出"曲线"对话框，在对话框中选择"RGB""蓝"通道进行调整，如图 7-62 所示。单击"确定"按钮应用效果，使图像偏向冷色调，如图 7-63 所示。

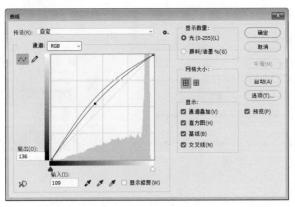

图 7-62 图 7-63

Step 03 将本章素材"秋天背景 .jpg"拖入到当前文档中，并调整其大小与位置，如图 7-64 所示。

Step 04 单击"图层"面板底端"添加图层蒙版"按钮，添加蒙版，如图 7-65 所示。

Step 05 选中蒙版，设置前景色为黑色，选择"画笔工具"在画面中绘制隐藏部分图像，如图 7-66 所示。

图 7-64 图 7-65 图 7-66

Step 06 将本章素材"文字 .png""风铃 .png""标志 .png""眼镜 .png"置入到当前文档中，调整其大小与位置，如图 7-67 所示。

Step 07 单击"图层"面板底部"创建新的填充或调整"按钮，在弹出的菜单中选择"色相 / 饱和度"命令，创建"色相 / 饱和度"调整图层，在"属性"面板中设置参数，让图像颜色饱和一些，如图 7-68、图 7-69 所示。

图 7-67

图 7-68

图 7-69

至此，完成文艺的开学季海报制作。

 课后作业 / 制作啤酒海报

项目需求

受某人的委托帮其设计啤酒广告，要求表现出在夏天喝此啤酒可以给人带来凉爽的感觉，并展示产品。

项目分析

海报的背景是凉爽的海边照片，将带有冰块的产品照片作为主图，整体画面给人凉爽的感觉。广告词简短，主题明确，白黄渐变色字体添加蓝色的描边，使文字非常醒目，然后将字体倾斜在画面上，能增加画面的视觉冲击力。

图 7-70

项目效果

效果如图7-70所示。

操作提示

Step01：使用蒙版制作出海边背景。

Step02：使用文字工具输入文字，并设置其字体、字号、颜色。

Step03：使用图层样式对话框为文字添加图层样式。

Ps

第 8 章
滤镜的应用

★ **内容导读**

Photoshop 的滤镜功能非常强大，不仅可以修饰人物的外形，还可以制作出各种的艺术效果，例如素描、雕刻、印象画等艺术效果，能使图像更加绚丽，下面对滤镜的应用进行介绍。

✔ **学习目标**

○ 了解 Photoshop 中滤镜概况
○ 掌握独立滤镜组中的液化滤镜
○ 掌握滤镜库的设置与应用
○ 掌握模糊、锐化、像素化渲染、杂色和其他组中滤镜的应用

8.1 滤镜概述

滤镜也称为"滤波器",是一种特殊的图像效果处理技术,它遵循一定的程序算法,以像素为单位对图像中的像素进行分析处理,调整图像效果。使用滤镜功能在很大程度上丰富图像效果,可以使一张普通的图像或照片变得更加生动。

8.1.1 认识滤镜

Photoshop中的滤镜主要分为软件自带的内置滤镜和外挂滤镜两种。内置滤镜是软件自带的滤镜,其中自定义滤镜的功能最为强大。外挂滤镜需要用户另外进行安装,安装完成后的外挂滤镜会自动出现在Photoshop的滤镜菜单中。

8.1.2 滤镜的应用范围

Photoshop 为用户提供很多种滤镜,其作用范围仅限于当前正在编辑的、可见的图层或图层中的选区,若图像此时没有选区,软件则默认将当前图层上的整个图像视为当前选区。对整幅图像应用滤镜和对选区内的图像应用滤镜的效果如图8-1、图8-2所示。

图 8-1

图 8-2

8.1.3 认识滤镜菜单

在"滤镜"菜单中,第一栏中显示的是最近使用过的滤镜。"转换为智能滤镜"表示可以整合多个不同的滤镜,并对滤镜效果的参数进行调整和修改,让图像的处理过程更智能化。第三栏中显示的滤镜(从"自适应广角"到"消失点")为独立滤镜,它未归入其他滤镜组中,单击后即可使用。第四栏中显示的滤镜(从"风格化"到"其他")为滤镜组,每一个滤镜组中又包含多个滤镜命令,用户需要依次选择即可应用。若在Photoshop中安装外挂滤镜,则会显示在Digimarc(水印)下方。

8.2 独立滤镜组

在设计制作中常用的独立滤镜主要有液化滤镜、自适应广角滤镜、转换为智能滤镜、消失点等，下面对其进行具体的介绍。

8.2.1 液化滤镜

液化滤镜的原理是将图像以液体形式进行流动变化，让图像在适当的范围内用其他部分的像素图像替代原来的图像像素。使用液化滤镜能对图像进行收缩、膨胀、扭曲以及旋转等变形处理，还可以定义扭曲的范围和强度，同时还可以将我们调整好的变形效果存储起来或载入以前存储的变形效

图 8-3

果。一般情况下，用于帮助用户快速对照片人物进行瘦脸、瘦身。执行"滤镜 > 液化"命令，弹出"液化"对话框，如图8-3所示。

在"液化"面板上左侧工具箱中包含12种应用工具，下面具体介绍这些工具的作用。

● **向前变形工具** ：使用该工具可以移动图像中的像素，得到变形的效果。

● **重建工具** ：使用该工具在变形的区域单击鼠标或拖动鼠标进行涂抹，可以使变形区域的图像恢复到原始状态。

● **平滑工具** ：用来平滑调整后的图像边缘。

● **顺时针旋转扭曲工具** ：使用该工具在图像中单击鼠标或移动鼠标时，图像会被顺时针旋转扭曲；当按住Alt键单击鼠标时，图像则会被逆时针旋转扭曲。

● **褶皱工具** ：使用该工具在图像中单击鼠标或移动鼠标时，可以使像素向画笔中间区域的中心移动，使图像产生收缩的效果。

● **膨胀工具** ：使用该工具在图像中单击鼠标或移动鼠标时，可以使像素向画笔中心区域以外的方向移动，使图像产生膨胀的效果。

● **左推工具** ：使用该工具可以使图像产生挤压变形的效果。

● **冻结蒙版工具** ：使用该工具可以在预览窗口绘制出冻结区域，在调整时，冻结区域内的图像不会受到变形工具的影响。

● **解冻蒙版工具** ：使用该工具涂抹冻结区域能够解除该区域的冻结。

157

●脸部工具 ⚇:该工具会自动识别人的五官和脸型，当鼠标置于五官的上方，图像出现调整五官脸型的线框，拖拽线框可以改变五官的位置、大小，也可以在右侧人脸识别液化中设置参数，调整人物的脸型。

●抓手工具 ✋:放大图像的显示比例后，可使用该工具移动图像，以观察图像的不同区域。

●缩放工具 🔍:使用该工具在预览区域中单击可放大图像的显示比例；按Alt键在该区域中单击，则会缩小图像的显示比例。

使用液化滤镜修饰人物前后的对比效果如图8-4、图8-5所示。

图8-4

图8-5

8.2.2 自适应广角滤镜

自适应广角滤镜是Photoshop中新增

的一项功能，使用该滤镜可以校正由于使用广角镜头而造成的镜头扭曲。用户可以快速拉直在全景图或采用鱼眼镜头和广角镜头拍摄的照片中看起来弯曲的线条。例如建筑物在使用广角镜头拍摄时会看起来向内倾斜。

执行"滤镜 > 自适应广角"命令，弹出"自适应广角"对话框，如图8-6所示。

图8-6

其中左侧工具箱中包括5种应用工具，下面具体介绍这些工具的作用。

●约束工具 ▸:使用该工具，单击图像或拖动端点可添加或编辑约束。按住Shift键单击可添加水平或垂直约束；按住Alt键单击可删除约束。

●多边形约束工具 ◈:使用该工具，单击图像或拖动端点可添加或编辑多边形约束。单击初始起点可结束约束；按住Alt键单击可删除约束。

●移动工具 ✥:使用该工具，拖动鼠标可以在画布中移动内容。

●抓手工具 ✋:放大图像的显示比例后，可使用该工具移动图像，以观察图像的不同区域。

●缩放工具 🔍:使用该工具在预览区域中单击可放大图像的显示比例；按下Alt键在该区域中单击，则会缩小图像的显示比例。

8.2.3 转换为智能滤镜

　　智能滤镜是一种非破坏性的滤镜，转换为智能滤镜可以将整幅图像或选择的图层转换为智能对象以启用新增的可重新编辑的智能滤镜。图像转换为智能对象后，对图像执行的所有滤镜操作均会自动默认为智能滤镜效果。

　　将图像转换为智能对象的方法是选择需要转换的图像，执行"滤镜 > 转换为智能对象"命令，将弹出提示信息对话框，单击"确定"按钮即可。还可以在"图层"面板中右击需要转换的图层，在弹出的菜单中选择"转换为智能对象"命令。将图像转换为智能对象并进行编辑的对比效果如图8-7、图8-8所示。

图 8-7

图 8-8

8.2.4 消失点滤镜

　　消失点滤镜能够在保证图像透视角度不变的前提下，对图像进行绘制、仿制、复制或粘贴以及变换等操作。操作会自动应用透视原理，按照透视的角度和比例来自适应图像的修改，从而大大节约精确设计和修饰照片所需的时间。执行"滤镜 > 消失点"命令，弹出"消失点"对话框，如图8-9所示。

图 8-9

　　在该对话框中，左侧工具箱中包含10种应用工具，下面对这些工具进行详细介绍。

　　●编辑平面工具 ▶：选择该按钮，可以选择、编辑、移动平面和调整平面大小。

　　●创建平面工具 ▦：选择该按钮，单击图像中透视平面或对象的四个角可创建平面，还可以从现有的平面伸展节点拖出垂直平面。

　　●选框工具 ▭：选择该按钮，在平面中单击并移动可选择该平面上的区域，按住Alt键拖移选区可将区域复制到新目标；按住Ctrl键拖移选区可用源图像填充该区域。

　　●图章工具 ▲：选择该按钮，在

平面中按住Alt键单击可为仿制设置源点，然后单击并拖动鼠标来绘画或仿制。按住Shift键单击可将描边扩展到上一次单击处。

● **画笔工具** ✎：选择该按钮，在平面中单击并拖动鼠标可进行绘画。按住Shift键单击可将描边扩展到上一次单击处。选择"修复明亮度"可将绘画调整为适应阴影或纹理。

● **变换工具** ⌗：选择该按钮，可以缩放、旋转和翻转当前浮动选区。

● **吸管工具** ✐：选择用于绘画的颜色。

● **测量工具** ▭：点按两点可测量距离。

● **抓手工具** ✋：放大图像的显示比例后，可使用该工具移动图像，以观察图像的不同区域。

● **缩放工具** ⚲：使用该工具在预览区域中单击可放大图像的显示比例；按下Alt键在该区域中单击，则会缩小图像的显示比例。

📝 **课堂练习** 使用液化滤镜美化人的脸型

本案例主要讲解如何利用液化滤镜调整人物的脸型，下面对其进行具体的介绍。

Step 01 启动 Photoshop，执行"文件>打开"命令，打开本章素材"女生.jpg"图像，按 Ctrl+J 组合键复制背景图层，如图 8-10 所示。

Step 02 选择复制的图像，执行"滤镜>液化"命令，弹出"液化"对话框，如图 8-11 所示。

图 8-10

图 8-11

Step 03 在"液化"对话框中右侧设置参数，调整人的五官和脸型，如图 8-12、图 8-13 所示。

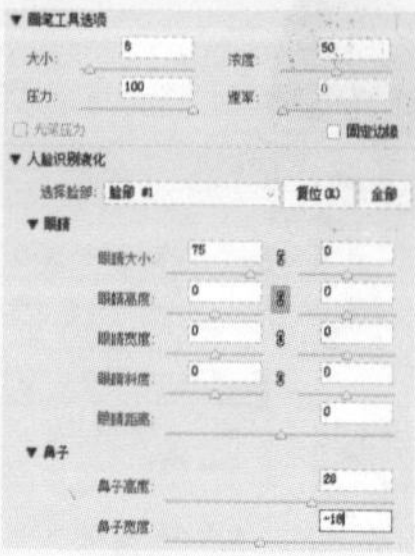

图 8-12

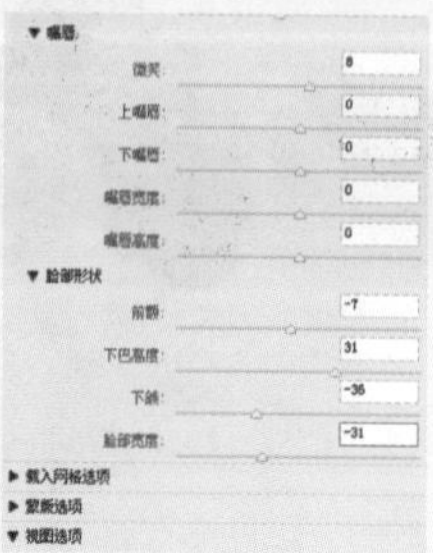

图 8-13

Step 04 选择"向前变形工具"，调整肩部，如图 8-14 所示。

Step 05 选择"脸部工具"，进一步调整人的脸型和五官，使其更加自然，如图 8-15 所示。

图 8-14   图 8-15

Step 06 在"液化"面板中，单击"确定"按钮，应用滤镜效果，前后对比如图 8-16、图 8-17 所示。

图 8-16   图 8-17

至此，完成人物脸型的调整。

8.3 滤镜库的设置与应用

滤镜库将常用的滤镜进行集合归类，在滤镜库中，可以对一幅图像应用一个或多个滤镜，也可以对同一个图像应用多次同一个滤镜，还可以使用其他滤镜替换原来的滤镜，下面对其进行具体的介绍。

8.3.1 认识滤镜库

滤镜库是为方便用户快速找到滤镜而设置的，滤镜库中有风格化、画笔的描边、扭曲、素描、纹理和艺术效果等选项，每个选项中又包含多种滤镜效果，用户可以根据需要自行选择想要的图像效果。

执行"滤镜 > 滤镜库"命令，弹出"滤镜库"对话框，如图8-18所示。

在该对话框中，可根据需要设置图像效果。若要同时使用多个滤镜，可以在对话框右下角单击"新建效果图层"按钮，即可新建一个效果图层，从而实现多滤镜的叠加使用。

图 8-18

滤镜库对话框主要由以下几部分组成。

● 预览框：可预览图像的变化效果，单击面板底端的➖或➕按钮，可缩小或放大预览框中的图像。

● 滤镜面板：该区域显示了风格化、画笔描边、扭曲、素描、纹理和艺术效果6 组滤镜，单击每组滤镜前面的三角形图标即可展开该滤镜组，随后便可看到该组中所包含的具体滤镜。

● 🖻按钮：单击该按钮可隐藏或显示滤镜面板。

● 参数设置区：在该区域中可设置当前所应用滤镜的各种参数值和选项。

8.3.2　编辑滤镜列表

滤镜列表位于滤镜库界面的右下角，用于显示对图像使用过的滤镜，起到查看滤镜效果的作用。单击选择滤镜效果，滤镜名称会自动出现在滤镜列表中，当前选择的滤镜效果图层呈灰底显示。若需要对图像应用多种滤镜，则单击"新建效果图层"🖻按钮，此时创建的是与当前滤镜相同的效果图层，然后选择其他滤镜效果即可，如图8-19所示。

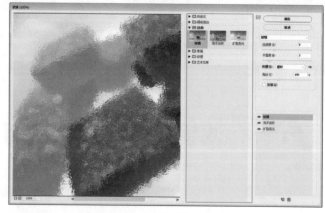

图 8-19

若对添加的滤镜效果不满意，则可以单击"删除效果图层"按钮🗑 将该滤镜效果删除。

8.3.3 风格化滤镜组

风格化滤镜主要通过置换像素并且查找和提高图像中的对比度，产生绘画式或印象派的艺术效果。该滤镜组包括了查找边缘、等高线、风、浮雕效果、扩散、拼贴、曝光过度、凸出、油画及照亮边缘滤镜。

执行"滤镜 > 风格化"命令，弹出其子菜单，如图8-20所示。

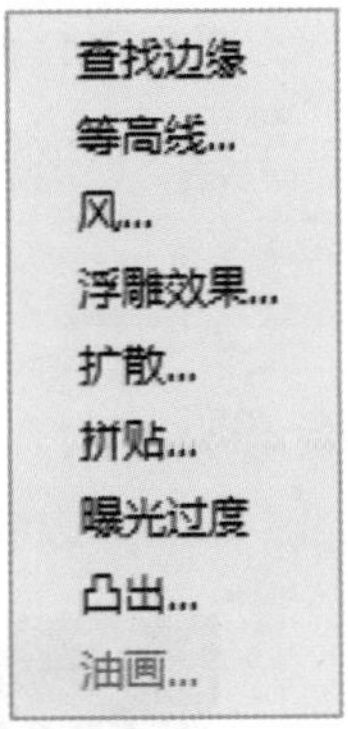

> 查找边缘
> 等高线...
> 风...
> 浮雕效果...
> 扩散...
> 拼贴...
> 曝光过度
> 凸出...
> 油画...

图 8-20

下面对这些滤镜效果进行介绍。

●查找边缘：该滤镜能查找图像中主色块颜色变化的区域，并将查找到的边缘轮廓描边，使图像看起来像用笔刷勾勒的轮廓。如图8-21、图8-22所示为使用"查找边缘"滤镜前后的效果对比。

●等高线：该滤镜可以沿图像的亮部区域和暗部区域的边界绘制颜色比较浅的线条效果。执行完等高线命令后，计算机会把当前文件图像以线条的形式显示，如图8-23所示。

图 8-21

图 8-22

图 8-23

●风：该滤镜可以将图像的边缘进行位移，创建出水平线，用于模拟风的动感效果，在其对话框中可设置风吹效果样式以及风吹方向，如图8-24所示。

●浮雕效果：该滤镜能通过勾画图像的轮廓和降低周围色值产生灰色的浮凸效果。执行此命令后图像会自动变为深灰色，使图像图片产生凸出的视觉效果，如图8-25所示。

●扩散：该滤镜通过随机移动像素或明暗互换，使图像看起来像是透过磨砂玻璃观察的模糊效果。

●拼贴：该滤镜会根据参数设置对话框中设定的值将图像分成小块，使图像看起来像是由许多画在瓷砖上的小图像拼成的一样，如图8-26所示。

图 8-24

图 8-25

图 8-26

163

●曝光过度：该滤镜能产生图像正片和负片混合的效果，类似摄影中的底片曝光，如图8-27所示。

●凸出：该滤镜根据在对话框中设置的不同选项，为选区或整个图层上的图像制作一系列块状或金字塔的三维纹理，比较适合于制作刺绣或编织工艺所用的一些图案，如图8-28所示。

●油画：该滤镜根据在对话框中设置的不同选项，能让图像产生油画效果，如图8-29所示。

●照亮边缘：该滤镜收录在滤镜库中，使用该滤镜能让图像产生比较明亮的轮廓线。

  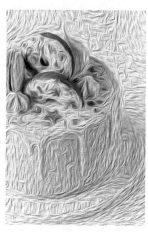

图 8-27　　　　　　　图 8-28　　　　　　　图 8-29

8.3.4　画笔描边滤镜组

画笔描边组滤镜组收录在滤镜库中，用于模拟不同的画笔或油墨笔刷来勾画图像，使图像产生手绘效果。该滤镜组包括了成角的线条、墨水轮廓、喷溅、喷色描边、强化的边缘、深色线条、烟灰墨和阴影线8种滤镜，这些滤镜可以对图像进行增加颗粒、绘画、杂色、边缘细线或纹理操作，以得到点画效果。

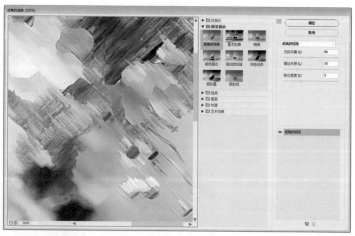

图 8-30

执行"滤镜>滤镜库"命令，弹出"滤镜库"面板，如图8-30所示。下面对这些滤镜效果进行介绍。

●**成角的线条**：该滤镜可以产生斜笔画风格的图像，类似于使用画笔按某一角度在画布上用油画颜料所涂画出的斜线，线条修长，笔触锋利，效果比较好看，如图8-31、图8-32所示。

●**墨水轮廓**：该滤镜可在图像的颜色边界处模拟油墨绘制图像轮廓，从而产生钢笔油墨风格效果，如图8-33所示。

图 8-31 　　　　　　　图 8-32 　　　　　　　图 8-33

●**喷溅**：该滤镜可以使图像产生一种按一定方向喷洒水花的效果，画面看起来像被雨水冲刷过一样，如图8-34所示。

●**喷色描边**："喷色描边"滤镜和"喷溅"滤镜效果相似，可以产生在画面上喷洒水花的效果，或有一种被雨水打湿的视觉效果，还可以产生斜纹飞溅效果，如图8-35所示。

●**强化的边缘**：该滤镜可以对图像的边缘进行强化处理。设置高的边缘亮度控制值时，强化效果类似白色粉笔；设置低的边缘亮度控制值时，强化效果类似黑色油墨，如图8-36所示。

图 8-34 　　　　　　　图 8-35 　　　　　　　图 8-36

●**深色线条**：该滤镜通过用短而密的线条来绘制图像中的深色区域，用长而白的线条来绘制图像中颜色较浅的区域，从而产生一种很强的黑色阴影效果，如图8-37所示。

●**烟灰墨**：该滤镜可以通过计算图像中像素值的分布，对图像进行概括性的描述，进而产生用饱含黑色墨水的画笔在宣纸上进行绘画的效果。它能使带有文字的图像产生更特别的效果，也被称为书法滤镜，如图8-38所示。

●**阴影线**：该滤镜可以产生具有十字交叉线网格风格的图像，如同在粗糙的画布上使用笔刷画出十字交叉线时所产生的效果一样，给人一种随意的感觉，如图8-39所示。

图 8-37   图 8-38   图 8-39

8.3.5 扭曲滤镜组

    扭曲滤镜组主要用于对平面图像进行扭曲，使其产生旋转、挤压、水波和三维等变形效果。该滤镜组包括了波浪、波纹、极坐标、挤压、切变、球面化、水波、旋转扭曲和置换9种滤镜。此外，玻璃、海洋波纹和扩散亮光收录在滤镜库中。

    选择"滤镜 > 扭曲"命令，弹出子菜单，如图8-40所示。下面将分别对这些滤镜效果进行介绍。

图 8-40

●**波浪**：该滤镜可以根据设定的波长和波幅产生波浪效果，如图8-41、图8-42所示。

●**波纹**：该滤镜可以根据参数设定产生不同的波纹效果，如图8-43所示。

 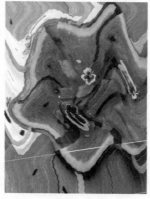 

图 8-41   图 8-42   图 8-43

●**极坐标**：该滤镜可以将图像从直角坐标系转化成极坐标系或从极坐标系转化为直角坐标系，产生极端变形效果，如图8-44所示。

●**挤压**：该滤镜可以使全部图像或选区图像产生向外或向内挤压的变形效果，如图

8-45所示。

●**切变**：该滤镜能根据用户在对话框中设置的垂直曲线来使图像发生扭曲变形，如图8-46所示。

图 8-44　　　　　　　图 8-45　　　　　　　图 8-46

●**球面化**：该滤镜能使图像区域膨胀实现球形化，形成类似将图像贴在球体或圆柱体表面的效果。

●**水波**：该滤镜可模仿水面上产生的起伏状波纹和旋转效果，用于制作同心圆类的波纹，如图8-47所示。

●**旋转扭曲**：该滤镜可使图像产生类似于风轮旋转的效果，甚至可以产生将图像置于一个大漩涡中心的螺旋扭曲效果。

●**置换**：该滤镜可以使图像产生位移效果，位移的方向不仅跟参数设置有关，还跟位移图有密切关系。使用该滤镜需要两个文件才能完成：一个文件是要编辑的图像文件；另一个是位移图文件。位移图文件充当位移模板，用于控制位移的方向。

●**玻璃**：该滤镜能模拟透过玻璃观看图像的效果，如图8-48所示。

●**海洋波纹**：该滤镜为图像表面增加随机间隔的波纹，使图像产生类似海洋表面的波纹效果，有"波纹大小"和"波纹幅度"两个参数值。

●**扩散亮光**：该滤镜能使图像产生光热弥漫的效果，用于表现强烈光线和烟雾效果，如图8-49所示。

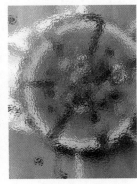

图 8-47　　　　　　　图 8-48　　　　　　　图 8-49

扫一扫 看视频

本案例主要讲解如何利用极坐标滤镜制作出鱼眼效果,下面对其进行具体的介绍。

Step 01 启动 Photoshop,执行"文件＞打开"命令,打开本章素材"风景.jpg"图像,然后按 Ctrl+J 组合键复制背景图层,如图 8-50 所示。

图 8-50

Step 02 选中复制的图层,选择"矩形选框工具"框选画面一半的图形,如图 8-51 所示,按 Ctrl+J 组合键复制图层。

图 8-51

Step 03 选中复制的图像,执行"编辑＞变换＞水平翻转"命令,将复制的图像翻转,移动位置到图像的另一侧,制作出对称的图像,如图 8-52 所示。

图 8-52

Step 04 选中两次复制的图层,如图 8-53 所示。按 Ctrl+E 组合键将图层合并,如图 8-54 所示。

图 8-53

图 8-54

Step 05 选中合并的图层，执行"编辑>变换>垂直翻转"命令，将图形翻转，如图 8-55 所示。

图 8-55

Step 06 执行"滤镜>扭曲>极坐标"命令，弹出"极坐标"对话框，设置参数，如图 8-56 所示。

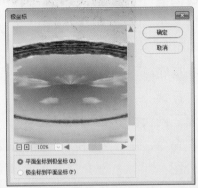

图 8-56

Step 07 选中应用极坐标效果的图像，按 Ctrl+T 组合键变换图像，在变换图像时按 Shift 键，可以使图像自由地变换，如图 8-57 所示。

图 8-57

Step 08 使用"裁剪工具" ⌐.对图像进行裁剪，完成鱼眼效果的制作，如图 8-58 所示。

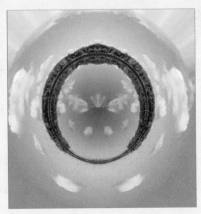

图 8-58

8.3.6 素描滤镜组

素描滤镜组根据图像中高色调、半色调和低色调的分布情况，使用前景色和背景色按特定的运算方式进行填充，添加纹理，使图像产生素描、速写及三维的艺术效果。该滤镜组收录在滤镜库中，包括了半调图案、便条纸、粉笔和炭笔、铬黄渐变、绘图笔、基底凸现、水彩画纸、撕边、石膏

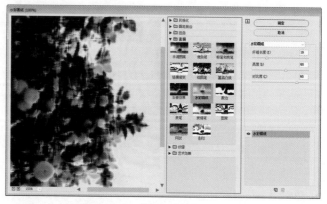

图 8-59

效果、炭笔、炭精笔、图章、网状和影印14种滤镜。

选择"滤镜 > 滤镜库"命令，弹出"滤镜库"面板，如图8-59所示。

下面对这些滤镜进行介绍。

●半调图案：该滤镜可以使用前景色和背景色将图像以网点效果显示，如图8-60、图8-61所示。

●便条纸：该滤镜可以使图像以前景色和背景色混合产生凹凸不平的草纸画效果，其中前景色作为凹陷部分，而背景色作为凸出部分，如图8-62所示。

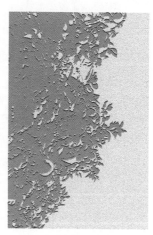

图 8-60　　　　　　　　图 8-61　　　　　　　　图 8-62

●粉笔和炭笔：该滤镜可以重绘高光和中间调，并使用粗糙粉笔绘制纯中间调的灰色背景。阴影区域用黑色对角炭笔线条替换。炭笔用前景色绘制，粉笔用背景色绘制。

●铬黄渐变：该滤镜可以模拟液态金属效果，图像的颜色将失去，只存在黑灰二种，但表面会根据图像进行铬黄纹理，如图8-63所示。

●绘图笔：该滤镜将以前景色和背景色生成钢笔画素描效果，图像中没有轮廓，只有变化的笔触效果。

●基底凸现：该滤镜主要用来模拟粗糙的浮雕效果，并用光线照射强调表面变化的效果。图像的暗色区域使用前景色，而浅色区域使用背景色，如图8-64所示。

●石膏效果：该滤镜可用来产生一种立体石膏压模成像的效果，然后使用前景色和背景色为图像上色。图像中较暗的区域升高，较亮的区域下陷。

●水彩画纸：该滤镜使图像好像是绘制在潮湿的纤维上，产生颜色溢出、混合和渗透的效果，如图8-65所示。

| 图 8-63 | 图 8-64 | 图 8-65 |

●撕边：该滤镜重新组织图像为被撕碎的纸片效果，然后使用前景色和背景色为图片上色，比较适合对比度高的图像。

●炭笔：该滤镜可以使图像产生炭精画的效果，图像中主要的边缘用粗线绘画，中间色调用对角细线条素描。前景色代表笔触的颜色，背景色代表纸张的颜色，如图8-66所示。

●炭精笔：该滤镜模拟使用炭精笔在纸上绘画的效果，如图8-67所示。

●图章：该滤镜使图像简化、突出主体，看起来像是用橡皮或木制图章盖上去的效果，一般用于黑白图像。

●网状：该滤镜使用前景色和背景色填充图像，在图像中产生一种网眼覆盖的效果。

●影印：该滤镜使图像产生类似印刷中影印的效果，计算机会把之前的色彩去掉，当前图像只存在棕色，如图8-68所示。

| 图 8-66 | 图 8-67 | 图 8-68 |

8.3.7 纹理滤镜组

纹理滤镜组主要用于为图像添加具有深度感和材料感的纹理，使图像具有质感。该滤镜在空白画面上也可以直接工作，并能生成相应的纹理图案。该滤镜组包括了龟裂缝、颗粒、马赛克拼贴、拼缀图、染色玻璃和纹理化6种滤镜。

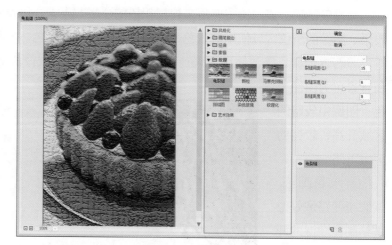

图 8-69

选择"滤镜 > 滤镜库"命令，弹出"滤镜库"面板，如图8-69所示。

下面对这些滤镜进行详细介绍。

●龟裂缝：该滤镜可以使图像产生龟裂纹理，从而制作出具有浮雕样式的立体图像效果。它也可以在空白画面上直接产生具有皱纹效果的纹理，如图8-70、图8-71所示。

●颗粒：该滤镜可以在图像中随机加入不规则的颗粒来产生颗粒纹理效果，如图8-72所示。

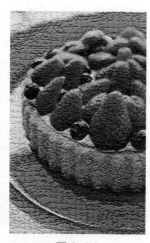

图 8-70   图 8-71   图 8-72

●马赛克拼贴：该滤镜用于产生类似马赛克拼成的图像效果。

●拼缀图：该滤镜在马赛克拼贴滤镜的基础上增加了一些立体感，使图像产生一种类似于建筑物上使用瓷砖拼成图像的效果，如图8-73所示。

●**染色玻璃**：该滤镜可以将图像分割成不规则的多边形色块，然后用前景色勾画其轮廓，产生一种视觉上的彩色玻璃效果，如图8-74所示。

●**纹理化**：该滤镜可以往图像中添加不同的纹理，使图像看起来富有质感。用于处理含有文字的图像，使文字呈现比较丰富的特殊效果，如图8-75所示。

 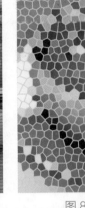 

图 8-73　　　　　　　　图 8-74　　　　　　　　图 8-75

8.3.8　艺术效果滤镜组

艺术效果滤镜可以模拟多种现实世界的艺术手法，能让普通的图像变为绘画形式不拘一格的艺术作品，可以用来制作用于商业的特殊效果图像。该滤镜组包括了壁画、彩色铅笔、粗糙蜡笔、底纹效果、调色刀、干画笔、海报边缘、海绵、绘画涂抹、胶片颗粒、木刻、霓虹灯光、水彩、塑料包装和涂抹棒15种滤镜。

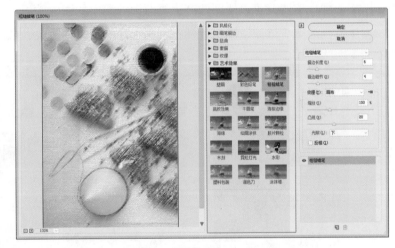

图 8-76

执行"滤镜>滤镜库"命令，弹出"滤镜库"面板，如图8-76所示。

下面对这些滤镜效果进行详细介绍。

●**壁画**：该滤镜可以使图像产生壁画一样的粗犷效果，如图8-77、图8-78所示。

●**彩色铅笔**：该滤镜模拟使用彩色铅笔在纯色背景上绘制图像，如图8-79所示。

173

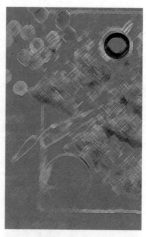

图 8-77 　　　　　　　图 8-78 　　　　　　　图 8-79

●粗糙蜡笔：该滤镜可以使图像产生类似蜡笔在纹理背景上绘图的纹理浮雕效果，如图8-80所示。

●底纹效果：该滤镜可以根据所选的纹理类型使图像产生相应的底纹效果。

●干画笔：该滤镜能模仿使用颜料快用完的毛笔进行作画，笔迹的边缘断断续续、若有若无，产生一种干枯的油画效果，如图8-81所示。

●海报边缘：该滤镜的作用是增加图像对比度并沿边缘的细微层次加上黑色，能够产生具有招贴画边缘效果的图像。

●海绵：该滤镜可以使图像产生类似海绵浸湿的图像效果。

●绘画涂抹：该滤镜模拟手指在湿画上涂抹的模糊效果，如图8-82所示。

图 8-80 　　　　　　　图 8-81 　　　　　　　图 8-82

●胶片颗粒：该滤镜可以让图像产生胶片颗粒状的纹理效果。

●木刻：该滤镜使图像产生由粗糙剪切的彩纸组成的，高对比度图像看起来像黑色剪影，而彩色图像看起来像由几层彩纸构成的效果，如图8-83所示。

●霓虹灯光：该滤镜能够产生负片图像或与此类似的颜色奇特的图像效果，给人虚幻朦胧的感觉。

●水彩：该滤镜可以描绘出图像中景物形状，同时简化颜色，产生水彩画的效果。

●塑料包装：该滤镜可以使图像产生表面质感强烈并富有立体感的塑料包装效果，如图8-84所示。

●调色刀：该滤镜可以使图像中相近的颜色相互融合，减少了细节以产生写意效果，如图8-85所示。

●涂抹棒：该滤镜可以产生使用粗糙物休在图像进行涂抹的效果，能够模拟在纸上涂抹粉笔画或蜡笔画的效果。

图 8-83　　　　　图 8-84　　　　　图 8-85

课堂练习 制作水粉画效果

扫一扫 看视频

本案例主要使用模糊命令和艺术效果滤镜组中的滤镜制作出水粉效果，下面对其进行具体的介绍。

Step 01 启动 Photoshop，执行"文件＞打开"命令，打开本章素材"花1.jpg"图像，按 Ctrl+J 组合键复制背景图层，如图 8-86 所示。

Step 02 选中复制的图像，执行"滤镜＞模糊＞特殊模糊"命令，弹出"特殊模糊"对话框，在对话框中设置参数，单击"确定"按钮，为图像添加模糊效果，如图 8-87 所示。

图 8-86　　　　　图 8-87

Step 03 模糊效果，如图 8-88 所示。执行"滤镜 > 滤镜库"命令，弹出"滤镜库"对话框，选中艺术效果中的"水彩"滤镜，在对话框中设置参数，制作出绘画的感觉，如图 8-89 所示。

图 8-88   图 8-89

Step 04 在"滤镜库"对话框中，单击右下角选择"新建效果图层"，新建效果图层，选择"绘画涂抹"滤镜，在对话框中右侧设置参数，为图像添加笔触感，单击"确定"按钮，应用滤镜效果，如图 8-90、图 8-91 所示。

图 8-90   图 8-91

Step 05 执行"图像 > 调整 > 色相 / 饱和度"命令，弹出"色相 / 饱和度"对话框，设置参数，单击"确定"按钮，应用调整效果，使图像更加鲜艳，如图 8-92、图 8-93 所示。

图 8-92   图 8-93

Step 06 执行"图像 > 调整 > 色阶"命令，弹出"色阶"对话框，设置参数，单击"确定"按钮，应用调整效果，调整图像的亮度，如图 8-94、图 8-95 所示。

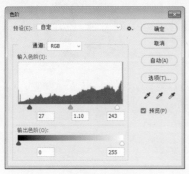

图 8-94　　　　　　　　　　　　　　　　图 8-95

至此，完成水粉画效果的制作。

8.4 其他滤镜组

除了滤镜库和独立滤镜外，Photoshop还有模糊滤镜组、锐化滤镜组、像素化滤镜组、渲染滤镜组、杂色滤镜组和其他滤镜组中的滤镜，用户可以使用这些滤镜制作出一些特殊的效果，下面对其进行具体的介绍。

8.4.1 模糊滤镜组

模糊滤镜组主要用于不同程度地减小相邻像素间颜色的差异，使图像产生柔和、模糊的效果。模糊的原理是将图像中要模糊的硬边区域相邻近的像素值平均而产生平滑的过滤效果。该滤镜组提供了场景模糊、光圈模糊、移轴模糊、路径模糊、旋转模糊、表面模糊、动感模糊、方框模糊以及高斯模糊等16种滤镜。

执行"滤镜 > 模糊"命令或"滤镜 > 模糊画廊"命令，弹出其子菜单，执行相应的菜单命令即可实现滤镜效果，下面对这些滤镜效果进行介绍。

●**场景模糊**：该滤镜可以对图片进行焦距调整，跟拍摄照片的原理一样，选择好相应的主体后，主体之前及之后的物体就会相应地变模糊。选择的镜头不同，模糊的方法也略有差别。不过场景模糊可以对一幅图片全局或多个局部进行模糊处理，如图8-96、图8-97所示。

●**光圈模糊**：该滤镜用类似相机的镜头来对焦，焦点周围的图像会相应地变模糊。

●**移轴模糊**：该滤镜模仿移轴摄影镜头，照片效果就像是缩微模型，如图8-98所示。

| 图 8-96 | 图 8-97 | 图 8-98 |

●**路径模糊**：该滤镜可以沿着路径创建模糊效果，如图8-99所示。

●**旋转模糊**：该滤镜通常都是用来创建圆形或椭圆形的模糊特效，如图8-100所示。

●**表面模糊**：该滤镜对边缘以内的区域进行模糊，在模糊图像时可保留图像边缘，用于创建特殊效果以及去除杂点和颗粒，从而产生清晰边界的模糊效果。

●**动感模糊**：该滤镜模仿拍摄运动物体的手法，通过使像素进行某一方向上的线性位移来产生运动模糊效果。动感模糊会把当前图像的像素向两侧拉伸，在对话框中可以对角度以及拉伸的距离进行调整，如图8-101所示。

●**方框模糊**：该滤镜以邻近像素颜色平均值为基准模糊图像。

●**高斯模糊**：高斯是指对像素进行加权平均时所产生的钟形曲线。该滤镜可根据数值快速地模糊图像，产生朦胧效果。

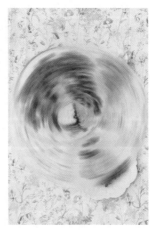

| 图 8-99 | 图 8-100 | 图 8-101 |

●**进一步模糊**：与模糊滤镜产生的效果一样，但效果强度会增强3~4倍。

●**径向模糊**：该滤镜可以产生具有辐射性模糊的效果。模拟相机前后移动或旋转产生的模糊效果，如图8-102所示。

●镜头模糊：该滤镜可以向图像中添加模糊以产生更窄的景深效果，使图像中的一些对象在焦点内，另一些区域变模糊。用它来处理照片，可以创建景深效果。但需要用Alpha通道或图层蒙版的深度值来映射图像中像素的位置。

●模糊：该滤镜使图像变得模糊一些，它能去除图像中明显的边缘或非常轻度的柔和边缘，如同在照相机的镜头前加入柔光镜所产生的效果。

●平均：该滤镜可找出图像或选区的平均颜色，然后用该颜色填充图像或选区以创建平滑的外观。

●特殊模糊：该滤镜能找出图像的边缘并对边界线以内的区域进行模糊处理。它的优点是在模糊图像的同时仍使图像具有清晰的边界，有助于去除图像色调中的颗粒、杂色，从而产生一种边界清晰中心模糊的效果，如图8-103所示。

●形状模糊：该滤镜使用指定的形状作为模糊中心进行模糊，如图8-104所示。

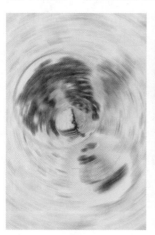
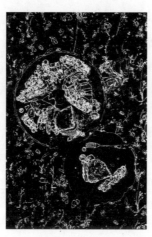

图 8-102　　　　　　　　图 8-103　　　　　　　　图 8-104

8.4.2　像素化滤镜组

像素化滤镜组通过将图像中相似颜色值的像素转化成单元格的方法，使图像分块或平面化，将图像分解成肉眼可见的像素颗粒，如方形、不规则多边形和点状等，视觉上看就是图像被转换成由不同色块组成的图像。该滤镜组包括彩块化、彩色半调、点状化、晶格化、马赛克、碎片和铜板雕刻7种滤镜。

执行"滤镜 > 像素化"命令，弹出其子菜单，执行相应的菜单命令即可实现滤镜效果，下面对这些滤镜效果进行介绍。

●彩块化：该滤镜使图像中纯色或相似颜色凝结为彩色块，从而产生类似宝石刻画般的效果，该滤镜没有参数设置对话框，如图8-105、图8-106所示。

●彩色半调：该滤镜可以将图像中的每种颜色分离，将一幅连续色调的图像转变为半色调的图像，使图像看起来类似彩色报纸印刷效果或铜版化效果，如图8-107所示。

图 8-105　　　　　　　　图 8-106　　　　　　　　图 8-107

●**点状化**：该滤镜在图像中随机产生彩色斑点，点与点间的空隙用背景色填充，如图8-108所示。

●**晶格化**：该滤镜可以将图像中颜色相近的像素集中到一个多边形网格中，从而把图像分割成许多个多边形的小色块，产生晶格化的效果，如图8-109所示。

●**马赛克**：该滤镜可将图像分解成许多规则排列的小方块，实现图像的网格化，每个网格中的像素均使用本网格内的平均颜色填充，从而产生类似马赛克般的效果，如图8-110所示。

●**碎片**：该滤镜将图像的像素复制4 遍，然后将它们平均位移并降低不透明度，从而形成一种不聚焦的"四重视"效果，该滤镜没有参数设置对话框。

●**铜版雕刻**：该滤镜能够使用指定的点、线条和笔画重画图像，产生版刻画的效果，也能模拟出金属版画的效果。

图 8-108　　　　　　　　图 8-109　　　　　　　　图 8-110

8.4.3　渲染滤镜组

渲染滤镜主要用于不同程度地使图像产生三维造型效果或光线照射效果，或给图像添加特殊的光线，比如云彩、镜头折光等效果。该滤镜组包括火焰、图片框、树、分层云彩、光照效果、镜头光晕、纤维和云彩8种滤镜。执行"滤镜 > 渲染"命令，弹出其子菜单，执行相应的菜单命令即可实现滤镜效果，下面对这些滤镜分别进行介绍。

●火焰：该滤镜在渲染前需要在画面中先绘制路径，渲染出来的火焰会沿着路径分布。

●图片框：该滤镜可以为图像添加各式各样的边框。

●树：该滤镜可以为图像添加各种各样的树木。

●分层云彩：该滤镜可以使用前景色和背景色对图像中的原有像素进行差异运算，产生图像与云彩背景混合并反白的效果，如图8-111、图8-112所示。

●光照效果：该滤镜能产生多种光照效果，还可加入新的纹理及浮雕效果，使平面图像产生三维立体的效果，如图8-113所示。

●镜头光晕：该滤镜通过为图像添加不同类型的镜头，从而模拟镜头产生眩光效果，这是摄影技术中一种典型的光晕效果处理方法。

●纤维：该滤镜用于将前景色和背景色混合填充图像，从而生成类似纤维的效果。

●云彩：该滤镜是唯一能在空白透明层上工作的滤镜，不使用图像现有像素进行计算，而是使用前景色和背景色计算。通常制作出天空、云彩、烟雾等效果。

图 8-111

图 8-112

图 8-113

8.4.4 杂色和其他滤镜组

杂色滤镜组可以给图像添加一些随机产生的干扰颗粒，即噪点，可以创建不同寻常的纹理或去掉图像中有缺陷的区域。该滤镜组包括了减少杂色、蒙尘与划痕、去斑、添加杂色和中间值5种滤镜。

其他滤镜组则可用来创建自己的滤镜，也可以修饰图像的某些细节部分，包括了高反差保留、位移、最大值、最小值等。下面对这些滤镜分别进行介绍。

●减少杂色：该滤镜用于去除扫描照片和数码相机拍摄照片上产生的杂色。

●**蒙尘与划痕**：该滤镜通过将图像中有缺陷的像素融入周围的像素，达到除尘和涂抹的效果，适用于处理扫描图像中的蒙尘和划痕，如图8-114、图8-115所示为使用"蒙尘与划痕"滤镜前后的效果对比。

●**去斑**：该滤镜通过对图像或选区内的图像进行轻微地模糊、柔化，从而达到掩饰图像中细小斑点、消除轻微折痕的作用。这种模糊在去掉杂色的同时还会保留原来图像的细节。

●**添加杂色**：该滤镜可为图像添加一些细小的像素颗粒，使其混合到图像内的同时产生色散效果，常用于添加杂点纹理效果，如图8-116所示。

 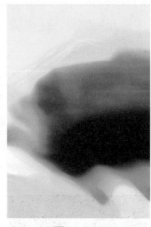 

图 8-114　　　　　　　　图 8-115　　　　　　　　图 8-116

●**中间值**：该滤镜可以采用杂点和其周围像素的折中颜色来平滑图像中的区域，也是一种用于去除杂色点的滤镜，可以减少图像中杂色的干扰。

●**高反差保留**：该滤镜用来删除图像中亮度具有一定过度变化的部分图像，保留色彩变化最大的部分，使图像中的阴影消失而突出亮点，与浮雕效果类似，如图8-117所示。

●**位移**：该滤镜可以在参数设置对话框中调整参数值来控制图像的偏移，如图8-118所示。

●**自定**：该滤镜可以使用户定义自己的滤镜。用户可以控制所有被筛选的像素的亮度值。每一个被计算的像素由编辑框组中心的编辑框来表示，如图8-119所示。

图 8-117　　　　　　　　图 8-118　　　　　　　　图 8-119

- 最大值：具有收缩的效果，向外扩展白色区域，并收缩黑色区域。
- 最小值：具有扩展的效果，向外扩展黑色区域，并收缩白色区域。

8.4.5 锐化滤镜组

锐化滤镜组主要是通过增强图像相邻像素间的对比度，使图像轮廓分明、纹理清晰，以减弱图像的模糊程度。这类滤镜的效果与模糊滤镜的效果正好相反。该滤镜组包括USM锐化、防抖、进一步锐化、锐化、锐化边缘和智能锐化6种滤镜。

执行"滤镜＞锐化"命令，弹出其子菜单，执行相应的菜单命令即可实现滤镜效果，下面对这些滤镜效果进行介绍。

- USM锐化：该滤镜是通过锐化图像的轮廓，使图像的不同颜色之间生成明显的分界线，从而达到图像清晰化的目的。与其他锐化滤镜不同的是，该滤镜有参数设置对话框，用户在其中可以设定锐化的程度，如图8-120、图8-121所示为使用USM锐化滤镜前后的效果对比。

- 防抖：防抖可以N弥补使用相机拍摄时颤抖而产生的图像抖动虚化。

- 进一步锐化：该滤镜通过增强图像相邻像素的对比度来达到清晰图像的目的，锐化效果强烈。

- 锐化：该滤镜和进一步锐化滤镜作用相似，增加图像像素之间的对比度，使图像清晰化，锐化效果微小。

- 锐化边缘：该滤镜同USM锐化滤镜类似，但它没有参数设置对话框，且它只对图像中具有明显反差的边缘进行锐化处理。如果反差较小，则不会锐化处理。

- 智能锐化：该滤镜可设置锐化算法或控制在阴影和高光区域中进行的锐化量，以获得更好的边缘检测并减小锐化晕圈，是一种高级锐化方法。在其参数设置界面中可分别选中"基本"和"高级"单选按钮，以扩充参数设置范围，如图8-122所示。

图 8-120　　　　　　　　　　图 8-121　　　　　　　　　　图 8-122

本案例主要使用晶格化滤镜和照亮边缘滤镜制作出特效文字，下面对其制作过程进行具体的介绍。

Step 01 启动 Photoshop 应用程序，执行"文件>新建"命令，弹出"新建"对话框，在对话框中进行设置，单击"创建"按钮，创建空白文档，如图 8-123 所示。

Step 02 选中背景图层，为其填充黑色，如图 8-124 所示。

图 8-123

图 8-124

Step 03 选择"横排文字工具"输入文字，如图 8-125 所示。

图 8-125

Step 04 选中文字，执行"文字>栅格化文字图层"命令，将文字图层栅格化，如图 8-126 所示。

图 8-126

Step 05 执行"滤镜>模糊>高斯模糊"命令，弹出"高斯模糊"对话框，在对话框中设置模糊半径，单击"创建"按钮，为文字图层添加模糊效果，如图 8-127 所示。按 Ctrl+J 组合键复制图层，如图 8-128 所示。

图 8-127　　　　　　图 8-128

Step 06 将文字图层"闪电"和背景图层选中，按 Ctrl+E 组合键将图层合并，如图 8-129 所示。按 Ctrl+J 组合键复制图层，如图 8-130 所示。

图 8-129　　　　　　图 8-130

Step 07 选中"背景 拷贝"图层，执行"滤镜>像素>晶格化"命令，弹出"晶格化"对话框，设置参数，单击"确定"按钮应用晶格化效果，如图 8-131 所示。

Step 08 执行"滤镜>滤镜库"命令，弹出"滤镜库"对话框，在对话框中选择风格化组中的"照亮边缘"滤镜，设置其参数，单击"确定"按钮，如图 8-132 所示。

图 8-135、图 8-136 所示。

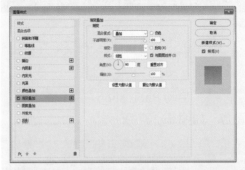

图 8-133

图 8-134

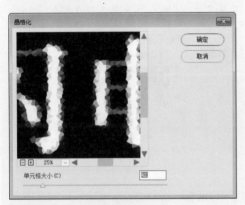

图 8-131

图 8-132

Step 09 双击在"背景 拷贝"图层缩览图，弹出"图层样式"对话框，在"渐变叠加"中设置渐变参数，单击"确定"按钮，为图像添加渐变效果，如图 8-133、图 8-134 所示。

Step 10 使用上述添加渐变的方法，为文字的拷贝图层添加渐变效果，如

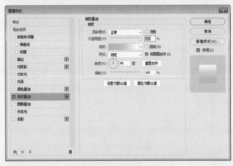

图 8-135

图 8-136

至此，完成特效文字的制作。

综合实战　制作故障风照片效果

扫一扫 看视频

本案例主要使用图层样式和"风"滤镜制作故障风照片效果，下面对其制作过程进行具体的介绍。

Step 01 启动 Photoshop 应用程序，执行"文件 > 打开"命令，打开本章素材"雕塑 .jpg"图像，如图 8-137 所示。

Step 02 按 Ctrl+J 组合键复制 2 次背景图层，如图 8-138 所示。

Step 03 单击 ◉ 按钮，隐藏"图层 1 拷贝"图层，如图 8-139 所示。

图 8-137　　　　　　　　图 8-138　　　　　　　　图 8-139

Step 04 双击"图层 1"缩览图，弹出"图层样式"对话框，设置参数，如图 8-140 所示，单击"确定"按钮即可。

Step 05 使用"移动工具"向左平移，效果如图 8-141 所示。

Step 06 单击 ▢ 按钮，显示"图层 1 拷贝"图层，如图 8-142 所示。

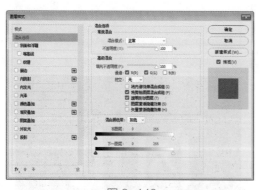  

图 8-140　　　　　　　　图 8-141　　　　　　　　图 8-142

Step 07 双击"图层 1 拷贝"缩览图，弹出"图层样式"对话框，设置参数，如图 8-143 所示。

Step 08 单击"确定"按钮，效果如图 8-144 所示。

Step 09 按 Shift+Ctrl+Alt+E 组合键盖印图层，如图 8-145 所示。

Photoshop+Illustrator+CorelDRAW｜站式高效学习一本通

186

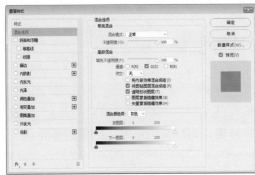

图 8-143　　　　　　　　　图 8-144　　　　　　　　　图 8-145

Step 10 选择"矩形选框工具"在图像框选第一个选区后，按住 Shift 创建其他选区，如图 8-146 所示。

Step 11 按 Ctrl+J 组合键复制选区并向左移动，如图 8-147 所示。

Step 12 执行"滤镜 > 风格化 > 风"命令，弹出"风"对话框，在对话框中设置参数，如图 8-148 所示。

Step 13 单击"确定"按钮，效果如图 8-149 所示。

图 8-146　　　　　图 8-147　　　　　　　图 8-148　　　　　　　图 8-149

Step 14 选中"图层 2"，选择"矩形选框工具"框选选区，如图 8-150 所示。

Step 15 复制选区图层并向右移动，执行"滤镜 > 风格化 > 风"命令，弹出"风"对话框，在对话框中设置参数，如图 8-151 所示。

Step 16 单击"确定"按钮，效果如图 8-152 所示。

至此，完成故障风照片效果的制作。

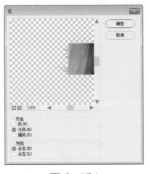

图 8-150　　　　　　　　图 8-151　　　　　　　　图 8-152

187

课后作业 ／ 制作装饰画图像

项目需求

处理照片制作成装饰画图像，要求色彩鲜艳，有绘画的笔触、抽象的画面。

项目分析

制作抽象、颜色鲜艳的装饰画，可以调整画面的颜色增加画面颜色的饱和度和对比度，然后对其图像颜色进行分离，可减少照片写实性。在设置笔触时，使用比较明显流畅的笔触，这样处理出来的照片更具有观赏性。

项目效果

效果如图8-153、图8-154所示。

图 8-153

图 8-154

操作提示

Step01：使用图像调整中的命令调整画面的色调。

Step02：使用色调分离命令调整画面的色调层次。

Step03：使用滤镜中油画的命令为图像添加油画的笔触。

Photoshop

第 9 章
创建视频动画和 3D 技术成像

★ 内容导读

随着功能的不断完善，Photoshop 除了拥有平面功能，还可以使用
软件创建视频动画和 3D 图像。本章主要对新建帧动画、新建时间轴
动画以及"3D"面板的主要内容进行介绍。

➥ 学习目标

○ 掌握视频图层的新建
○ 掌握如何新建帧动画和新建时间轴动画
○ 了解 3D 工具
○ 认识"3D"面板
○ 了解"场景"的设置

将视频文件添加到新图层中，或者创建空白图层来创建新的视频图层。"替换素材"命令将视频图层中的视频或图像序列帧替换为不同的视频或图像序列源中的帧。

（1）新建视频文档

执行"文件>新建"命令，弹出"新建"对话框，在对话框中单击"胶片和视频"按钮，选择"空白文档预设"中的文档，单击"创建"按钮，新建带有参考线的文档，参考线标出图像的动作安全区和标题安全区，最内侧是标题安全区，如图9-1、图9-2所示。

图 9-1

图 9-2

（2）从文件新建视频图层

执行"图层>视频图层>从文件新建图层"命令，弹出"打开"对话框，选择

本章素材"草地玩耍.mov"，单击"打开"按钮，打开视频，如图9-3、图9-4所示。

图 9-3

图 9-4

（3）新建空白视频图层

执行"图层>视频图层>新建空白视频图层"命令，为当前文档新建一个空白的视频图层，如图9-5、图9-6所示。

图 9-5

图 9-6

（4）在视频图层中替换素材

在"图层"面板中选中空白视频图层，执行"图层>视频图层>替换素材"命令，弹出"打开"对话框，在对话框中选择替换的视频"吹泡泡.mov"，将图层混合模式改为"柔光"，如图9-7、图9-8所示。

图 9-7

图 9-8

（5）播放视频文档

在"时间轴"面板中单击"播放" ▶ 按钮，可以预览视频的效果，如图9-9、图9-10所示。

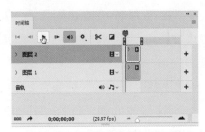

图 9-9

图 9-10

9.2 帧动画和视频时间轴

执行"窗口>时间轴"命令，弹出"时间轴"面板。时间轴面板有两种模式："帧动画"和"视频时间轴"。两种模式可以相互切换，下面对其进行具体的介绍。

9.2.1 帧动画模式

对"帧动画"模式下的"时间轴"面板和"图层"面板的动画选项进行设置即可创建帧动画。"帧动画"模式下的面板显示每个帧的缩览图，可以应用相关选项浏览各个帧，设置循环选项，添加和删除以及预览动画。"帧动画"模式下的"时间轴"面板如图9-11所示。

图 9-11

下面对"帧动画"模式下的"时间轴"面板中的主要选项进行介绍。

● **显示每帧的缩览图**：单击缩览图下方的下拉按钮，在展开的下拉列表中可以指定每帧的播放速度。

● **"转换为时间轴动画"** ▦ 按钮：单击该按钮可切换到"动画（时间轴）"面板。

● **"选择循环选项"列表**：在下拉列表中指定帧播放形式。选择"其他"选项，弹出"设置循环次数"对话框，在对话框中可以设置播放的"次数"。

● ◄◄ ◄▮ ▶ ▮► 按钮：从左到右依次为选择第一帧、选择上一帧、播放动画、选择下一帧按钮，通过单击各项按钮控制动画的播放和停止等。

● **"过渡动画帧"** ◣ 按钮：在指定帧之间添加过渡动画帧。通过在"过渡"对话框中设置过渡方式，指定添加帧的位置，"参数"选项组设置创建过渡动画帧时是否保留原来关键帧的位置等。

● **"复制所选帧"** ▤ 按钮：单击该按钮，复制选定的帧，通过编辑这个帧创建新的帧动画。

● **"删除所选帧"** 🗑 按钮：单击该按钮，删除当前选定的帧。

● **扩展按钮** ▤：单击该按钮，打开扩展菜单，其中包含各项用于编辑帧或时间轴持续时间以及配置面板外观的命令。

课堂练习 **新建帧动画**

本案例主要利用帧动画模式下"时间轴"面板制作动画，下面具体讲述制作的过程。

扫一扫 看视频

Step 01 新建视频文档，执行"文件 > 打开"命令，打开本章素材"圣诞树.jpg"，如图9-12所示。

Step 02 选择"多边形工具"绘制五角星，设置五角星的颜色，调整其位置，如图9-13所示。

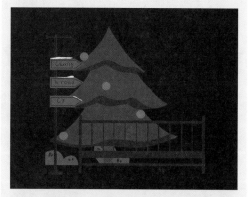

图 9-12

图 9-13

Step 03 选中所有的多边形图层，按

Ctrl+Alt+E 组合键将图像盖印，生成"多边形3（合并）"图层，如图 9-14 所示。

图 9-14

Step 04 选中合并图层，执行"滤镜 > 模糊 > 高斯模糊"命令，弹出"高斯模糊"对话框，设置参数，如图 9-15 所示。

图 9-15

Step 05 合并的多边形图像的模糊效果如图 9-16 所示。

Step 06 执行"窗口 > 时间轴"命令，弹出"时间轴"面板，单击面板中"创建帧动画"按钮，创建帧动画，如图 9-17 所示。

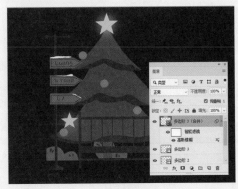

图 9-16

图 9-17

Step 07 在"时间轴"面板中，单击第 1 帧的缩览图下方的下拉按钮，在弹出的列表中选择 0.2 帧播放速率，如图 9-18 所示。

Step 08 单击"复制所选帧" 按钮，复制当前选定的帧，得到第 2 帧，将"图层"面板中的模糊效果的图层隐藏，如图 9-19 所示。

图 9-18

图 9-19

Step 09 在"时间轴"面板下方单击"播放动画"按钮预览动画效果，如图 9-20 所示。

Step 10 执行"文件 > 导出 > 存储为 Web 所用格式"命令，弹出"存储为 Web 所用格式"面板，在对话框中选

择保存的格式，单击"存储"按钮，可以将图像保存为 gif 动图，如图 9-21 所示。

图 9-20

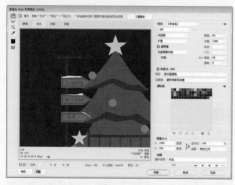

图 9-21

至此，完成动画的制作。

"时间轴"面板在"视频时间轴"模式中显示文档各个图层的帧持续时间和动画属性。通过在时间轴中添加关键帧的方式设置各个图层在不同时间的变化情况，从而创建动画效果，如图 9-22 所示。

使用时间轴控件可以直观地调整图层的帧持续时间，或者设置图层属性的关键帧，并将视频的某一部分指定为工作区域。

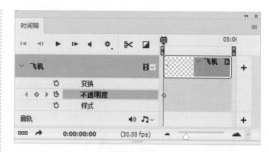

图 9-22

下面对"视频时间轴"模式下的"时间轴"面板中的重要选项进行介绍。

● "启用音频播放" ◀ 按钮：单击该按钮，启用视频的音频播放功能；再次单击该按钮，应用静音音频播放。

● "在播放头处拆分" ✂ 按钮：单击该按钮，即可在播放头处拆分视频。

● "拖动以应用" 🔲 按钮：单击该按钮，即可弹出快捷菜单，在菜单中可以选择任意过渡效果并拖动以应用该效果。

● 显示当前图层中的某个属性，单击该按钮，"启动关键帧动画" ⏱ 按钮：会在时间指示器指定的时间帧添加了一个关键帧。单击"在当前时间添加或删除关键帧"按钮 ◀ ◆ ▶ 添加一个关键帧，编辑该关键帧创建相应属性的动画。

● 当前时间指示器 📍：拖动该指示器即可浏览帧或者更改当前时间或帧。

● "工作区开始"滑块和"工作区结束"滑块：分别指定视频工作区的开始和结束位置。

● 图层持续时间条：指定图层在视频或动画中的时间位置。拖动任意一端点对图层进行裁剪，即调整图层的持续时间。拖动绿条将图层移动到其他时间位置。

● "转换为帧动画" ▥▥▥ 按钮：切换到"动画（帧）"面板。

● "渲染视频" ➔ 按钮：单击该按

钮，即可弹出"渲染视频"对话框，可在其中设置各项参数，从而渲染当前视频。

●放大和缩小时间显示：向右拖动滑块可以放大时间显示，向左拖动缩小时间显示，同时也可以单击"放大时间轴" ▲ 或"缩小时间轴" ▲ 命令来调整时间轴。

课堂练习 新建时间轴动画

本案例主要利用视频时间轴模式下的"时间轴"面板制作动画，下面具体讲述制作的过程。

扫一扫 看视频

Step 01 新建视频文档，执行"文件 > 打开"命令，打开本章素材"夕阳 .jpg"，如图 9-23 所示。

Step 02 将本章素材"飞机 .png"拖入到当前文档中，调整图像的大小与位置，如图 9-24 所示。

图 9-23

图 9-24

Step 03 执行"窗口 > 时间轴"命令，弹出"时间轴"面板，执行"创建视频时间轴"命令，切换至视频时间轴模式的面板，显示出飞机的属性，如图 9-25、图 9-26 所示。

图 9- 25

图 9-26

Step 04 在"图层"面板中选中飞机图像，调整其位置与大小，如图 9-27 所示。

Step 05 在"时间轴"面板选择变换属性，单击"启动关键帧" ⏱ 按钮，插入关键帧，如图 9-28 所示。

图 9-27

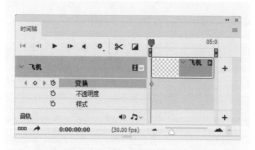

图 9-28

染"按钮，渲染视频，如图 9-33 所示。

Step 06 移动当前时间指示器 位置，如图 9-29 所示。选择飞机图像，将其移动到右侧的位置，并调整飞机的大小，如图 9-30 所示。

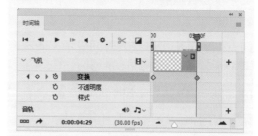

图 9-31

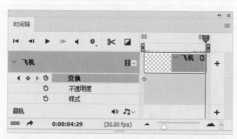

图 9-29

图 9-32

图 9-30

Step 07 调整好位置后，软件会自动地在变换属性中添加关键帧，如图 9-31 所示。

Step 08 将当前时间指示器 移到 00 处，按键盘上的空格键，可以播放视频，预览效果，如图 9-32 所示。

Step 09 单击"时间轴"面板底端的"渲染视频" 按钮，打开"渲染视频"对话框，在对话框中设置参数，单击"渲

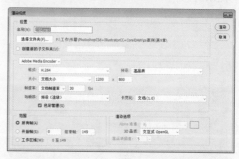

图 9-33

Step 10 渲染出来的视频文件如图 9-34 所示。

至此，完成时间轴动画的制作。

夕阳

图 9-34

9.2.3 运用"时间轴"面板

本节主要讲述如何应用视频时间轴模式下的"时间轴"面板对视频进行裁切、

拆分等操作。

（1）裁切位于图层开头或结尾的帧

要裁切掉指定图层的时间轴开头或结尾多余的帧，将当前时间指示器拖动到要作为图层新开头或结尾的帧处，右击鼠标，在弹出的菜单中执行"裁切剪辑的开头"或"裁切剪辑的结尾"命令，可裁剪视频的开头或结尾的帧，如图9-35~图9-38所示。

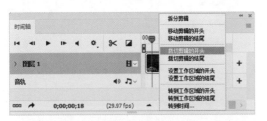

图 9-35

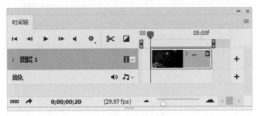

图 9-36

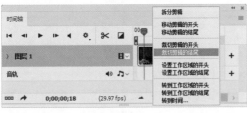

图 9-37

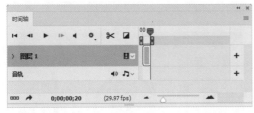

图 9-38

（2）撤销工作区和抽出工作区

在"时间轴"面板的扩展菜单中执行"工作区域"命令，在弹出的快捷菜单中执行"撤销工作区域"命令，删除选定图层中素材的某个部分，将同一持续时间的间隙保留为已移去的部分，如图9-39、图9-40所示。

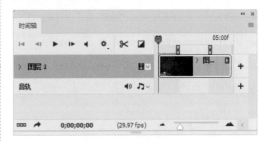

图 9-39

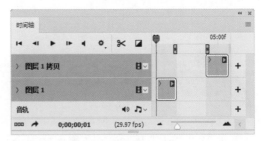

图 9-40

选择"抽出工作区域"命令，从所有视频或动画图层中删除部分视频并自动移去时间间隔。其余内容将拷贝到新的视频图层中，如图9-41、图9-42所示。

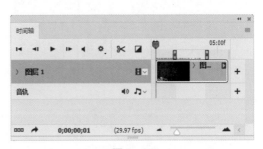

图 9-41

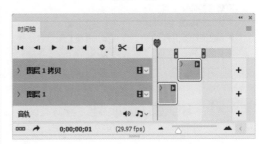

图 9-42

（3）拆分视频图层

在"时间轴"面板的扩展菜单中执行"在播放头处拆分"命令，在指定帧将视频图层拆分为两个新的视频图层。选定的视频图层将被复制并显示在"时间轴"面板中的原始视频图层上方，原始图层将从开头裁切到当前时间，而复制的图层将从结尾裁切到当前时间。如图9-43、图9-44所示。

图 9-43

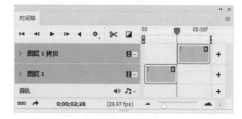

图 9-44

单击"移动工具" ⊕，在属性栏中会出现3D模式选项，其中包含了常用的几种工具按钮，如图9-45所示。右键单击"吸管工具" ✐，在弹出菜单中有"3D材质吸管工具" ✐，用于吸取3D对象的材质，如图9-46所示。右键单击"油漆桶工具" ◇在弹出的菜单中有"3D材质拖动工具" ✐，用于对3D对象进行拖放，如图9-47所示。

图 9-45

图 9-46　　　　图 9-47

9.3.1　3D模式选项组

使用软件时需要对3D对象进行移动、旋转、缩放等变换操作。选择3D对象图层后，选择"移动工具" ⊕单击3D对象，在属性栏中会显示相应的移动3D对象的工具，如图9-48所示。

图 9-48

下面对其进行具体的介绍。

●旋转3D对象工具 ⊙：通过任意拖动3D对象，分别进行X、Y、Z轴的空间旋转，如图9-49、图9-50所示。

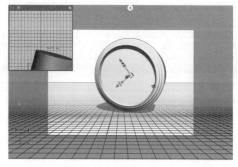

图 9-49

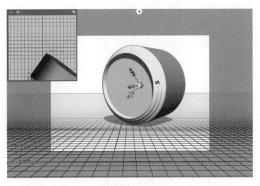

图 9-50

●滚动3D对象工具 : 将旋转约束
在X/Y轴、X/Z轴 或Y/Z轴 之 间，如 图
9-51所示。

●拖动3D对象工具 : 在画面中任
意拖动，对3D对象进行X、Y、Z轴的空
间移动，如图9-52所示。

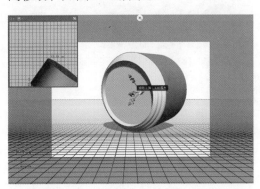

图 9- 51

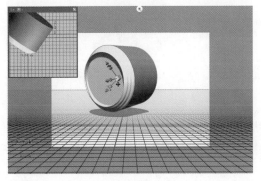

图 9-52

●滑动3D对象工具 : 使用该工具
可以对3D对象进行X、Z轴的任意滑动。
左右拖动以进行X轴的水平滑动，上下拖

动以进行Z轴的纵向滑动，如图9-53所示。

●缩放3D对象工具 : 在画面中拖
动以进行3D对象的缩放，如图9-54所示。

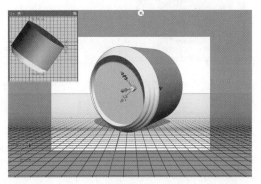

图 9-53

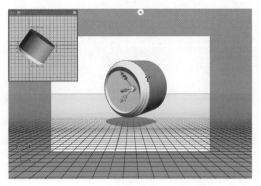

图 9-54

在3D俯视图中单击选择"相机/视
图" 按钮，在弹出的菜单中包括"默
认视图""左视图""右视图"等9种视图
显示方式，可以根据需要选择相应的视图
显示方式，如图9-55、图9-56所示。

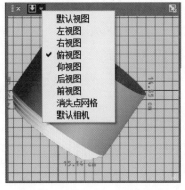

图 9-55

图 9-56

知识延伸

选中3D对象图层后，选择"移动工具" ➕ 属性栏中3D相机工具 ，可移动相机视图，同时保持 3D 对象的位置固定不变。

9.3.2　3D材质吸管工具

使用"3D材质吸管工具"对3D对象的材质进行编辑和调整，打开一个3D对象后，可以选择"3D材质吸管"，属性栏如图9-57所示。

图 9-57

下面对"3D材质吸管工具" ✒ 属性栏的相关选项参数设置进行介绍。

● **3D材质按钮**：单击该按钮，即可打开"材质"拾色器面板，其中包含了多种材质，如图9-58所示。用户还可以在该面板中单击右上角的扩展按钮，在弹出的扩展菜单中根据需要载入或替换相应材质，如图9-59所示。

图 9-58　　　　图 9-59

● **载入所选材质按钮**：单击该按钮，即可将当前所选材料载入到材料油漆桶。

9.3.3　材质拖放工具

使用"3D材质拖放工具" ✎ 对3D对象的材质进行编辑和调整。"3D材质拖放工具"的属性与"3D材质吸管工具" ✒ 相似，如图9-60所示。

图 9-60

选择"3D材质拖放工具" ✎ 为3D对象添加材质非常简单。打开一个3D对象后，如图9-61所示，选择"3D材质拖放工具" ✎ 只在属性栏中选择相应材质，如图9-62所示。在3D对象上单击即可将该材质应用在3D对象上，如图9-63所示。

图 9-61

图 9-62

图 9-63

Photoshop 中的 Photoshop 3D 面板可轻松处理 3D 对象。使用 3D 场景设置可更改渲染模式，选择要在其上绘制的纹理或创建横截面。

9.4.1 认识 "3D" 面板

选择 3D 图层后，"3D" 面板会显示关联的 3D 文件的组件。在面板顶部列出文件中的场景、网格、材质和光源。面板的底部显示在顶部选定的 3D 组件的设置和选项。

图 9-64

执行 "窗口 > 3D" 命令，弹出 "3D" 面板，如图9-64所示。

下面对其常用选项进行介绍。

● "源" 选项：主要对需要创建3D模型的图像文件进行设置。单击右侧的下拉按钮，在弹出的菜单中包含 "选中的图层" "工作路径" "当前选区" "文件" 4个选项。

● "3D明信片" 单选按钮：单击该按钮，即可将2D图像转换为3D明信片效果。

● "3D模型" 单选按钮：单击该按钮，即可快速为2D图像创建凸出效果。

● "从预设创建网格" 单选按钮：单击该按钮，即可激活下方列表，可以将2D图像通过预设来创建3D对象。

● "从深度映射创建网格" 单选按钮：单击该按钮，即可激活下方列表，可以将2D图像通过系统默认的深度映射来创建3D对象。

● "3D体积" 单选按钮：单击该按钮，可以快速为2D图像创建立体效果。

● "创建" 按钮：选择相应的创建类型后，单击该按钮，即可创建3D对象。

 课堂练习 创建玫瑰易拉罐模型

本案例主要利用 "3D" 面板创建玫瑰易拉罐模型，下面具体讲述制作的过程。

扫一扫 看视频

Step 01 新建视频文档，执行 "文件 > 打开" 命令，打开本章素材 "玫瑰.jpg"，如图9-65 所示。

图 9-65

Step 02 执行 "窗口 > 3D" 命令，弹出 "3D" 面板，勾选 "从预设创建网格" 选项，在下方激活的列表中选择 "汽水"，

图 9-66

单击 "创建" 按钮，新建 3D 对象，如图 9-66 所示。

Step 03 创建 3D 对象效果，如图 9-67 所示。在"3D"面板中选择"盖子材质"选项，如图 9-68 所示。

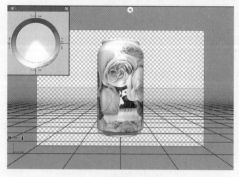

图 9-67

图 9-68

Step 04 在"属性"面板中，选择"金属黄铜（实心）"材质，设置盖子材质，如图 9-69、图 9-70 所示。

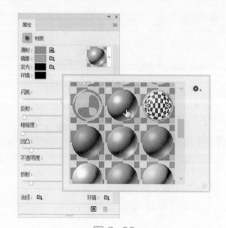

图 9-69

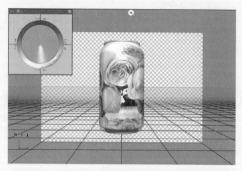

图 9-70

Step 05 最终效果如图 9-71 所示。

至此，完成玫瑰易拉罐模型的制作。

图 9-71

9.4.2 "场景"的设置

要访问场景设置，先单击"3D"面板中的"场景" 按钮，在面板顶部选择"场景"选项，如图 9-72 所示。"属性"面板中提供了很多常用的设置，可对场景进行设置，如图 9-73 所示。

图 9-72   图 9-73

下面对重要设置场景的选项进行介绍。

● "预设"下拉列表中：在该下拉列表中提供丰富的渲染预设，包括默认、深度映射、外框、隐藏选框等。

Photoshop+Illustrator+CorelDRAW｜一站式高效学习｜本通

202

● "横截面"复选框：勾选该复选框，就可以激活下方的面板，在其中可以设置切片、倾斜和位移等选项参数。

● "表面"复选框：勾选该复选框，即可激活该选项面板，在其中可以对3D对象的表面样式和纹理进行设置。

● "线条"复选框：勾选该复选框，即可激活该选项对应的面板，在其中可以设置3D对象的样式、宽度、角度、阈值等选项的参数。

● "点"复选框：勾选该复选框，即可激活该选项对应的面板，在其中可以设置3D对象的样式和半径。

● "线性化颜色"复选框：勾选该复选框，即可为当前3D对象增加或降低亮度，从而加深或减淡对象的颜色。

● "移去隐藏内容"选项：主要包括"背面"和"线条"复选框，勾选相应的复选框，即可移去相应的隐藏内容。

● "渲染" 按钮：在设置完成3D对象相应参数后，单击该按钮，即可渲染该文件。

在"3D"面板中分别执行"环境""3D相机""材质""无限光"命令，在"属性"面板中会显示相应设置，如图9-74～图9-77所示。

图 9-74

图 9-75

图 9-76

图 9-77

综合实战 制作植物动图效果

扫一扫 看视频

本案例主要使用软件创建动画功能来展示手绘植物绘画的过程，下面对其制作过程进行具体的介绍。

Step 01 启动 Photoshop 软件，执行"文件 > 打开"命令，打开本章素材"手绘植物 .psd"，如图 9-78、图 9-79 所示。

Step 02 在"图层"面板中单击每个图层组前方的"指示图层可见性"按钮，将绘制的植物全部隐藏，如图9-80所示。

图 9-78

203

图 9-79

图 9-80

层"面板中将"花盆"图层组中的图像显示出来,如图 9-84、图 9-85 所示。

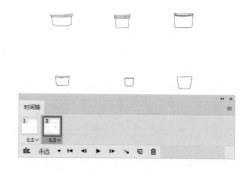
图 9-84

Step 03 执行"窗口 > 时间轴"命令,弹出"时间轴"面板,在面板中单击"创建帧动画"按钮,如图 9-81 所示。

图 9-81

图 9-85

Step 04 创建帧动画模式下的"时间轴"面板,如图 9-82 所示。单击第 1 帧的缩览图下方的下拉按钮,在弹出的列表中选择 0.5 帧播放速率,如图 9-83 所示。

图 9-82

Step 06 选中第 2 帧,单击"复制所选帧"按钮,复制第 3 帧,然后将"图层"面板中"植物"图层组中的图像显示出来,如图 9-86 所示。

图 9-83

图 9-86

Step 05 在"时间轴"单击"复制所选帧"按钮,复制第 1 帧,得到第 2 帧,在"图

Step 07 使用上述方法制作第 4 帧,将"花

盆装饰"图层组中的图像显示出来，如图9-87所示。

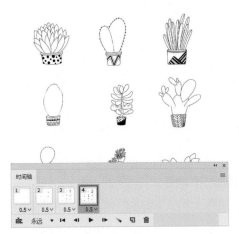

图 9-87

Step 08 继续使用上述方法制作第 5 帧、第 6 帧，依次将"颜色""植物装饰"组中的图像显示出来，如图 9-88、图 9-89 所示。

Step 09 单击空格键可以预览动画的效果，如图 9-90 所示。

Step 10 执行"文件 > 导出 > 存储为 Web 所用格式"命令，弹出"存储为 Web 所用格式"对话框，将图像保存为"GIF"格式，单击"存储"按钮，保存动图，如图 9-91 所示。

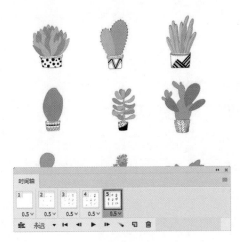

图 9-88

图 9-89

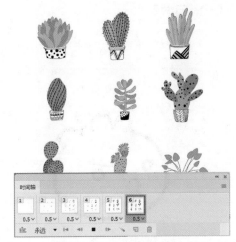

图 9-90

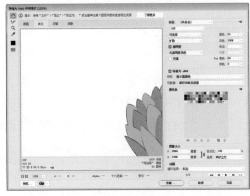

图 9-91

至此，完成植物的动图效果制作。

课后作业 / 制作卡通的动态文字

项目需求

受李小姐的委托帮其制作动图，要求绘制卡通的包子形象并添加文字信息，可作表情包或手机屏保。

项目分析

动图用于表情包和手机屏保，在制作动画时不需要太过烦琐的动作，只要对装饰品和文字进行变换。画面背景又填充了粉色，给人满满的少女感，使画面更加可爱呆萌，惹人喜欢。

项目效果

效果如图9-92、图9-93所示。

图 9-92

图 9-93

操作提示

Step01：使用绘图工具绘制出卡通的包子图像。

Step02：使用文字工具输入文字，设置字体、字号、颜色。

Step03：在时间轴面板中制作动画。

Ps

第 10 章
动作与自动化

★ 内容导读

在 Photoshop 中使用动作与自动化功能，能使一些比较复杂或重复性的任务能一次性地使用软件完成，例如批量添加水印、批量转换文本的格式、调整图像的色调等操作，可以节约用户的时间，提高工作效率，下面将对动作与自动化功能进行具体的介绍。

★ 学习目标

○ 熟悉"动作"面板
○ 掌握"动作"面板的应用
○ 了解如何使用自动化命令

10.1 认识动作面板

动作的操作基本集中在"动作"面板中，使用"动作"面板可以记录、应用、编辑和删除某个动作，还可以用来存储和载入动作文件。执行"窗口 > 动作"命令，弹出"动作"面板，如图10-1所示。

图 10-1

下面对面板中的动作和按钮进行详细介绍。

●"动作组"：默认情况下仅"默认动作"一个组出现在面板中，其功能与图层组的相同，用于归类动作，单击面板底部的"创建新组" ▣ 按钮即可创建一个新的动作组，打开"新建组"对话框，从中可设置新创建的动作组名称。

●"动作"：单击动作组前面的三角

形图标 ，展开该动作组即可看到该组中所包含的具体动作。这些动作是由多种操作构成的一命令集。单击"创建新动作"按钮 ▣ ，打开"新建动作"对话框，在"名称"文本框输入名称即可。

●"操作命令"：单击动作前面的三角形图标 ，展开该动作即可看到动作中所包含的具体命令。这些具体的操作命令位于相应的动作下，是录制动作时系统根据不同操作所做出的记录，一个动作可以没有操作记录，也可以有多个操作记录。

●"切换对话开/关" ▣：用于选择在动作执行时是否弹出各种对话框或菜单。若动作中的命令显示该按钮，表示在执行该命令时会弹出对话框以供设置参数；若隐藏该按钮时，表示忽略对话框，动作按先前设定的参数执行。

●"切换项目开/关" ✔：用于选择需要执行的动作。关闭该按钮，可以屏蔽此命令，使其在动作播放时不被执行。

●按钮组 ▪ ● ▶：这些按钮用于对动作的各种控制，从左至右的功能依次是停止播放/记录、开始记录、播放选定的动作。

10.2 动作的应用

在Photoshop中，选择"动作"面板将工作任务按执行顺序记录下来，在以后的工作中可以反复地使用，减轻工作负担，下面对其应用进行具体的介绍。

10.2.1 应用预设

应用预设是指将"动作"面板中已录制的动作应用于图像文件或相应的图层

上。具体的方法是选择需要应用预设的图层，在"动作"面板中选择需执行的动作，单击"播放选定的动作" ▶ 按钮即可运行该动作。

除了默认动作组外，Photoshop还自带了多个动作组，每个动作组中包含了许多同类型的动作。在"动作"面板中单击右上角的按钮 ≡，在弹出的菜单中选择相应的动作即可将其载入到"动作"面板中。这些可添加的动作组包括命令、画框、图像效果、LAB-黑白技术、制作、流星、文字效果、纹理和视频动作。

应用霓虹灯光动作预设前后的对比效果，如图10-2、图10-3所示。

图 10-4

图 10-5

图 10-2

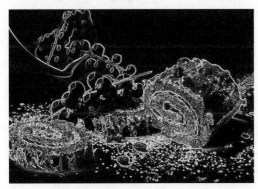

图 10-3

应用四分颜色动作预设和末状粉笔动作预设的效果如图10-4、图10-5所示。

10.2.2 创建新动作

如果软件自带的动作仍无法满足工作需要，用户可根据实际情况，自行录制合适的动作。首先打开动作面板，单击面板底部的"创建新组" ▢ 按钮，弹出新建组对话框，如图10-6所示。从中输入动作组名称，单击"确定"按钮。

继续在"动作"面板中单击"创建新动作" ▢ 按钮，弹出"新建动作"对话框，从中输入动作名称，如图10-7所示。选择动作所在的组，在"功能键"下拉列表框中选择动作执行的快捷键，在"颜色"下拉列表框中为动作选择颜色，完成后单击"记录"按钮。此时动作面板底部的"开始记录"按钮呈红色状态，软件则开始记录用户对图像所操作过的每一个动作，待用户录制完成后单击"停止"按钮即可。

图 10-6

图 10-7

如果要停止记录，单击"动作"面板底端的"停止播放/记录"按钮即可。记录完成后，单击"开始记录"按钮，仍可以在动作中追加记录或插入记录。

10.2.3 编辑动作预设

记录完成后，用户还可以对动作下的相关操作命令进行适当调整编辑，让动作预设更符合自身需要。如果需要重新编辑一个动作，只需要双击该动作即可。

在动作面板中，将命令拖拽至同一动作中或另一动作中的新位置，可以重新排列动作的位置。

若创建的动作类似于某个动作，则不需要重新记录，只需选择该动作，选择面板菜单中的复制命令，或在按住Alt键的同时进行拖拽，即可快速完成复制操作，如图10-8、图10-9所示。

对于多余的不需要的动作命令，还可以从动作面板中删除。选择相应的动作命令后单击"删除" 🗑 按钮，在弹出的对话框中单击"确定"按钮即可实现删除操作。

在记录动作时，如果需要将路径的创建过程插入到动作中，选择"插入路径"命令。插入路径的方法是创建路径后，从"动作"面板菜单中选择"插入路径"命令即可。

如果要将路径插入到已有的动作中，可以在"动作"面板中选择需要在其后面插入路径的动作步骤，并在"路径"面板中选择该路径，然后选择"动作"面板菜单中的"插入路径"命令，此时在所选择动作步骤的后面就会出现"设置 工作路径"动作，如图10-10、图10-11所示。

图 10-10

图 10-8

图 10-9

图 10-11

Photoshop+Illustrator+CorelDRAW 丨站式高效学习丨本通

课堂练习 | 应用动作预设快速为图像添加边框

本案例主要使用"动作"面板为图像自动添加边框，下面对其进行具体的讲解。

扫一扫 看视频

Step 01 执行"文件 > 打开"命令，打开本章素材"小狗 .jpg"，如图 10-12 所示。

图 10-12

Step 02 执行"窗口 > 动作"命令，弹出"动作"面板，如图 10-13 所示。

Step 03 单击在"动作"面板右上角 ≡ 按钮，在

图 10-13

弹出菜单栏中选择"画框"命令，如图 10-14 所示。"画框"动作组载入到"动作"面板中，如图 10-15 所示。

图 10-14

图 10-15

Step 04 在"画框"动作组中选择"波形画框"动作命令，单击"动作"面板底端"播放选定的动作" ▶，如图 10-16 所示。图像应用动作效果如图 10-17 所示。

图 10- 16

图 10-17

Step 05 在"画框"中可以选择其他动作命令，制作出其他样式的边框，如图 10-18、图 10-19 所示。

图 10-18

图 10-19

至此，完成边框的添加。

本节主要对一些比较常用的自动化命令进行介绍，主要包括"Photomerge""裁剪并拉直照片""批处理图像"及"图像处理器"。

10.3.1 Photomerge命令的应用

由于受广角镜头的制约，有时使用数码相机拍摄全景图像会变得比较困难。在新版本Photoshop软件中，选择Photomerge命令，可以将照相机在同一水平线拍摄的序列照片进行合成。该命令可以自动重叠相同的色彩像素，也可以由用户指定源文件的组合位置，系统会自动汇集为全景图。全景图完成之后，仍然可以根据需要更改个别照片的位置。

执行"文件 > 自动 > Photomerge"命令，弹出"Photomerge"对话框，如图10-20所示。单击"添加打开的文件"按钮，完成后单击"确定"按钮，此时软件自动对图像进行合成。

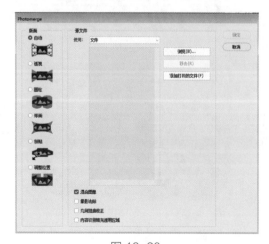

图 10-20

在该对话框中，各选项的含义如下。

● **版面**：用于设置转换为全景图片时的模式。

● **使用**：包括文件和文件夹。选择文件时，可以直接将选择的文件合并图像；选择文件夹时，可以直接将选择的文件夹中的文件合并图像。

● **混合图像**：勾选该复选框，选择Photomerge命令后会直接套用混合图像蒙版。

● **晕影去除**：勾选该复选框，可以校正摄影时镜头中的晕影效果。

● **几何扭曲校正**：勾选该复选框，可以校正摄影时镜头中的几何扭曲效果。

● **"浏览"按钮**：单击该按钮，可以选择合成全景图的文件或文件夹。

● **"移去"按钮**：单击该按钮，可以删除列表中选中的文件。

● **"添加打开的文件"按钮**：单击该按钮，可以将软件中打开的文件直接添加到列表中。

> **课堂练习** 快速合成广角镜头下的图像
>
> 本案例主要使用Photomerge命令将照片拼合，下面对其进行具体的介绍。
>
>
> 扫一扫 看视频

Step 01 启动 Photoshop，执行"文件 > 打开"命令，打开本章素材"晚霞1.jpg""晚霞2.jpg""晚霞3.jpg"，如图 10-21 ~图 10-23 所示。

图 10-21

图 10-22

图 10-23

Step 02 执行"文件 > 自动 > Pho-
tomerge"命令,弹出"Photomerge"
对话框,单击"添加打开的文件"按钮,
将图像文件添加到"源文件"列表,
如图 10-24 所示。单击"确定"按钮,
合成图像,效果如图 10-25 所示。

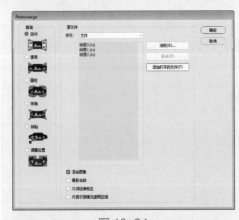

图 10-24

图 10-25

Step 03 选择"裁剪工具" ✝️,将多
余的部分删除,最终效果如图 10-26
所示。

图 10-26

至此,完成广角照片的合成。

10.3.2 裁剪并拉直照片

裁剪并拉直照片命令可以将图像中不
必要的部分最大限度地进行裁剪,还可以
自动调整图像的倾斜度。例如在扫描图片
时扫描了多张图片,可以利用"裁剪并拉
直照片"命令将扫描的图片从大的图像中
分割出来,并生成单独的图像文件。

在选择"裁剪并拉直照片"命令前需
预先确定各照片之间的间距,其间距必须
大于或等于3mm。如果间距太小,Pho-
toshop会把两幅照片视为同一张照片,从
而无法完成裁剪操作。

📝 **课堂练习** 裁剪照片

本案例主要对"裁剪
并拉直照片"命令进行练
习,下面对其进行具体的
介绍。

扫一扫 看视频

Step 01 启动 Photoshop,执行"文
件 > 打开"命令,打开本章素材"组
合图片 .jpg"图像,如图 10-27 所示。

Step 02 执行"文件 > 自动 > 裁剪

并拉直照片"命令,如图 10-28 所示。

图 10-27

图 10-28

Step 03 执行该命令后,系统会自动将在同一幅图像上的 4 张照片裁剪为单独的照片图像,并以其图像的副本加序号的方式进行命名。使用裁剪并拉直照片命令前后的图像对比效果如图 10-29、图 10-30 所示。

图 10-29

图 10-30

至此,完成照片的裁剪。

10.3.3 **批处理图像的应用**

批处理图像即成批量地对图像进行整合处理。批处理命令可以自动执行"动作"面板中已定义的动作命令,即将多步操作组合在一起作为一个批处理命令,快速应用于多张图像,同时对多张图像进行处理。使用批处理命令在很大程度上节省了工作时间,并提高了工作效率。

执行"文件 > 自动 > 批处理"命令,弹出"批处理"对话框,如图 10-31 所示。

图 10-31

在"动作"下拉列表中设置对图像进行处理的动作。

在"源"选项区内,单击"选择"按钮,在弹出的对话框中指定要处理图像所在的文件夹位置。此时在对话框中"选择"按钮后出现需处理文件的目录地址;然后在"目标"下拉列表中选择"文件夹"

选项，单击"目标"选项区内的"选择"按钮，在弹出的对话框中指定存放处理后图像的文件夹位置，可以看到在"选择"按钮后出现了处理后文件的目录地址；最后在"文件命名"选项区中设置图像文件重命名的方式，并单击"确定"按钮，之后软件会对图像进行处理。

在该对话框中，设置源文件的选择有4个：文件夹、导入、打开的文件和Bridge。各工具的含义分别如下：

●选择"文件夹"选项，可以指定一个文件夹作为源文件的来源；

●选择"导入"选项，可以选择置入的文件；

●选择"打开的文件"选项，表示选择打开的文件作为源文件；

●选择"Bridge"选项，则会弹出文件浏览器进行文件选择。

●设置目标文件的选择有3个：无、存储并关闭和文件夹。

●选择"无"选项，表示执行动作后文件依然保持打开；

●选择"存储并关闭"选项，表示将存储文件并覆盖原始文件；

●选择"文件夹"选项，将处理过的文件存储到一个新的文件夹中。

对图像进行批处理的前后对比效果如图10-32、图10-33所示。

图 10- 32

图 10-33

10.3.4 图像处理器的应用

图像处理器能快速地对文件夹中图像的文件格式进行转换，节省工作时间。执行"文件 > 脚本 > 图像处理器"命令，弹出"图像处理器"对话框，如图10-34所示。

图 10-34

在"选择要处理的图像"选项区中，单击"选择文件夹"按钮，在弹出的对话框中指定要处理图像所在的文件夹位置。在"选择位置以存储处理的图像"选项区中，单击"选择文件夹"按钮，在弹出的对话框中指定存放处理后图像的文件夹位置。在"文件类型"选项区中，取消勾选"存储为JPEG"的复选框，勾选相应格式的复选框，完成后单击"运行"按钮，软件自动对图像进行处理。如图10-35、图10-36所示为使用图像处理器将JPEG图像批量转换为TIF格式图像文件。

215

图 10-35　　　　　　　　　　　　　　　　　　　　　　　　图 10-36

操作提示

在打开的"图像处理器"对话框的"文件类型"选项区中，用户可同时勾选多个文件类型的复选框，此时运用图像处理器将同时得到多种文件格式的图像。

综合实战　批量添加水印

扫一扫 看视频

本案例主要使用"动作"面板制作水印，然后使用"批量处理"命令，批量添加水印，下面对其进行具体的介绍。

Step 01 启动 Photoshop 应用程序，执行"文件 > 打开"命令，打开"点心 .jpg"图像，如图 10-37 所示。

Step 02 执行"窗口 > 动作"命令，弹出"动作"面板，如图 10-38 所示。

图 10-37

图 10-38

Step 03 在"动作"面板的底部单击"创建新动作"按钮，如图 10-39 所示。弹出"新建动作"对话框，单击"记录"按钮创建"动作 1"如图 10-40 所示。

Step 04 在"动作"面板中将会出现创建的"动作 1"，此时"开始记录"按钮已经变成红色，开始记录，如图 10-41 所示。

图 10-39

图 10-40

图 10-41

Step 05 选择"横排文字工具"输入文字，调整其至合适的位置，如图 10-42 所示。

Step 06 在"图层"面板底端"添加图层样式"按钮，在弹出的菜单中选择"描边"命令，

216

Photoshop+Illustrator+CorelDRAW｜站式高效学习｜本通

弹出"图层样式"对话框，设置描边的参数，如图 10-43、图 10-44 所示。

图 10-42

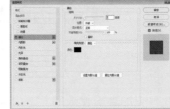
图 10-43

图 10-44

Step 07 在"图层"面板中设置图像的透明度，如图 10-45、图 10-46 所示。

Step 08 将背景图层和文字图层一起选中，按 Ctrl+E 组合键将图像合并，如图 10-47 所示。

图 10-45

图 10-46

Step 09 执行"文件 > 保存"命令将图像保存，然后将其关闭，如图 10-48 所示。

Step 10 在"动作"面板中单击"停止播放 / 记录"按钮，停止记录，如图 10-49 所示。

图 10-47

图 10-48

图 10-49

Step 11 执行"文件 > 自动 > 批处理"命令，弹出"批处理"对话框，在"动作"下拉列表中选择刚录制的动作名称，单击"选择"按钮，选择本章素材文件"点心"文件夹，设置完成后单击"确定"按钮，如图 10-50 所示。

Step 12 被选择的文件夹中的文件会被自动打开并添加水印，如图 10-51 所示。

图 10-50

图 10-51

至此，完成批量添加水印的操作。

课后作业 / 一键填充满版式水印

项目需求

　　受黄先生的委托帮其批量添加满版式水印，要求水印透明度低且有一定的识别度，用于上传网络不被盗图。

项目分析

　　首先需要创建动作，然后建立半透明的水印图案，利用填充命令将水印填充，最后批量处理，将所用的图像添加水印。

项目效果

　　效果如图10-52所示。

图 10-52

操作提示

　　Step01：制作水印，自定义图案。

　　Step02：创建动作录制步骤，填充水印，停止录制。

　　Step03：批量为图片添加水印。

第 11 章
Illustrator CC 入门必学

内容导读

本章主要针对 Illustrator 的一些基础知识进行讲解，包括如何新建、置入、存储文件等基础操作；如何设置图像文档方便使用；如何利用辅助工具更好地设计作品；怎样选择对象等。

学习目标

○ 学会 Illustrator 的简单操作
○ 通过素材制作简单的版面等

在用户使用Illustrator软件设计图形之前，首先需要了解Illustrator软件的一些基础操作，如新建文件、存储文件及一些辅助工具的用法等。作为功能强大的矢量图形处理软件，Illustrator还兼具简单的位图处理功能。本节主要针对文档的基础操作进行讲解。

11.1.1 新建文件

Illustrator绘图的第一步就是新建文档。执行"文件 > 新建"命令，或按Ctrl+N组合键，或直接在主页中单击"新建"按钮，此时

图 11-1

图 11-2

会弹出"新建文档"对话框，对新建文件的大小、画板数量、出血等参数进行设置，如图11-1所示。单击"更多设置"打开"更多设置"对话框，可以对新建文件进行更多设置，如图11-2所示。

下面对这些设置进行详细讲解。

●配置文件：该下拉列表提供了打印、Web（网页）、移动设备、胶片和视频、图稿和插图选项，直接选中相应的选项，文档的参数将自动按照不同的选项进行调整。如果这些选项都不是要使用的，可以选中"浏览"选项，在弹出的对话框中进行选取。

●画板数量：指定文档的画板数以及它们在屏幕上的排列顺序。

●间距：指定画板之间的默认间距。此设置同时应用于水平间距和垂直间距。

●列数：在该选项设置相应的数值，可以定义排列画板的列数。

●大小：在该选项下拉列表中选择不同的选项，可以定义一个画板的尺寸。

●取向：完成画板尺寸设置后，对其画板取向进行定义。在该选项中单击不同的按钮，可以定义不同的方向，此时画板高度和宽度的数值将进行交换。

●出血：指图稿落在印刷边框打印定界框的或位于裁切标记和裁切标记外的部分。此选项用于指定画板每一侧的出血位置。要对不同的侧面使用不同的值，单击锁定图标 ，将保持四个尺寸相同。

●"高级"按钮：单击该按钮，可以进行颜色模式、栅格效果、预览模式等参数的设置，隐藏的高级选项如图11-3所示。

●颜色模式：指定新文档的颜色模式，用于打印的文档

图 11-3

需要设置为CMYK，而用于数字化浏览的则通常采用RGB模式。

●栅格效果：对文档中的栅格效果设置分辨率。准备以较高分辨率输出到高端打印机时，将此选项设置为"高"尤为重要。

●预览模式：为文档设置默认预览模式。

如果要创建一系列具有相同外观属性的对象，可以通过"从模板新建"命令来新建文档。执行"文件 > 从模板新建"命令或按Ctrl+Shift+N组合键，也可以直接在更多设置中单击"模板"，此时弹出"从模板新建"对话框，如图11-4所示。选择新建文档的模板，单击"确定"按钮，即可实现从模板新建，如图11-5所示。

图 11-4

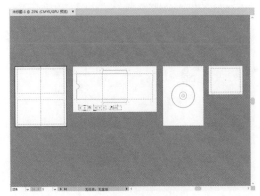

图 11-5

11.1.2 打开文件

如需在Illustrator中对已经存在的文档进行修改和处理，首先要在Illustrator中打开该文档。执行"文件 > 打开"命令或按Ctrl+O组合键，在弹出的"打开"对话框中，选中要打开的文件，然后单击"打开"按钮，如图11-6所示，文件就会在Illustrator中打开，如图11-7所示。

图 11-6

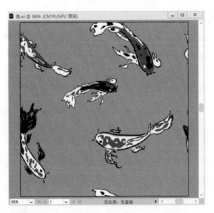

图 11-7

11.1.3 置入文件

Illustrator虽然是一款矢量软件，但也可以用来进行简单的位图操作。在Illustrator中可以通过"置入"命令，在文档中添加图片。置入的文件有嵌入和链接

221

两种形式。

（1）置入链接文件

以"链接"形式置入是指置入的内容本身不在Illustrator文件中，只是通过链接在Illustrator文件中显示。

（2）置入嵌入文件

"嵌入"是指将图片包含在文件中，就是和这个文件的全部内容存储到一起。嵌入的优势在于当文件存储位置改变时，不用担心素材图片没有一起移动而造成链接素材丢失。但是，当置入的图片较多时，文件大小会随之增加，给计算机运行带来压力。除此以外，原素材图片在其他软件中进行修改后，嵌入的图片不会提示更新变化。

课堂练习 在画框中嵌入图片

本案例将练习在画框中嵌入图片，涉及的知识点包括新建文件、置入嵌入对象等。

扫一扫 看视频

Step 01 执行"文件 > 新建"命令，新建一个空白文档，如图11-8所示。

Step 02 执行"文件 > 置入"命令，

在弹出的"置入"对话框单击本章素材文件"画框.jpg"，取消勾选"链接"复选框，单击"置入"按钮，如图11-9所示。

图 11-8

图 11-9

Step 03 此时光标在 Illustrator 界面中变为，如图11-10所示。单击鼠标将文件置入，也可按住鼠标拖拽控制置入文件大小，松开鼠标完成置入，效果如图11-11所示。

图 11-10

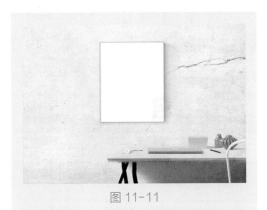

图 11-11

Step 04 使用相同的方法置入本章素材文件"画 .jpg"，在文件夹中删除"画 .jpg"，Illustrator 文件中置入的素材不发生变化，如图 11-12 所示。

图 11-12

知识延伸

若已经链接进来的文件想要更改为"嵌入"形式，可以直接单击控制栏中的"嵌入"按钮，就可将链接的对象嵌入到文档内；若想要将"嵌入"的对象更改为"链接"模式，可以先选中"嵌入"的对象，然后单击控制栏中的"取消嵌入" ，接着在弹出的"取消嵌入"对话框中选择一个合适的存储位置及文件保存类型，嵌入的素材就会重新变为"链接"状态。

（3）管理置入的文件

已经置入的文件可以通过"链接"面板进行查看和管理，该面板中显示了当前文档中置入的所有图片，从中可以对这些图片进行查看链接信息、重新链接、编辑原稿等操作。

首先在一个空白文档中用分别用"链接"形式和"嵌入"形式置入两张图片，如图11-13所示。执行"窗口 > 链接"命令，打开"链接"面板，可以看到两张图片在"链接"面板中的显示类型并不同，如图11-14所示。

图 11-13

图 11-14

下面将对这些按钮进行详细讲解。

● 显示链接信息 ▶：显示链接的名称、格式、尺寸、缩放大小等信息。选择一个对象后单击该按钮，就会显示所选对象的相关信息，如图11-15所示。

图 11-15

●从CC库重新链接🔗：单击该按钮，可以在打开的"库"面板中重新进行链接。

●重新链接🔗：在"链接"面板中选中一个对象，单击该按钮，在弹出的"置入"对话框中选择素材，替换当前链接的内容。

●转至链接🔗：在"链接"面板中选中一个对象，单击该按钮后，即可快速在界面中定位该对象。

●更新链接🔄：当链接文件原素材发生变动时可以在当前文件中同步所发生的变动。

●编辑原稿✏：对于链接的对象，单击该按钮可以将该对象在图像编辑器中打开，并进行编辑。

●嵌入的文件🔲：代表对象的置入方式为嵌入。

11.1.4 存储文件

执行"文件 > 存储"命令将文件进行存储。执行"文件 > 存储为"命令，可以重新对存储的位置、文件的名称、存储的类型等进行设置。在首次对文件进行"存储"以及使用"存储为"命令时，将会弹出"存储为"对话框。

在弹出的"存储为"对话框中，对"文件名"选项进行名称设置，然后在"保存类型"下拉列表中选择一个文件格式，设置合适的路径、名称、格式，选择完成后，单击"保存"按钮，如图11-16所示。此时会弹出"Illustrator选项"对话框，在此对话框中可以对文件存储的版本、选项、透明度等参数进行设置。设置

完毕后单击"确定"按钮，完成文件存储操作，如11-17所示。

图 11-16

图 11-17

这里将对"Illustrator选项"对话框中的重要选项进行讲解。

●版本：指定希望文件兼容的Illustrator版本。需要注意的是旧版格式不支持当前版本 Illustrator 中的所有功能。

●创建PDF兼容文件：在Illustrator文件中存储文档的PDF演示。

●使用压缩：在Illustrator文件中压缩PDF数据。

●透明度：确定当选择早于9.0版本的Illustrator格式时，如何处理透明对象。

11.2 查看与设置图像文档

本节主要讲解Illustrator中图像文档的操作方法，例如：如何在文档内添加或删除画板、如何缩放图像文档、在存在多个文档时如何调整文档的显示方式，以及辅助工具的应用，如图11-18、图11-19所示为优秀的平面设计作品。

图 11-18

"LIKE A LITTLE BIRD
FLYING FROM A TO B
SEE WHAT THERE IS TO SEE
FAR AWAY FROM ME"

图 11-19

11.2.1 创建与编辑画板

"画板"是指界面中的白色区域，画板中包含可打印图稿的区域。"画板工具" 是在用户新建文档后，需要更改画板的大小或位置时使用的。

"画板工具" 不仅可以调整画板大小和位置，甚至还可以让它们彼此重叠，还能创建任意大小的画板。

课堂练习　画板工具的应用技巧

本案例将对"画板工具"的应用进行讲解，涉及的知识点包括更改画板大小、新建画板、复制画板等。

Step 01 在文档中单击工具箱中的"画板工具" 或者按Shift+O组合键，此时画板的边缘变为了画板的定界框，如图 11-20 所示。

Step 02 如果想要更改画板的大小，拖拽定界框的控制点即可，如图11-21 所示。

图 11-20

图 11-21

225

Step 03 若要移动画板在文档中位置，将光标移动到画板中，当光标变为 ✛ 状时，按住鼠标拖拽即可，如图11-22所示。

Step 04 在文档内添加画板的方法也非常灵活。选择"画板工具" ▣，按住鼠标拖拽，即可添加一个新的画板，如图11-23所示。

图 11-22

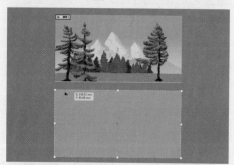

图 11-23

Step 05 新建画板的另一种方法是，在使用"画板工具" ▣状态下，单击选项栏中的"新建画板"按钮 ▣，屏幕上会按照默认顺序自动生成和原画板相同大小的新画板，如图11-24所示。

Step 06 如果要复制画板，选择"画板工具" ▣，单击控制栏中的"移动复制带画板的图稿" ▣按钮，然后按住"Alt"键单击拖动，在适当位置释放鼠标，可以发现画板和内容被同时复制，如图11-25所示。

图 11-24

图 11-25

Step 07 如需删除画板，在使用"画板工具" ▣状态下，单击选中画板，按Delete键或单击控制栏中的"删除" ▥按钮，即可删除画板，如图11-26、图11-27所示。

图 11-26

图 11-27

11.2.2 缩放图像文档

在绘图过程中，用户有时需要观看画面整体，有时需要放大局部效果。为方便用户使用，Illustrator中提供了两个便利的视图浏览工具："缩放工具" 🔍 和用于平移图像的"抓手工具" ✋。

> **课堂练习** 缩放工具和抓手工具的应用技巧

本案例将针对"缩放工具"和"抓手工具"的应用进行讲解，涉及的知识点包括放大或缩小视图、移动图像区域等。

Step 01 单击工具箱中的"缩放工具" 🔍 按钮，然后将光标移动至画面中，可以观察到，此时光标为一个中心带有加号的放大镜 🔍，在画面中单击即可放大图像，如图 11-28 所示。

Step 02 按住 Alt 键，光标会变为中心带有减号的"放大镜" 🔍，单击要缩小的区域的中心即可缩小图像。每单击一次，视图便缩小到上一个预设

百分比，如图 11-29 所示。

图 11-28

图 11-29

Step 03 如果要放大或缩小画面中的某个区域，可以使用"缩放工具" 🔍 在需要放大或缩小的区域拖拽即可。例如要放大画面的雪山，可以使用"缩放工具" 🔍 在雪山的位置按住鼠标拖拽，如图 11-30、图 11-31 所示。

图 11-30

图 11-31

227

Step 04 当图像放大到屏幕不能完整显示时，可以使用"抓手工具" ✋ 在不同的可视区域中进行拖动以便于浏览，如图 11-32 所示。

Step 05 选择工具箱中的"抓手工具" ✋，单击绘图区并拖动鼠标，移动至所需观察的图像区域即可，如图 11-33 所示。

图 11-32

图 11-33

11.2.3 设置多个文档的显示方式

Illustrator中有多种文档的显示方式，当文档在软件中打开过多时，用户可以根据自己需要选择一个合适的文档排列方式。执行"窗口 > 排列"命令，在打开的菜单中选择一个合适的排列方式，如图 11-34所示。

图 11-34

（1）层叠

"层叠"方式排列是所有打开文档从屏幕的左上角到右下角以堆叠和层叠的方式显示，如图11-35所示。

图 11-35

（2）平铺

当选择"平铺"方式进行排列时，窗口会自动调整大小，并以平铺的方式填满可用的空间，如图11-36所示。

图 11-36

（3）在窗口中浮动

当选择"在窗口中浮动"方式排列时，图像可以自由浮动，并且可以任意拖拽标题栏来移动窗口，如图11-37所示。

图 11-37

知识延伸

Illustrator CC 2019提供了多种合并拼贴方式，便于多个文件的重新排列，选择直观的"排列文档"窗口，可快速地以不同的配置方式排列已打开的文档。

在应用程序栏中选择"排列文档"按钮 ，在下拉列表中有"全部合并""全部按网格拼贴""全部垂直拼贴"等多个

排列方式。在这里单击"四联" 按钮，如图11-38所示。最终得到的文档排列效果如图11-39所示。

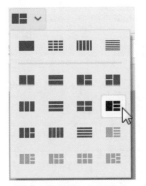

图 11-38

图 11-39

11.2.4 颜色模式

"颜色模式"是指将某种颜色表现为数字形式的模型，简单点说，就是一种记录图像颜色的方式。用于打印的文档需要设置为CMYK，而用于数字化浏览的则通常采用RGB模式。

在新建文档时，可以在"新建文档"对话框中的"高级面板"中对颜色模式进行选择，如图11-40所示。如需要对已经创建好的文档进行颜色模式的修改，可以通过执行"文件 > 文档颜色模式"命令来实现，如图11-41所示。

图 11-40

图 11-41

具"□按钮，按住鼠标进行拖拽，绘制一个与画板等大的矩形，选择该矩形，在控制栏中设置填充白色，描边无，如图 11-44 所示。

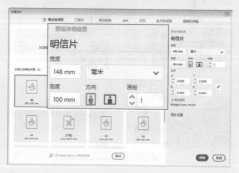

图 11-42

图 11-43

图 11-44

课堂练习 制作明信片

本案例将练习制作一份明信片，涉及新建文件、置入文件等知识点，主要用到的工具有画板工具、矩形工具、文字工具等。

Step 01 执行"文件 > 新建"命令或打开 Ctrl+N 组合键，打开"新建文档"对话框，设置参数，单击"创建"，创建空白文档，如图 11-42、图 11-43 所示。

Step 02 单击工具箱中的"矩形工

Step 03 执行"文件 > 置入"命令，置入素材图片，调整素材的大小和位置，完成置入操作，如图 11-45 所示。

Step 04 单击工具箱中的"直排文字工具"IT 按钮，在控制栏设置填充黑色，描边无，选择一种合适的字体，设置字体大小为 36pt，段落对齐为"顶对齐"，在矩形右侧单击并输入文字，文字输入完成后按 Esc 键，如图 11-46 所示。

Step 05 使用上述方法添加另外一段竖行段落文字，更改字体大小为 14pt，如图 11-47 所示。

图 11-45

图 11-46

图 11-47

11.3 辅助工具的应用

辅助工具的意义在于帮助用户拥有更良好的操作体验。在Illustrator中提供了标尺、网格、参考线等多种辅助工具，可以帮助用户轻松制作出尺寸精准的对象和排列整齐的版面。

11.3.1 标尺

标尺可以用于度量和定位插图窗口或画板中的对象，借助标尺可以让图稿的绘制更加精准。

执行"视图 > 标尺 > 显示标尺"命令或打开Ctrl +R组合键，标尺出现在窗口的顶部和左侧。若需要隐藏标尺，执行"视图 > 标尺 > 隐藏标尺"命令或打开

Ctrl +R组合键，隐藏标尺，如图11-48所示。在标尺上方右击鼠标可以设置标尺的单位，如图11-49所示。

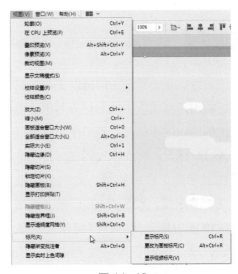

图 11-48

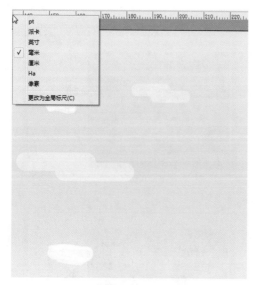

图 11-49

图 11-50

图 11-51

 知识延伸

标尺上显示"0"的位置为标尺原点。默认情况下，标尺原点位于窗口的左上角。将鼠标光标放置在窗口左上角上，然后按住鼠标拖动，会出现十字线，释放鼠标后，释放处就是原点的新位置。要恢复默认标尺原点，双击左上角标尺相交处即可。

11.3.2 参考线

参考线是一种常用的辅助工具，常用于帮助用户在画板中精准对齐对象。参考线的创建依附于标尺，若想使用参考线，需先打开标尺，将光标放置在标尺上方，按住鼠标向下进行拖拽，此时会拖拽一条灰色的虚线。如图11-50所示。拖拽至相应位置后松开鼠标，即可建立一条参考线，默认情况下参考线为青色，如图11-51所示。

在此，对参考线的一些操作进行讲解。

●锁定参考线：参考线非常容易因为用户的误操作导致位置发生变化，执行"视图 > 参考线 > 锁定参考线"命令，即可将当前窗口中的参考线锁定。此时可以创建新的参考线，但是不能移动和删除已经锁定的参考线。如果要将参考线解锁，可以执行"视图 > 参考线 > 解锁参考线"命令。

●隐藏参考线：执行"视图 > 参考线 > 隐藏参考线"命令，可将参考线暂时隐藏，执行"视图 > 参考线 > 显示参考线"命令可以将隐藏的参考线重新显示出来。

●删除参考线：执行"视图 > 参考线 > 清除参考线"命令，可以删除所有参考线。如需删除某条指定的参考线，可以使用"选择工具"选择该参考线，按Delete键删除即可。需要删除的参考线，必须是没有锁定的参考线，否则无法删除。

① 在创建移动参考线时，按住Shift键可以使参考线与标尺刻度对齐。

② 在Illustrator中，绘制任意图形，选中图形，执行"视图＞参考线＞建立参考线"命令，即可将该图形转化为参考线，也可选中图形后鼠标右击图形，选择"建立参考线"选项将图形转化为参考线，或者选中图形后直接打开Ctrl+5组合键，将图形转化为参考线。

11.3.3　智能参考线

执行"视图＞智能参考线"命令，或按Ctrl+U组合键，可以打开或关闭智能参考线。

开启智能参考线时，执行对象在进行绘制、移动、缩放等情况时会自动出现洋红色的智能参考线，帮助用户对齐特定对象，如图11-52所示。

11.3.4　网格

"网格"也是一种辅助工具，借助网格用户可以更加精准地确定绘制图像的位置，通常在文字设计、标志设计中使用较多，同其他辅助工具一样不可打印输出。

执行"视图＞显示网格"命令，或按"Ctrl+"组合键，可以显示网格。若需要隐藏网格，执行"视图＞隐藏网格"命令，或按"Ctrl+"组合键，将隐藏网格。执行"视图＞对齐网格"命令，或按"Shift+Ctrl+"组合键，在移动对象时自动对齐网格，如图11-53所示。

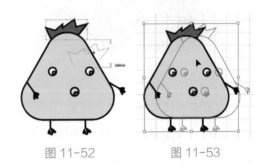

图 11-52　　　　　图 11-53

11.4　图像选择工具

在Illustrator软件中，想要选取某一对象有很多种方式。本节主要讲解"选择工具" ▶、"直接选择工具" ▷、"编组选择工具" ▷、"魔棒工具" ✦ 和"套索工具" ⬭ 几种选择工具的用法。

11.4.1　选择工具

选择工具▶：选择整个图形、整个路径或整段文字时使用。选择工具箱中的"选择工具"▶或使用"V"键，移动光标至需要选择的对象上，单击鼠标选择整个对象，如图11-54所示。

按住鼠标拖拽即可移动选中的对象，如图11-55所示。

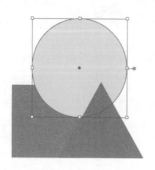

图 11-54

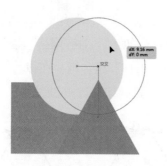

图 11-55

如果需要同时选取多个对象，可以按住Shift键，然后单击需要加选的对象，如图11-56所示；如果选择的对象为相邻的对象，可以按住鼠标拖拽进行框选，如图11-57所示。被选中的对象周围有一个矩形框，这个矩形框叫做"定界框"。

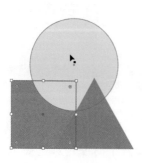

图 11-56

图 11-57

定界框上有8个控制点，将光标放置在控制点上，光标变为 $\updownarrow$ 状时，按住鼠标拖拽即可纵向拉伸；光标变为 $\leftrightarrow$ 状时可以横向拉伸；光标放在四个角点处变为 $\nwarrow$ 时可以横向、纵向一同拉伸，这

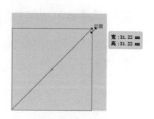

图 11-58

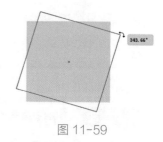

图 11-59

时按住Shift键可以进行等比缩放，如图11-58所示。将光标放置在控制点以外，光标变为 $\curvearrowleft$ 状时按住鼠标拖拽即可进行旋转，如图11-59所示。

11.4.2 直接选择工具

直接选择工具 ▷：选择对象内的锚点或路径段时使用。选择工具箱中的"直接选择工具" ▷，然后在需要选择的路径上方单击即可选中这段路径，如图11-60所示。

路径显示后可以看到路径上方的锚点，若需要选择单个锚点，可以在锚点上方单击即可，如图11-61所示。

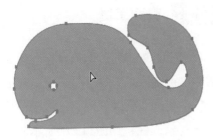

图 11-60

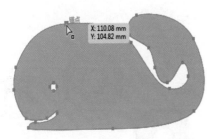

图 11-61

选择锚点后拖拽锚点即可移动该锚点的位置，锚点移动后图形也会随之改变，如图11-62所示。松开鼠标，效果如图11-63所示。

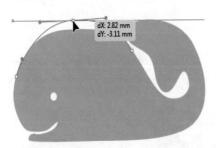

图 11-62

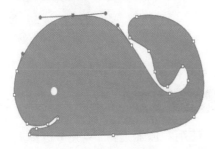

图 11-63

锚点同样可以删除，选中锚点按Delete键即可，如图11-64所示为删除多个锚点的效果。

图 11-64

在使用"直接选择工具" ▷.的过程中，除了可以选中锚点进行删除或移动等操作外，也可以直接选中路径段进行删除或移动等操作。

11.4.3 编组选择工具

编组选择工具 ▷⁺：在编组过的情况下选择组内的对象或组内的组时使用。使用编组选择工具，选择的是组内的一个对象，如图11-65所示。再次单击，选择的是对象所在的组，如图11-66所示。

图 11-65

图 11-66

11.4.4　魔棒工具

魔棒工具 ⚲：选择当前文档中属性相近的对象，例如具有相近的填充色、描边色、描边宽度、透明度或者混合模式的对象。

选择工具箱中的"魔棒工具" ⚲，在要选取的对象上单击，如图11-67所示，文档中与所选对象属性相近的对象会被选中，如图11-68所示。

图 11-67

图 11-68

"魔棒工具" ⚲的使用原理是通过颜色容差进行选择。双击工具箱中的"魔棒工具" ⚲按钮，可以弹出"魔棒"面板，如图11-69所示，用户可以根据自身需要，定义使用"魔棒工具" ⚲选择对象的依据。

图 11-69

11.4.5　套索工具

套索工具 ⚲：通过拖拽鼠标对区域内的图形进行选取。

在需要选取的区域内，拖拽鼠标将要选取的对象框住，如图11-70所示。释放鼠标即可选中区域内的图形、锚点和路径段，如图11-71所示。

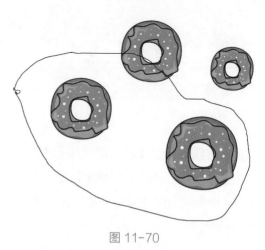

图 11-70

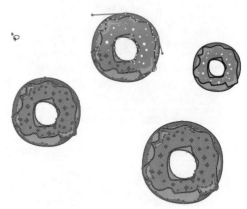

图 11-71

知识点拨

使用"套索工具" ⚲完成选择后，若想继续增加选择对象，可以按住Shift键继续拖动鼠标，框选需要增加的部分完成加选。

11.4.6 "选择"命令

Illustrator中有一些选择命令可以使用户更快速、准确地选取对象。单击菜单栏中的"选择"菜单，弹出下拉菜单，可以看到相应的选择命令，每个命令后有相应的快捷键，如图11-72所示。

图 11-72

接下来，对这些命令中的重要命令进行详细讲解。

●全部：选中文档中的全部对象，但被锁定的对象不会被选中。

●现用画板上的全部对象：在多个画板的情况下，执行该命令可以选择所使用的画板中的所有内容。

●取消选择：将所有选中的对象取消选择，在空白区域单击也可取消选择所选对象。

●重新选择：该命令通常在选择状态被取消，或者是选择了其他对象，要将前面选择的对象重新选中时使用。

●反向：该功能可以快速选择隐藏的路径、参考线和其他难以选择的未锁定对象。

●相同：与魔棒工具相似，执行该命令，在子菜单中选择相应的属性，即可在文档中快速选择出具有该属性的全部对象。

●对象：执行该命令，然后选取一种对象类型（剪切蒙版、游离点或文本对象等），即可选择文件中所有该类型的对象。

●存储所选对象：使用该选项可用于保存特定的对象。

●编辑所选对象：执行该命令，在弹出的"编辑所选对象"对话框中选中要进行编辑的选择状态选项，即可编辑已保存的对象。

课堂练习 添加背景色

本案例将练习为素材添加背景色，涉及的知识点包括打开文件、存储文件等操作，以及画板工具、矩形工具等工具。

扫一扫 看视频

Step 01 执行"文件 > 打开"命令或按 Ctrl+O 组合键，在弹出的"打开"对话框选择需要打开的素材文件"证件 .tif"，单击"打开"按钮完成操作，如图 11-73 所示。接着弹出"TIFF 导入选项"对话框，如图 11-74 所示。点击"确定"，该文件在 Illustrator 中被打开。

图 11-73

图 11-74

Step 02 双击"画板工具" ，弹出"画板选项"对话框，调节合适大小的画板尺寸，如图11-75所示。

Step 03 单击工具箱中的"矩形"工具，在画板中单击，在弹出的"矩形"对话框中设置矩形大小与画板等大，如图11-76所示。

图 11-75

图 11-76

Step 04 选中画板中的矩形，在控制栏中调整填充颜色为蓝色，描边无，如图11-77所示。然后在属性栏中点开"对齐"面板，选择"对齐画板"按钮，单击"水平居中对齐" 按钮与"垂直居中对齐" 按钮，如图11-78所示。

图 11-77

图 11-78

Step 05 调整图层顺序，鼠标右击，在弹出的菜单中，执行"排列 > 后移一层"命令，如图11-79、图11-80所示。

图 11-79

图 11-80

至此，完成背景色的添加。

综合实战　制作宣传图

本案例将练习制作一张宣传图，涉及的知识点包括新建文件、置入文件、存储文件、导出文件等。

Step 01　执行"文件 > 新建"命令，打开"新建文档"对话框，设置参数，然后单击"竖向"按钮，再单击"创建"完成操作，如图 11-81、图 11-82 所示。

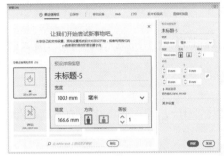

图 11-81　　　　　　　　图 11-82

Step 02　执行"文件 > 置入"命令，在弹出的"置入"对话框中选择素材"背景 .jpg"，取消勾选"链接"复选框，单击"置入"按钮，如图 11-83 所示。然后在画板中任一处单击，置入位图，调整位图大小和位置，完成置入，如图 11-84 所示。

Step 03　执行"文件 > 置入"命令，在弹出的"置入"对话框中选择素材"桃枝 .png"，

图 11-83　　　　　　　　图 11-84

取消勾选"链接"复选框，单击"置入"按钮，将其嵌入到画板中，如图 11-85 所示。

Step 04　选择素材右上角的控制点，当光标变为 时按住鼠标和 Shift 键向左下角拖动，调整到合适大小后释放鼠标完成修改，如图 11-86 所示。

Step 05　使用上述方法继续添加素材，将素材嵌入画板中并调整至合适大小，放置在相应位置，如图 11-87、图 11-88 所示。

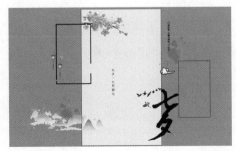

图 11-85　　　　　图 11-86　　　　　　　　图 11-87　　　　　　　图 11-88

至此，完成宣传图的制作。

239

课后作业 / 绘制照片墙效果

项目需求

受某家庭委托设计照片墙，要求简约有设计感。

项目分析

根据提供的图片，通过不同的摆放位置及大小设置勾勒造型。

项目效果

效果如图11-89所示。

图 11-89

操作提示

Step01：置入图片。

Step02：使用矩形工具绘制相框。

Step03：设置合适的大小位置。

第 12 章
基础绘图工具

★ 内容导读

本章主要针对 Illustrator 软件中的基础绘图工具进行讲解，包括如何绘制线段、弧线段和螺旋线；如何绘制矩形网格和极坐标网格；如何绘制简单的图形，如矩形、圆形、星形、多边形等；如何绘制光晕图形。

☞ 学习目标

○ 绘制简单的线条图案
○ 绘制简单的图形图案
○ 线条图案和图形图案的搭配组合等

鼠标右击工具箱中的"直线段工具" /.按钮，在弹出的工具组中可以选择"直线段工具" /.、"弧形工具" ⌒、"螺旋线工具" ◎、"矩形网格工具" ⊞ 或"极坐标网格工具" ◎5种线型绘图工具。下面将对这5种工具进行介绍。

12.1.1 直线段工具

"直线段工具" /.可以绘制任意角度的直线。单击工具箱中的"直线段工具" /.，在画板中需要创建线段的位置单击鼠标并按住鼠标进行拖拽，如图12-1所示。拖拽鼠标至线段的另一端点处松开鼠标即可绘制一条直线，如图12-2所示。

如果要绘制精确的直线对象，单击"直线段工具" /.后，在画板中需要创建线段的位置单击鼠标，弹出"直线段工具选项"对话框，在该对话框中可以对直线段的长度和角度进行设置，如图12-3所示。如图12-4所示为利用"直线段工具" /.绘制的等边三角形。

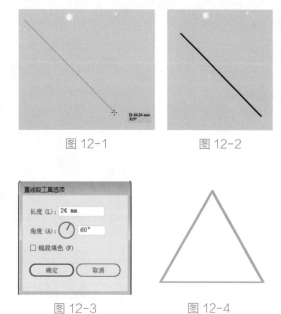

图 12-1　　　　　　　图 12-2

图 12-3　　　　　　　图 12-4

知识延伸

① 在使用"直线段工具" /.的过程中，按住鼠标的同时，按住Shift键在画板中拖拽，可以绘制出水平、垂直及45°角倍增的斜线，如图12-5所示；

② 若想通过"直线段工具" /.快速绘制大量放射状线条，可以在选择"直线段工具" /.的情况下，在面板中按住鼠标，同时按住键盘"~"键沿需要的方向进行拖动，如图12-6所示。

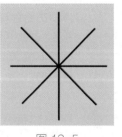
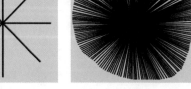

图 12-5　　　　　　　图 12-6

12.1.2 弧形工具

"弧形工具" 用于绘制任意弧度的弧形，也可绘制精确弧度的弧形。单击工具箱中的"弧形工具" ，按住鼠标在画板中拖拽即可绘制一条弧线，如图12-7、图12-8所示。

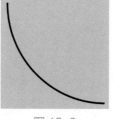

图 12-7　　　　　　图 12-8

若在绘制过程中需要调整弧形的弧度，可通过键盘上的"↑""↓"键进行调整，达到要求后再释放鼠标，如图12-9、图12-10所示。

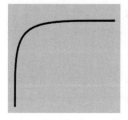
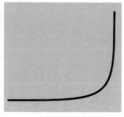

图 12-9　　　　　　图 12-10

如果需要绘制精确的弧形对象，则需单击鼠标，在弹出的"弧形工具选项"对话框中，对所要绘制弧形的参数进行设置，单击"确定"完成设置，如图12-11所示。

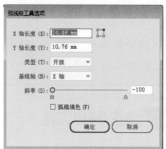

图 12-11

其中，各选项的含义如下。

● X轴长度（X）：在该文本框内输入数值，定义弧线另一个端点在X轴方向的距离。

● Y轴长度（Y）：在该文本框内输入数值，定义弧线另一个端点在Y轴方向的距离。

● 定位器：在定位器中单击不同的端点，可以设置弧线起始端点在弧线中的位置。

● 类型（T）：绘制的弧线对象是"开放"还是"闭合"。

● 基线轴（B）：绘制的弧线对象基线轴为X轴还是Y轴。

● 斜率（S）：通过拖动滑块或在文本框中输入数值，定义绘制的弧形对象的弧度，绝对值越大弧度越大，正值凸起，负值凹陷。

● 弧线填色：当勾选该复选框时，将使用当前的填充颜色对绘制的弧形进行填充。

知识延伸

① 拖拽鼠标绘制弧线的同时，按住Shift键，可以得到X轴与Y轴数值相等的弧线；

② 拖拽鼠标绘制弧线的同时，按住C键，可更改弧线为开放路径或者闭合路径；

③ 拖拽鼠标绘制弧线的同时，按住F键，可以改变弧线的方向；

④ 拖拽鼠标绘制弧线的同时，按住X键，可以更改弧线的凹凸。

12.1.3 螺旋线工具

"螺旋线工具" 用于绘制各种螺旋形状的线条。单击工具箱中的"螺旋线工具" ，在画板中按住拖拽即可绘制一段螺旋线，如图12-12、图12-13所示。

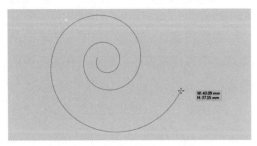

图 12-12

图 12-13

若想要绘制精确的螺旋线，可以单击工具箱中的"螺旋线工具" 按钮，在画板中需要绘制螺旋线的位置单击鼠标，在弹出的"螺旋线"对话框中，对所要绘制的螺旋线的半径、衰减等参数进行设置，如图12-14所示。单击"确定"后，即可得到精确的螺旋线，如图12-15所示。

图 12-14　　　图 12-15

其中，各选项的含义如下。

● 半径（R）：指定螺旋线的中心点到螺旋线终点之间的距离，用来设置螺旋线的半径。

● 衰减（D）：设置螺旋线内部线条之间的螺旋线圈数。在段数为10时，螺旋线根据衰减数值的不同产生的变化，如图12-16所示。

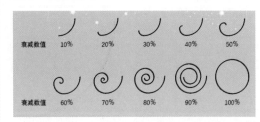

图 12-16

● 段数（S）：设置螺旋线的螺旋段数。数值越大螺旋线越长，反之越短。在衰减为80%时，螺旋线根据段数数值的不同产生的变化如图12-17所示。

图 12-17

● 样式（T）：设置顺时针或逆时针方向绘制螺旋线。

知识点拨

使用"螺旋线工具" 时，按住Alt键可以增加螺旋线的段数；按住Ctrl键拖拽可以设置螺旋线的"衰减"程度；按住R键可以更改螺旋线样式。

12.1.4 矩形网格工具

"矩形网格工具" 可以用来绘制带

有网格的矩形。单击工具箱中的"矩形网格工具"⊞，在画板中需要绘制矩形网格的位置单击鼠标，沿矩形网格对角线方向拖拽，释放鼠标后矩形网格即绘制完成，如图12-18、图12-19所示。

图12-18　　　　图12-19

若想制作精确的矩形网格，可以单击工具箱中的"矩形网格工具"⊞按钮，在需要绘制矩形网格的一个角点位置单击鼠标，在弹出的"矩形网格工具选项"对话框中，对矩形网格的各项参数进行设置，如图12-20、图12-21所示。

图12-20

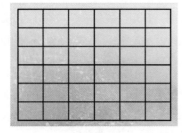

图12-21

其中，各选项的含义如下。

●宽度（W）：用于设置矩形网格的宽度。

●高度（H）：用于设置矩形网格的高度。

●定位器▢：在定位器中单击不同的端点，可以在矩形网格中首先设置角点位置。

●水平分隔线："数量"可以设置矩形网格中水平网格线的数量，即行数；"下、上方倾斜"可以设置水平网格的倾向。数值为0时，水平网格线与水平网格线之间的距离是均等的；数值大于0时，网格下方的水平网格线与水平网格线之间的距离变小；数值小于0时，网格上方的水平网格线与水平网格线之间的距离变小，如图12-22所示水平分隔线倾斜数值从左至右依次为-100%、0、100%。

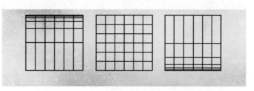

图12-22

●垂直分隔线："数量"可以设置矩形网格中垂直网格线的数量，即列数；"左、右方倾斜"选项可以设置垂直网格的倾向。数值为0时，垂直网格线与垂直网格线之间的距离是均等的；数值大于0时，网格右方的垂直网格线与垂直网格线之间的距离变小；数值小于0时，网格左方的垂直网格线与水平网格线之间的距离变小，如图12-23所示垂直分隔线倾斜数值从左至右依次为-100%、0%、100%。

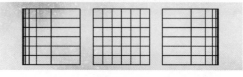

图12-23

245

●使用外部矩形作为框架：勾选该复选框时，将采用一个矩形对象作外框；反之，将没有外边缘的矩形框架。

●填色网格：勾选该复选框时，将使用当前的填充颜色填充所绘制的矩形网格。

12.1.5 极坐标网格工具

"极坐标网格工具" ◉ 用于绘制多个同心圆和放射线段组成的极坐标网格。

单击工具箱中的"极坐标网格工具" ◉，在画板上按住鼠标拖动的同时，按Shift+Alt组合键，绘制正圆，释放鼠标后极坐标网格即绘制完成，如图12-24、图12-25所示。

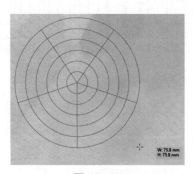

图 12-24

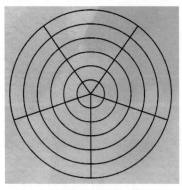

图 12-25

若想建立精确的极坐标网格，可以单击工具箱中的"极坐标网格工具" ◉ 按

钮，在想要绘制图形的位置上单击鼠标，弹出"极坐标网格工具选项"对话框，在该对话框中对所要绘制的极坐标网格的相关参数进行设置，单击"确定"按钮即可得到精确尺寸的极坐标网格，如图12-26、图12-27所示。

 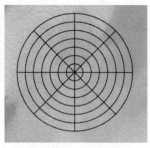

图 12-26 　　　　图 12-27

其中，各选项的含义如下。

●宽度（W）：用于设置极坐标网格图像的宽度。

●高度（H）：用于设置极坐标网格图形的高度。

●定位器 ⊡：在定位器中单击不同的端点，可以在极坐标网格中设置起始角点位置。

●同心圆分割线："数量"为极坐标网格图形中同心圆的数量；"倾斜"值决定同心圆分隔线倾向于网格内侧还是外侧。

●径向分割线："数量"为极坐标网格图形中射线的数量；"倾斜"值决定径向分隔线倾向于网格逆时针还是顺时针方向。

●从椭圆形创建复合路径（C）：勾选该复选框时，将同心圆转换为独立复合路径并每隔一个圆填色。

●填色网格：勾选该复选框时，将使用当前的填充颜色填充所绘制的极坐标网格。

课堂练习 制作网格背景

　　本练习将学习制作网格背景，主要用到"矩形网格"工具▦和"极坐标网格工具"◉。

Step 01　新建一个竖向 A4 大小的文档。单击工具箱中的"矩形网格工具"按钮▦，在画板上需要绘制矩形网格的一个角点处单击，在弹出的"矩形网格工具选项"对话框中设置参数，单击"确定"完成绘制，如图 12-28 所示。

Step 02　调整矩形网格对齐画板，在控制栏中设置参数，如图 12-29 所示。

Step 03　按照同样的方法继续绘制两个网格矩形，设置合适的大小，如图 12-30、图 12-31 所示。

图 12-28　　　　　　　图 12-29　　　　　　　图 12-30　　　　　　　图 12-31

Step 04　单击工具箱中的"极坐标网格工具"◉按钮，在画板上需要绘制极坐标网格的一个角点处单击，在弹出的"极坐标网格工具选项"对话框中设置参数，单击"确定"完成绘制，如图 12-32 所示。

Step 05　选中极坐标矩形，在控制栏中设置参数，调整位置，如图 12-33 所示。

Step 06　继续绘制一些其他图案装饰，如图 12-34 所示。

Step 07　执行"文件 > 置入"命令，置入本章素材，并调整至合适大小和位置，如图 12-35 所示。

图 12-32　　　　　　　图 12-33　　　　　　　图 12-34　　　　　　　图 12-35

　　至此，完成网格背景制作。

12.2　图形绘制工具

鼠标右击工具箱中的"矩形工具" ▢ 按钮，在弹出的工具组中可以选择"矩形工具" ▢、"圆角矩形工具" ▢、"椭圆工具" ◯、"多边形工具" ⬡、"星形工具" ☆ 或"光晕工具" ☀ 6种图形绘制工具，如图12-36所示。

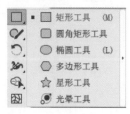

图 12-36

12.2.1　矩形工具

"矩形工具" ▢ 可用于绘制矩形和正方形。单击工具箱中的"矩形工具" ▢，在画板中需要创建矩形的位置单击并按住鼠标进行拖拽，如图12-37所示。拖拽至合适位置释放鼠标后矩形绘制完成，如图12-38所示。

图 12-37

图 12-38

如果想绘制参数精确的矩形，用户可以在画板上单击鼠标，在弹出的"矩形"对话框中设置矩形参数，如图12-39所示。单击"确定"按钮即可创建指定尺寸的矩形，如图12-40所示。

图 12-39　　　　图 12-40

知识点拨

① 在绘制矩形时，如想绘制正方形，可以按住Shift键进行拖拽；按住Shift+Alt组合键进行拖拽，可以绘制以鼠标落点为中心的正方形。

② 创建出的矩形选中后四角内部均有一个控制点 ◉，按住鼠标并拖动该控制点可调整矩形四角的圆角，如图12-41、图12-42所示。

图 12-41　　　　图 12-42

12.2.2　圆角矩形工具

"圆角矩形工具" ▢ 用于绘制圆角矩形和圆角正方形。单击工具箱中的"圆角矩形工具”，在画板中需要创建圆角矩形的位置单击并按住鼠标进行拖拽，如图12-43所示，拖到合适大小后释放鼠标即完成绘制，如图12-44所示。

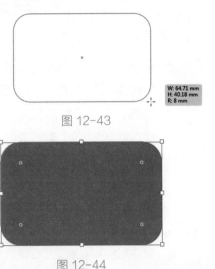

W: 64.71 mm
H: 40.18 mm
R: 8 mm
图 12-43

图 12-44

知识点拨

① 拖拽鼠标的同时按“↑”和“↓”可以调整圆角矩形圆角大小。

② 按住Shift键拖拽鼠标，可以绘制圆角正方形；按住Shift+Alt组合键拖拽鼠标，可以绘制以鼠标落点为中心的圆角正方形。

③ 创建出的圆角矩形选中后四角内部均有一个控制点，按住鼠标并拖动该控制点可调整圆角矩形四角的圆角大小。

若想绘制精确的圆角矩形，可以在画板上单击鼠标，在弹出的“圆角矩形”对话框中，对所要绘制的圆角矩形的参数进行设置，如图12-45所示，单击“确定”按钮即可完成绘制。

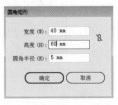

圆角矩形
宽度 (W): 40 mm
高度 (H): 60 mm
圆角半径 (R): 5 mm
确定
取消
图 12-45

其中，各选项的含义如下。

- 宽度（W）：在文本框中输入数值，定义圆角矩形的宽度。
- 高度（H）：在文本框中输入数值，定义圆角矩形的高度。
- 圆角半径（R）：在文本框中输入数值，定义圆角矩形圆角大小。

12.2.3 椭圆工具

“椭圆工具”用于绘制椭圆和正圆。单击工具箱中的“椭圆工具”按钮，在画板中需要创建椭圆的位置单击并按住鼠标进行拖拽，如图12-46所示。拖拽至合适位置释放鼠标后椭圆即绘制完成，如图12-47所示。

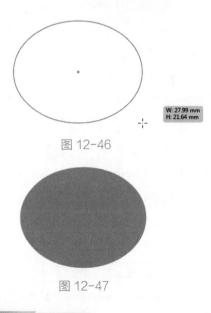

W: 27.99 mm
H: 21.64 mm
图 12-46

图 12-47

知识点拨

① 按住Shift键拖拽鼠标，可以绘制正圆；按住Shift+Alt组合键拖拽鼠标，可以绘制以鼠标落点为中心的正圆。

② 绘制完成的圆形选中后，会出现

一个圆形控制点 ☉ ，将光标移动至圆形控制点处，待光标变成 ↖ 形状后按住鼠标进行拖拽，可以将圆形转化成饼图，饼图角度随鼠标释放点而定，如图12-48所示，选择合适角度释放鼠标即完成绘制，如图12-49所示。

图 12-48

图 12-49

如果想要绘制精确的椭圆，可以在画板上单击鼠标，在弹出的"椭圆"对话框中，对所要绘制的椭圆的参数进行设置，如图12-50所示，单击"确定"按钮完成绘制，如图12-51所示。

图 12-50

图 12-51

📄 **课堂练习** 绘制手机线框图

扫一扫 看视频

本案例将练习绘制手机线框图，主要用到的工具有矩形工具、圆角矩形工具、椭圆工具等。

Step 01 新建一个竖向 A4 大小的空白文档。单击工具箱中的"圆角矩形工具" ▢ 按钮，在上方控制栏处设置参数。鼠标在要绘制圆角矩形的一个角点位置单击，在弹出的"圆角矩形"对话框中设置参数，如图 12-52 所示。单击"确定"按钮完成手机轮廓线的绘制，如图 12-53 所示。

图 12-52　　　　　图 12-53

Step 02 使用上述方法继续绘制一个宽度为 65mm、高度为 136.1mm、圆角为 7.5mm 的圆角矩形，如图 12-54 所示。

图 12-54

Step 03 选中所绘制的两个圆角矩形，在属性栏中点开"对齐"面板，单击"对齐所选对象"按钮，单击"水平居中对齐" ≢ 按钮与"垂直居中对齐" ⊪ 按钮，如图 12-55 所示。

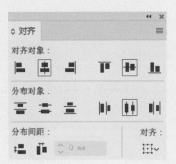

图 12-55

Step 04 单击工具箱中的"矩形工具" ▫ 按钮，鼠标在要绘制矩形的位置单击，在弹出的"矩形"对话框中设置参数，如图 12-56 所示。完成后单击"确定"按钮，创建矩形。

Step 05 选中矩形和两个圆角矩形，在"对齐"面板中单击"水平居中对齐" ≢ 按钮与"垂直居中对齐" ⊪ 按钮，使矩形与圆角矩形中心对齐，如图 12-57 所示。为了便于管理，可以选中矩形与两个圆角矩形，执行"对象 > 编组"命令，将其编组。

图 12-56　　　　图 12-57

Step 06 单击工具箱中的"椭圆工具" ○ 按钮，鼠标在要绘制圆形的位置单击，在弹出的"椭圆"对话框中设置参数，如图 12-58 所示。绘制出宽度和高度均为 9.3mm 的正圆，再

使用上述方法继续绘制一个宽度和高度均为 8.3mm 的正圆，如图 12-59 所示。

图 12-58

图 12-59

Step 07 选中两个圆形，在属性栏中点开"对齐"面板，单击"对齐所选对象"按钮，单击"水平居中对齐" ≢ 按钮与"垂直居中对齐" ⊪ 按钮，如图 12-60 所示。为了便于管理，可以选中两个圆形，执行"对象 > 编组"命令，将其编组。

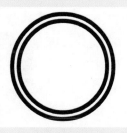

图 12-60

Step 08 选中矩形、圆角矩形和圆形，在属性栏中点开"对齐"面板，单击"对齐所选对象"按钮，单击 "垂直居中对齐" ⊪ 按钮，并调整圆形与圆角矩形、矩形的位置，如图 12-61 所示。

Step 09 使用上述方法，继续绘制其他图形，如摄像头、音量键、关机键等，如图 12-62 所示。

Step 10 调整上步绘制图形的位置，完成后效果如图 12-63 所示。

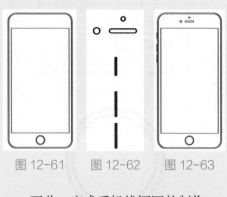

图 12-61　　　图 12-62　　　图 12-63

至此，完成手机线框图的制作。

12.2.4　多边形工具

"多边形工具" ⬡ 用于绘制边数大于或等于3的任意边数的多边形。单击工具箱中的"多边形工具" ⬡ 按钮，在画板中按住鼠标进行拖拽，即可绘制多边形，如图12-64、图12-65所示。

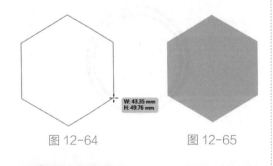

图 12-64　　　　　　图 12-65

知识延伸

① 在绘制多边形时，不释放鼠标的同时，按"↑"键可以增加多边形边数；反之，按"↓"可以减少多边形边数。

② 创建出的多边形选中后内部会出现一个控制点 ⊙，鼠标按住并拖动该控制点可调整多边形的圆角，如图12-66、图12-67所示。

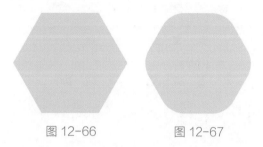

图 12-66　　　　　　图 12-67

③ 在选择"多边形工具" ⬡ 的情况下，在面板中按住鼠标，同时按住键盘"~"键沿需要的方向进行拖动，即可快速绘制大量重叠排列的多边形。

若想绘制更为精确的多边形，可以单击工具箱中的"多边形工具" ⬡ 按钮，在需要绘制多边形的位置单击鼠标，在弹出的"多边形"对话框中，对所要绘制的多边形的参数进行设置，如图12-68所示，单击"确定"按钮完成绘制，如图12-69所示。

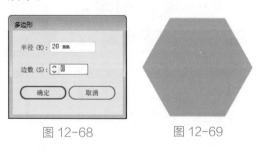

图 12-68　　　　　　图 12-69

12.2.5　星形工具

"星形工具" ✦ 用于绘制角数大于或等于3的任意角数的星形。单击工具箱中的"星形工具" ✦ 按钮，在画板上按住鼠标并向外拖拽，释放鼠标后即可得到星形，如图12-70、图12-71所示。

图 12-70　　　　图 12-71

单击工具箱中的"星形工具" ☆ 按钮，在画板上需要绘制星形的位置单击鼠标，会弹出"星形"对话框，在该对话框中可以对所要绘制的星形的参数进行设置，如图12-72所示，单击"确定"按钮完成绘制，如图12-73所示。

图 12-72　　　　图 12-73

其中，各选项的含义如下。

●半径1（1）：从星形中心到星形正上方角点的距离。

●半径2（2）：从星形中心到星形正上方角点相邻角点的距离。

●角点数（P）：定义所绘制星形图形的角点数。

① 在绘制星形时，不释放鼠标的同时，按"↑"键可以增加星形角点；反之，按"↓"可以减少星形角点。

② 在绘制星形时，按住Ctrl键可以保持星形半径2不变；按住Space键（空格键）可随鼠标移动星形的位置。

12.2.6　光晕工具

"光晕工具" 可以用来制作模拟发光的矢量图形。单击工具箱中的"光晕工具" 按钮，在要创建光晕的大光圈部分的中心位置按住鼠标，拖拽的长度就是放射光的半径，如图12-74所示。在画板另一处单击鼠标，用于确定闪光的长度和方向，如图12-75所示。

图 12-74

图 12-75

若想绘制特定参数的光晕，可以单击工具箱中的"光晕工具" 按钮，在要绘制光晕的位置鼠标单击，在该位置会出现光晕并弹出"光晕工具选项"对话框，在该窗口中勾选"预览"复选框，可以在调整参数的同时查看效果，调节至满意效果

253

后鼠标单击"确定"按钮完成绘制，如图12-76、图12-77所示。

图 12-76

图 12-77

其中，各选项的含义如下。

（1）居中

●直径:用来设置中心控制点直径的大小。

●不透明度:用来设置中心控制点的不透明度。

●亮度:属性用来设置中心控制点的亮度比例。

（2）光晕

●增大:用来设置光晕围绕中心控制点的辐射程度。

●模糊度:可以设置光晕在图形中的模糊程度。

（3）射线

●数量:用来设置射线的数量。

●最长:可以设置光晕效果中最长一条射线的长度。

●模糊度:用来设置射线在图形中的模糊程度。

（4）环形

●路径:用来设置光环所在的路径的长度值。

●数量:用来设置二次单击时产生的光环在图形中的数量。

●最大:用来设置多个光环中最大光环的大小。

●方向:可以设置光环的图形中的旋转角度，还可以通过右边的角度控制按钮调节光环的角度。

课堂练习 绘制风车图像

本案例将练习绘制风车图像，主要用到的工具包括矩形工具、弧形工具、直线段工具、椭圆工具等。

扫一扫 看视频

Step 01 新建一个竖向 A4 大小的空白文档。单击工具箱中的"矩形工具" □ 按钮，在画板上单击鼠标，在弹出的"矩形"对话框中，对所要绘制的矩形的参数进行设置，如图12-78 所示，单击"确定"按钮完成绘制，如图 12-79 所示。

Step 02 选中矩形，单击工具箱中的"直接选择工具" ▷，选中矩形右上角的点，按住 Shift 键向下拖拽到合适位置，如图 12-80 所示。选择该点的控制点 ◉，拖拽出合适的圆角，如

图 12-81 所示。

图 12-78

图 12-79

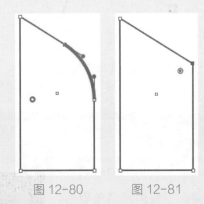
图 12-80　　　图 12-81

Step 03 单击工具箱中的"弧形工具" ，在矩形内部绘制合适规格的弧线，如图12-82所示。为方便管理，选中矩形与弧线，执行"对象 > 编组"命令，将其编组，如图12-83所示。

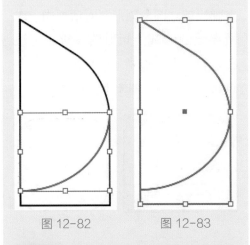
图 12-82　　　图 12-83

Step 04 选中编组图形，执行"对象 > 变换 > 旋转"命令，在弹出的"旋转"

对话框中设置参数，单击"复制"按钮，如图12-84所示，调整至合适位置，如图12-85所示。

图 12-84

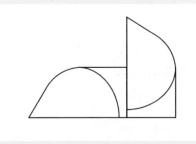
图 12-85

知识点拨

选中图形后，按R键，再按住Alt键移动中心点至合适位置后，弹出"旋转"对话框，设置参数，单击"复制"按钮，也可以实现旋转，并且可以自由设置旋转中心点位置，然后按住Ctrl+D，可以重复之前的参数进行操作。

Step 05 继续复制编组图形，绘制出风车雏形，如图12-86所示。为方便管理，选中全部图形，执行"对象 > 编组"命令，将图形进行编组。

Step 06 单击工具箱中的"椭圆工具" 按钮，在画板中需要创建椭圆的位置按住鼠标进行拖拽，拖拽至合适位置释放鼠标后椭圆即绘制完成，调整圆形位置，如图 12-87 所示。

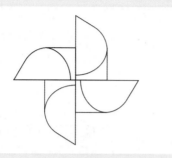

图 12-86

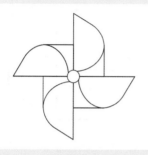

图 12-87

Step 07 单击工具箱中的"编组选择工具" ▷按钮，选择编组中的矩形，在控制栏中设置填充与描边，如图 12-88 所示。

Step 08 单击工具箱中的"直线段工具" ✐按钮，在合适位置绘制一段线段作为风车手柄，在控制栏中设置参数，调整线段排列顺序，完成绘制，如图 12-89 所示。

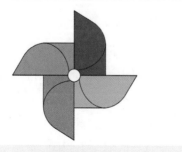

图 12-88

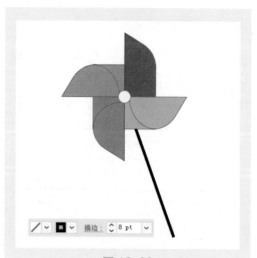

图 12-89

至此，完成风车图像的制作。

课堂练习 绘制立体键

本案例将练习绘制立体键，主要用到圆角矩形工具、弧形工具、渐变工具、文字工具等工具。

扫一扫 看视频

Step 01 新建一个横向 A4 大小的空白文档。单击工具箱中的"圆角矩形工具" ▢按钮，在画板上单击鼠标，在弹出的"圆角矩形"对话框中，对所要绘制的圆角矩形的参数进行设置，如图 12-90 所示，单击"确定"按钮完成绘制，如图 12-91 所示。

图 12-90

图 12-91

Step 02 选中绘制的圆角矩形，设置填充颜色，如图 12-92 所示。

Step 03 复制圆角矩形，放置于合适位置，如图 12-93 所示。

图 12-92　　　　　图 12-93

Step 04 选中上面一层的圆角矩形，鼠标双击工具箱中的"渐变工具"▉，在弹出的"渐变"面板中，设置渐变类型与参数，如图 12-94、图 12-95 所示。为便于管理，可以选中两个圆角矩形，执行"对象 > 编组"命令，将其编组。

图 12-94

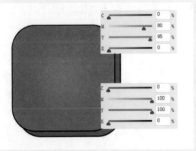

图 12-95

Step 05 单击工具箱中的"弧形工具"，按住鼠标在画板中拖拽绘制一条弧线，如图 12-96 所示。设置弧线参数，如图 12-97 所示。

图 12-96

图 12-97

Step 06 单击工具箱中的"文字工具"T，在画板中输入文字，在控制栏中设置填充白色，描边无。在属性栏点开"字符"面板，设置字体参数，调整至合适位置，如图 12-98、图 12-99 所示。

图 12-98

图 12-99

至此，完成立体键的绘制。

本案例将练习制作一款宣传海报，涉及的知识点包括新建文件等，主要用到渐变工具、矩形工具、直线段工具等工具。

Step 01 新建一个竖向 A4 大小的空白文档。单击工具箱中的"矩形工具" ，在画板中绘制一个与画板等大的矩形，选中矩形，双击工具箱中的"渐变工具" ，在弹出的"渐变"面板中，设置渐变类型与参数，如图 12-100、图 12-101 所示。

Step 02 单击工具箱中的"矩形工具" ，在画板中绘制合适大小矩形，在控制栏中设置参数，如图 12-102 所示。

Step 03 复制上步绘制的图像，旋转至合适位置，如图 12-103 所示。

图 12-100

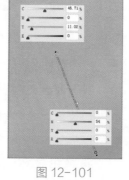
图 12-101

图 12-102

图 12-103

Step 04 单击工具箱中的"矩形网格工具" ，在画板中单击，在弹出的"矩形网格工具选项"对话框中，对矩形网格的各项参数进行设置，如图 12-104、图 12-105 所示。

Step 05 选中上步绘制的矩形网格，在控制栏中设置填充与描边，如图 12-106、图 12-107 所示。

图 12-104

图 12-105

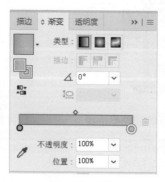
图 12-106

图 12-107

Step 06 单击工具箱中的"直线段工具" 按钮，在画板中合适位置处绘制线段，如图

12-108 所示。

Step 07 ▶ 单击工具箱中的"椭圆工具" ⊙ 按钮，在上步绘制的线段端点处绘制合适大小的正圆，如图 12-109 所示。为便于操作，可以选中直线段与正圆形，执行"对象＞编组"命令，将其编组。

Step 08 ▶ 单击工具箱中的"极坐标网格工具" ⊛ 按钮，在画板上任意处单击，在弹出的"极坐标网格工具选项"对话框中，设置极坐标网格的参数，如图 12-110 所示。

Step 09 ▶ 选中绘制的极坐标网格，在控制栏中设置透明度，如图 12-111 所示。

图 12-108　　　　　图 12-109　　　　　图 12-110　　　　　图 12-111

Step 10 ▶ 单击工具箱中的"文字工具" T ，在画板中输入文字，在控制栏中设置填充白色，描边无。在属性栏点开"字符"面板，设置字体参数，调整至合适位置，如图 12-112、图 12-113 所示。

Step 11 ▶ 单击工具箱中的"多边形工具" ⊙ 按钮，在画板中按住鼠标进行拖拽，绘制合适大小的多边形，如图 12-114 所示。

Step 12 ▶ 选中上步绘制的多边形，按住 Alt 键拖拽至合适位置，进行复制，重复几次，效果 12-115 所示。

图 12-112　　　　　图 12-113　　　　　图 12-114　　　　　图 12-115

至此，完成宣传海报的设计。

259

课后作业 / **绘制一份请柬**

项目需求

受某单位委托帮其设计年会晚宴电子请柬，要求简洁大方，具有活力与热情，信息明确。

项目分析

通过不同颜色与大小的圆形增加色彩，透明度不一的圆形叠加则为整个画面添加了活泼感；颜色上选择了比较暖一点的颜色，点缀蓝绿，给以一种轻松的感觉；中间留白部位输入文字，收拢视线，突出信息主题。

项目效果

效果如图12-116所示。

操作提示

Step01：使用椭圆形工具绘制圆形并填色。

Step02：在属性栏中设置透明度。

Step03：使用文字工具输入文字信息，设置字体、字号。

图 12-116

第 13 章
高级绘图工具

★ **内容导读**

本章主要针对 Illustrator 软件中的一些高级绘图工具进行讲解，包括
钢笔工具的使用；画笔工具及画笔库的使用；铅笔工具的使用；利
用 Shaper 工具进行简单的图形分割与组合；橡皮擦工具、符号工具、
图表工具的使用。

✔ **学习目标**

○ 绘制较为复杂的矢量图形
○ 简单的分割与组合图形等

钢笔工具 在Illustrator中应用非常广泛。作为Illustrator的核心工具之一，钢笔工具可以绘制任意形状的路径，完成绝大多数矢量图形的绘制。

鼠标右击工具箱中的"钢笔工具" 按钮，在弹出的工具组可以选择"钢笔工具" 、"添加锚点工具" 、"删除锚点工具" 和"锚点工具" 4种工具，如图13-1所示。

图 13-1

13.1.1 钢笔工具

（1）钢笔工具

单击工具箱中的"钢笔工具" 按钮，在画板中单击，即可绘制第一个锚点，在任意处单击绘制第二个锚点，此时，控制栏中会显示钢笔工具的控制栏，如图13-2所示。

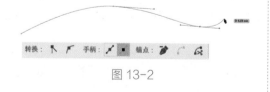

图 13-2

其中，各按钮的含义如下。

●将所选锚点转换为尖角 ：选中平滑锚点，单击该按钮，可将平滑锚点变成尖角锚点，如图13-3、图13-4所示。

图 13-3

图 13-4

●将所选锚点转换为平滑 ：选中尖角锚点，单击该按钮，可将尖角锚点变成平滑锚点，如图13-5、图13-6所示。

●显示多个选定锚点的手柄 ：单击该按钮，可以显示选中的多个锚点的手柄，如图13-7所示。

图 13-5

图 13-6

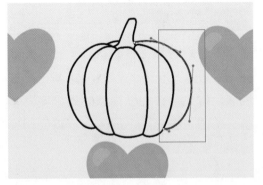

图 13-7

●隐藏多个选定锚点的手柄 ■：单击
该按钮，可以隐藏选中的多个锚点的手
柄，如图13-8所示。

图 13-8

●删除所选锚点 ■：单击该按钮，可
以删除选中的锚点。

●连接锚点终点 ■：在开放路径中选
择两个端点，可以在两点间建立路径。

●在所选锚点处剪切路径 ■：选中锚
点后单击该按钮即可将选中的锚点分割为

两个锚点。

（2）添加锚点工具

添加锚点工具 ■ 用于对路径的进一
步精细化刻画，通过在原有路径上新增锚
点来丰富路径。

单击工具箱中的"添加锚点工具" ■
按钮，将光标移动至路径上方，在需要添
加锚点的位置单击即可添加锚点，如图
13-9、图13-10所示。

图 13-9

图 13-10

知识点拨

按"+"键，可以快速切换到"添加
锚点工具"。

（3）删除锚点工具

在选中删除锚点工具 ■ 的情况下，
单击要删除的锚点即可。锚点被删除后，
路径也会随之变化。

263

属性栏中的删除锚点工具的效果和删除锚点工具是相同的，如图13-11、图13-12所示。

图 13-11

图 13-12

（4）锚点工具

锚点工具 用于平滑角点和尖角点的相互转换。

单击工具箱中的"锚点工具" ，在画板上单击平滑角点即可将平滑角点转换为尖角点；在尖角点上按住鼠标拖动，则会将尖角点转换为平滑角点，如图13-13、图13-14所示。

图 13-13

图 13-14

在使用钢笔工具的状态下，将光标移动至路径上方光标变为 状，单击添加锚点；将光标移动至锚点处光标变为 状，单击减去锚点；按住Alt键将会切换到转换锚点工具。

13.1.2 路径与锚点

路径是由锚点及锚点之间的连接线构成的，可以分为开放路径、闭合路径和复合路径3种。

● **开放路径**：两端具有端点的路径；

● **闭合路径**：首尾相接没有端点的路径；

● **复合路径**：由两条及两条以上路径组成的路径。

锚点可以分为平滑锚点和尖角锚点。平滑锚点上带有方向线，可以调整锚点弧度以及锚点两端的线段弯曲度；尖角锚点没有方向线。

13.1.3 编辑与调整锚点

锚点及锚点之间的连接线构成路径。

接下来通过路径的绘制来讲解编辑与调整锚点的技巧。

（1）绘制直线

单击工具箱中的"钢笔工具"按钮 🖊️ 或按P键，在画板中单击，建立第一个锚点，如图13-15所示。移动鼠标位置，再次单击建立第二个锚点，此时两个锚点连接为一个直线段路径，如图13-16所示。

图 13-15

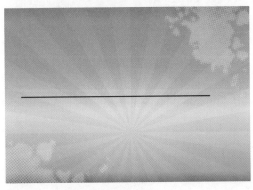

图 13-16

知识点拨

按住Shift键可以绘制水平、垂直或以45°角为增量的直线。

（2）绘制曲线及锚点转换

单击工具箱中的"钢笔工具"按钮 🖊️ 或按P键，鼠标在画板上单击并拖拽，即可绘制出平滑锚点，在画板另一处单击并拖拽，即可看到绘制出的曲线，曲线形状受锚点影响。

📋 课堂练习　绘制香蕉造型

本案例将练习绘制香蕉造型，主要用到的工具是钢笔工具。

扫一扫 看视频

Step 01 打开 Illustrator 软件，新建一个空白文档，如图 13-17 所示。

Step 02 单击工具箱中的"矩形工具" ▢，在画板中绘制一个与画板等大的矩形，在控制栏中设置填充等参数，效果如图 13-18 所示。

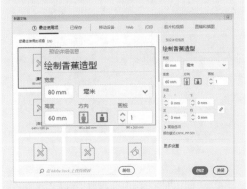

图 13-17

图 13-18

Step 03 单击工具箱中的"钢笔工具"按钮 🖊️，在画板中单击并拖拽，创建平滑锚点，如图 13-19 所示。移动鼠标至画板中另一处，按住鼠标拖拽，

265

绘制平滑曲线，如图 13-20 所示。

图 13-19

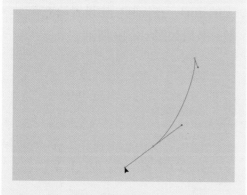

图 13-20

Step 04 使用相同的方法继续绘制平滑曲线，如图 13-21 所示。

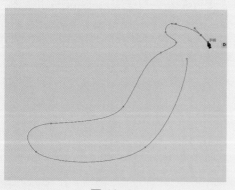

图 13-21

Step 05 按住 Ctrl 键在画板空白处单击，结束开放路径的绘制，选中工具箱中的"锚点工具"，单击锚点将平

滑锚点转换为尖角锚点，如图 13-22 所示。

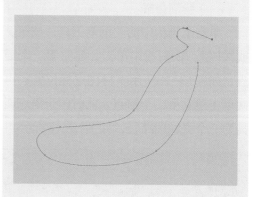

图 13-22

Step 06 单击工具箱中的"钢笔工具"按钮 ✎，单击转换过的锚点，继续绘制曲线，如图 13-23 所示。最终效果如图 13-24 所示。

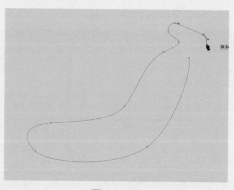

图 13-23

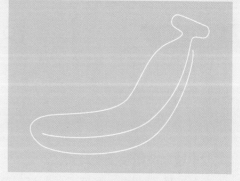

图 13-24

至此，完成香蕉造型的绘制。

知识点拨

若要结束一段开放式路径的绘制，可按住Ctrl键或Alt键在画板空白处单击，也可单击工具箱中的其他工具，或者按Enter键或Esc键，如图13-25、图13-26所示。

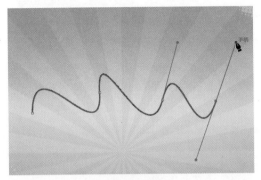

图 13-25

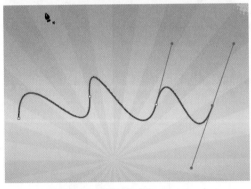

图 13-26

（3）绘制闭合路径及分割锚点

若要绘制闭合路径，可在绘制的过程中，将鼠标光标移动至起始锚点处，此时光标变为 状，如图13-27所示。单击起始锚点即可闭合路径，如图13-28所示。

若要将一个锚点分割成两个锚点，可以先选中锚点，然后单击控制栏中的"在所选锚点处剪切路径" ，即可将所选锚点分割为两个锚点，且两个锚点不相连，如图13-29、图13-30所示。

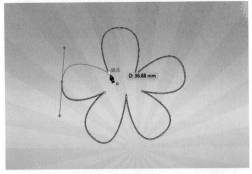

图 13-27

图 13-28

图 13-29

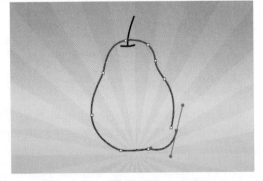

图 13-30

扫一扫 看视频

本案例将练习绘制一盆仙人掌，主要用到的工具包括"钢笔工具" ，"直线段工具" 、"椭圆工具" 等。

Step 01 新建一个竖向 A4 大小的空白文档。单击工具箱中的"钢笔工具" 按钮，在画板中任意处单击，建立第 1 个锚点，如图 13-31 所示。按住 Shift 键横向移动鼠标，在合适位置单击建立第 2 个锚点，如图 13-32 所示。

Step 02 继续移动鼠标位置，在合适位置处单击并拖拽鼠标，绘制平滑锚点，如图 13-33 所示。移动鼠标至起始锚点处，闭合路径，如图 13-34 所示，花盆路径绘制完成。

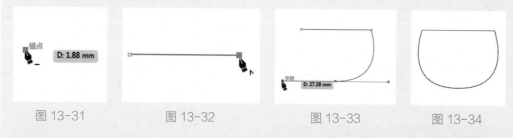

图 13-31　　　　　图 13-32　　　　　图 13-33　　　　　图 13-34

Step 03 单击工具箱中的"钢笔工具" 按钮 ，在花盆路径上方绘制仙人掌轮廓，如图 13-35、图 13-36 所示。调整图层顺序。

Step 04 对上述操作所绘制的图形进行填色，如图 13-37、图 13-38 所示。

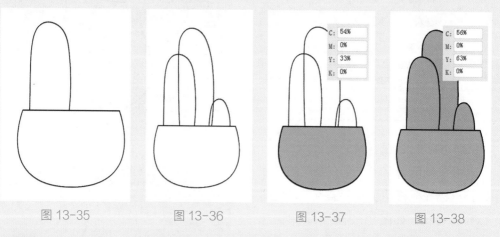

图 13-35　　　　　图 13-36　　　　　图 13-37　　　　　图 13-38

Step 05 绘制亮部。单击工具箱中的"钢笔工具" 按钮 ，在填色路径上继续绘制路径，如图 13-39 所示。调整图层顺序并填色，如图 13-40 所示。

Step 06 绘制仙人掌刺。单击工具箱中的"直线段工具" 按钮，在仙人掌上方绘制直线段，选中该直线段，执行"对象 > 变换 > 旋转"命令，在弹出的"旋转"对话框中设置参数，单击"复制"按钮，如图 13-41 所示。

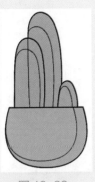
图 13-39

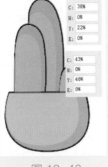
C: 38%
M: 0%
Y: 22%
K: 0%

C: 43%
M: 0%
Y: 46%
K: 0%
图 13-40

图 13-41

Step 07 重复复制一次，得到的图形如图 13-42 所示。为便于管理，可选中三根线段，执行"对象 > 编组"命令，将其编组。

Step 08 复制上步中绘制的仙人掌刺，并放置于合适的位置，重复多次操作，如图 13-43、图 13-44 所示。

Step 09 单击工具箱中的"椭圆工具" ⚪ 按钮，在画板合适位置单击鼠标并拖拽绘制椭圆，如图 13-45 所示。

图 13-42

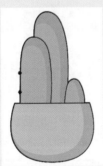
图 13-43

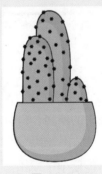
图 13-44

图 13-45

Step 10 选中该椭圆，双击工具箱中的"渐变工具" ▣，在弹出的"渐变"面板中，设置渐变类型与参数，如图 13-46 所示。

Step 11 完成绘制并保存，如图 13-47、图 13-48 所示。

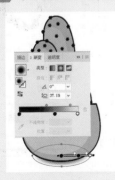
图 13-46

图 13-47

图 13-48

至此，完成可爱仙人掌的绘制。

13.2 画笔工具

画笔工具 ✏️ 也是Illustrator软件中常用到的一款矢量绘图工具,可以用来绘制更为随意的路径。

13.2.1 画笔工具

选择工具箱中的"画笔工具" ✏️ 按钮,单击控制栏中的"描边"按钮,在弹出的"描边面板"中可对描边的粗细、端点、边角等参数进行设置,如图13-49所示。

在"变量宽度配置文件"中,可以对画笔的宽度配置进行设置,在"画笔定义"中可以对画笔工具的笔触样式进行设置,如图13-50所示。

图 13-49

图 13-50

设置完成后在画板中按住鼠标拖拽绘制,如图13-51所示。松开鼠标即完成绘制,如图13-52所示。

绘制完成后选择绘制的路径,可以在控制栏中重新更改画笔的属性。

选择绘制的路径,打开"画笔定义"下拉面板选择一个新的笔触,如图13-53所示。选择后可以发现路径发生了变化,如图13-54所示。

图 13-51   图 13-52   图 13-53   图 13-54

13.2.2 画笔面板

"画笔工具" ✏️ 常搭配"画笔"面板一起使用。执行"窗口 > 画笔"命令,在弹出的"画笔"面板中,可以更改画笔笔尖的形状、打开画笔库、移去画笔描边、新建画笔、删除画笔等,如图13-55所示。其他矢量图形也可以通过"画笔"面板更改笔尖形状。

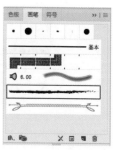

图 13-55

其中，各按钮的含义如下。

● 画笔库菜单：单击打开可选择多种类型的画笔。

● 库面板：切换至"库"面板。

● 移去画笔描边：选择路径对象，单击该按钮，即可去除画笔描边，如图13-56、图13-57所示。

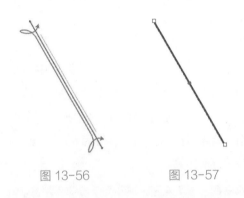

图 13-56　　　　图 13-57

● 所选对象的选项：可以重新定义画笔，如图13-58所示。

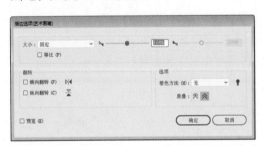

图 13-58

● 新建画笔：创建新的笔尖。

● 删除画笔：删除画笔。若选中了应用画笔的路径，则会弹出一个提示对话框，如图13-59所示。单击"扩展描边"按钮，可以继续应用该画笔；若单击"删除描边"按钮，则移去路径中的画笔描边。

图 13-59

13.2.3　画笔库

Illustrator的面板库中包含有大量的画笔笔尖，接下来将针对如何使用画笔库绘制路径进行讲解。

📄 课堂练习｜制作趣味边框

本案例将针对画笔库的应用进行讲解。涉及的知识点包括如何打开画笔库、如何使用画笔描边等。

扫一扫 看视频

Step 01　执行"窗口>画笔"命令，打开"画笔"面板。在弹出的"画笔"面板中，单击"画笔库菜单"按钮，执行"边框>边框–新奇"命令，如图13-60所示。

Step 02　完成上步骤后弹出"边框–新奇"面板，如图13-61所示。

图 13-60

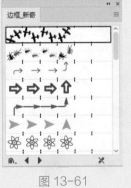

图 13-61

271

Step 03 单击工具箱中的"椭圆工具" ◯ 按钮，在画板任意处绘制一个圆形，如图 13-62 所示。

Step 04 选中该圆形，在"边框－新奇"面板中选择相应的笔触，效果如图 13-63 所示。趣味边框制作完成。

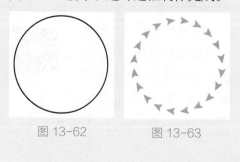

图 13-62　　　　图 13-63

知识点拨

画笔描边可以应用在任何矢量绘图工具所创建的路径。

如果该段路径已经应用了画笔描边，则新画笔样式将取代旧画笔样式应用于所选路径。

13.2.4 自定义新画笔

选中需要定义为画笔的对象，如图 13-64 所示。执行"窗口＞画笔"命令，

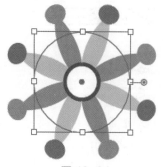

图 13-64

在弹出的"画笔"面板中，单击底部的"新建画笔" ▣ 按钮，在弹出的"新建画笔"对话框中设置新建画笔的类型，单击"确定"按钮，如图13-65所示。

图 13-65

在弹出的"图案画笔"对话框中对新建画笔的各项参数进行设置，完成后单击"确定"按钮，如图13-66所示。新创建的画笔出现在"画笔"面板中，如图 13-67所示。

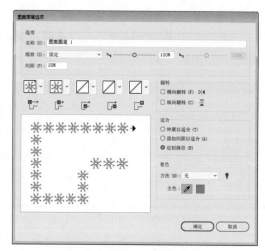

图 13-66

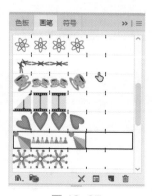

图 13-67

知识延伸

- 书法画笔：描边效果类似于使用毛笔、钢笔的效果；
- 散点画笔：将一个图形复制多次沿路径排列；
- 图案画笔：绘制一个图案，该图案由路径反复拼贴组成；
- 毛刷画笔：描边效果类似于软化笔外观的效果；
- 艺术画笔：描边效果能沿着路径拉伸画笔形状。

课堂练习 绘制中式边框

扫一扫 看视频

本案例将绘制一个中式边框，主要用到的工具有"椭圆工具" ⬭、"画笔工具" ✐ 等。

Step 01 新建一个竖向 A4 大小的空白文档。单击工具箱中的"椭圆工具" ⬭ 按钮，在画板任意处绘制一个圆形，如图 13-68 所示。

Step 02 选中绘制的圆形，执行"窗口>画笔"命令，打开"画笔"面板。在弹出的"画笔"面板中，单击"画笔库菜单" 按钮，执行"矢量包>颓废画笔矢量包"命令，选择合适的画笔，如图 13-69 所示。

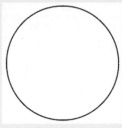
图 13-68

图 13-69

Step 03 选中该圆形，在控制栏中设置参数，如图 13-70 所示，选中并旋转该圆形，效果如图 13-71 所示。

图 13-70   图 13-71

Step 04 执行 "文件>置入"命令，在弹出的"置入"对话框中选择素材"梅花素材 .tif"，取消勾选"链接"复选框，单击"置入"按钮，如图 13-72 所示。

Step05：在画板中合适位置单击，置入素材，调整素材大小和位置，完成置入，如图 13-73 所示。

图 13-72

图 13-73

至此，完成中式边框的制作。

13.3 铅笔工具组

右击工具箱中的"铅笔工具" ✏️ ，在弹出的工具组中可以选择"Shaper工具" ✅ 、"铅笔工具" ✏️ 、"平滑工具" ✏️ 、"路径橡皮擦工具" ✏️ 、"连接工具" ✎5种工具。

13.3.1 Shaper工具

"Shaper工具" ✅可绘制图形，也可对堆积在一起的路径进行简单的组合、合并、删除或移动。

（1）绘制图形

在画板中，使用"Shaper工具" ✅绘制粗略的几何形状轮廓，可自动生成标准的几何形状。

① 单击工具箱中的"Shaper工具" ✅按钮，在画板中绘制矩形，可得到标准的矩形，如图13-74、图13-75所示。

② 单击工具箱中的"Shaper工具" ✅，在画板中绘制三角形，可得到标准的三角形，如图13-76、图13-77所示。

③ 单击工具箱中的"Shaper工具" ✅，在画板中绘制圆形，可得到标准的圆

图 13-74

图 13-75

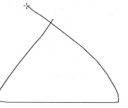

图 13-76

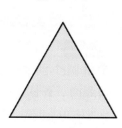

图 13-77

Photoshop+Illustrator+CorelDRAW | 站式高效学习一本通

形，如图13-78、图13-79所示。

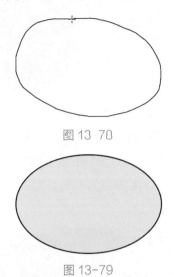

图13-78

图13-79

④ 单击工具箱中的"Shaper工具"，在画板中绘制六边形，可得到标准的六边形，如图13-80、图13-81所示。

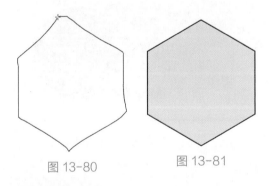

图13-80　　　　图13-81

目前"Shaper工具" 只能绘制三角形、四边形、六边形、正圆、椭圆以及直线等。

（2）处理形状

"Shaper工具" 可以对一些重叠的形状进行处理。单击工具箱中的"Shaper工具" 按钮，在画板上绘制三个不同的形状，并填充不同的颜色，如图

13-82、图13-83所示。

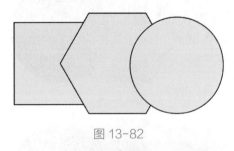

图13-82

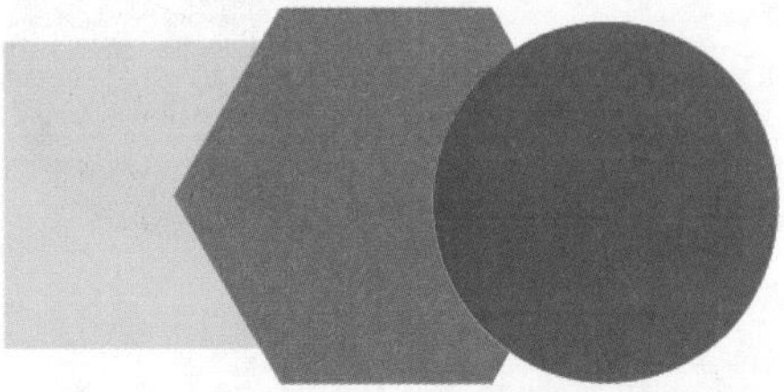

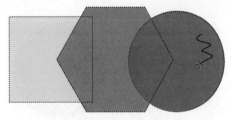

图13-83

单击工具箱中的"Shaper工具"按钮 ，按住鼠标在重叠的矢量图形上进行涂抹。

① 若涂抹在单一形状内，那么该区域会被切出，如图13-84、图13-85所示。

图13-84

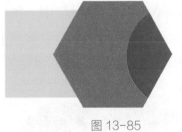

图13-85

② 若涂抹在重叠形状的相交范围内，则相交的区域会被切出，如图13-86、图13-87所示。

275

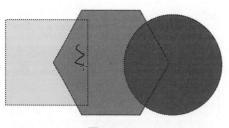

图 13-86

图 13-87

③ 若涂抹顶层的重叠部分及非重叠部分，那么顶层形状将会被切出，如图13-88、图13-89所示。

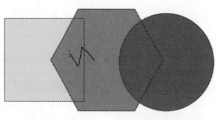

图 13-88

图 13-89

④ 若从底层非重叠区域涂抹至重叠区域，那么形状将被合并，合并区域颜色为涂抹起始点的颜色，如图13-90、图13-91所示。

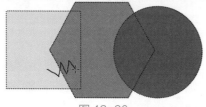

图 13-90

图 13-91

⑤ 若从顶层重叠区域涂抹至底层非重叠区域，那么形状将被合并，合并区域颜色为涂抹起始点的颜色，如图13-92、图13-93所示。

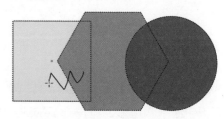

图 13-92

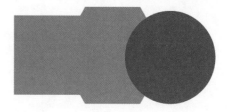

图 13-93

⑥ 若从空白区域涂抹至形状，则涂抹区域被切出，如图13-94、图3-95所示。

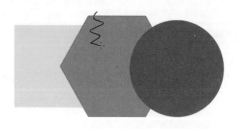

图 13-94

图 13-95

13.3.2 铅笔工具

"铅笔工具" ✏ 可以在画板中随意绘制不规则的线条。在绘制过程中，会根据鼠标的轨迹自动设定节点生成路径，如图13-96、图13-97所示。

图 13-96   图 13-97

"铅笔工具" ✏ 可以用来绘制闭合路径和开放路径，还可将已经存在的曲线的节点作为起点，延伸绘制出新的曲线，如图13-98、图13-99所示。

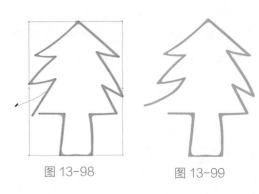

图 13-98   图 13-99

单击工具箱中的"铅笔工具"按钮✏，设置合适参数，在画板中按住鼠标拖拽绘制，如图13-100所示。绘制完成后松开鼠标即可看到绘制的线条，如图13-101所示。

图 13-100

图 13-101

若需将绘制的开放路径闭合，可以选中路径，单击工具箱中的"铅笔工具"按钮✏，移动鼠标至开放路径端点处，此时鼠标为✏形，如图13-102所示。

按住鼠标并拖拽至另一端点处，完成绘制，如图13-103所示。

图 13-102

图 13-103

知识点拨

在使用铅笔工具单击拖拽绘制路径的过程中，若按下Alt键，光标变为✏状，此时释放鼠标将创建返回原点的最短线段来闭合图形。

13.3.3 平滑工具

"平滑工具" ✏ 可以平滑所选路径，并尽量保持路径原有形状。

选中需要平滑的图形，单击工具箱中的"平滑工具"按钮 ✏，按住鼠标在路径上需要平滑的位置处涂抹，使其平滑，如图13-104、图13-105所示。

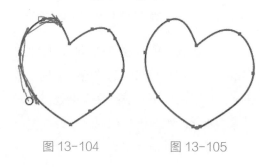

图 13-104　　　　图 13-105

13.3.4　路径橡皮擦工具

"路径橡皮擦工具" ✏ 可以擦除矢量对象的路径和锚点，使路径断开。

选中要修改的路径对象，单击工具箱中的"路径橡皮擦工具"按钮 ✏，沿着要擦除的路径拖拽鼠标，即可擦除部分路径。被擦除过的闭合路径会变为开放路径，如图13-106、图13-107所示。

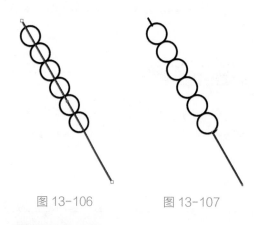

图 13-106　　　　图 13-107

13.3.5　连接工具

"连接工具" ⊠ 可将两条开放的路径连接起来，还可在保留路径原有形状的情况下，将多余的路径删除。

单击工具箱中的"连接工具" ⊠ 按钮，在两条开放路径上按住鼠标拖拽，如图13-108所示。松开鼠标即完成连接，如图13-109所示。

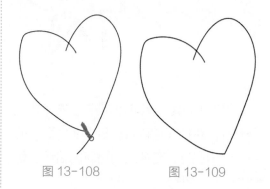

图 13-108　　　　图 13-109

单击工具箱中的"连接工具" ⊠ 按钮，在两条开放路径相交位置按住鼠标进行拖拽，如图13-110所示。松开鼠标即可将多余路径删除并完成连接，如图13-111所示。

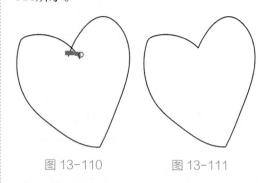

图 13-110　　　　图 13-111

课堂练习　绘制插画图像

本案例将练习绘制一个插画图像——雪人，主

扫一扫 看视频

要用到的工具包括"Shaper工具" ✐、"铅笔工具" ✐、"平滑工具" ✐等。

Step 01 新建一个竖向 A4 大小的空白文档。单击工具箱中的"Shaper工具" ✐按钮，在画板中绘制两个圆形，如图 13-112 所示。

Step 02 调整上步中绘制图形的位置，如图 13-113 所示。为便于管理，可选中两个圆形，执行"对象 > 编组"命令，将其编组。

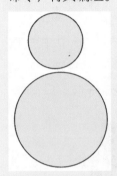 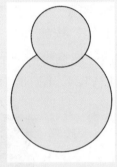

图 13-112　　　　图 13-113

Step 03 单击工具箱中的"铅笔工具"按钮 ✐，在画板中单击鼠标并拖拽绘制围巾路径，如图 13-114 所示。

Step 04 调整图层位置并填色，如图 13-115 所示。

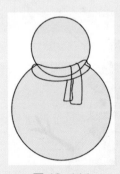 

图 13-114　　　　图 13-115

Step 05 单击工具箱中的"Shaper工具"按钮 ✐，在画板中单击鼠标并拖拽绘制帽檐，如图 13-116 所示。

Step 06 单击工具箱中的"铅笔工具"按钮 ✐，在帽檐上绘制帽子主体，如图 13-117 所示。

图 13-116　　　　图 13-117

Step 07 单击工具箱中的"平滑工具"按钮 ✐，对帽子主体路径进行平滑，如图 13-118 所示。

Step 08 单击工具箱中的"铅笔工具"按钮 ✐，在帽子主体上绘制修饰，并填色，如图 13-119 所示。为便于管理，可选中帽子部分，执行"对象 > 编组"命令，将其编组。

图 13-118　　　　图 13-119

Step 09 单击工具箱中的"铅笔工具"按钮 ✐，在画板中单击鼠标并拖拽绘制手部路径，如图 13-120 所示。

Step 10 选中绘制的手部路径，在控制栏中设置填充，如图 13-121 所示。

图 13-120

图 13-121

Step 11 单击工具箱中的"铅笔工具"按钮 ✐，在画板中继续绘制鼻子、嘴巴部分，如图 13-122、图 13-123 所示。

图 13-122

图 13-123

Step 12 单击工具箱中的"Shaper工具"按钮 ✅，在画板中单击鼠标并拖拽绘制圆形作为眼睛，如图 13-124、图 13-125 所示。

图 13-124

图 13-125

Step 13 继续上述操作，绘制扣子，如图 13-126、图 13-127 所示。

图 13-126

图 13-127

至此，完成雪人插画图像的制作。

13.4 橡皮擦工具组

橡皮擦工具组多用于擦除与分割路径。鼠标右击工具箱中的"橡皮擦工具"按钮 ◆，在弹出的工具组中可以选择"橡皮擦工具" ◆、"剪刀工具" ✂、"刻刀工具" ✐ 3种工具。

13.4.1 橡皮擦工具

"橡皮擦工具" ◆可以快速擦除矢量图形的部分内容，被擦除后的图形将转换为新的路径并自动闭合所擦除的边缘。

单击工具箱中的"橡皮擦工具" ◆按钮，在画板中拖拽鼠标进行涂抹，在未选中对象的情况下，可以擦除鼠标移动范围内的所有路径，如图13-128、图13-129所示。

若画板中有选中的对象，那么使用"橡皮擦工具" ◆时只能擦除选定部分内鼠标涂抹的部分，如图13-130、图13-131所示。

图 13-128

图 13-129

图 13-130

图 13-131

若想要擦除矢量图形中的规则区域，可以按住Alt键以矩形的方式进行擦除，如图13-132、图13-133所示。

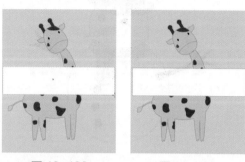

图 13-132　　　　图 13-133

操作提示

使用"橡皮擦工具" ◆时，按住Shift键进行拖拽可以沿水平、垂直及45°倍增角擦除。

双击工具箱中的"橡皮擦工具" ◆按钮，在弹出的"橡皮擦工具选项"对话框中可以对"橡皮擦工具" ◆的角度及圆度、大小进行设置，如图13-134所示。

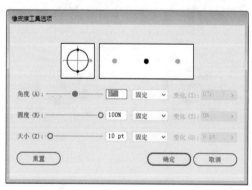

图 13-134

13.4.2　剪刀工具

"剪刀工具" ✂可以对路径或者矢量图形进行分割处理。

绘制一个矢量图形，单击工具箱中的"剪刀工具" ✂按钮，在路径或锚点处单击，随后在另一处路径或锚点单击，图形会被分割为两个部分，选择移动工具拖拽可以比较清晰地看到分割效果，如图13-135、图13-136所示。

图 13-135　　　　　图 13-136

13.4.3　刻刀工具

"刻刀" ✎可以对路径或矢量图形进行分割处理，相对于剪刀工具，其分割方式非常随意。

鼠标单击工具箱中的"刻刀"按钮✎，在画板中按住鼠标拖拽，在未选中对象的情况下，可以对鼠标移动范围内的所有对象进行切割，如图13-137、图13-138所示。

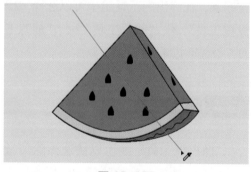

图 13-137

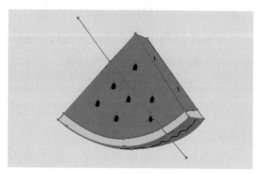

图 13-138

若画板中有选中的对象，那么使用"刻刀" 时只能切割选定对象，如图13-139、图13-140所示。

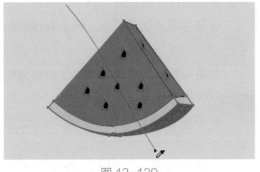

图 13-139

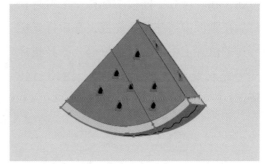

图 13-140

操作提示

使用"刻刀" 时，按住Alt键进行拖拽可以用直线分割对象，按住Shift+Alt键可以以45°角倍增直线分割对象。

橡皮擦工具组中的工具均只对矢量图形有效。

13.5 符号工具

符号工具组多用于制作大量重复的图形实例。

右击工具箱中的"符号喷枪工具" 按钮，在弹出的工具组中可以选择"符号喷枪工具" 、"符号移位器工具" 、"符号紧缩器工具" 、"符号缩放器工具" 、"符号旋转器工具" 、"符号着色器工具" 、"符号滤色器工具" 、"符号样式器工具" 8种工具，如图13-141所示。

图 13-141

执行"窗口>符号"命令，弹出"符号"面板，如图13-142所示。"符号"面板中的图形就是符号，鼠标单击选中符号后，单击"置入符号实例" 按钮，选中的符号即置入到画板上，如图13-143所示。

操作提示

也可在"符号"面板中选择符号后，按住鼠标向画板中拖动至合适位置，松开鼠标即可置入符号。

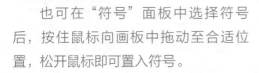
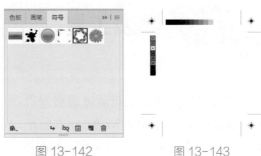

图 13-142　　　图 13-143

283

第13章 高级绘图工具

若想快速在画板中置入大量的符号，可以单击工具箱中的"符号喷枪工具"按钮，在"符号"面板中选择一个符号，然后在画板中按住鼠标拖拽，在鼠标光标经过的位置上将出现所选符号，松开鼠标即可完成置入，如图13-144、图13-145所示。

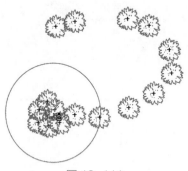

图 13-144

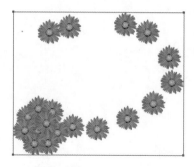

图 13-145

符号工具组中的另外7种工具主要配合"符号喷枪工具"一起使用，主要作用如下。

●符号移位器工具：用于更改画板中已存在的符号的位置和堆叠顺序。

●符号紧缩器工具：用于调整画板中已存在的符号的密度。

●符号缩放器工具：用于调整画板中已存在的符号的大小。

●符号旋转器工具：用于调整画板中已存在的符号的角度。

●符号着色器工具：用于改变选中的符号的颜色。

●符号滤色器工具：用来改变选中的符号实例或符号组的透明度。

●符号样式器工具：将指定的图形样式应用到指定的符号实例中。该工具通常和"图形样式"面板结合使用。

如需新建符号，选中要新建的图形，单击"符号"面板中的"新建符号"按钮或直接将图形拖动到"符号"面板，在弹出的"符号选项"对话框中设置相应的参数，单击"确定"按钮，完成新建符号，如图13-146、图13-147所示。

图 13-146

图 13-147

13.6 图表工具

图表工具可以直观而清晰地展示数据。Illustrator的工具箱中有9种不同的图表工具，基本覆盖了常用的图表类型，满足不同的设计需求。

右击工具箱中的"柱形图工具"按钮，在弹出的工具组中可以看到9种图表类型，如图13-148所示。

图 13-148

●柱状图工具 : 柱形图常用于显示一段时间内的数据变化或显示各项之间的比较情况，可以较为清晰地表现出数据，如图13-149、图13-150所示。

图 13-149

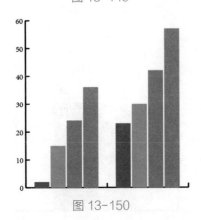

图 13-150

●堆积柱状图工具 : 堆积柱形图工具创建的图表与柱形图类似，但是堆积柱形图是一个个堆积而成的，而柱形图只是一个，如图13-151、图13-152所示。

图 13-151

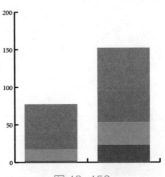

图 13-152

●条形图工具 : 条形图与柱形图的区别在于，条形图是横向的柱形，如图13-153、图13-154所示。

图 13-153

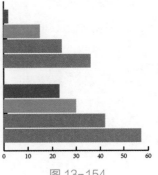

图 13-154

285

●堆积条形图工具 ：堆积条形图是
水平堆积的效果，如图13-155、图13-
156所示。

图 13-155

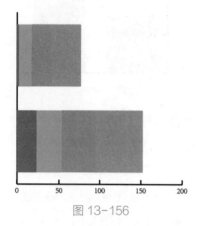

图 13-156

●折线图工具 ：折线图可以显示
随时间而变化的连续数据，适用于显示
在相等时间间隔下数据的趋势，如图13-
157、图13-158所示。

图 13-157

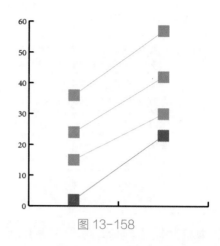

图 13-158

●面积图工具 ：面积图与折线图的
区别在于，面积图被填充颜色，如图13-
159、图13-160所示。每列数据会形成单
独的面积图。

图 13-159

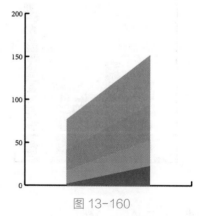

图 13-160

●散点图工具 ：散点图就是数据
点在直角坐标系平面上的分布图，如图
13-161、图13-162所示。

图 13-161

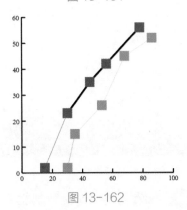

图 13-162

●饼图工具 ：饼图最大的特点是可以显示每一个部分在整个饼图中所占的百分比，如图13-163、图13-164所示。

图 13-163

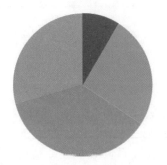

图 13-164

●雷达图工具 ：雷达图又可称为戴布拉图、蜘蛛网图，常用于财务分析报表，如图13-165、图13-166所示。

图 13-165

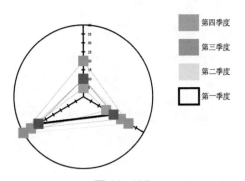

图 13-166

扫一扫 看视频

综合实战　绘制手抄报图像

本案例将练习绘制一张垃圾分类主题手抄报，主要用到的工具有"钢笔工具"、"画笔工具"、"铅笔工具"等。

Step 01 新建一个横向 A4 大小的空白文档。单击工具箱中的"矩形工具"按钮，绘制一个与画板等大的矩形，如图 13-167 所示。在控制栏中设置填充描边等参数，如图 13-168 所示。

图 13-167

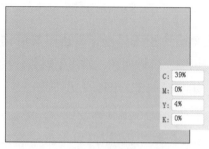

图 13-168

Step 02 单击工具箱中的"铅笔工具" ✏️ 按钮，在画板中绘制图案并填色，如图 13-169、图 13-170 所示。

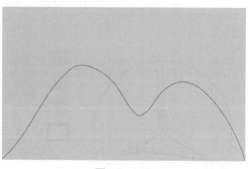

图 13-169

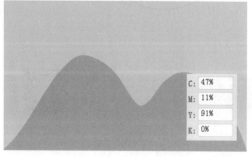

图 13-170

Step 03 继续上述操作，绘制文本框，如图 13-171、图 13-172 所示。

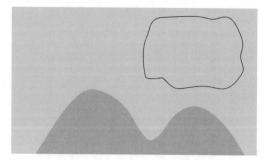

图 13-171

图 13-172

Step 04 继续上述操作，绘制文本框，如图 13-173、图 13-174 所示。

图 13-173

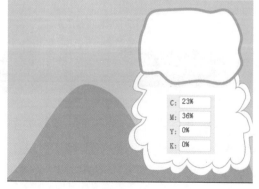

图 13-174

Photoshop+Illustrator+CorelDRAW 一站式高效学习一本通

Step 05 单击工具箱中的"矩形工具"按钮 ▢，在画板上合适位置拖拽绘制矩形，在控制栏中设置参数，如图 13-175 所示。选中绘制的矩形，打开 Ctrl+C 组合键复制，打开 Ctrl+B 组合键贴在后面，选中后面的矩形，旋转合适角度，如图 13-176 所示。

图 13-175

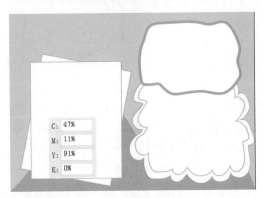

图 13-176

Step 06 单击工具箱中的"钢笔工具"按钮 ✐，在矩形上方绘制回形针，设置参数，如图 13-177、图 13-178 所示。

Step 07 单击工具箱中的"Shaper 工具"按钮 ✓，在画板底部绘制圆形作为树冠，调整合适大小与填充，如图 13-179 所示。

Step 08 单击工具箱中的"钢笔工具"按钮 ✐，在画板中绘制树的枝干，调整合适大小与填充，如图 13-180 所示。为便于管理，可选中树冠与树枝干，执行"对象 > 编组"命令，将其编组。

图 13-177

图 13-178

图 13-179

图 13-180

Step 09 重复上述操作，继续绘制树，如图 13-181、图 13-182 所示。

图 13-181

图 13-182

Step 10 单击工具箱中的"Shaper 工具"按钮✎，绘制矩形，重复几次，绘制出垃圾桶轮廓，如图 13-183 所示。

图 13-183

Step 11 单击"选择工具"，调整矩形圆角。在控制栏中设置参数，如图 13-184 所示。为便于管理，可选中垃圾桶，

执行"对象 > 编组"命令，将其编组。

图 13-184

Step 12 单击工具箱中的"钢笔工具"按钮✎，在垃圾桶上绘制可循环标志，如图 13-185 所示。选中绘制的可循环标志，在控制栏中设置参数，如图 13-186 所示。

图 13-185

图 13-186

Step 13 选中垃圾桶编组及可循环标志，按住 Alt 键与鼠标向右拖拽，重复几次，复制四个相同的垃圾桶，如图 13-187 所

示。调整另外三个垃圾桶填色，如图 13-188 所示。

图 13-187

图 13-188

Step 14 单击工具箱中的"文字工具" T，在画板中输入文字，在控制栏中设置参数，如图 13-189 所示。

图 13-189

Step 15 单击工具箱中的"修饰文字工具" ，鼠标单击上步中输入的文字，选中单个文字依次进行修饰，如图 13-190 所示。

Step 16 选中修饰过的文字，右击鼠标，在弹出的菜单中选择"创建轮廓"选项，如图 13-191 所示。

Step 17 执行"对象 > 路径 > 偏移路径"命令，设置参数，单击"确定"按钮，在控制栏中设置填充白色，得到的效果如图 13 192 所示。

图 13-190

图 13-191

图 13-192

Step 18 单击工具箱中的"Shaper 工具"

291

按钮 ✎，绘制矩形与圆形，如图 13-193 所示，调整合适大小与位置，如图 13-194 所示。为便于管理，选中绘制的矩形与圆形，执行"对象 > 编组"命令，将其编组。

图 13-193

图 13-194

Step 19 继续上述操作，绘制云朵装饰，如图 13-195 所示，调整排列顺序并放置于合适位置，如图 13-196 所示。

图 13-195

图 13-196

至此，完成手抄报图像的制作。

📖 课后作业 ╱ 设计手绘版桌面背景

👤 项目需求

受某幼儿园委托帮其设计桌面背景，要求风格卡通化，乐观积极向上，色彩鲜艳，符合少儿审美。

📈 项目分析

桌面背景主体是一个身穿背带裤的大象，形象较为少儿化，具有代入感；大象动作为加油打气的动作，比较积极；桌面背景主体采用了浅粉色，给人一种温暖的感觉；周围环绕的圆形则增加了活力。

项目效果

效果如图13-197所示。

图 13-197

操作提示

Step01：使用矩形工具绘制背景。

Step02：使用钢笔工具勾勒主体图案轮廓并填色。

Step03：使用椭圆工具绘制点缀物。

第 14 章
填充与描边

★ **内容导读**

本章主要针对 Illustrator 软件中的填充与描边进行讲解。色彩是平面设计中非常重要的因素，Illustrator 中的填充和描边可以帮助用户对设计作品进行艺术处理，更好地体现自己的设计理念。

学习目标

○ 掌握多种填充与描边的方法
○ 学会设置填充与描边
○ 掌握渐变的应用技能

填充指的是路径内部的颜色，可以是单一的颜色，也可以是渐变或图案。描边可以为路径轮廓添加颜色、渐变或图案，也可以设置路径轮廓的宽度、样式、形态等。

14.1.1 填充

填充可以为矢量对象或文字添加颜色、渐变或图案。在Illustrator软件中，填充可以分为单色填充、渐变填充和图案填充三种类型。

（1）单色填充

单色填充可以为路径填充单一的颜色。选中绘制的路径，在控制栏中单击"填充"色块可以对路径进行填充，如图14-1、图14-2所示。

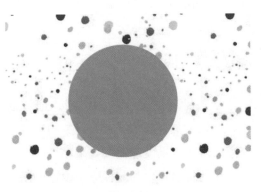

图 14-1

图 14-2

（2）渐变填充

渐变填充可以为路径填充渐变色，如图14-3、图14-4所示。

图 14-3

图 14-4

（3）图案填充

图案填充可以为路径填充图案，如图14-5、图14-6所示。

图 14-5

图 14-6

（4）网格工具

网格工具不仅可以进行复杂的颜色设置，也可以更改矢量对象的形状，如图14-7、图14-8所示。

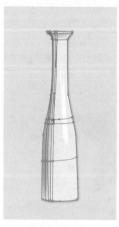
图 14-7

图 14-8

单击工具箱中的"网格工具" 按钮，在矢量图形上任意位置单击即可增加网格点，在选中"网格工具" 的情况下，鼠标单击网格点选中网格点，即可在"标准的Adobe颜色控制组件"中更改填充颜色，在属性栏中更改透明度等参数来改变填充效果。鼠标按住选中的网格点拖拽即可移动网格点位置。

（5）实时上色

"实时上色工具" 可以对多个对象的交叉区域进行填充。单击工具箱中的"形状生成器工具" 按钮，在弹出的工具组中可以选择"形状生成器工具" 、"实时上色工具" 、"实时上色选择工具" 3种工具。

选中需要填充颜色的两个有重叠部分的矢量图形，如图14-9所示。单击工具箱中的"实时上色工具" 按钮，在需要填充颜色的区域单击，如图14-10所示。

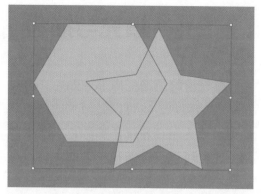
图 14-9

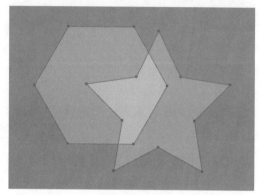
图 14-10

单击工具箱中的"实时上色选择工具" 可以选择实时上色组的表面和边缘，为其单独或统一上色。

14.1.2 描边

描边针对的是路径的边缘，通过描边，可以为矢量对象或文字对象的边缘添加单一颜色、渐变或图案效果。

单色描边可以为路径边缘设置单色，如图14-11、图14-12所示。

图 14-11

图 14-12

渐变描边可以为路径边缘设置渐变色，如图14-13、图14-14所示。

图案描边可以为路径边缘设置图案，如图14-15、图14-16所示。

图 14-13

图 14-14

图 14-15

图 14-16

在Illustrator软件中，用户不仅可以更改描边的颜色，还可以设置描边的样式，如图14-17所示。更改描边宽度，如图14-18所示。更改变量宽度配置文件，如图14-19所示。利用画笔工具为路径添加不同的画笔笔触进行描边，如图14-20所示。

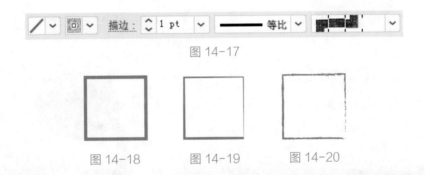

图 14-17

图 14-18   图 14-19   图 14-20

课堂练习 线稿填色

本案例将练习填色，涉及的知识点包括置入文件、填充、描边等。

扫一扫 看视频

Step 01 执行"文件 > 打开"命令，在弹出的"打开"对话框中选择"猫头鹰.ai"，单击"确定"按钮，打开文件，如图 14-21 所示。

Step 02 选择猫头鹰头部图形，双击工具箱中的"填色"按钮，在弹出的"拾色器"面板中选择合适的颜色填充，如图 14-22 所示。

图 14-21

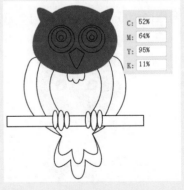

图 14-22

C: 52%
M: 64%
Y: 95%
K: 11%

Step 03 继续上述操作，为线稿中的闭合路径上色，完成后的效果如图 14-23、图 14-24 所示。

297

图 14-23

图 14-24

图 14-25

图 14-26

Step 06 单击鼠标，完成填充，如
图 14-27 所示。使用上述方法依次
填充其他空白区域，完成后效果如图
14-28 所示。

图 14-27

图 14-28

Step 07 选择"实时上色组"图形，
调整图形位置，如图 14-29 所示。

Step 08 完成绘制，保存文件，如图

14-30 所示。

图 14-29

图 14-30

至此，完成线稿填充。

14.2 设置填充与描边

在Illustrator软件中，设置填充与描边有多种方法，其中最便捷的就是通过工具箱底部的"标准的Adobe颜色控制组件"来进行设置。

在标准的Adobe颜色控制组件中，用户可以对矢量对象进行填充或者描边操作，如图14-31所示。

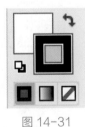

图 14-31

其中，各按钮功能如下。

● 填色□：双击该按钮，可以在弹出的拾色器中选择填充颜色，如图14-32所示。

● 描边■：双击该按钮，可以在弹出的拾色器中选择描边颜色，如图14-33所示。

图 14-32

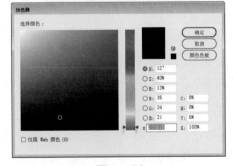

图 14-33

● 互换填色和描边↰：单击该按钮，可以互换填充和描边颜色。

299

●默认填色和描边 ▣：单击该按钮，可以恢复默认颜色设置（白色填充和黑色描边）。

●颜色 ■：单击该按钮，可以将上次的颜色应用于具有渐变填充或者没有描边或填充的对象。

●渐变 ▢：单击该按钮，可以将当前选择的路径更改为上次选择的渐变。

●无 ▢：单击该按钮，可以删除选定对象的填充或描边。

除了使用标准的Adobe颜色控制组件来进行填充和描边以外，用户还可以使用"颜色"面板和"色板"面板进行填充和描边。接下来将针对这两个面板进行详细讲解。

14.2.1　颜色面板的使用

"颜色"面板可以对矢量图形进行单一颜色的填充和描边的设置。执行"窗口 > 颜色"命令，打开"颜色"面板，如图14-34所示

图 14-34

单击面板菜单按钮，在弹出的菜单中，选择"显示选项"，可以精确设置颜色数值，如 图14-35、图14-36所示。

图 14-35

图 14-36

（1）填充颜色

选中需要填充颜色的路径，在"颜色"面板中单击填充按钮，拖动颜色滑块，即可为路径填充颜色，也可直接在色谱中拾取颜色。

课堂练习　**为热气球填色**

本案例将练习为热气球填充颜色，涉及的知识点主要是使用"颜色"面板进行填色。

扫一扫 看视频

Step 01 打开 Illustrator 软件，执行"文件 > 打开"命令，在弹出的"打开"对话框中选择"热气球 .ai"，单击"确定"按钮，打开文件，如图14-37 所示。

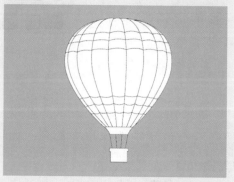

图 14-37

Step 02 选中打开文件中的路径，执行"窗口 > 颜色"命令，打开"颜

色"面板，在色谱中拾取颜色，如图
14-38所示。

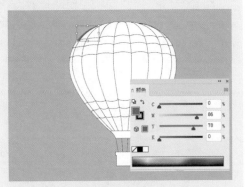

图 14-38

Step 03 使用相同的方法，填充其他
路径颜色，最终效果如图 14-39 所示。

Step 04 选中所有路径，在"颜色"
面板中单击描边按钮，拖动颜色滑块，
设置描边颜色，如图 14-40 所示。

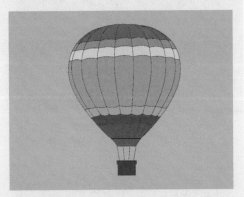

图 14-39

图 14-40

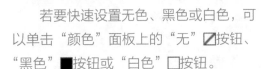
操作提示

若要快速设置无色、黑色或白色，可
以单击"颜色"面板上的"无"◿按钮、
"黑色"■按钮或"白色"□按钮。

●无◿按钮：去除所选对象的填充色
或描边色。

●黑色■按钮；将所选对象的颜色设
置为黑色。

●白色□按钮：将所选对象的颜色设
置为白色。

（2）模式选择

单击"颜色"面板的菜单按钮，弹
出下拉菜单，在菜单中可以选择"灰
度""RGB""HSB""CMYK""Web
安全RGB"5种不同的颜色模式，如图
14-41所示。选择的模式仅影响"颜
色"面板的显示，并不更改文档的颜色
模式。

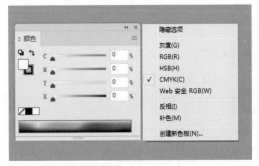

图 14-41

（3）反相

选中图形，单击"颜色"面板的菜单
按钮，弹出下拉菜单，在菜单中选择"反
相"选项，可以得到当前颜色的反相颜
色，如图14-42、图14-43所示。

图 14-42 图 14-43

（4）补色

选中图形，单击"颜色"面板的菜单按钮，弹出下拉菜单，在菜单中选择"补色"选项，可以得到当前颜色的补色，如图14-44、图14-45所示。

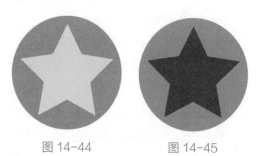

图 14-44 图 14-45

14.2.2 色板面板的使用

"色板"面板可以对矢量对象进行填充和描边的设置。在"色板"面板中，不仅可以设置纯色，也可以设置渐变色或者图案。执行"窗口 > 色板"命令，打开"色板"面板，如图14-46所示。

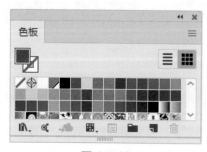

图 14-46

接下来，对"色板"面板的用法做出详细讲解。

（1）填充颜色

选中需要设置颜色的对象，在"色板"面板选择填充按钮，单击"色板"面板中的某一颜色，即可为选中的对象填充颜色，如图14-47、图14-48所示。

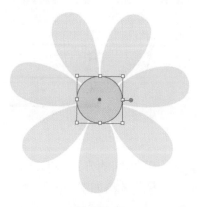

图 14-47

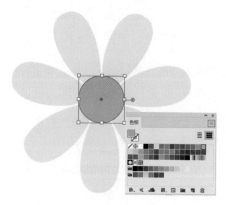

图 14-48

（2）填充渐变色

选中花瓣，单击"色板"面板下方的"显示色板类型菜单"按钮 ⊞，弹出下拉菜单，选择"显示渐变色板"选项，如图14-49所示。选择一个渐变色，效果如图14-50所示。

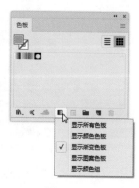

图 14-49

Photoshop+Illustrator+CorelDRAW | 站式高效学习 | 本通

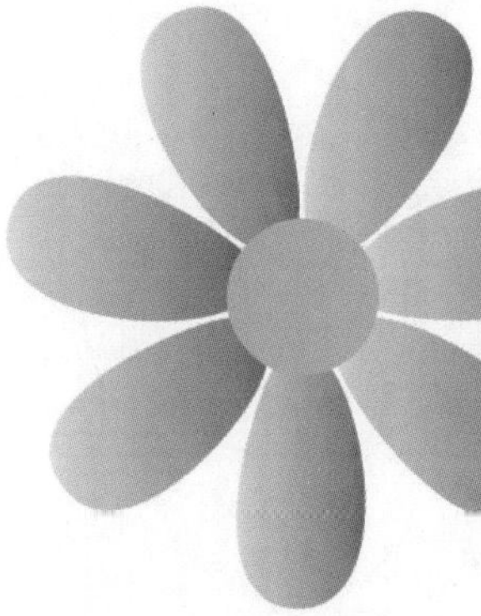

图 14-50

（3）填充图案

选中花心，单击“色板”面板下方的“显示色板类型菜单”▦按钮，弹出下拉菜单，选择“显示图案色板”选项，如图14-51所示。选择合适的图案，效果如图14-52所示。

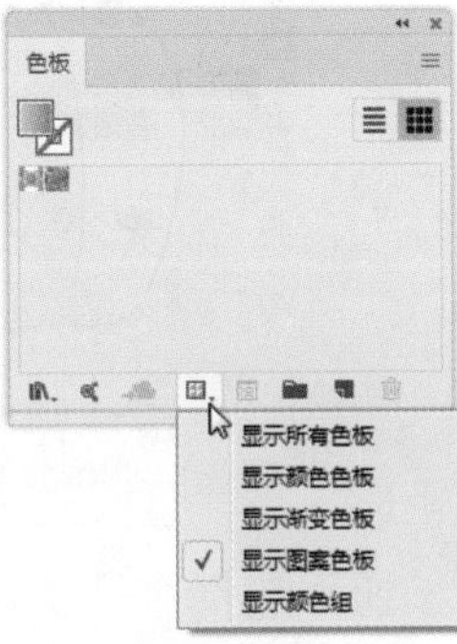

图 14-51

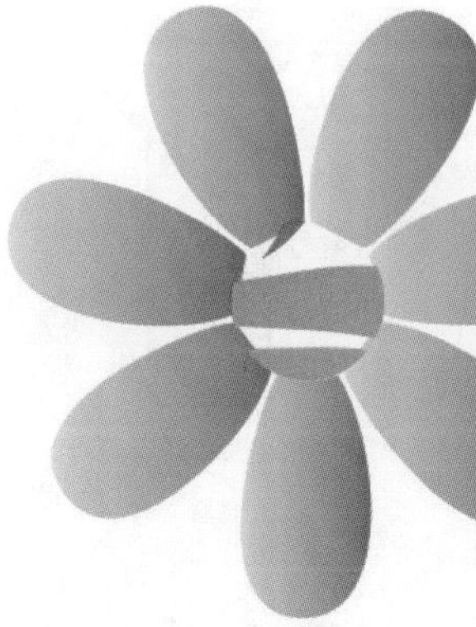

图 14-52

（4）色板选项

若打开的“色板”面板中没有想要的颜色，可以任选一个颜色，单击“色板”面板底部的“色板选项”按钮▤，弹出“色板选项”对话框，在该面板中可对色板名称、颜色类型、颜色模式等参数进行设置或修改，如图14-53所示。

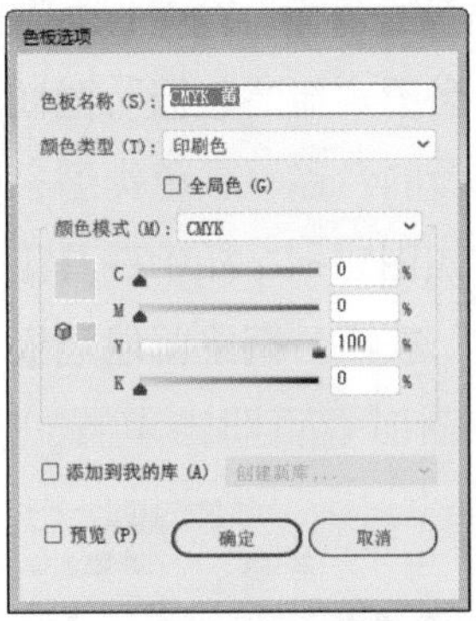

图 14-53

（5）色板库菜单

“色板”面板中包含大量颜色，但这并不是“色板”面板的全部。Illustrator软件中还有包含大量颜色、渐变、图案的“色板库”。

执行“窗口 > 色板库”命令，可以查看色板库列表，如图14-54所示。选择一个色板库后，会弹出选择的色板库面板，使用方法与“色板”面板相同。也可以直接单击“色板”面板底部的“色板库”菜单按钮，打开色板库列表如图14-55所示。

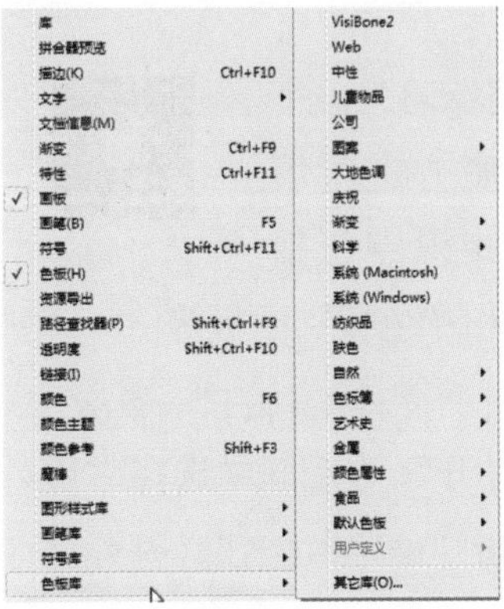

图 14-54

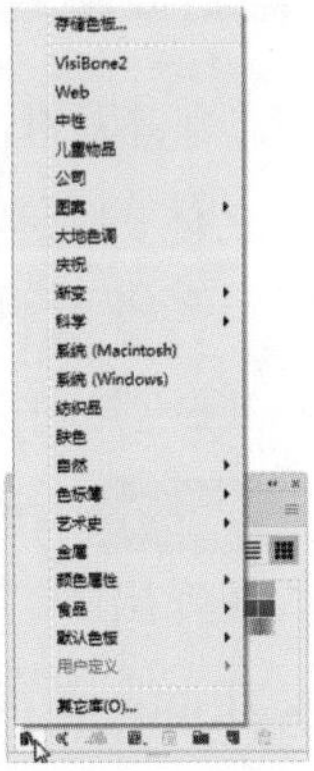

图 14-55

（6）新建色板

在画板中设置合适的填充颜色，单击

"色板"面板底部的"新建色板" ▣ 按钮，或者单击面板菜单按钮，在弹出的菜单中执行"新建色板"命令，如图14-56所示。在弹出的"新建色板"对话框中，可以设置色板的名称、颜色类型、颜色模式等参数，如图14-57所示。设置完成后单击"确定"按钮，完成新建色板。

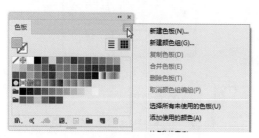

图 14-56

图 14-57

📝 **课堂练习** 三阶魔方填色

本案例将练习为一个立体的三阶魔方进行填色，涉及的知识点包括"颜色"面板和"色板"面板等。

扫一扫 看视频

Step 01 执行"文件>打开"命令，在弹出的"打开"对话框中选择"魔方.ai"，单击"确定"按钮，打开文件，如图14-58所示。

Step 02 执行"窗口>色板"命令，打开"色板"面板，如图14-59所示。

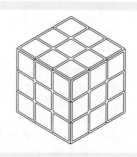

图 14-58

图 14-59

Step 03 单击选择魔方中任一小圆角矩形，在"色板"面板上单击"填色"按钮，选择合适的颜色填充，设置描边无，如图 14-60 所示。选择相同颜色的圆角矩形色块，按照上述步骤填色，如图 14-61 所示。

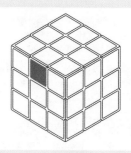

图 14-60

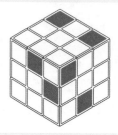

图 14-61

Step 04 继续上述操作，填充"色板"面板中颜色，如图 14-62、图 14-63 所示。

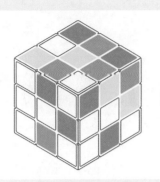

图 14-62

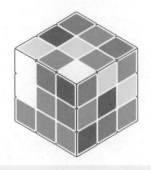

图 14-63

Step 05 执行"窗口 > 颜色"命令，

打开"颜色"面板，如图 14-64 所示。选择画板中的大圆角矩形，在"颜色"面板中单击填充按钮，拖动颜色滑块调整至黑色，如图 14-65 所示。

图 14-64

图 14-65

至此，完成三阶魔方填色。

14.3 渐变的编辑与使用

渐变是指由一种颜色过渡到另一种颜色。在Illustrator软件中提供了线性渐变、径向渐变和任意形状渐变3种渐变类型。其中，任意形状渐变是Illustrator CC 2019版新增的功能，它提供了新的颜色混合功能，可以创建更自然、更丰富逼真的渐变。

14.3.1 渐变面板的使用

执行"窗口 > 渐变"命令，弹出"渐变"面板，在面板中可以设置渐变的类型、角度、颜色、位置等，如图14-66、图14-67所示。其中，线性渐变和径向渐变的面板基本一致，任意形状渐变的面板则与另外两种有所不同。

图 14-66

图 14-67

接下来对这3种渐变类型进行介绍。

（1）线性渐变

执行"窗口 >
渐变" 命令，弹
出"渐变"面板，
选中要填充渐变的
对象，在"渐变"
面板中单击"线性
渐变" 按钮■，此
时"渐变"面板如图14-68所示。选中的
图形会被填充上默认的渐变颜色，如图
14-69所示。

图 14-68

图 14-69

选中要填充渐
变的对象，单击面
板中的"编辑渐
变"按钮，可以对
渐变的颜色、原
点、不透明度、位
置和角度进行修
改，如图14-70、

图 14-70

图14-71所示。

图 14-71

Illustrator CC 2019在"渐变"面板
上还新增了"拾色器"按钮 ✐，用户可以
单击"拾色器"按钮 ✐ 吸取想要的颜色。

（2）径向渐变

径向渐变的操作基本和线性渐变
一致。

执行"窗口 > 渐变"命令，弹出"渐
变"面板，选中要填充渐变的对象，
在"渐变"面板
中单击"径向渐
变"按钮■，此时
"渐变"面板如图
14-72所示。选中
的图形会被填充上
默认的渐变颜色，
如图14-73所示。

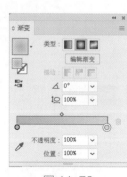

图 14-72

图 14-73

选中要填充渐变的对象，单击面板中

的"编辑渐变"按钮,可以对渐变的颜色、原点、不透明度、位置和角度进行修改,如图14-74、图14-75所示

图 14-74

图 14-75

(3)任意形状渐变

任意形状渐变有两种模式:点模式和线模式。

执行"窗口 > 渐变"命令,弹出"渐变"面板,选中要填充渐变的对象,在"渐变"面板中单击"任意形状渐变"按钮,此时"渐变"面板如图14-76所示。选中的图形会被填充上默认的渐变颜

图 14-76

色,且图形边缘处会出现色标点,如图14-77所示。单击选中色标点,按住鼠标进行拖动可以移动色标点位置。

图 14-77

选中色标点,可以在"渐变"面板中更改该色标点的颜色、透明度等参数,如图14-78、图14-79所示。

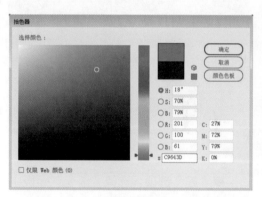

图 14-78

图 14-79

选择"渐变"面板上的"点"或"线"选项,可以通过不同的方式增加色标点来丰富渐变层次。

● "点"选项:选择"渐变"面板中

307

的"点"选项，在面板任意位置单击即可增加新的色标点，新增的色标点颜色与上次选中的色标点颜色一致。若需更改该色标点的参数，选中该色标点，在"渐变"面板中即可更改，如图14-80、图14-81所示。

图 14-80

图 14-81

● "线"选项：选择"渐变"面板中的"线"选项，在面板任意位置单击即可增加新的色标点，与"点"选项不同的是，"线"选项绘制的点会连接成线，如图14-82、图14-83所示。按Esc键可结束开放路径的绘制。

图 14-82

图 14-83

单击选中路径上的色标点，可在"渐变"面板中更改该色标点的参数。

操作提示

点：在对象中作为独立点创建色标，通过控制点的位置和范围圈大小来调整渐变颜色的显示区域，如图14-84所示。

线条：在对象中以线段或者曲线的方式创建色标。线模式类似贝塞尔路径，可以是闭合路径，也可以是开放路径，如图14-85所示。空白处点击即可新增点，选中点后按Delete键即可删除，选中点按Alt键可以切换为尖角或圆角。

图 14-84

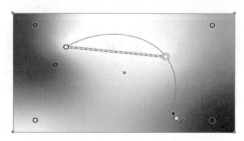

图 14-85

14.3.2 调整渐变形态

"渐变"面板为图形填充渐变，选用"渐变工具" 可以对图形的渐变调整角度、位置和范围。

（1）渐变控制器的使用

选中需要渐变填充的图形，单击工具箱中的渐变工具，即可看到渐变批注者，也常被称为渐变控制器，如图14-86所示。单击渐变控制器，调节其渐变颜色，如图14-87所示。

图 14-86

图 14-87

（2）渐变控制器的长度调节

使用渐变控制器时，移动鼠标至右侧，当鼠标箭头变为方形箭头，可调节渐变控制器的长度，如图14-88所示。松开鼠标后，渐变的颜色也会随之改变，效果如图14-89所示。

图 14-88

图 14-89

（3）渐变控制器的方向调节

移动鼠标至渐变控制器右侧，当鼠标箭头变为旋转箭头，可调节渐变控制器的方向，如图14-90所示。松开鼠标后，渐变颜色的方向也会发生变化，如图14-91所示。

图 14-90

图 14-91

渐变批注者仅对线性渐变和径向渐变有效；执行"视图＞隐藏渐变批注者"或"视图＞显示渐变批注者"命令控制渐变批注者的显示和隐藏。

14.3.3 设置对象描边属性

对象的描边属性由颜色、路径宽度和画笔样式三部分构成。颜色可以在工具箱中进行设置，也可以结合"色板"面板、"颜色"面板或者"渐变"面板进行设置。

选择属性栏中的"描边"按钮，即可显示下拉面板，如图14-92所示。执行"窗口＞描边"命令，也可以弹出"描边"面板，如图14-93所示。

图 14-92

图 14-93

接下来，针对"描边"面板的各个选项来进行讲解。

● 粗细：描边的粗细程度。

● 端点：指一条开放线段两端的端点，分为平头端点、圆头端点、方头端点三种。

● 边角：指直线段改变方向（拐角）的地方，分为斜切连接、圆角连接、斜角连接三种。

● 限制：用于设置超过指定数值时扩展倍数的描边粗细。

● 对齐描边：用于定义描边和细线为中心对齐的方式。

● 虚线：在描边面板中勾选虚线选项，在虚线和间隙文本框中输入数值定义虚线中线段的长度和间隙的长度，此时描边将变成虚线效果。

● 箭头：用于设置路径始点和终点的样式。

● 缩放：用于设置路径两端箭头的百分比大小。

● 对齐：用于设置箭头位于路径终点的位置。

● 配置文件：用于设置路径的变量宽度和翻转方向。

保留虚线和间隙的精确长度 ：可以在不对齐的情况下保留虚线外观。

使虚线与边角和路径终端对齐，并调整到适合长度 ：可让各角的虚线和路径的尾端保持一致并可预见。

课堂练习 制作贵宾卡

本案例练习制作一张贵宾卡，主要用到的工具有矩形工具、文字工具等。

扫一扫 看视频

Step 01 新建一张空白文档，设置参数如图 14-94 所示。

Step 02 单击工具箱中的"矩形工具"按钮 ，在画板中绘制一个和画板等大的矩形，如图 14-95 所示。

窗设详细信息
未标题-2

宽度
85.5 mm　毫米　　　∨
高度　　方向　画板
54 mm　　　　　↕ 1
出血
上　　　　　下
↕ 0 mm　　　↕ 0 mm
左　　　　　右
↕ 0 mm　　　↕ 0 mm　　🔗
> 高级选项
颜色模式:CMYK, PPI:300

图 14-94

图 14-95

Step 03 选中该矩形，执行"窗口 > 渐变"命令，弹出"渐变"面板，在"渐变"面板中选择径向渐变，

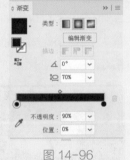

图 14-96

并调整参数，如图 14-96 所示。调整矩形圆角，如图 14-97 所示。

图 14-97

Step 04 单击工具箱中的"圆角矩形工具"按钮⬜，如图 14-98 所示。

Step 05 在画板中合适位置绘制圆角矩形，选中该圆角矩形，在控制栏中设置描边与填充，完成后如图 14-99 所示。

图 14-98

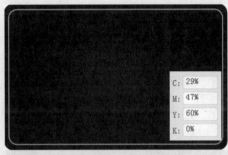

图 14-99

Step 06 单击工具箱中的"椭圆工具"按钮◯，在画板中合适位置绘制正圆，如图 14-100 所示。

图 14-100

Step 07 单击工具箱中的"直接选择工具"按钮▷，单击上步中绘制正圆的一个锚点并拖拽，拉到合适位置后，在控制栏中将该点转换为尖角锚点，如图 14-101 所示。

311

图 14-101

Step 08 选中上步中变换的图形，在控制栏中设置填充物，执行"窗口 > 渐变"命令，弹出"渐变"面板，在"渐变"面板中选择径向渐变，设置参数，完成后如图 14-102 所示。

图 14-102

Step 09 选中上步中设置好的图形，鼠标单击，在弹出的下拉菜单中选择"变换 >

图 14-103

旋转"选项，在弹出的"旋转"面板中设置参数，设置完成后单击"复制"按钮，如图 14-103 所示。

Step 10 重复上述步骤两次，得到四个圆形变换图形，如图 14-104 所示。调整至合适位置及大小，如图 14-105 所示。

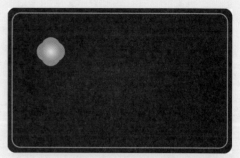

图 14-104

图 14-105

Step 11 单击工具箱中的"文字工具"按钮**T**，在画板中输入文字，设置参数，设置完成后调整至合适位置，如图 14-106、图 14-107 所示。

图 14-106

图 14-107

至此，完成贵宾卡的绘制。

扫一扫 看视频

本案例将练习绘制一张个人名片，主要用到的工具有矩形工具、文字工具等。

Step 01 新建一张空白文档，设置参数如图 14-108 所示。

图 14-108

Step 02 单击工具箱中的"矩形工具"按钮 ，在画板中绘制一个和画板等大的矩形，如图 14-109 所示。

图 14-109

Step 03 单击"矩形工具" ，在画板中绘制矩形，如图 14-110 所示。选中绘制的矩形，在控制栏中设置参数，如图 14-111 所示。

Step 04 继续上述操作，在画板中绘制

矩形并填充，如图 14-112、图 14-113 所示。

图 14-110

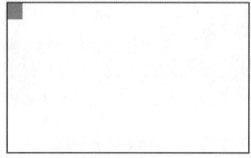

图 14-111

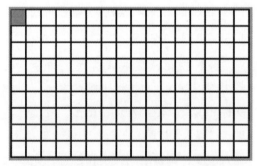

图 14-112

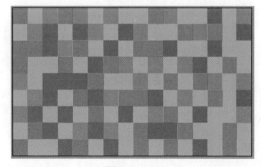

图 14-113

313

Step 05 选中中间部分矩形，在控制栏中调整透明度为 15%，如图 14-114、图 14-115 所示。

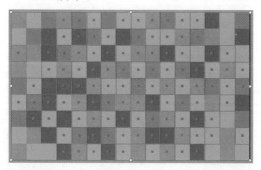

图 14-114

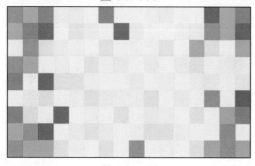

图 14-115

Step 06 单击工具箱中的"文字工具"按钮 **T**，在画板中输入文字，设置参数，设置完成后调整至合适位置，如图 14-116、图 14-117 所示。

Step 07 执行"文件 > 置入"命令，在弹出的"置入"对话框中选择素材"电话图标 .png"，取消勾选"链接"复选框，单击"置入"按钮，在画板中任一处单击，置入位图，调整位图大小和位置，完成置入，如图 14-118 所示。

图 14-116

图 14-117

图 14-118

Step 08 重复上述步骤，依次置入"地址图标 .png""网址图标 .png""邮箱图标 .png"三张素材，并放置于合适位置，如图 14-119 所示。

图 14-119

至此，完成个人名片的绘制。

课后作业 / 设计汉堡宣传海报

项目需求

受某汉堡店委托帮其设计汉堡宣传海报，要求突出主体，看着有食欲。

项目分析

橙色温暖而充满活力，是最能激发食欲的颜色，因此主体背景选用橙黄色；文字部分增加白色边框，提亮画面，平衡整体的视觉温度；汉堡主体放置于整个画面上半部分，吸引视线。

项目效果

效果如图14-120所示。

操作提示

Step01：使用矩形工具绘制背景并填色。

Step02：使用钢笔工具绘制汉堡主体并填色。

Step03：输入文字并调整至合适大小位置以及颜色。

图 14-120

第 15 章
图形对象的编辑

内容导读

本章主要针对用于图形对象的编辑的命令进行讲解。矢量图形的绘制，离不开各种对图形对象的编辑，包括简单的旋转、移动、编组等，也包括稍微复杂点的分割、简化、自由变换等。学习这些命令，可以帮助用户更好地处理图形对象。

学习目标

○ 掌握管理对象的命令
○ 学会自由地编辑路径
○ 学会对象变换的技巧

15.1 管理对象

为了更便捷地管理画板中的图形对象，我们可以通过命令对图形做出排序、编组、对齐与分布、锁定与隐藏等操作，使画面更加整洁。接下来将针对如何管理对象来进行讲解。

15.1.1 复制、剪切、粘贴

复制和粘贴是两个相辅相成的命令。执行了复制命令，才可以进行粘贴；若不粘贴，那么执行了复制命令也没有意义。

选中画板中的图形，执行"编辑 > 复制"命令，或打开Ctrl+C组合键，此时对象被复制，如图15-1所示。

接着执行"编辑 > 粘贴"命令，或打开Ctrl+V组合键，此时被复制的对象就被粘贴在画板上，如图15-2所示。

若在选中对象后，执行"编辑 > 剪切"命令，或打开Ctrl+X组合键，被剪切的对象从画面中消失。

接着执行"编辑 > 粘贴"命令，被剪切的对象就会被粘贴在画板上，如图15-3所示。

图 15-1

图 15-2

图 15-3

在Illustrator中不仅有粘贴命令，还有其他粘贴方式。单击菜单栏中的"编辑"，在下拉菜单中可以看到五种不用的"粘贴"命令，如图15-4所示.

其中，各命令作用如下。

粘贴(P)	Ctrl+V
贴在前面(F)	Ctrl+F
贴在后面(B)	Ctrl+B
就地粘贴(S)	Shift+Ctrl+V
在所有画板上粘贴(S)	Alt+Shift+Ctrl+V

图 15-4

● 粘贴：将图像复制或剪切到剪切板后，执行"编辑 > 粘贴"命令或打开Ctrl +V组合键，将剪切板中的图像粘贴到当前文档中。

● 贴在前面：执行"编辑 > 贴在前面"命令或打开Ctrl+F组合键，将对象粘贴到文档中原始对象所在的位置，并将其置于当前层上对象堆叠的顶层。

317

●贴在后面：执行"编辑 > 贴在后面"命令或打开Ctrl+B组合键，图形将被粘贴到对象堆叠的底层或紧跟在选定对象之后。

●就地粘贴：执行"编辑 > 就地粘贴"命令或打开Ctrl+Shift+V组合键，可以将图稿粘贴到现用的画板中。

●在所有画板上粘贴：在剪切或复制图稿后，执行"编辑 > 在所有画板上粘贴"命令或打开Alt+Ctrl+Shift+V组合键，将所选的图稿粘贴到所有画板上。

图 15-6

15.1.2 对齐与分布对象

利用"对齐与分布"可以帮助用户调节多个图形间的排列，使画板更整洁。执行"窗口 > 对齐"命令，弹出"对齐"面板，如图15-5所示。

图 15-7

图 15-5

其中，各选项作用如下。

●水平左对齐 ▣：单击该按钮时，选中的对象将以最左侧的对象为基准，将所有对象的左边界调整到一条基线上，如图15-6、图15-7所示。

●水平居中对齐 ▣：单击该按钮时，选中的对象将以中心的对象为基准，将所有对象的垂直中心线调整到一条基线上，如图15-8、图15-9所示。

图 15-8

图 15-9

● 水平右对齐 ■：单击该按钮时，选中的对象将以最右侧的对象为基准，将所有对象的右边界调整到一条基线上，如图15-10、图15-11所示。

图 15-10

图 15-11

● 顶部对齐 ▪：单击该按钮时，选中的对象将以顶部的对象为基准，将所有对象的上边界调整到一条基线上，如图15-12、图15-13所示。

图 15-12

图 15-13

● 垂直居中对齐 ▪：单击该按钮时，选中的对象将以水平的对象为基准，将所有对象的水平中心线调整到一条基线上，如图15-14、图15-15所示。

图 15-14

图 15-15

● 底部对齐 ▪：单击该按钮时，选中的对象将以底部的对象为基准，将所有对象的下边界调整到一条基线上，如图15-16、图15-17所示。

图 15-16

图 15-17

●**垂直顶部分布**▤：单击该按钮时，将平均每一个对象与顶部基线之间的距离，如图15-18、图15-19所示。

图 15-18

图 15-19

●**垂直居中分布**▤：单击该按钮时，将平均每一个对象与水平中心基线之间的距离。

●**垂直底部分布**▤：单击该按钮时，将平均每一个对象与底部基线之间的距离。

●**水平左分布**▥：单击该按钮时，将平均每一个对象与左侧基线之间的距离，如图15-20、图15-21所示。

图 15-20

图 15-21

●**水平居中分布**▥：单击该按钮时，将平均每一个对象与垂直中心基线之间的距离。

●**水平右分布**▥：单击该按钮时，将平均每一个对象与右侧基线之间的距离。

●**对齐所选对象**：相对于所有选定对象的定界框进行对齐或分布。

● 对齐关键对象：相对于一个锚点进行对齐或分布。

● 对齐画板：将所选对象按照当前的画板进行对齐或分布。

知识延伸

默认情况下对齐依据为"对齐所选对象"。

"对齐"面板底部的分部间距可以按照固定的间距分布对象。选中要分布的对象，然后在"关键对象"上单击，此时这个对象边缘会出现一种特殊的选中效果，如图15-22所示，并且对齐依据会自动更新为"对齐关键对象"。

在"对齐"面板中设置图形分布间距，然后单击"分布"，此时会以选中的关键对象为基准进行分布，且每个对象间的距离为设置的数值，如图15-23所示。

图 15-22

图 15-23

15.1.3 编组对象

编组可以帮助用户更好地管理与操作矢量图形。选中需要编组的对象，执行"对象 > 编组"命令，或按Ctrl+G组合键，或直接在画板中鼠标右击执行"编组"命令，即可将对象编组，如图15-24所示。

图 15-24

若需要单独选中组内的某个对象，可以使用单击工具箱中的"编组选择工具" ▷，单击即可，如图15-25、图15-26所示。

图 15-25

图 15-26

也可以单击工具箱中的"选择工具"，鼠标在编组对象上双击，即可进入编组隔离模式，如图15-27所示。此时，可以单独选择编组内的某一对象，但编组外的对象不可选中。若需退出隔离模式，鼠标在编组对象以外的区域双击即可，如图15-28所示。

选中要锁定的对象，执行"对象 > 锁定 > 所选对象"命令，或按Ctrl+2组合键，即可锁定选择对象，如图15-29、图15-30所示，被锁定的对象不可选中。

图 15-29

图 15-27

图 15-30

若要取消锁定，执行"对象 > 全部解锁"命令，或按Ctrl+Alt+2组合键，即可解锁文档中的所有锁定对象。

图 15-28

若要将编组后的对象取消编组，可以选中编组后的对象，执行"对象 > 取消编组"命令，或按Ctrl+Shift+G组合键，或直接在画板中鼠标右击执行"取消编组"命令。

若想要单独解锁某一对象，则需要在"图层"面板中进行解锁。执行"窗口 > 图层"命令，在弹出的"图层"面板中单击要解锁的对象前方的"锁定图标"，即可，如图15-31所示。

15.1.4 锁定对象

在绘制图形的过程中，如果在对某一图形进行编辑又不想被其他图形影响时，可以暂时将其他图形锁定，被锁定的图形无法选中以及编辑。

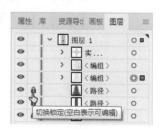

图 15-31

15.1.5　隐藏对象

在Illustrator软件中，用户可以将部分暂时不需要的对象隐藏起来，需要时再显示。被隐藏的对象不可见、不可选择，也无法被打印出来，但是隐藏对象仍然存在于文档中，当文档关闭和重新打开时，隐藏对象会重新出现。

选中要隐藏的对象，如图15-32所示，执行"对象＞隐藏＞所选对象"命令，或打开Ctrl+3组合键，将所选对象隐藏，如图15-33所示。

图 15-32

图 15-33

若要显示隐藏的对象，执行"对象＞显示全部"命令，或打开Ctrl+Alt+3组合键，即可将全部的隐藏对象显示出来。

若要显示单独的隐藏对象，则需要在"图层"面板中进行显示。执行"窗口

＞图层"命令，在弹出的"图层"面板中单击要显示的对象前方的"隐藏图标"即可，如图15-34所示。

图 15-34

绘图技能

如果隐藏某一对象上方的所有对象，可以选择该对象，然后执行"对象＞隐藏＞上方所有图稿"命令即可。

如果隐藏除所选对象或组所在图层以外的所有其他图层，执行"对象＞隐藏＞其他图层"命令。

15.1.6　对象的排列顺序

用户在使用Illustrator软件绘制图形的过程中，不可避免地会绘制多个对象，这些对象在画板中有着一定的排列顺序，执行"排列"命令更改其排列顺序，可以调整作品效果。

选中要调整顺序的对象，如图15-35所示，执行"对象＞排列"命令，在子菜单中包含多个调整对象排列顺序的命令，执行"对象＞排列＞置于顶层"命令，效果如图15-36所示。

图 15-35

图 15-36

接下来,对子菜单中的命令进行讲解。

●执行"对象>排列>置于顶层"命令,将对象移到其组或图层中的顶层位置。

●执行"对象>排列>前移一层"命令,将对象按堆叠顺序向前移动一个位置。

●执行"对象>排列>后移一层"命令,将对象按堆叠顺序向后移动一个位置。

●执行"对象>排列>置于底层"命令,将对象移至组或图层中的底层位置。

课堂练习 绘制计算器

本案例将练习绘制一款计算器,涉及的知识点有对象的对齐与分布、编组、锁定等,主要用到的工具包括"圆角矩形工具" 、"椭圆工具" ○等。

扫一扫 看视频

Step 01 新建一个横向 A4 大小的空白文档,如图 15-37 所示。单击工具箱中的"矩形工具" □,绘制一个与画板等大的矩形,在属性栏中设置颜色,效果如图 15-38 所示。选中该矩形,执行"对象>锁定>所选对象"命令,锁定矩形。

图 15-37

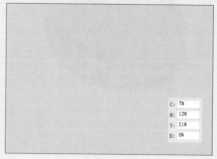

C: 7%
M: 12%
Y: 21%
K: 0%

图 15-38

Step 02 单击工具箱中的"圆角矩形工具" □,在画板中合适位置绘制一个圆角矩形,如图 15-39 所示。选中该圆角矩形,在属性栏中设置参数,完成后效果如图 15-40 所示。

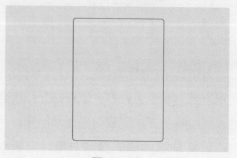

图 15-39

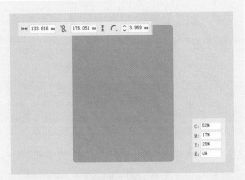

图 15-40

Step 03 选中上步中绘制的圆角矩形，执行"编辑>复制"命令，接着执行"编辑>粘贴"命令，在画板中复制圆角矩形，如图 15-41 所示。修改其颜色，移动其位置，并选中两圆角矩形，按 Ctrl+G 组合键将其编组，如图 15-42 所示。

图 15-41

图 15-42

Step 04 单击工具箱中的"圆角矩形工具" ▢，在画板中合适位置继续绘

制圆角矩形，并填充颜色，完成后效果如图 15-43 所示。

Step 05 选中上步中绘制的圆角矩形，使用"刻刀工具" ✐，按住 Alt键拖拽分割圆角矩形，并设置参数，如图 15-44 所示。

图 15-43

图 15-44

Step 06 继续上述操作，绘制圆角矩形作为高光，如图 15-45、图 15-46所示。

图 15-45

325

图 15-46

Step 07 继续上述操作，绘制小圆角矩形作为按键并复制，如图 15-47、图 15-48 所示。选中两圆角矩形，按 Ctrl+G 组合键将其编组。

图 15-47

图 15-48

Step 08 选中上步中的编组对象，复制并调整至合适大小，如图 15-49 所示。

Step 09 选中上步中复制的图形，执行 "窗口 > 对齐" 命令，在弹出的 "对齐" 面板中设置对齐方式为 "水平居中分布" ❙❙，如图 15-50 所示。

图 15-49

图 15-50

Step 10 重复上述步骤，设置对齐与分布，如图 15-51、图 15-52 所示。

图 15-51

图 15-52

至此，完成计算器的绘制。

Photoshop+Illustrator+CorelDRAW 一站式高效学习一本通

15.2　编辑路径对象

在Illustrator软件中,若需对创建好的路径进行编辑,有多种方式。执行"对象 > 路径"命令,在弹出的子菜单中即可看到路径编辑的命令,如图15-53所示。

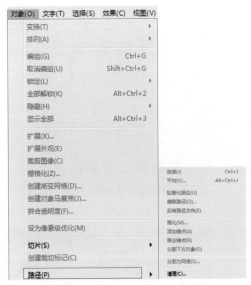

图 15-53

接下来,对对象菜单中的重要命令来进行讲解。

15.2.1　连接

"连接"命令既可以将开放路径闭合,也可以连接多个路径。

（1）闭合开放路径

若想闭合开放路径,选中该开放路径,执行"对象 > 路径 > 连接"命令,即可看到开放路径端点连接,开放路径变为闭合路径,如图15-54、图15-55所示。

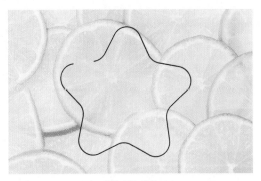

图 15-54

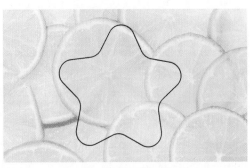

图 15-55

（2）连接多个路径

若想连接两条路径,单击工具箱中的"直接选择工具" ▷.,选择两个路径上需要连接的锚点,执行"对象 > 路径 > 连接"命令,即可看到路径被连接,如图15-56、图15-57所示。

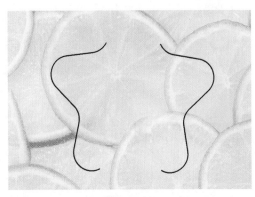

图 15-56

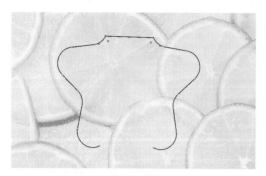

图 15-57

15.2.2 平均

"平均"命令可以将选择的锚点排列在同一条水平线或垂直线上。

执行"对象 > 路径 > 平均"命令，或打开Ctrl+Alt+J组合键，弹出"平均"面板，如图15-58所示。在"平均"面板中可以设置"轴"为"水平""垂直"或"两者兼有"。如选择"水平"单选，所有的锚点排列在一条水平线上，如图15-59所示。

图 15-58

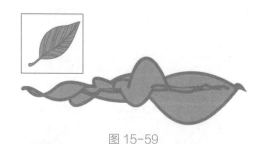

图 15-59

15.2.3 轮廓化描边

轮廓化描边是依附于路径存在的，执行轮廓化描边可以将路径转换为独立的填充对象。转换后的描边具有自己的属性，可以进行颜色、粗细、位置的更改。

选择一个带有描边的图形，执行"对象 > 路径 > 轮廓化描边"命令，鼠标右击，在弹出的下拉菜单中执行"取消编组"命令取消组，选择描边进行拖拽，可看到描边部分被转换为轮廓，并能独立设置和填充描边内容，如图15-60、图15-61所示。

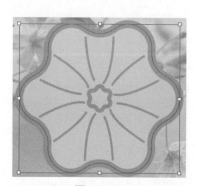

图 15-60

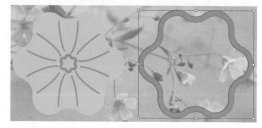

图 15-61

15.2.4 偏移路径

偏移路径可以放大或收缩路径的位置。

选中一个图形，如图15-62所示，执行"对象 > 路径 > 偏移路径"命令，在弹出的"偏移路径"对话框中设置合适的参数，单击"确定"，此时可以看到画板中被选中的图形被复制了一份，并做出了相应的调整，如图15-63所示。

图 15-62

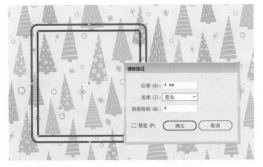

图 15-63

接下来，对"偏移路径"面板中的选项进行讲解。

- 位移：用于调整路径偏移的距离。
- 连接：用于调整路径偏移后尖角的效果，有"斜接""圆角""斜角"三种。
- 斜接限制：当"连接"设置为"斜接"时，限制"斜接"效果。当尖角处长度距离大于"斜接限制"时，尖角自动变为"斜角"连接，如图15-64、图15-65所示。

图 15-64

图 15-65

知识点拨

位移数值为正值时，路径向外扩大；为负值时，路径向内缩小。

15.2.5 简化

"简化"命令可以删除路径中多余的锚点，并且减少路径的细节。

选择路径，如图15-66所示，执行"对象 > 路径 > 简化"命令，在弹出的对话框中设置参数，单击"确定"，简化效果如图15-67所示。

图 15-66

图 15-67

接下来，对"简化"对话框中的选项进行讲解。

●曲线精度：简化路径与原始路径的接近程度。越高的百分比将创建越多点并且越接近。如图15-68、图15-69所示分别为不同百分比的简化路径。

图 15-68

图 15-69

●角度阈值：控制角的平滑度。如果角点的角度小于角度阈值，将不更改该角点。如果曲线精度值低，该选项将保持角锐利。

●直线：在对象的原始锚点间创建直线。如果角点的角度大于角度阈值中设置的值，将删除角点，如图15-70所示。

图 15-70

●显示原路径：显示简化路径背后的原路径，如图15-71所示。

图 15-71

15.2.6 添加锚点

执行"添加锚点"命令可以快速为路径添加锚点，但不会改变路径原有的形态。

选中画板中的图形，如图15-72所示。执行"对象 > 路径 > 添加锚点"命令，可以快速且均匀地在路径上添加锚点，如图15-73所示。

图 15-72

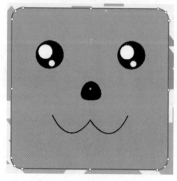

图 15-73

15.2.7 移去锚点

执行"移去锚点"命令可以将选中的锚点删除，并保持路径的连续。

选中要移去的锚点，如图15-74所示。执行"对象 > 路径 > 移去锚点"命令，即可移去锚点，如图15-75所示。

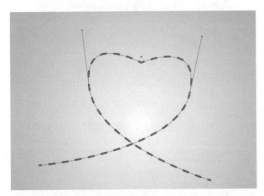

图 15-74

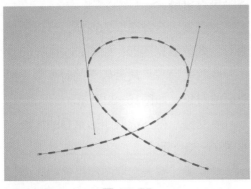

图 15-75

知识点拨

选中锚点的情况下，单击属性栏中的"删除所选锚点" 也可将其删除。

15.2.8 分割为网格

"分割为网格"命令可以将封闭路径对象转换为网格。

选中要分割为网格的路径，如图

15-76所示。执行"对象 > 路径 > 分割为网格"命令，在弹出的"分割为网格"面板中设置参数，设置完成后单击"确定"，分割效果如图15-77所示。

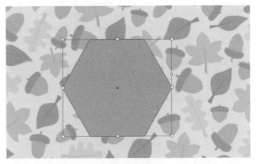

图 15-76

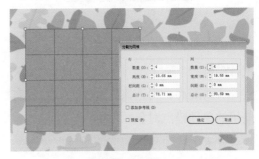

图 15-77

接下来，对"分割为网格"面板中的选项进行讲解。

● 数量：输入相应的数值，定义对应的行或列的数量。

● 高度：输入相应的数值，定义每一行/列的高度。

● 栏间距：输入相应的数值，定义行/列与行/列之间的距离。

● 总结：输入相应的数值，定义网格整体的尺寸。

● 添加参考线：勾选该复选框时，将按照相应的表格自动定义出参考线。

15.2.9 清理

"清理"命令可以快速删除文档中的

游离点、未上色对象以及空文本路径。

执行"对象 > 路径 > 清理"命令，在弹出的"清理"对话框中设置要清理的对象，如图15-78所示，设置完成后单击"确定"，即可将勾选的对象清理掉。

图 15-78

接下来，对"清理"对话框中的选项进行讲解。

●游离点：勾选该复选框将删除没有使用的单独锚点对象。

●未上色对象：勾选该复选框将删除没有带有填充和描边颜色的路径对象。

●空文本路径：勾选该复选框将删除没有任何文字的文本路径对象。

15.2.10 路径查找器

"路径查找器"面板是Illustrator软件中经常用到的面板之一。该面板可对重叠的对象通过指定的运算形成复杂的路径，以得到新的矢量图形。在标志设计、字体设计中使用频率比较高。

执行"窗口 > 路径查找器"命令或按Shift+Ctrl+F9组合键，弹出"路径查找器"面板，如图15-79所示。

选择需要操作的对象，如图15-80所示。在"路径查找器"面板中单击相应的按钮，即可实现不同的应用效果。

图 15-79

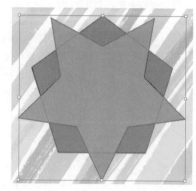

图 15-80

接下来，对"路径查找器"面板中的各个进行讲解。

●联集：合并选取的图形，且以顶层图形的颜色填充图形，如图15-81所示。

●减去顶层：从最后面的对象减去最前面的对象，如图15-82所示。

●交集：得到选取图形重叠的区域，如图15-83所示。

●差集：减去选取图形重叠的区域，未重叠的区域合并成一个编组图形，如图15-84所示。

图 15-81

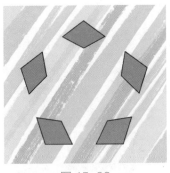

图 15-82

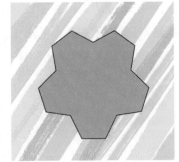

图 15-83

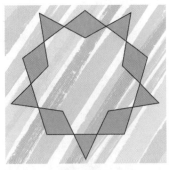

图 15-84

知识延伸 ⌁

　　若选中的图形中有一个图形整个在另一个图形内部，那么单击"差集"后，重叠区域会变为透明，取消编组可移动重叠区域，如图15-85、图15-86所示。

图 15-85

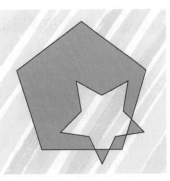

图 15-86

　　●分割：将一份图稿分割为其构成部分的填充表面。将图形分割后，可以将其取消编组查看分割效果，如图15-87所示。

　　●修边：删除已填充对象被隐藏的部分。会删除所有描边且不会合并相同颜色的对象。将对象修边后，可以将其取消编组查看修边效果，如图15-88所示。

　　●合并：删除已填充对象被隐藏的部分，且会合并具有相同颜色的相邻或重叠的对象，如图15-89所示。

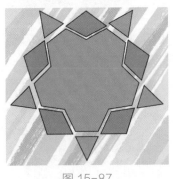

图 15-87

图 15-88

图 15-89

　　●裁剪：将图稿分割为其构成部分的填充表面，然后删除图稿中所有落在最上方对象边界之外的部分，还会删除所有描边，如图15-90所示。

● 轮廓：将对象分割为其组件线段或边缘，如图15-91所示。

● 减去后方对象：从最前面的对象中减去后面的对象，如图15-92所示。

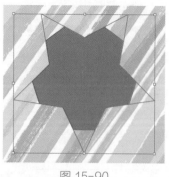

图 15-90

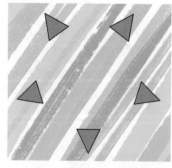

图 15-91

图 15-92

15.2.11 形状生成器工具

"形状生成器工具" 可以将多个简单图形合并为一个复杂的图形，还可以分离、删除重叠的形状，快速生成新的图形。

选中画板中的图形，如图15-93所示。单击工具箱中的"形状生成器工具"，将光标移动至图形的上方时，光标将会变为 状，图形上会出现特殊阴影，如图15-94所示。

图 15-93

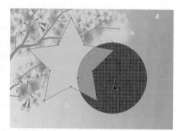

图 15-94

在图形上方拖拽鼠标，如图15-95所示。松开鼠标即可看到一个新的图形，如图15-96所示。

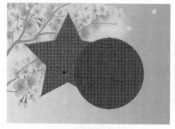

图 15-95

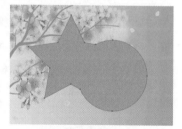

图 15-96

操作提示

若鼠标单击图形各部分，可将各部分分割，每部分可以单独选择、操作等，默认填充色为顶层图形的颜色，如图15-97、图15-98所示。

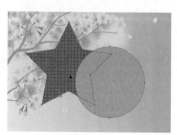

图 15-97

图 15-98

若想要删除图形，可以按住Alt键，此时光标变为 ▶ 状，如图15-99所示。在需要删除的位置单击鼠标即可将其删除，如图15-100所示。

若需要删除连续的图形，可以按住鼠标拖拽进行删除，如图15-101、图15-102所示。

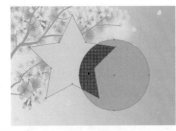
图 15-99

图 15-100

图 15-101

图 15-102

📝 **课堂练习** 制作古典图案

本案例将练习绘制古典图案，涉及的知识点包括旋转、偏移路径等，主要用到的工具有"钢笔工具" ✐ 等。

Step 01 新建一个 80mm×80mm 的空白文档。单击工具箱中的"矩形工具" ▢，绘制与画板等大的矩形并填色，如图 15-103 所示。选中该矩形，执行"对象 > 锁定 > 所选对象"命令，锁定矩形。

Step 02 单击工具箱中的"钢笔工具" ✐，在画板中合适位置绘制图案，如图 15-104 所示。

图 15-103

图 15-104

Step 03 在绘制图案内部继续绘制图案，如图 15-105 所示。

Step 04 选中上步中绘制的图案，在属性栏中设置颜色，完成后效果如图 15-106 所示。

Step 05 选中绘制的图形，鼠标右击，在弹出的菜单中，选择"建立复合路径"选项，

图 15-105

图 15-106

335

完成后效果如图 15-107 所示。

Step 06 选中复合路径对象，单击工具箱中的"旋转工具" ↻，按住 Alt 键拖动中心点至画板中心，在弹出的"旋转"对话框中设置参数，单击"复制"，重复 2 次，完成后效果如图 15-108 所示。

Step 07 单击工具箱中的"钢笔工具" ✏，在画板中继续绘制图案 2，如图 15-109 所示。

图 15-107　　　　　　图 15-108　　　　　　图 15-109

Step 08 选中上步中绘制的图案 2，执行"对象 > 路径 > 偏移路径"命令，在弹出的"偏移路径"对话框中设置合适的参数，单击"确定"，如图 15-110 所示。

Step 09 上步完成后如图 15-111 所示。隐藏图案 2。选中偏移的路径，填充颜色，如图 15-112 所示。为便于管理，选中本步骤中填充颜色的图形，按 Ctrl+G 组合键将其编组。

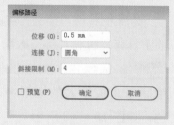

图 15-110

Step 10 选中编组图形，单击工具箱中的"旋转工具" ↻，按住 Alt 键拖动中心点至画板中心，在弹出的"旋转"对话框中设置参数，单击"复制"，重复 2 次，完成后效果如图 15-113 所示。

图 15-111　　　　　　图 15-112　　　　　　图 15-113

Step 11 单击工具箱中的"钢笔工具" ✏，在画板中继续绘制图案 3 如图 15-114 所示。

Step 12 选中上步中绘制的图案 3，在属性栏中填充颜色。鼠标右击，在弹出的菜单中，选择"建立复合路径"选项，完成后效果如图 15-115 所示。

Step 13 选中复合路径对象，单击工具箱中的"旋转工具" ，按住 Alt 键拖动中心点至画板中心，在弹出的"旋转"对话框中设置参数，单击"复制"，重复 2 次，完成后效果如图 15-116 所示。

图 15-114   图 15-115   图 15-116

至此，完成古典图案的绘制。

15.3 对象变换工具

在绘图过程中，常常需要对画板中的图形进行移动、旋转、镜像、缩放、倾斜、自由变换等操作，Illustrator软件中提供了多种对象变换工具帮助绘图。本节对对象变换工具进行讲解。

15.3.1 移动工具

单击工具箱中的"选择工具" ，选中要移动的对象，按住鼠标拖拽，即可将选中的对象移动，也可在选中对象后，按键盘的"↑""↓""←""→"键进行位置的微调。

若想精准地移动对象的位置，可以双击工具箱中的"选择工具" ，或者执行"对象 > 变换 > 移动"命令，或按Shift+Ctrl+M组合键，在弹出的"移动"面板中进行设置，设置完成后单击"确定"，如图15-117所示。

接下来，对"移动"面板中的选项进行讲解。

图 15-117

337

●位置：定义对象在画板上的水平定位位置和垂直定位位置。

●距离：定义对象移动的距离。

●角度：定义对象移动的方向。

●选项：当对象中填充了图案时，定义对象移动的部分。

15.3.2 旋转工具

选中画板中的对象，将鼠标移动至选中对象定界框的角点处，此时，鼠标变为↰状，按住鼠标拖动即可旋转对象，如图15-118所示。同时按Shift键，可以以45°角倍增进行旋转，如图15-119所示。

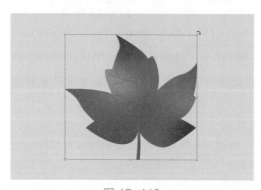

图 15-118

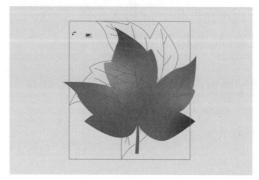

图 15-119

也可以选中画板中的对象，单击工具箱中的"旋转工具" ↻，或按R键，此时鼠标变为÷状，在画板中按住鼠标拖拽旋转，即可旋转对象，如图15-120所示。在选择旋转工具的状态下，选中的对象中心位置有个"中心点" ✛，"中心点"位置移动后旋转中心也会随之改变，如图15-121所示。

图 15-120

图 15-121

若想精准地旋转对象，可以双击工具箱中的"旋转工具" ↻，或执行"对象 > 变换 > 旋转"命令，在弹出的"旋转"对话框中设置参数，设置完成后单击"确定"，如图15-122所示。也可单击"复制"，即可将选中的对象复制一份并旋转，如图

图 15-122

15-123所示。

图 15-123

15.3.3　镜像工具

"镜像工具"  可以将选中的对象绕一条不可见的轴进行翻转。

选中要镜像的对象，单击工具箱中的"镜像工具"，鼠标在对象外侧拖动设置角度，释放鼠标后即可完成镜像，如图15-124、图15-125所示。

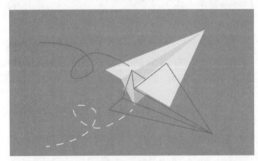

图 15-124

图 15-125

若想以精准的角度镜像对象，可双击工具箱中的"镜像工具"，或执行"对象 > 变换 > 对称"命令，在弹出的"镜像"对话框中设置参数，设置完成后单击"确定"，如图15-126所示。也可单击"复制"，即可将选中的对象复制一份并镜像，如图15-127所示。

图 15-126

图 15-127

15.3.4　比例缩放工具

"比例缩放工具" 可以在不改变对象基本形状的前提下，改变对象的尺寸。

选中要进行比例缩放的对象，单击工具箱中的"比例缩放工具"或按S键，然后按住鼠标进行拖拽，即可按比例缩放选中对象，如图15-128、图15-129所示。

图 15-128

图 15-129

若想精准地缩放对象，可以双击工具箱中的"比例缩放工具" ，或者执行"对象 > 变换 > 缩放"命令，在弹出的"比例缩放"对话框中设置参数，设置完成后单击"确定"，如图15-130所示。如图15-131所示为缩放后的效果。

图 15-130

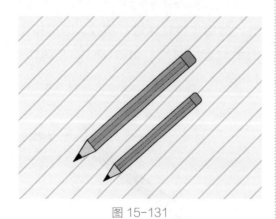

图 15-131

接下来，对"比例缩放"对话框中的部分选项进行讲解。

●等比：勾选"等比"选项，可以控制等比缩放的百分比。

●不等比：勾选"不等比"选项，可以分别设置水平和垂直缩放的百分比。

●比例缩放描边和效果：勾选"比例缩放描边和效果"复选框即可随对象一起对描边路径以及任何与大小相关的效果缩放进行缩放。

操作提示

选中要进行比例缩放的对象，单击工具箱中的"选择工具" ▶，将鼠标移动至选中对象的定界框角点处，按住鼠标进行拖拽也可缩放对象。按住Shift键拖拽可以等比缩放。

15.3.5 倾斜工具

"倾斜工具" ➦ 可以使所选对象沿水平方向或垂直方向倾斜，也可以按照特定角度倾斜对象。

选中需要倾斜的对象，单击工具箱中的"倾斜工具" ➦，按住鼠标进行拖拽，即可对所选对象进行倾斜处理，如图15-132、图15-133所示。

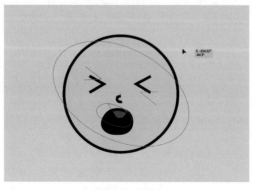

图 15-132

图 15-133

若想精准地倾斜对象，可以双击工具箱中的"倾斜工具"，或执行"对象 > 变换 > 倾斜"命令，在弹出的"倾斜"对话框中设置参数，设置完成后单击"确定"，如图15-134所示。也可单击"复制"，即可将选中的对象复制一份并倾斜，如图15-135所示。

图 15-134

图 15-135

接下来，对"倾斜"对话框中的选项进行讲解。

●倾斜角度：定义对象倾斜的角度。

●轴：定义对象倾斜轴。勾选"水平"选项，对象可以水平倾斜；勾选"垂直"选项，对象可以垂直倾斜；勾选"角度"选项，可以调节倾斜的角度。

●选项：该选项只有在对象填充了图案的时候才能使用。选择变换对象时将只能倾斜对象；选择变换图案时对象中填充的图案将会随着对象一起倾斜。

操作提示

在拖拽时，按住Shift键，即可以45°的倍数值进行倾斜。

15.3.6 整形工具

"整形工具" 可以通过简单的操作使对象产生变形的效果。

选中一段开放路径，单击工具箱中的"整形工具"，鼠标在路径上单击即可为路径增加锚点，拖拽锚点可使路径变形，如图15-136、图15-137所示。

图 15-136

图 15-137

若需要整形的对象是闭合路径，可以单击工具箱中的"直接选择工具" ，选中需要整形的对象的一段路径，如图15-138所示。然后单击工具箱中的"整形工具" ，鼠标在路径上操作即可使路径变形，如图15-139所示。

图 15-138

图 15-139

15.3.7　自由变换工具

"自由变换工具" 可以直接对矢量

图形进行旋转、倾斜、扭曲等操作。

选中需要进行自由变换的图形，单击工具箱中的"自由变换工具" ，会弹出一组隐藏的工具，如图15-140所示。从中可以选择需要用到的工具进行操作，如图15-141所示。

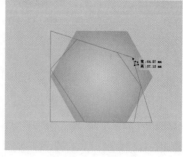

图 15-140　　　　　图 15-141

接下来，对隐藏的工具列进行讲解。

（1）限制

单击"限制" ，接着使用"自由变换工具" 进行缩放时，就会按等比缩放；旋转时，会按45°角倍增旋转；倾斜时，沿水平或者垂直方向倾斜。

（2）自由变换

单击"自由变换" ，可对选中的对象进行缩放、旋转、移动、倾斜等操作。当鼠标位于选中图形定界框角点时，鼠标变为 状，此时可缩放选中图形，如图15-142、图15-143所示。

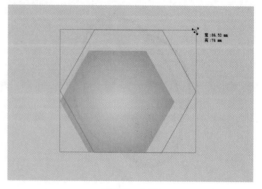

图 15-142

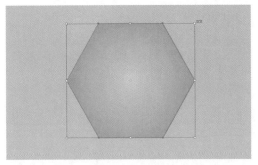

图 15-143

当鼠标位于选中图形定界框边缘时，鼠标变为┿状，此时可对选中对象进行倾斜操作，如图15-144、图15-145所示。

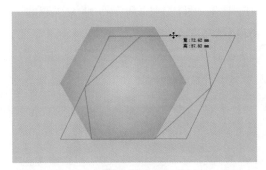

图 15-144

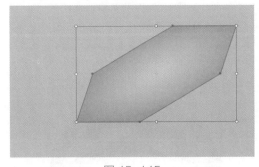

图 15-145

（3）透视扭曲

单击"透视扭曲"┗╗，拖动控制点可以使矢量图形产生透视效果，如图15-146所示。

（4）自由扭曲

单击"自由扭曲"┗╗，可以对矢量图形进行自由扭曲变形，如图15-147所示。

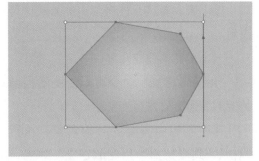

图 15-146

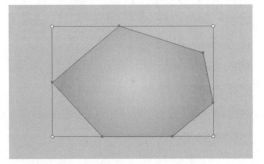

图 15-147

15.3.8 封套扭曲变形工具

封套扭曲可以对矢量图形和位图进行变形操作，去除封套后，进行封套扭曲的对象恢复原形态。Illustrator软件中建立封套扭曲的方式主要有用变形建立、用网格建立和用顶层对象建立三种，如图15-148所示。

图 15-148

343

接下来，对这三种封套扭曲方式进行讲解。

（1）用变形建立

"用变形建立"命令可以使图形按照特定的变形方式进行变形。

选中画板中需要变形的对象，执行"对象 > 封套扭曲 > 用变形建立"命令，在弹出的"变形选项"面板中设置参数，如图15-149所示。完成设置后，单击"确定"，如图15-150所示。

图 15-149

图 15-150

其中，"变形选项"面板中各选项作用如下。

●样式：定义不同的变形样式。

●水平/垂直：定义对象扭曲方向。如图15-151、图15-152所示分别为水平、垂直的变形效果。

图 15-151

图 15-152

●弯曲：定义对象弯曲程度。如图15-153、图15-154所示分别为"弯曲"为30%和50%的变形效果。

图 15-153

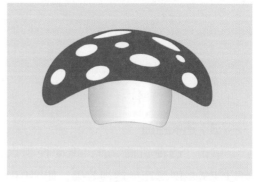

图 15-154

●水平扭曲：定义对象水平方向的透视扭曲变形程度。如图15-155、图15-156所示分别为"水平扭曲"为-30%和30%的变形效果。

Photoshop+Illustrator+CorelDRAW｜站式高效学习一本通

图 15-155

图 15-156

●**垂直扭曲**：定义对象垂直方向的透视扭曲变形程度。如图15-157、图15-158所示分别为"垂直扭曲"为-30%和30%的变形效果。

图 15-157

图 15-158

（2）用网格建立

"用网格建立"命令可以在需要变形的对象表面添加网格，通过更改网格点的位置来实现对象的变形。

选中画板中需要变形的图形，执行"对象＞封套扭曲＞用网格建立"命令，在弹出的"封套网格"对话框中设置参数，如图15-159所示。

图 15-159

设置完成后单击"确定"，即可在对象上看到封套网格。接着单击工具箱中的"直接选择工具" ▷，选中并拖动网格点即可对对象进行变形，如图15-160所示。

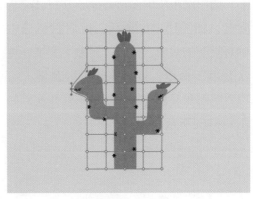

图 15-160

（3）用顶层对象建立

"用顶层对象建立"命令是以顶层对象为基本轮廓，去变换底层对象的形状。顶层对象需为矢量图形，底层对象可以是

345

矢量图形也可以是位图图形。

　　选中两个图形，如图15-161所示，执行"对象 > 封套扭曲 > 用顶层对象建立"命令，顶层对象会被隐藏，底层对象产生扭曲效果，如图15-162所示。

图 15-161　　　　　　图 15-162

　　若想取消封套效果，选中封套扭曲的对象，执行"对象 > 封套扭曲 > 释放"命令，即可将封套对象恢复至原形态，且保留封套部分。

15.3.9　再次变换对象

　　"再次变换"命令可以使对象重复上一次的变换进行变换。

　　选中画板中的图形对象，并将其旋转复制，如图15-163所示，此时默认选中的是复制的对象，执行"对象 > 变换 > 再次变换"命令，或按Ctrl+D组合键，可以看到对象又被旋转复制，重复几次，如图15-164所示。

图 15-163　　　　　　图 15-164

15.3.10　分别变换对象

　　"分别变换"命令可以使选中的多个对象按照各自的中心点进行单独变换。

　　选中多个对象，如图15-165所示。执行"对象 > 变换 > 分别变换"命令，或按Ctrl+Shift+Alt+D组合键，在弹出的"分别变换"对话框中设置参数，如图15-166所示。

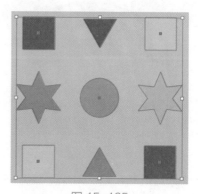

图 15-165

图 15-166

　　接着单击"确定"，即可对选中的对象分别变换，如图15-167所示。若在"分别变换"对话框中勾选了"随机"复选框，将对调整的参数进行随机变换，如图15-168所示。

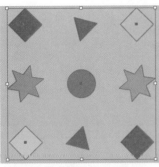

图 15-167

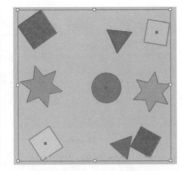

图 15-168

第 15 章　图形对象的编辑

 课堂练习 绘制闹钟

扫一扫 看视频

本案例将练习绘制一个闹钟，主要用到"椭圆工具" ◎ 、"直线段工具" ∕. 等工具，涉及的知识点包括旋转、移动等。

Step 01 新建一个 80mm×80mm 的空白文档，如图 15-169 所示。单击工具箱中的"矩形工具" ▢ ，绘制一个和画板等大的矩形，在属性栏中设置颜色，效果如图 15-170 所示。选中该矩形，执行"对象 > 锁定 > 所选对象"命令，锁定矩形。

图 15-169　　　　　　图 15-170

Step 02 单击工具箱中的"椭圆工具" ◎ ，在画板合适位置按住 Shift 键拖拽鼠标绘制正圆作为外框，在属性栏设置颜色，完成后效果如图 15-171 所示。

Step 03 选中上步中绘制的圆形外框，按住 Alt 键拖拽复制，调整下大小和位置，在属性栏中设置颜色，完成后效果如图 15-172 所示。

Step 04 继续复制外框作为钟面，选中钟面，调整排列顺序至顶层，单击工具箱中的"比例缩放工具" ☒ ，按住 Shift 键拖拽鼠标至合适位置，松开鼠标后，在属性栏中设置填充色，如图 15-173 所示。

图 15-171

图 15-172

图 15-173

Step 05 重复上述步骤，绘制指针中心，如图 15-174 所示。

Step 06 使用"直线段工具" /，绘制指针，如图 15-175 所示。

Step 07 使用"直线段工具" /，绘制直线段。选中绘制的线段，使用"旋转工具" ↻，按住Alt键将选中的线段中心点移至圆形中心点处，如图15-176所示。

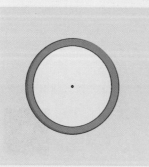
图 15-174

图 15-175

图 15-176

Step 08 在弹出的旋转对话框中设置参数，单击"复制"，效果如图 15-177 所示。

Step 09 接着执行"对象 > 变换 > 再次变换"命令，重复命令，如图 15-178、图 15-179 所示。

图 15-177

图 15-178

图 15-179

Step 10 使用"椭圆工具" ◯，在画板合适位置按住 Shift 键拖拽鼠标绘制正圆，并调整图层位置，如图 15-180 所示。

Step 11 复制圆形外框，使用"比例缩放工具" ▱，按住 Shift 键拖拽鼠标至合适位置，松开鼠标后效果如图 15-181 所示。

Step 12 选中上述两步中

图 15-180

图 15-181

绘制的正圆和复制的圆形外框，执行"窗口 > 路径查找器"命令，在弹出的"路径查找器"面板中选择"减去顶层"，得到闹铃，效果如图 15-182 所示。

图 15-182

Step 13 选中闹铃，使用"镜像工具" ⋈，按住 Alt 键将圆形中心点移至钟面的中轴线上，在弹出的"镜像"对话框中设置参数，设置完成后单击"确定"，如图 15-183 所示。

Step 14 使用"矩形工具" ▫，绘制矩形并镜像复制，如图 15-184 所示。

Step 15 继续绘制矩形，如图 15-185 所示。

图 15-183　　　　　　图 15-184　　　　　　图 15-185

Step 16 使用"椭圆工具" ⬭，绘制圆形，如图 15-186 所示。

Step 17 使用"钢笔工具" ✐，在合适位置绘制高光，如图 15-187 所示。

Step 18 重复上步骤，绘制高光图形，如图 15-188 所示。

图 15-186　　　　　　图 15-187　　　　　　图 15-188

Step 19 使用"椭圆工具" ⬭，绘制圆形，如图 15-189 所示。

Step 20 执行"效果 > 风格化 > 羽化"命令，打开"羽化"对话框。在对话框中设置参数，设置完成后效果如图 15-190 所示。在属性栏中设置不透明度，为图像添加透明效果，完成后效果如图 15-191 所示。

图 15-189

图 15-190

图 15-191

至此，完成闹钟的绘制。

15.4 混合工具

"混合工具" 可以在多个矢量对象之间生成一系列的中间对象，从而达到颜色的混合以及形状的混合。

15.4.1 创建混合

创建混合有使用"混合工具" 和执行"对象 > 混合"命令两种方式。本节将通过实例的制作对混合工具进行介绍。

课堂练习 制作毛绒数字

本案例将通过绘制毛绒数字来讲解混合工具的应用，主要用到的工具包括钢笔工具、椭圆工具等，涉及的知识点包括混合工具的应用以及效果的添加。

扫一扫 看视频

Step 01 打开 Illustrator 软件，新建一个 80mm×60mm 的空白文档。单击工具箱中的"矩形工具" ，绘制与画板等大的矩形并填色，如图 15-192 所示。

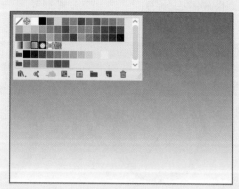

图 15-192

Step 02 选中绘制的矩形，按 Ctrl+C 组合键复制，按 Ctrl+F 组合键贴在前面，调整复制对象大小，如图 15-193 所示。选中两个矩形对象，执行"对象>锁定>所选对象"命令，锁定对象。

图 15-193

Step 03 按住 Shift 键，使用"椭圆工具" ○ 在画板中绘制正圆，在属性栏中调整合适的渐变填充，如图 15-194 所示。选中绘制的正圆，按住 Alt 键拖拽复制，如图 15-195 所示。

图 15-194

图 15-195

Step 04 双击工具箱中的"混合工具" ， 在弹出的"混合选项"对话框中设置参数，如图 15-196 所示。设置完成后单击"确定"，在两个正圆上分别单击，创建混合，如图 15-197 所示。

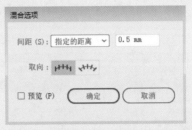

图 15-196

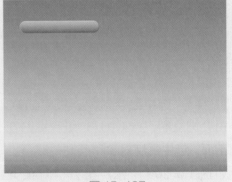

图 15-197

知识点拨

建立混合的对象可以选择多个。

Step 05 选择画面中的混合对象，可以看到两个选中对象之间有一个线段，这个线段叫作混合轴，如图 15-198 所示。

Step 06 混合轴还可被其他复杂的路径替换。使用钢笔工具在画板中绘制路径，如图 15-199 所示。

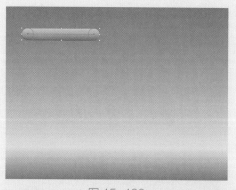

图 15-198

图 15-199

Step 07 选中混合对象，按 Ctrl+C 组合键复制，按 Ctrl+F 组合键贴在前面。选中复制对象和绘制的路径，如图 15-200 所示。执行"对象 > 混合 > 替换混合轴"命令，此时混合轴被所选路径替换，如图 15-201 所示。

图 15-200

图 15-201

Step 08 选中路径混合对象，执行"效果 > 扭曲和变换 > 粗糙化"命令，打开"粗糙化"对话框，在该对话框中设置参数，如图 15-202 所示。完成后单击"确定"按钮，效果如图 15-203 所示。

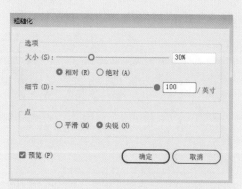

图 15-202

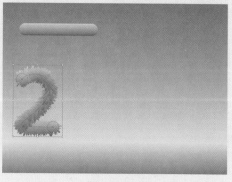

图 15-203

Step 09 选中添加了效果的对象，按住 Alt 键拖拽复制，如图 15-204 所示。

知识点拨

默认情况下,混合轴是一条直线。像路径一样,混合轴也可以使用钢笔工具组中的工具和直接选择工具进行调整,调整后混合对象的排列即会发生相应的变换。

Step 10 使用"直接选择工具" ▷,调整复制对象的混合轴,效果如图 15-205 所示。

图 15-204

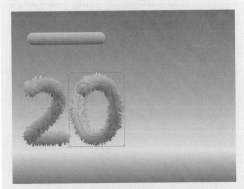

图 15-205

Step 11 选中调整了混合轴的混合对象,执行"对象 > 混合 > 反向混合轴"命令,使混合轴发生翻转,改变混合顺序,效果如图 15-206 所示。

Step 12 选中添加了效果的混合对象,按住 Alt 键拖拽复制,如图 15-207 所示。

图 15-206

图 15-207

Step 13 混合对象具有堆叠顺序,选择最右端的混合对象,如图 15-208 所示。执行"对象 > 混合 > 反向堆叠"命令,改变混合对象的堆叠顺序,效果如图 15-209 所示。

图 15-208

图 15-209

知识点拨

创建混合后，形成的混合对象是一个由图形和路径组成的整体。"扩展"会将混合对象混合分割为一系列独立的个体。

Step 14 选择混合对象，执行"对象 > 混合 > 扩展"命令，扩展混合对象，如图 15-210 所示。

图 15-210

Step 15 被拓展的对象为一个编组，选中编组，鼠标双击进入编组模式，即可对单个对象进行调整，如图 15-211 所示。

图 15-211

至此，完成混合工具应用的讲解。

知识点拨

若想取消混合效果，执行"对象 > 混合 > 释放"命令，即可释放混合对象。

15.4.2 设置混合间距与取向

双击混合工具，弹出"混合工具"面板，对混合选项面板的"间距"和"取向"进行设置，如图 15-212所示。

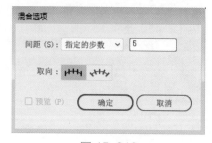

图 15-212

"混合选项"对话框中的"间距"参数用于定义对象之间的混合方式，可以选择平滑颜色、指定的步骤和指定的距离三种混合方式。

● 平滑颜色：自动计算混合的步骤数。如果对象是使用不同颜色进行的填色或描边，则计算出的步骤数将是为实现平滑颜色过渡而取的最佳步骤数。如果对象包含相同的颜色，或包含渐变或图案，则步骤数将根据两对象定界框边缘之间的最长距离计算得出。

● 指定的步骤：用来控制混合开始与混合结束之间的步骤数。

● 指定的距离：用来控制混合步骤之间的距离。指定的距离是指从一个对象边缘起到下一个对象相对应边缘之间的距离。

📑 课堂练习 制作文字堆砌效果

本案例将练习用混合工具绘制文字堆砌，主要用到的工具有"文字工具" **T** 等，涉及的主要知识点包括混合选项等。

扫一扫 看视频

Step 01 新建一个 100mm×100mm 空白文档。双击工具箱中的"矩形工具" ■，在画板中任意处单击，在弹出的"矩形"框中设置参数，如图 15-213、图 15-214 所示。

Step 02 选中矩形，执行"效果 > 3D > 凸出与斜角"命令，弹出的"3D 凸出和斜角选项"对话框，在对话框中设置参数，如图 15-215 所示。设置完成后单击"确定"，效果如图 15-216 所示。

图 15-213

图 15-214

图 15-215

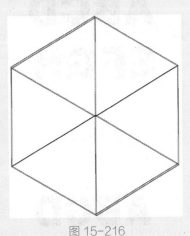
图 15-216

Step 03 复制矩形，如图 15-217 所示。并移动复制的矩形至合适位置，如图 15-218 所示。选中绘制的矩形，执行"对象 > 锁定 > 所选对象"命令，锁定矩形。

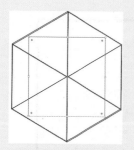
图 15-217

图 15-218

Step 04 单击工具箱中的"文字工具"**T**，在画板中输入文字，在属性栏中设置参数如图 15-219 所示。

Step 05 选中文字，鼠标右击，在弹出的菜单中，选择"创建轮廓"选项，完成后效果如图 15-220 所示。继续鼠标右击，在弹出的菜单中，选择"取消编组"选项。选中全部文字在属性栏中设置描边白色。

图 15-219

图 15-220

Step 06 选中"ABCD"文字，执行

"效果 > 3D > 凸出与斜角"命令，在弹出的"3D 凸出和斜角选项"对话框中设置参数，如图 15-221 所示。设置完成后单击"确定"，效果如图 15-222 所示。

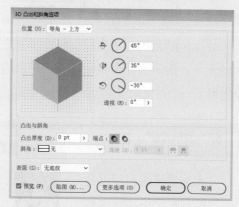
图 15-221

图 15-222

Step 07 重复上述操作，调整"EFGH"文字效果，如图 15-223、图 15-224 所示。

图 15-223

图 15-224

Step 08 调整字母至合适位置，如图 15-225 所示。

Step 09 复制一个 "B" 字母移动至合适位置，如图 15-226 所示。调整字母排列顺序。

图 15-225

图 15-226

Step 10 双击工具箱中的 "混合工具" ，在弹出的 "混合选项" 对话框中设置参数，如图 15-227 所示。设置完成后单击 "确定"，然后字母

"B" 上分别单击，即可创建混合，如图 15-228 所示。

图 15-227

图 15-228

Step 11 重复上述步骤，如图 15-229、图 15-230 所示。

图 15-229

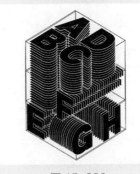

图 15-230

Step 12 执行"对象 > 全部解锁"命令，解锁矩形。选中矩形并删除，如图 15-231 所示。

图 15-231

Step 13 选中混合对象，在工具箱中设置其颜色，如图 15-232 所示。

图 15-232

至此，完成文字堆砌的制作。

15.5 透视图工具

若想绘制带有透视感的图形，可以利用Illustrator软件中的"透视网格工具"得到透视效果的矢量图形。

单击工具箱中的"透视网格工具" ，可以在画板中显示出透视网格，如图15-233所示。同时，窗口左上角会出现一个平面切换构件，如图15-234所示，用于帮助用户切换网格平面。

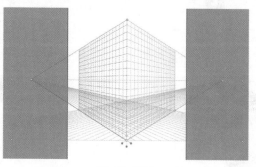

图 15-233

图 15-234

操作提示

按"1"键可以选中左侧网格平面；按"2"键可以选中水平网格平面；按"3"键可以选中右侧网格平面；按"4"键可以选中无活动的网格平面。

在透视网格开启的状态下，绘制的图形将自动沿网格透视进行变形，如图15-235、图15-236所示。

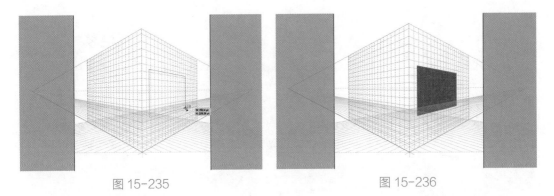

图 15-235　　　　　　　　　　　　　　　图 15-236

使用"透视选区工具" 可将已有图形拖拽到透视网格中，呈现出透视效果。单击工具箱中的"透视选区工具" ，选中需要透视的图形，按住鼠标直接拖拽进入网格中即可。

若想去除透视效果，执行"对象 > 透视 > 通过透视释放"命令，即可取消透视。

综合实战　制作茶叶标志设计

本案例将练习绘制一款标志，主要用到的工具包括"钢笔工具" 等，涉及的知识点包括编组等。

Step 01 新建一个 80mm×80mm 的空白文档，如图 15-237 所示。使用"矩形工具" ，绘制一个和画板等大的矩形作为背景，在属性栏中设置颜色，效果如图 15-238 所示。选中该矩形，按 Ctrl+2 组合键，锁定矩形。

图 15-237

图 15-238

Step 02 使用"钢笔工具" ，在画板中绘制图案 1，如图 15-239 所示。

Step 03 选中上步中绘制的图案 1，双击工具箱中的"渐变工具" ，在弹出的"渐变"面板中单击"任意形状渐变" ，并选择点模式，为图案 1 填充渐变，在属性栏中设置图案 1 描边无，效果如图 15-240 所示。

Step 04 使用"钢笔工具" ，在画板中绘制图案 2 和图案 3，如图 15-241 所示。

359

图 15-239　　　　　　　　图 15-240　　　　　　　　图 15-241

Step 05 选中上步中绘制的图案 2，双击工具箱中的"渐变工具" ■，在弹出的"渐变"面板中单击"任意形状渐变" ■，并选择点模式，为图案 2 填充渐变，在属性栏中设置图案 2 描边无，效果如图 15-242 所示。

Step 06 选中图案 2、图案 3，鼠标右击在弹出的下拉菜单中选择"建立混合路径"选项，如图 15-243 所示。完成后效果如图 15-244 所示。

图 15-242　　　　　　　　图 15-243　　　　　　　　图 15-244

Step 07 使用"钢笔工具" ■，在画板中绘制图案 4，如图 15-245 所示。

Step 08 选中图案 4，在"渐变"面板中单击"任意形状渐变" ■，并选择点模式，为图案 4 填充渐变，在属性栏中设置图案 4 描边无，效果如图 15-246 所示。

Step 09 重复上述操作，绘制图案，如图 15-247 所示。

图 15-245　　　　　　　　图 15-246　　　　　　　　图 15-247

Step 10 使用"椭圆工具" ◯ ，在画板合适位置绘制椭圆作为高光，如图 15-248 所示。

Step 11 选中绘制的高光，在"渐变"面板中单击"任意形状渐变" ▣ ，并选择点模式，为高光填充渐变，在属性栏中设置高光描边无，效果如图 15-249 所示。选中所有绘制图案，按 Ctrl+G 组合键，将其编组。

Step 12 使用"钢笔工具" ✐ ，在画板中绘制图案 5，如图 15-250 所示。

图 15-248

图 15-249

图 15-250

Step 13 选中图案 4，在"渐变"面板中单击"任意形状渐变" ▣ ，并选择点模式，为图案 5 填充渐变，在属性栏中设置图案 5 描边无，效果如图 15-251 所示。

Step 14 选中高光，按住 Ctrl+C 组合键，接着按 Ctrl+F 组合键，在画板中复制高光，如图 15-252 所示。

Step 15 调整复制图形位置及大小，完成后效果如图 15-253 所示。

图 15-251

图 15-252

图 15-253

至此，茶叶标志绘制完成。

课后作业 / 绘制灯泡插图

项目需求

受某企业委托制作一份灯泡插图，要求插图与企业品牌、企业理念搭配，具有画面感和品质感。

项目分析

背景选用冷色调，更容易衬托主体，给人以温暖的感觉；制作阴影暗部，更具有真实感；灯泡各部位中间留有间隙，给人以留白韵味。

项目效果

效果如图15-254所示。

图 15-254

操作提示

Step01：使用矩形工具绘制背景。

Step02：使用椭圆工具与圆角矩形工具绘制灯泡主体。

Step03：通过路径查找器制作阴影部分。

Step04：绘制装饰物。

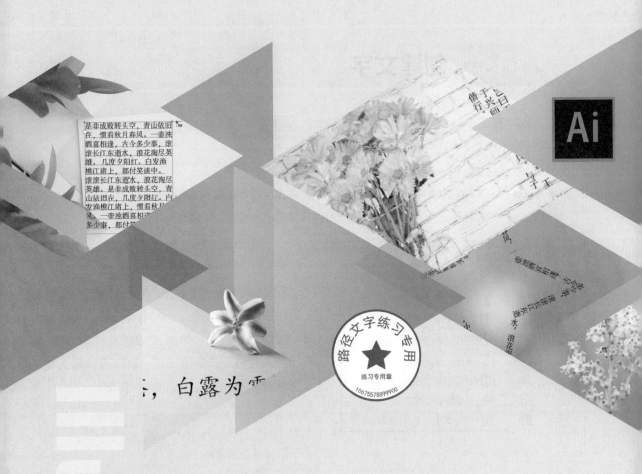

第 16 章
文字的应用与编辑

★ 内容导读

本章主要针对 Illustrator 软件中的文字工具进行讲解。文字在平面设计中是非常重要的元素。海报、折页、宣传图等的设计基本离不开文字工具的修饰。学会应用文字工具，可以帮助用户更好地设计作品。

⚙ 学习目标

○ 学会创建文字
○ 学会设置文字的方法
○ 学会文字的编辑与处理

鼠标右击工具箱中的"文字工具" T，在弹出的工具组中可以选择"文字工具" T、"区域文字工具" T、"路径文字工具" ✎、"直排文字工具" ⬇T、"直排区域文字工具" T、"直排路径文字工具" ✎和"修饰文字工具" T7种工具，如图16-1所示。

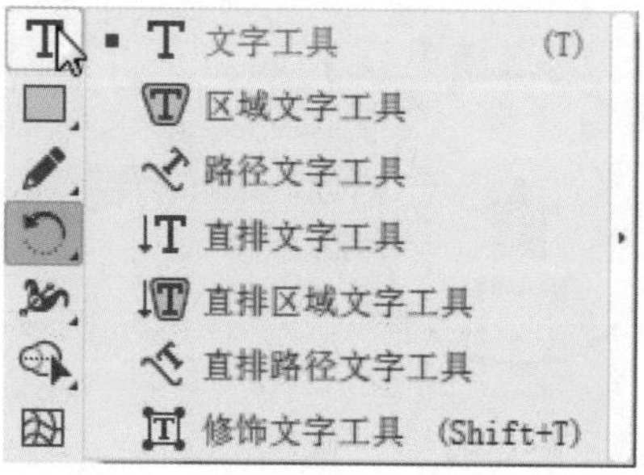

T	▪ T 文字工具	(T)
口	T 区域文字工具	
✐	✎ 路径文字工具	
⬇	⬇T 直排文字工具	▸
🔏	T 直排区域文字工具	
🐛	✎ 直排路径文字工具	
田	T 修饰文字工具	(Shift+T)

图 16-1

16.1.1 创建文本

在文字工具组中，主要用于创建文字的工具是"文字工具" T与"直排文字工具" ⬇T、"区域文字工具" T与"直排区域文字工具" T、"路径文字工具" ✎与"直排路径文字工具" ✎。

这六种文字工具两两相对，每一对的使用方法均相同，区别只在于文字方向是横向还是纵向。其中，"文字工具" T用于制作点文字和段落文字；"区域文字工具" T用于制作区域文字；"路径文字工具" ✎用于制作路径文字。

"修饰文字工具" T可以在保持文字原有属性的状态下对单个字符进行编辑处理，常用于变形艺术字的制作。

16.1.2 创建点文字

"文字工具" T可用于创建点文字。点文字的特点是不会换行，若想换行，按Enter键即可。

单击工具箱中的"文字工具" T，在画板中要创建文字的位置单击，将自动出现一行被选中的文字，即占位符，在属性栏中设置字体样式、大小等参数，可以直接观察到效果，如图16-2所示。

调整至合适效果后，可以直接输入文字替换掉占位符，如图16-3所示。

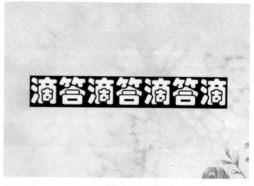

图 16-2

图 16-3

"直排文字工具" ⬇T也可用于创建点文字，但是"直排文字工具" ⬇T创建的文字是自上而下纵向排列的，如图16-4、图16-5所示。

图 16-4

图 16-5

文字编辑完成后，按Esc键即可退出文字编辑。

16.1.3　创建段落文字

若想创建段落文字，鼠标单击工具箱中的"文字工具" T ，在画板中要创建文字的位置单击并拖拽鼠标绘制文本框，如图16-6所示。松开鼠标后，文本框内自动出现占位符，在属性栏中设置参数后，输入文字即可，如图16-7所示。

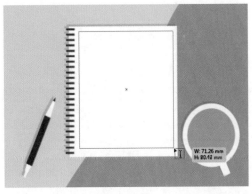

图 16-6

图 16-7

在文本框内输入文字时，文字会被局限在文本框中，但排列至文本框边缘时即自动换行，这段文字被称为段落文字。

"直排文字工具" 也可用于创建段落文字，但是"直排文字工具" 创建的文字是自右向左垂直排列的，如图16-8、图16-9所示。

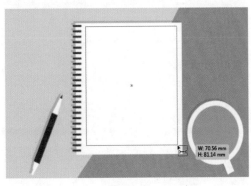

图 16-8

图 16-9

16.1.4 创建区域文字

"区域文字工具" ⓣ可以在矢量图形构成的区域范围内添加文字，且文字被限定在该区域范围内。

单击工具箱中的"区域文字工具" ⓣ，然后将鼠标移至路径上方，光标变为⑤状，如图16-10所示。此时单击路径，即可将路径转为文字区域，区域内自动出现占位符，在属性栏中调整参数后输入文字，如图16-11所示。

图 16-10

图 16-11

选中区域文字对象，执行"文字 > 区域文字 > 区域文字选项"命令，在弹出的"区域文字选项"对话框中可对区域文字对象进行调整，如图16-12、图16-13所示。

图 16-12

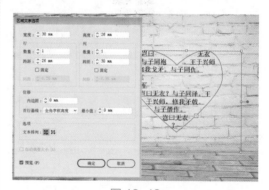

图 16-13

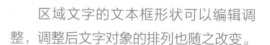

操作提示

区域文字的文本框形状可以编辑调整，调整后文字对象的排列也随之改变。

"直排区域文字工具" ⓣ使用方法同上，但是"直排区域文字工具" ⓣ创建的区域文字是自右向左垂直排列的，如图16-14、图16-15所示。

图 16-14

图 16-15

图 16-16

图 16-17

"区域文字"和"段落文字"比较相似，都是被限定在某个区域内，但是"段落文字"只有矩形文本框一个限定框，而"区域文字"的外框可以是任何图形。

16.1.5　创建路径文字

单击工具箱中的"路径文字工具" ，将鼠标置于路径上，此时光标为 ↙ 状，如图16-16所示。此时单击路径，路径上显示占位符，在属性栏中调整参数后输入文字，如图16-17所示。鼠标单击位置即为文字起点。

单击工具箱中的"选择工具" ▶，将鼠标移至路径文字起点位置，待鼠标变为 ↳ 状时，按住鼠标拖拽可调整路径文字起点位置；将鼠标移至路径文字终点位置，待鼠标变为 ↳ 状时，按住鼠标拖拽可调整路径文字终点位置。

选择路径文字对象，执行"文字 > 路径文字 > 路径文字选项"命令，在弹出的"路径文字选项"对话框中可对路径文字对象进行调整，如图16-18、图16-19所示。

图 16-18

图 16-19

"直排路径文字工具" ✎ 使用方法同上，但是"直排路径文字工具" ✎ 创建的区域文字是纵向在路径上排列的，如图16-20、图16-21所示。

图 16-20

图 16-21

16.1.6 插入特殊字符

输入文字时，若想插入特殊字符，

可以执行"窗口 > 文字 > 字形"命令，在弹出的"字形"面板中即可选择不同的特殊字符，如图16-22所示。

图 16-22

选中需要的字符双击即可插入到当前插入符的位置。有的字符右下角带有向右的小箭头，表示这个字符有其他形式可以选择，点开之后单击其中一种即可插入至文档中。

📑 **课堂练习** 使用路径文字制作印章

本案例将练习绘制印章图形，主要用到的工具有"路径文字工具" ✎ 、"椭圆工具" ⬭ 等。

扫一扫 看视频

Step 01 新建一个 60mm×60mm 的空白文档。单击工具箱中的"椭圆工具" ⬭ ，在画板空白位置处单击绘制一个圆形 1，如图 16-23 所示。在属性栏中设置圆形 1 的描边与颜色，设置完成后如图 16-24 所示。

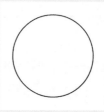

图 16-23

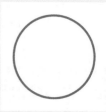

图 16-24

Step 02 选中上步中绘制的圆形 1，执行"编辑 > 复制"命令，接着执行"编

辑 > 粘贴"命令，在画板中复制出圆形 2，如图 16-25 所示。

Step 03 使用"路径文字工具" <img>，将鼠标置于圆形 2 路径上，此时光标为 状，
单击圆形 2 路径，路径上显示占位符，如图 16-26 所示。

Step 04 在属性栏中调整参数后输入文字，如图 16-27 所示。

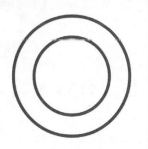

图 16-25   图 16-26   图 16-27

Step 05 重复上述操作，绘制路径文字，如图 16-28 所示。

Step 06 使用"文字工具" T，在圆形 1 内部绘制点文字，如图 16-29 所示。

Step 07 使用"星形工具" <img>，在画板中合适位置处单击绘制星形，并填充颜色，
如图 16-30 所示。

图 16-28   图 16-29   图 16-30

至此，完成印章的绘制。

16.2 设置文字

　　文字的基本属性包括字体、字号、颜色、排列方式等，这些属性既可以在输入文字
前在属性栏中设置，也可以使用"字符"面板和"段落"面板进行调整。本节主要针对
如何设置文字的基础属性来进行讲解。

（1）设置字体

单击工具箱中的"文字工具" T，在属性栏中设置颜色。单击字符选项后侧的 ⌄ 形，在下拉菜单中选择字体，在设置文字大小的选项中输入数值，如图16-31所示。

接着在画板中单击并输入文字，此时文字属性与属性栏中的参数一致，如图16-32所示。输入文字时，按Enter键可以换行，按Esc键可以退出文字编辑状态。若需要移动变换文字，首先需要退出文字编辑状态。

图 16-31

图 16-32

（2）设置字号

退出文字编辑后，若仍需要对单个文字字号等进行修改，可以单击工具箱中的"文字工具" T，在需要修改的文字前后单击插入光标，然后鼠标向文字方向拖拽选中需要修改的文字，如图16-33所示。选中文字后，在属性栏中即可修改文字字号，如图16-34所示。

图 16-33

图 16-34

若想修改所有文字的字号，单击工具箱中的"选择工具" ▶，选中文字即可在属性栏中修改字号。

（3）设置颜色

若需要更改文字颜色，可以选中文字后在属性栏进行更改，也可以利用拾色器工具在"颜色"面板、"色板"面板中为文字更改颜色，如图16-35、图16-36所示。

图 16-35

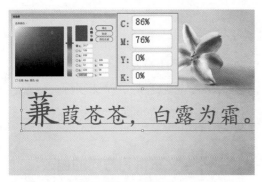

图 16-36

16.2.2 "字符"面板的应用

选中文字对象，执行"窗口 > 文字 > 字符"命令，或按Ctrl+T组合键，在弹出的"字符"面板中即可进行更加丰富的参数设置，如图16-37所示。

图 16-37

其中，各选项的作用如下。

●设置字体系列：在下拉列表中可以选择文字的字体。

●设置字体样式：设置所选字体的字体样式。

●设置字体大小 🇹🇹：在下拉列表中可以选择字体大小，也可以输入自定义数字。

●设置行距 🇦 ：用于设置字符行之间的间距大小。

●垂直缩放 🇹🇹：用于设置文字的垂直缩放百分比。

●水平缩放 🇹 ：用于设置文字的水平缩放百分比。

●设置两个字符间距微调 🇻🇦：用于微调两个字符间的间距。

●设置所选字符的字距调整 🇻🇦：用于设置所选字符的间距。

●比例间距 🇦 ：用于设置字符的比例间距。

●插入空格（左）🇧 ：用于在字符左端插入空格。

●插入空格（右）🇧 ：用于在字符右端插入空格。

●设置基线偏移 🇦 ：用来设置文字与文字基线之间的距离。

●字符旋转 🇹 ：用于设置字符旋转角度。

● 🇹🇹 Tr T¹ T₁ T F：用于设置字符效果。

●语言：用于设置文字的语言类型。

●设置消除锯齿方法 🇦 ：用于设置文字消除锯齿的方式。

16.2.3 "段落"面板的应用

选中文字对象，执行"窗口 > 文字 > 段落"命令，在弹出的"段落"面板中可以修改段落文字或多行的点文字段的对齐方式、缩进方式等参数，如图16-38所示。

图 16-38

其中，部分选项的作用如下。

●左对齐 ≡：文字将与文本框的左侧对齐。

●居中对齐 ≡：文字将按照中心线和文本框对齐。

●右对齐 ≣：文字将与文本框的右侧对齐。

●两端对齐，末行左对齐 ≣：将在每一行中尽量多地排入文字，行两端与文本框两端对齐，最后一行和文本框的左侧对齐。

●两端对齐，末行居中对齐 ≣：将在每一行中尽量多地排入文字，行两端与文本框两端对齐，最后一行和文本框的中心线对齐。

●两端对齐，末行右对齐 ≣：将在每一行中尽量多地排入文字，行两端与文本框两端对齐，最后一行和文本框的右侧对齐。

●全部两端对齐 ≣：文本框架中的所有文字将按照文本框架两侧进行对齐，中间通过添加字间距来填充，文本的两侧保持整齐。

●左缩进 ⊪：在文本框中输入相应数值，文本的左侧边缘向右侧缩进。

●右缩进 ⊪：在文本框中输入相应数值，文本的右侧边缘向左侧缩进。

●首行左缩进 ⁎≣：在文本框中输入相应数值，段落的第一行从左向右缩进一定距离。

●段前间距 ⁎≣：在文本框中输入相应数值，设置段前间距。

●段后间距 ⁎≣：在文本框中输入相应数值，设置段后间距。

●避头尾集：设定不允许出现在行首或行尾的字符。该功能只对段落文字或区域文字有效。

●标点挤压集：用于设定亚洲字符、罗马字符、标点符号、特殊字符、行首、行尾和数字之间的间距。

16.2.4 文本排列方向的更改

执行"文字 > 文字方向"命令，可以更改文本排列的方向。

选中画板中的文字对象，如图16-39所示。执行"文字 > 文字方向 > 垂直"命令，即可将文字排列方向由水平更改为垂直，如图16-40所示。

图16-39

图16-40

📝 **课堂练习** 制作一张书籍内页

本案例将练习制作一张书籍内页，主要用到的工具有"文字工具" T 等，涉及的知识点包括"字符"面板以及"段落"面板等。

扫一扫 看视频

Step 01 新建一个 210mm×285mm 大小的空白文档。单击工具箱中的"矩形工具"▢，在画板中绘制一个与画板等大的矩形 1，在属性栏中设置参数，完成后效果如图 16-41 所示。

Step 02 继续在画板中绘制矩形 2，图 16-42 所示。

Step 03 使用"直排文字工具"↓T，在画板中合适的位置单击，在属性栏中设置字体和大小，完成后效果如图 16-43 所示。

Step 04 执行"文件>置入"命令，选择素材"书籍插图 .jpg"将其嵌入到画板中合适位置，并调整大小，如图 16-44 所示。

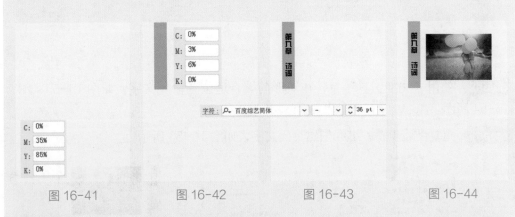

| 图 16-41 | 图 16-42 | 图 16-43 | 图 16-44 |

Step 05 使用"文字工具" T，在画板中合适位置单击并拖拽鼠标绘制文本框，如图 16-45 所示。松开鼠标后，文本框内自动出现占位符，如图 16-46 所示。

Step 06 在文本框内输入文字，如图 16-47 所示。

Step 07 选中文字对象，执行"窗口>文字>字符"命令，在弹出的"字符"面板中设置字体为楷体，字号 14pt，效果如图 16-48 所示。

Step 08 双击文本对象，按 Enter 键调整一下换行，图 16-49 所示。

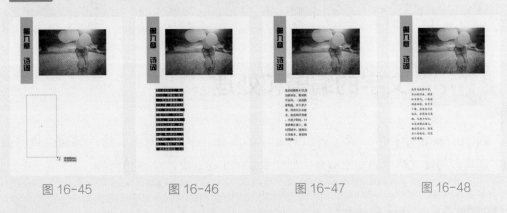

| 图 16-45 | 图 16-46 | 图 16-47 | 图 16-48 |

Step 09 选中文字对象，执行"窗口>文字>段落"命令，在弹出的"段落"面板中设置文字"居中对齐"≡，如图 16-50 所示。

Step 10 重复上述操作，输入另一段文本对象，如图 16-51 所示。

Step 11 使用"矩形工具" ▢，在画板中合适位置绘制矩形，在属性栏中设置颜色，完成后如图 16-52 所示。

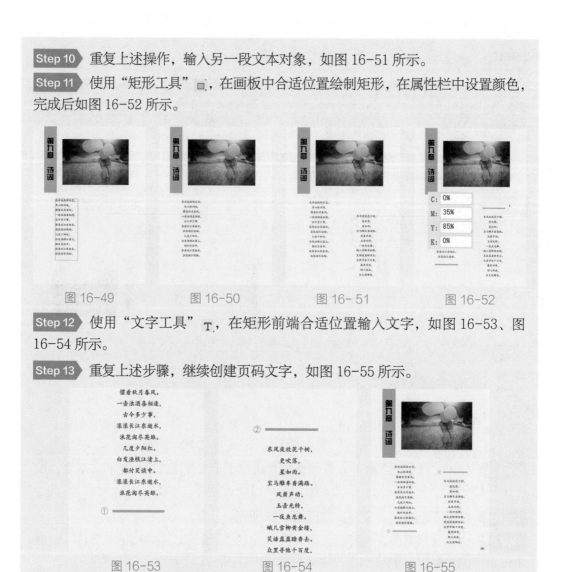

图 16-49   图 16-50   图 16- 51   图 16-52

Step 12 使用"文字工具" T，在矩形前端合适位置输入文字，如图 16-53、图 16-54 所示。

Step 13 重复上述步骤，继续创建页码文字，如图 16-55 所示。

图 16-53   图 16-54   图 16-55

至此，完成书籍内页的绘制。

16.3 文字的编辑和处理

在Illustrator软件中，除了可以对文字的字体、字号、对齐、缩进等属性进行调整，还可以修改文档中的文本信息，如文本框的串接、文字绕图排列等。

16.3.1 文本框的串接

文本串接是指将多个文本框连接起来，形成一系列的文本框。被串接的文本处于相通状态，若其中一个文本框的尺寸缩小，多余的文字将显示在缩小文本框的后一个文本框中。杂志或者书籍中文字分栏的效果大多是通过文本串接制作而成的。

（1）建立文本串接

当文本框内的文字超出文本框时，文本框右下角会出现溢出标记 ⊞，此时可以通过文本串接，将未显示完全的文本在其他区域显示。

单击工具箱中"选择工具" ▶，将鼠标光标移至溢出标记 ⊞ 处，光标变为 ▶ 状时单击溢出标记 ⊞，然后移动至画板中的空白处，此时光标变为 ▷ 状，如图16-56所示。在空白处单击，即出现一个新的文本框且与原文本框串接，如图16-57所示。

图 16-56

图 16-57

若是两个独立的文本框想要串接，可以选中两个文本框，如图16-58所示。执行"文字 > 串接文本 > 创建"命令，即可串接两个独立文本框，如图16-59所示。

图 16-58

图 16-59

（2）释放文本串接

释放文本串接就是解除串接关系，使文字集中到一个文本框内。

在文本串接的状态下，选中一个需要释放的文本框，如图16-60所示。执行"文字 > 串接文本 > 释放所选文字"命令，选中的文本框将释放文本串接变为空的文本框，按Delete键删除即可，如图16-61所示。

图 16-60

图 16-61

操作提示

在选中文本框的情况下，也可以将光标移动至文本框的口处，光标变为状时单击，此时光标变为状，如图16-62所示。单击鼠标即可释放串接，默认后一个文本框被释放变为空的文本框，按Delete键删除即可，如图16-63所示。或者直接选中要释放的文本框，按Delete键删除即可。

图 16-62

图 16-63

（3）移去文本串接

移去文本串接是解除文本框之间的串接关系，使之成为独立的文本框，且文本将保留在原位置。

选择串接的文本，如图16-64所示。执行"文字 > 串接文本 > 移去串接文字"命令，文本框即可解除串接关系，如图16-65所示。

图 16-64

图 16-65

知识点拨

选中多个文本框可以利用"对齐"面板调整各个文本框的对齐与分布。在串接的状态下，调整任何一个文本框的大小，其他文本框也会随之发生相应的改变。

16.3.2 查找和替换文字字体

执行"文字 > 查找字体"命令，在弹

出的"查找字体"对话框中可以快速地选中文本中相同字体的文字对象，也可以批量更改选中文字的字体。

（1）查找文字字体

选中段落文字，执行"文字 > 查找字体"命令，在弹出的"查找字体"对话框中，选中"文档中的字体"列表中的任一字体，然后单击"查找"，如图16-66所示。文档中用到该字体的文字会被选中，如图16-67所示。

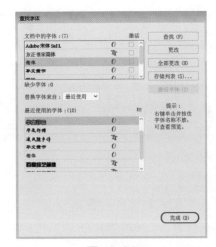

图 16-66

图 16-67

（2）替换文字字体

在"文档中的字体"列表中选择要替换的字体，在"系统中的字体"列表中选择一种字体，单击"更改"，即可将选中的文字字体替换为选择的字体，如图16-68、图16-69所示。

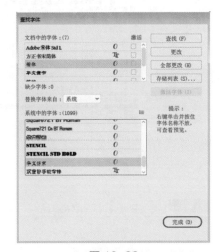

图 16-68

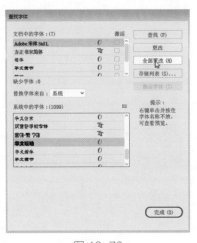

图 16-69

单击"全部更改"，即可将文档中所有该字体的文字替换为另一种字体，如图16-70、图16-71所示。

图 16-70

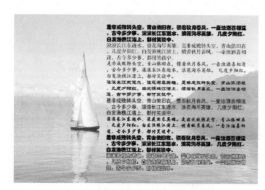

图 16-71

16.3.3 文字大小写的替换

文字大小写主要针对的是包含有英文字母的文档，通过一些命令快速地调整字母的大小写。

选中要更改的字符或文字对象，执行“文字 > 更改大小写”命令，在弹出的子菜单中执行“大写”“小写”“词首大写”或“句首大写”命令，即可快速更改所选文字对象，如图16-72、图16-73所示。

文字(T) 选择(S) 效果(C) 视图(V) 窗口(W) 帮助(H)
Adobe Fonts 提供更多字体与功能(D)...
字体(F)
最近使用的字体(R)
大小(Z)
字形(G)
转换为点状文字(V)
区域文字选项(A)...
路径文字(P)
复合字体(I)...
避头尾法则设置(K)...
标点挤压设置(J)...
串接文本(T)
适合标题(H)
解决缺失字体...
查找字体(N)...
更改大小写(C)
大写(U)
小写(L)
词首大写(T)
句首大写(S)

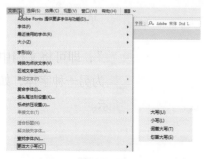

图 16-72

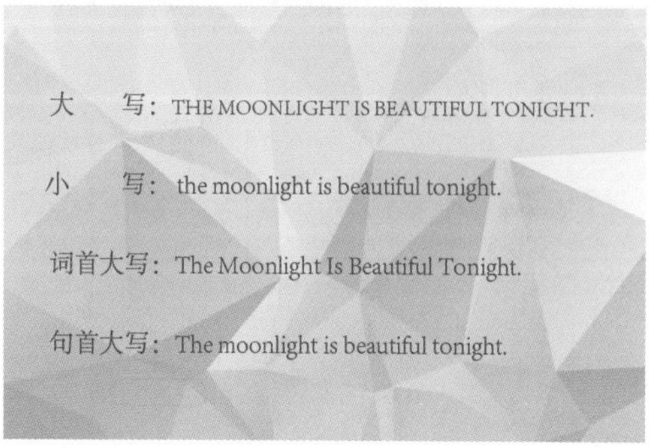
大　写：THE MOONLIGHT IS BEAUTIFUL TONIGHT.
小　写：the moonlight is beautiful tonight.
词首大写：The Moonlight Is Beautiful Tonight.
句首大写：The moonlight is beautiful tonight.

图 16-73

16.3.4 文字绕图排列

文字绕排是一种非常常见的表现形式，通过绕排可以将区域文本绕排在任何对象的周围，使文本和图形互不遮挡。

课堂练习 文字绕排的应用技巧

下面通过案例的应用对文字绕排进行讲解，主要用到的工具包括“文字工具” T 等，涉及的知识点有文字绕排等。

Step 01 打开 Illustrator 软件，新建一个 140mm × 210mm 的空白文档。执行“文件 > 置入”命令，置入本章素材文件“背景 .jpg”。使用“文字工具” T 在画板中输入一段段落文字，如图 16-74 所示。

Step 02 执行“文件 > 置入”命令，置入本章素材文件“鹦鹉 .jpg”。选中素材对象，将位图移动至文本上方，如图 16-75 所示。

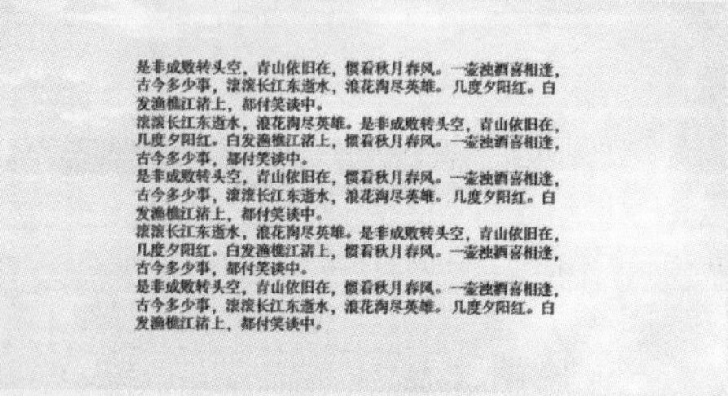

图 16-74

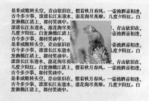

图 16-75

Step 03 选中段落文字及位图，执行"对象 > 文本绕排 > 建立"命令，效果如图 16-76 所示。

Step 04 移动图片位置，文本排列方式也随之变化，如图 16-77 所示。

图 16-76

图 16-77

Step 05 选中文字绕排的对象，执行"对象 > 文本绕排 > 文本绕排选项"命令，弹出"文本绕排选项"对话框，在"文本绕排选项"对话框中设置位移参数，该选项用来设置文字与绕排对象之间的间距大小，如图 16-78 所示。

Step 06 设置完成后单击"确定"，效果如图 16-79 所示。

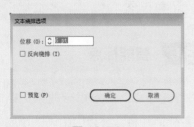

图 16-78

图 16-79

知识点拨

"反向绕排"是指绕排对象反向绕排文本。

Step 07 若勾选"反向绕排"复选框，则效果如图 16-80 所示。

Step 08 若要取消文字绕排效果可选中绕排的对象，执行"对象 > 文本绕排 > 释放"命令，如图 16-81 所示。

图 16-80

图 16-81

16.3.5　拼写检查

"拼写检查"命令可以对指定的文本进行检查，帮助用户修正拼写和基本的语法错误。

选中文本对象，如图16-82所示。执行"编辑 > 拼写检查"命令，在弹出的"拼写检查"对话框中单击"开始"即可开始检查，如图16-83所示。

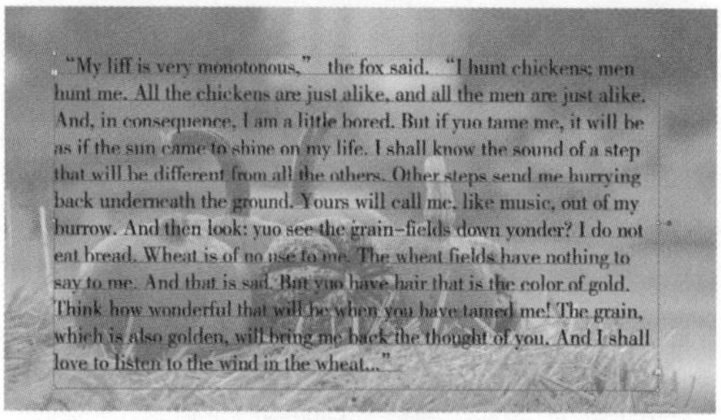

图 16-82

图 16-83

接着在上方的"准备开始"文本框中会显示错误的单词，并提示这是个未找到单词。在下方的"建议单词"文本框内会显示建议单词，这些单词是和错误单词非常相近的单词，如图16-84所示。

若在"建议单词"文本框中有需要的单词可以单击进行选择，然后单击"更改"，即可在文档中修正该单词；若没有其他需要更改的单词，可以单击"完成"，完成更改操作，效果如图16-85所示。

图 16-84

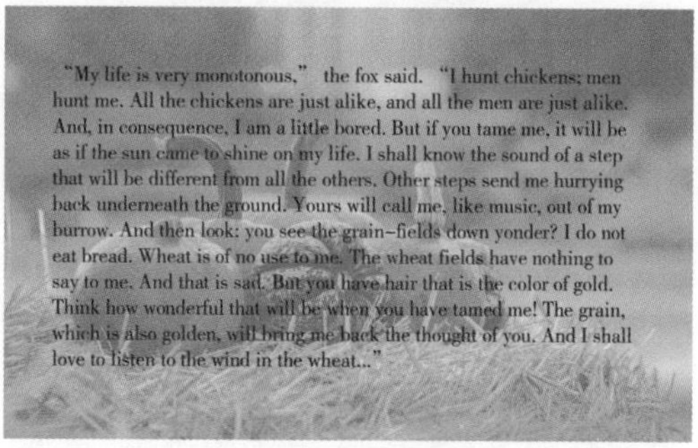

图 16-85

"拼写检查"对话框中其他选项作用如下。

●忽略/全部忽略：忽略或全部忽略将继续拼写检查，不更改特定的单词。

●更改：从"建议单词"文本框中选择一个单词，或在顶部的文本框中键入正确的单词，然后单击"更改"只更改选中的出现拼写错误的单词。

●全部更改：更改文档中所有与选中单词出现相同拼写错误的单词。

●添加：添加一些被认为错误的单词到词典中，以便在以后的操作中不再将其判断为拼写错误。

16.3.6　智能标点

"智能标点"命令用于搜索文档中的键盘字符，并将其替换为相同的印刷体标点字符。

选中一段文本，执行"文字 > 智能标点"命令，在弹出的"智能标点"对话框中设置参数，如图16-86所示。

图 16-86

其中，各选项作用如下。

● ff、fi、ffi连字：将ff、fi或ffi字母组合转换为连字。

● ff、fl、ffl连字：将ff、fl或ffl字母组合转换为连字。

● 智能引号：将键盘上的直引号改为弯引号。

● 智能空格：消除句号后的多个空格。

● 全角、半角破折号：用半角破折号替换两个键盘破折号，用全角破折号替换三个键盘破折号。

● 省略号：用省略点替换三个键盘句点。

● 专业分数符号：用同一种分数字符替换分别用来表示分数的各种字符。

● 替换范围：选择"仅所选文本"单选，则仅替换所选文本中的符号；选择"整个文档"单选，可替换整个文档中的符号。

● 报告结果：选择"报告结果"可看到所替换符号数的列表。

综合实战 制作艺术化的文字效果

本案例将练习制作艺术化的文字效果，主要用到的工具包括"钢笔工具"、"文字工具" T、"圆角矩形工具"□等。

Step 01 新建一个 210mm × 285mm 空白文档。执行"文件 > 置入"命令，在弹出的"置入"对话框中选择素材"背景48.png"，单击"确定"，鼠标在画板中合适位置单击，置入图片，调整大小和位置，如图16-87所示。选中背景，执行"编辑 > 复制"命令，接着执行"编辑 > 贴在前面"命令，复制对象。

Step 02 选中上层的背景，执行"窗口 > 透明度"命令，在弹出的"透明度"对话框中设置混合模式为滤色，完成后效果如图16-88所示。

图 16-87

图 16-88

Step 03 使用"钢笔工具" ✐ 在画板中合适位置绘制边框，如图 16-89 所示。

Step 04 使用"文字工具" T 在画板中合适位置单击，绘制点文字，如图 16-90 所示。

图 16-89

图 16-90

Step 05 选中点文字，执行"窗口 > 文字 > 字符"命令，在弹出的"字符"面板中设置字体参数，完成后如图 16-91 所示。

Step 06 单击工具箱中的"修饰文字工具" 圜，对上述步骤中输入的文字进行修饰，完成后效果如图 16-92 所示。

图 16-91

图 16-92

Step 07 执行"文件 > 置入"命令，在弹出的"置入"对话框中选择素材"背景55.png"，单击"确定"，鼠标在画板中合适位置单击，置入图片，调整大小和位置，如图 16-93 所示。

Step 08 重复上述操作，置入其他图片，如图 16-94 所示。

图 16-93

图 16-94

Step 09 使用"圆角矩形工具" ▢ 在画板中绘制圆角矩形，如图 16-95 所示。

Step 10 选中该圆角矩形，使用"旋转工具" ↻ 在画板中拖拽鼠标旋转该圆角矩形，并调整至合适位置，如图 16-96 所示。

Step 11 使用"区域文字工具" ⬚，然后将鼠标移至圆角矩形路径上方，单击路径，并输入文字，如图 16-97 所示。

Photoshop+Illustrator+CorelDRAW｜站式高效学习｜本通

图 16-95

图 16-96

图 16-97

Step 12 选中区域文字对象，执行"窗口 > 文字 > 段落"命令，在弹出的"段落"面板中设置参数，完成后如图 16-98 所示。

Step 13 选中区域文字对象，执行"窗口 > 文字 > 字符"命令，在弹出的"字符"面板中设置行间距，完成后如图 16-99

所示。

图 16-98

图 16-99

Step 14 单击工具箱中的"文字工具" T，在画板中合适的位置单击并拖拽鼠标绘制文本框，并输入文字，如图 16-100 所示。

图 16-100

Step 15 选中段落文字对象，调整参数及段落参数，完成后如图 16-101 所示。

383

Step 16 调整段落文字排列顺序，选中该段落文字与区域文字，执行"对象 > 文本绕排 > 建立"命令，在弹出的对话框中单击"确定"，效果如图 16-102 所示。

如图 16-103 所示。

Step 18 使用矩形工具、直线段工具绘制一些小装饰装饰页面，如图 16-104 所示。

图 16-101

图 16-103

图 16-102

图 16-104

Step 17 重复上述步骤，创建文字绕排，

至此，完成艺术化文字效果的制作。

📖 **课后作业** ／ 制作旅游主题画册内页

👥 **项目需求**

　　受某杂志社委托帮其设计画册，其中有需要与文字结合的内页，要求轻松、欢快、阳光，给人放松的感觉。

项目分析

　　整体色调选择蓝色，给人自由轻松的感觉；插入风景图片，使整体画风更为惬意自然；在画板空白处输入不同字体风格的文字，点明主题与内容；边缘处插入装饰物点缀。

项目效果

　　效果如图16-105所示。

图 16-105

操作提示

　　Step01：置入图片并处理。

　　Step02：使用文字工具在不同位置输入不同字体风格的文字。

　　Step03：绘制装饰物。

第 17 章
图层和蒙版的应用

★ 内容导读

本章主要对 Illustrator 软件中的图层和蒙版进行讲解，包括图层的新建与设定、收集与释放等，以及剪切蒙版和不透明蒙版在图像和文字中的应用，来帮助用户更好地操作 Illustrator 软件。

◐ 学习目标

O 通过图层学习整理与归纳对象
O 通过蒙版制作抠图文件等

17.1 图层

图层是平面设计中非常重要的元素。在Illustrator软件中，利用图层，可以帮助用户更好地整理归纳图形对象，创建更丰富的图形效果。

17.1.1 认识"图层"面板

执行"窗口>图层"命令，弹出"图层"面板，如图17-1所示。

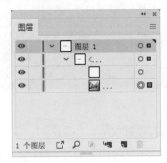

图 17-1

其中，部分选项作用如下。

●收集以导出：用于快速导出选中图层或位图资源。可在"资源导出"面板中查看导出资源或图层。

●切换可视性：用于切换当前图层的显示和隐藏状态。 为显示状态，可见； 为隐藏状态，不可见也不可编辑。

●切换锁定：用于切换图层的锁定状态。 为锁定状态，不可编辑； 为非锁定状态，可以编辑。

●单击可定位，拖移可移动外观：每个图层后面均有这个小图标，单击该图标可在画板中快速定位当前对象。显示状时，表示该对象处于被选中状态。

●指示所选图稿：用于指示是否已选定对象。

●定位对象：在画板中选中某个对象，单击该按钮，可快速在"图层"面板中定位该对象。

●建立/释放剪切蒙版：用于创建剪切蒙版，选中图层中位于最顶部的图层将作为蒙版轮廓。

●创建新子图层：用于在当前图层新建一个子图层。

●创建新图层：用于创建新图层。

●删除所选图层：用于删除选中的图层。

单击"图层"面板中右上角的菜单，弹出下拉菜单，如图17-2所示。

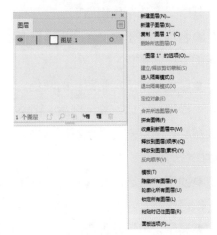

图 17-2

通过该下拉菜单可以执行"新建图层""复制图层""合并所选图层"等命令。

17.1.2 新建图层

默认状态下，在画板中绘制的所有图形均位于一个图层内，用户可以单击"图层"面板中的"创建新图层"■，即可在画板中创建新图层，并且创建出的新图层处于被选中状态，此时在画板中绘制的图形均位于新创建的图层内。

按住Alt键单击"创建新图层"■，或者单击菜单，在弹出的下拉菜单中执行"新建图层"命令，即可在弹出的"图层选项"对话框中设置新创建的图层，如图17-3所示。

图 17-3

其中，各选项作用如下。

●名称：用于定义在"图层"面板中显示的图层名称。

●颜色：用于定义图层的颜色。

●模板：勾选该复选框后，图层成为模板图层，图层内的对象不可编辑，常于临摹图像时使用。

●锁定：勾选该复选框时，新建图层处于锁定状态。

●显示：用于设置新建图层中的对象在页面中是否显示。取消勾选该复选框时，该图层的对象不可见。

●打印：勾选该复选框时，新建图层中的对象可供打印。

●预览：勾选该复选框时，新绘制的对象显示完成的外观。勾选与未勾选效果分别如图17-4、图17-5所示。

图 17-4

图 17-5

●变暗图像至：将图层中所包含的链接图像和位图图像的亮度降低至指定的百分比。

操作提示

将已有图层拖拽至"创建新图层"按钮，可以复制该已有图层；

按住Ctrl键单击"创建新图层"按钮，可以在图层最上方创建新图层。

17.1.3 设定图层选项

单击"图层"面板中右上角的菜单，在弹出的下拉菜单中选择"面板选项"，即可打开"图层面板选项"对话框，如图17-6所示。

图 17-6

通过"图层面板选项"对话框用户可以对"图层"面板进行设置，来更改默认的"图层"面板外观。该面板中部分选项功能如下。

●仅显示图层：勾选该复选框后，在"图层"面板中将只显示图层和子图层，隐藏路径、群组或其他对象。

●行大小：用于更改缩略图的尺寸。选中相应的单选即可，选中"其它"单选时，可自定义大小。

●缩览图：用于设置缩略图中包含的内容。勾选相应的复选框即可在"图层"面板中的缩略图中显示该项目中存在的对象，如图17-7、图17-8所示。

图 17-7   图 17-8

17.1.4 改变图层对象的显示

图层在页面中是否显示可以通过"图层"面板进行设置。隐藏的图层在页面中不可见且不可编辑。在创建复杂作品时，为便于操作，可以通过隐藏图层将一些暂时不会用到的图层隐藏。

图层的隐藏有多种方式，接下来将针对多种隐藏图形的方式来进行讲解。

（1）通过"图层"面板隐藏图层

执行"窗口＞图层"命令，在弹出的"图层"面板中，在需要隐藏的图层前，单击"切换可视性" 👁，即可隐藏该图层，如图17-9、图17-10所示。

图 17-9

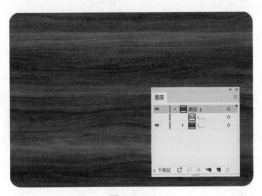

图 17-10

（2）通过"图层选项"对话框隐藏图层

在"图层"面板中，双击需要隐藏的图层，在弹出的"图层选项"对话框中取消勾选"显示"选项，即可隐藏该图层。若对象是编组对象，则会弹出"选项"对

389

话框，取消勾选"显示"选项，单击"确定"即可隐藏该编组对象，如图17-11、图17-12所示。

图 17-11

图 17-12

（3）隐藏未选择的图层

单击"图层"面板中右上角的菜单，在弹出的下拉菜单中执行"隐藏其它图层"命令，即可隐藏所有未选中的图层，如图17-13、图17-14所示。

图 17-13

图 17-14

操作提示

单击一个图层的"切换可视性" 👁 向上或向下拖拽，可以隐藏鼠标经过的多个图层，若图层均处于隐藏状态，则可显示鼠标经过的多个图层。

17.1.5 收集图层

收集图层与释放图层可以帮助用户更好地对绘制的图形进行整理与归纳。

执行"释放到图层"命令，可为选定的图层或群组创建子图层，并使其中的对象分配到新创建的子图层中。执行"收集到新建图层"命令，可以新建一个图层，并将选定的图层或其他选项都放到新建的图层中。

课堂练习 收集图层

本案例将通过实际操作对"释放到图层"命令和"收集到新建图层"命令进行讲解。

Step 01 在"图层"面板中选择一个图层或者群组，如图 17-15 所示。

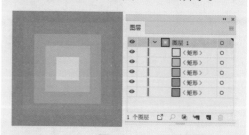

图 17-15

Step 02 单击"图层"面板中右上角的菜单，在弹出的下拉菜单中执行"释放到图层（顺序）"命令，选中的图层或群组内的对象将按创建的顺序分离成多个子图层，如图 17-16 所示，每个对象为一个单独的图层。

Step 03 若执行"释放到图层(累积)"命令，则将以数目倍减的顺序释放对象至子图层，如图 17-17 所示，子图层内对象数量依次减少。

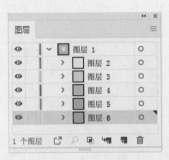

图 17-16

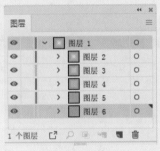

图 17-17

Step 04 选中需要收集的子图层，在"图层"面板的下拉菜单中执行"收集到新建图层"命令，即可将选择的子图层放至新建的图层中，如图 17-18、图 17-19 所示。

图 17-18

图 17-19

至此，完成图层的收集。

17.1.6 合并图层

在Illustrator软件中，除了可以合并选中的图层，也可以合并所有图层。

（1）合并所选图层

选中需要合并的图层，单击"图层"面板中右上角的菜单，在弹出的下拉菜单中执行"合并所选图层"命令，即可将选中的图层合并为一个图层，如图17-20、图17-21所示。

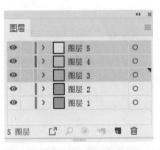

图 17-20

图 17-21

（2）拼合图稿

选择任一图层，单击"图层"面板中右上角的菜单，在弹出的下拉菜单中执行"拼合图稿"命令，即可将当前文件中的所有图层拼合到指定的图层中，如图17-22、图17-23所示。

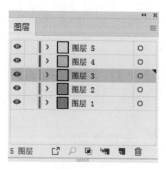

图 17-22

图 17-23

操作提示

执行"合并所选图层"命令或"拼合图稿"命令时，合并的图层将保留最后一个选中图层的名字。

课堂练习 绘制卡通背景

本案例将练习绘制卡通背景，主要用到"矩形工具" ▢、"椭圆工具" ◯、"钢笔工具" ✎ 等工具。

扫一扫 看视频

Step 01 新建一个横向 A4 大小的空白文档。单击工具箱中的"矩形工具" ▢，在画板中绘制与画板等大的矩形，在属性栏中设置参数，完成后效果如图 17-24 所示。

Step 02 使用"椭圆工具" ◯，在画板合适位置绘制圆形，在属性栏中设置参数，完成后如图 17-25 所示。

C:	5%
M:	21%
Y:	85%
K:	0%

图 17-24

C:	7%
M:	0%
Y:	55%
K:	0%

图 17-25

Step 03 选中上步中绘制的圆形，按 Ctrl+C 组合键，接着按 Ctrl+V 组合键复制该圆形，调整位置和大小等参数，如图 17-26 所示。

图 17-26

Step 04 重复上一步骤，复制圆形，并调整参数，如图 17-27 所示。

图 17-27

Step 05 使用"钢笔工具" ✐，在画板中合适位置绘制图形作为光线，在属性栏中设置参数，在"图层"中调整图层顺序，如图 17-28、图 17-29 所示。

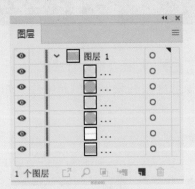

图 17-28

图 17-29

Step 06 重复上述操作，在画板中绘制光线图形，如图 17-30 所示。选中所有的光线图形，在"图层"面板的

下拉菜单中执行"收集到新建图层"命令，将光线图层放置至一个新图层中，如图 17-31 所示。

图 17-30

图 17-31

Step 07 使用"钢笔工具" ✐，在画板中合适位置绘制植物图形，如图 17-32 所示。

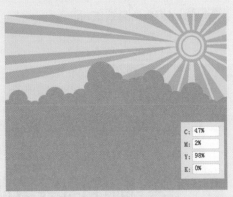

图 17-32

Step 08 重复上一步骤，继续绘制其他颜色的植物图形，如图 17-33 所示。

选中所有的植物图形，在"图层"面板的下拉菜单中执行"收集到新建图层"命令，将植物图层放置至一个新图层中。

图 17-33

Step 09 使用"矩形工具" ▫，在画板底部绘制矩形并填充颜色，如图17-34 所示。

图 17-34

Step 10 使用"钢笔工具" ✎，在画板中合适位置绘制图形，如图 17-35所示。

Step 11 重复上一步骤，继续绘制图形，如图 17-36 所示。

图 17-35

图 17-36

Step 12 使用"矩形工具" ▫，在画板底部绘制矩形并填充颜色，如图17-37 所示。

图 17-37

至此，卡通背景绘制完成。

17.2 制作图层蒙版

　　蒙版是一种高级的图形选择和处理技术。通过制作图层蒙版，用户可以进行抠图或者制作渐隐效果的倒影等操作。

17.2.1 制作图层蒙版

Illustrator软件中图层蒙版包括剪切蒙版。剪切蒙版就是以一个图形作为轮廓限定另一个图形显示的范围。不透明蒙版则通过黑白关系控制对象的隐藏或显示。

创建剪切蒙版需要两个对象，一个对象作为限定被剪切对象范围的容器，另一个对象则是被剪切的对象。通常来说，作为容器的对象一般是简单的矢量图形或者文字，而被剪切的对象可以是位图、编组图形或者矢量图形等。

选中需要剪切的对象及顶部的矢量图形，执行"对象 > 剪切蒙版 > 建立"命令，或者鼠标右击，在弹出的下拉菜单中执行"建立剪切蒙版"命令，即可创建剪切蒙版，如图17-38、图17-39所示。

图 17-38

图 17-39

若要对文字添加底纹，也可以通过剪切蒙版来实现。选中文字和底部图形，执行"对象 > 剪切蒙版 > 建立"命令，或者鼠标右击，在弹出的下拉菜单中执行"建立剪切蒙版"命令，即可创建剪切蒙版，如图17-40、图17-41所示。

图 17-40

陌上花开

图 17-41

如果需要取消剪切蒙版的操作，可以对剪切蒙版进行释放。选中创建了剪切蒙版的对象，鼠标右击，在弹出的下拉菜单中执行"释放剪切蒙版"命令，或者执行"对象 > 剪切蒙版 > 建立"命令，即可释放剪切蒙版，被释放的剪切蒙版剪切路径的填充或描边都为无，如图17-42、图17-43所示。

图 17-42

395

图 17-43

图 17-45

图 17-46

17.2.2 编辑图层蒙版

当完成蒙版的创建后，还可以对其进行一些简单的编辑。

若想要查看一个对象是否是蒙版，可选中该对象后，执行"窗口 > 图层"命令，弹出"图层"面板，单击"图层"面板右上角的菜单，在弹出的下拉菜单中执行"定位对象"命令，当选中的对象是蒙版时，它的名称下会出现一条下划线，如图17-44所示。

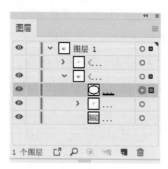

图 17-44

在剪切蒙版中，既可以对剪切路径进行编辑，也可以对被剪切对象进行编辑。

（1）编辑剪切路径

使用"直接选择工具" ▷ 在剪切路径边缘单击出现锚点后，拖拽锚点即可更改剪切蒙版的形状，如图17-45、图17-46所示。

（2）编辑被剪切对象

若要编辑被剪切的对象，可以使用"直接选择工具" ▷ 选中被剪切对象后，再单击工具箱中的"选择工具" ▶，在被剪切对象上单击选中，即可对被剪切对象进行旋转移动等操作，如图17-47、图17-48所示。

图 17-47

图 17-48

操作提示

想要选中被剪切对象，也可以在选中剪切蒙版的情况下，单击属性栏中的"编辑内容"◉，或者执行"对象>剪切蒙版>编辑蒙版"命令，或者直接从"图层"面板中选中被剪切对象，从而对被剪切对象进行操作。

若想要添加被剪切对象，可先选中需要添加的对象，并拖动到剪切路径上层，执行"编辑>复制"命令，然后单击工具箱中的"直接选择工具"▷选中被剪切对象，执行"编辑>贴到前面"命令，即可将要添加的对象添加到剪切蒙版中，如图17-49、图17-50所示。

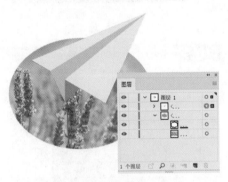

图 17-49

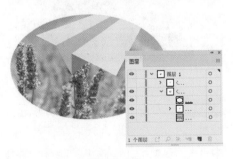

图 17-50

也可以直接在"图层"面板中，拖拽要添加的对象至剪切路径下面，即可将要添加的对象添加进剪切蒙版中。

课堂练习　制作夜景

本案例将练习制作夜景，主要用到的工具有"矩形工具"▭、"椭圆工具"◯等。

扫一扫 看视频

Step 01 新建一个竖向A4大小的空白文档。使用"矩形工具"▭，在画板中绘制与画板等大的矩形，如图17-51所示。

图 17-51

Step 02 选中上步中绘制的矩形，单击工具箱中的执行

图 17-52

"窗口>渐变"命令，弹出"渐变"面板，在"渐变"面板中选择线性渐变，设置参数，完成后如图 17-52 所示。

Step 03 执行"文件>置入"命令，在弹出的"置入"对话框中选择素材"城市剪影.png"，取消勾选"链接"复选框，单击"置入"，如图17-53所示。调整置入素材位置，如图 17-54 所示。

图 17-53

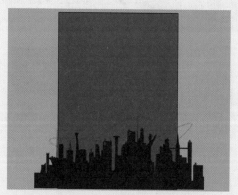

图 17-54

Step 04 使用"椭圆工具" ◎ 在画板中合适位置绘制圆形作为星星，如图 17-55 所示。

Step 05 选中上步中绘制的圆形，按 Ctrl+C 组合键，接着按 Ctrl+V 组合键，复制该圆形，调整位置和大小等参数，如图 17-56 所示。

图 17-55

图 17-56

Step 06 重复上述步骤多次，制作星空图形，如图 17-57、图 17-58 所示。

图 17-57

图 17-58

Step 07 使用"矩形工具" ▫ 在画板中绘制矩形，如图 17-59 所示。

图 17-59

Step 08 选中上步中绘制的矩形，调整其一端为圆形，接着单击工具箱中的执行"窗口 > 渐变"命令，在弹出的"渐变"面板中选择线性渐变，设置参数，完成后调整位置，如图 17-60 所示。

图 17-60

Step 09 使用"矩形工具" □ 在画板中绘制与画板等大的矩形，如图 17-61 所示。

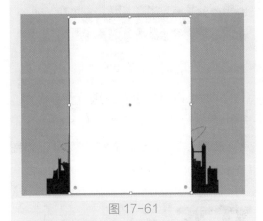

图 17-61

Step 10 选中文档中的所有对象，鼠标右击，在弹出的下拉菜单中执行"建立剪切蒙版"命令，创建剪切蒙版，如图 17-62 所示。

图 17-62

至此，完成夜景的绘制。

17.3 制作文本蒙版

制作文本蒙版的方法与图像蒙版的方法基本相同。

17.3.1 创建文本蒙版

创建文本蒙版也可以使用剪切蒙版这种方式，接下来将主要针对剪切蒙版进行讲解。

文本对象既可以作为剪切蒙版中的剪切路径，也可以作为剪切蒙版中的被剪切对象。

作为剪切对象时，多用于为文本对象添加底纹。选中画板中的被剪切对象和文本，执行"对象 > 剪切蒙版 > 建立"命令，或者鼠标右击，在弹出的下拉菜单中执行"建立剪切蒙版"命令，即可创建剪切蒙版，如图17-63、图17-64所示。

图 17-63

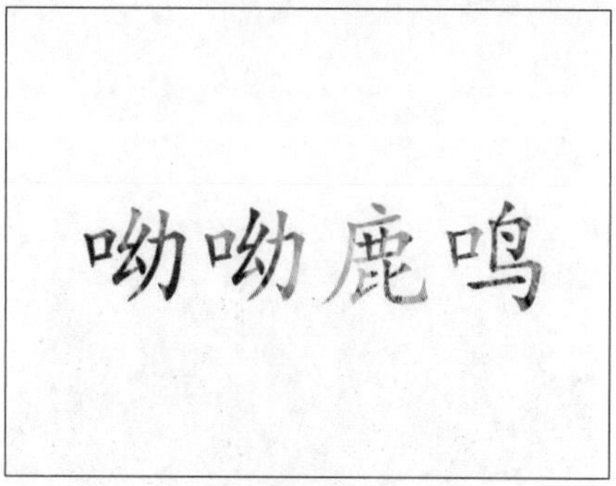

图 17-64

作为被剪切对象时，可以限定文本的范围，如图17-65、图17-66所示。

图 17-65

图 17-66

17.3.2　编辑文本蒙版

完成文字蒙版的创建后，还可以进行添加文字等操作。

（1）编辑剪切蒙版

单击工具箱中的"文字工具" **T**，在文字对象中单击即可对文字进行编辑，如图17-67、图17-68所示。

图 17-67

图 17-68

同时可以对文字对象进行变形操作。选中文字对象，执行"效果 > 变形 > 凸壳"命令，即可使文字蒙版变形，如图17-69、图17-70所示。

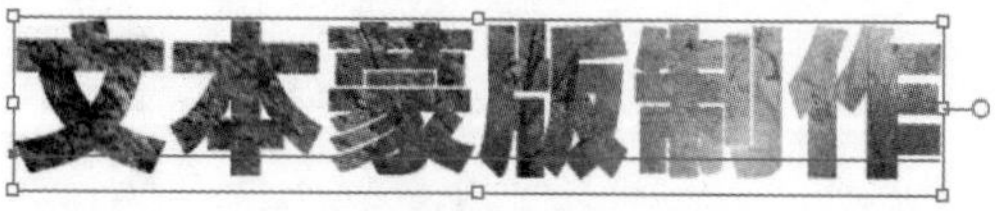

图 17-69

图 17-70

若文字对象是被剪切对象，操作同上可对文字对象进行编辑。

知识点拨

与图像蒙版对象不同的是，若文字对象是剪切路径，释放蒙版后文字为黑色填充。

课堂练习 制作立体标志

这里将练习制作立体标志，主要用到"矩形工具" ▫ 、"圆角矩形工具" ▫ 、"钢笔工具" ✐ 等工具。

扫一扫 看视频

Step 01 新建一个 80mm×80mm 的空白文档。使用"矩形工具" ▫ ，在画板中绘制与画板等大的矩形，如图 17-71 所示。

Step 02 选中上步中绘制的矩形，单击工具箱中的执行"窗口>渐变"命令，弹出"渐变"面板，在"渐变"面板中选择径向渐变，设置参数，完成后如图 17-72 所示。选中该矩形，并按 Ctrl+2 组合键将矩形锁定。

图 17-71

图 17-72

Step 03 使用"圆角矩形工具" ▫ ，在画板中绘制圆角矩形，在属性栏中设置参数，完成后如图 17-73 所示。

Step 04 重复上一步骤，绘制圆角矩形，完成后如图 17-74 所示。

图 17-73

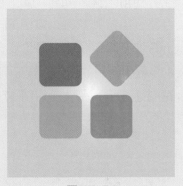

图 17-74

Step 05 使用"钢笔工具" ✐ ，在画板中合适位置绘制图形，如图 17-75 所示。

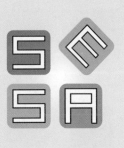

图 17-75

Step 06 分别选中上面绘制的图形与圆角矩形，鼠标右击，在弹出的下拉菜单中执行"建立复合路径"命令，

401

创建复合路径，如图 17-76 所示。

图 17-76

Step 07 使用"钢笔工具" ✏，在橘色复合路径上绘制图案，如图 17-77 所示，并填充颜色。选中橘色复合路径及本步骤中绘制的图案，按 Ctrl+G 组合键创建编组，完成后如图 17-78 所示。

图 17-77

图 17-78

Step 08 重复上一步骤，为其他复合路径绘制填充图案并编组，如图 17-79 所示。

Step 09 使用"文字工具" T 在画板中合适位置绘制文字，如图 17-80 所示。

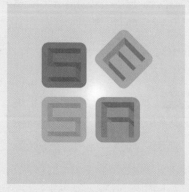

图 17-79

图 17-80

Step 10 选中橘色编组对象，使用"镜像工具" ▷◁，按住 Alt 键移动镜像中心点至编组对象底部，在弹出的"镜像"对话框中勾选"水平"选项，单击"复制"完成镜像，如图 17-81 所示。

Step 11 使用"矩形工具" ▫ 在复制图形上绘制渐变矩形，如图 17-82 所示。

Step 12 选中绘制的矩形与复制的编组对象，执行"窗口>透明度"命令，在弹出的"透明度"面板中单击"创建蒙版",此时,对象中对应矩形黑色部分的位置被隐藏,白色部分被显示,如图17-83所示。

图 17-81

图 17-82

图 17-83

Step 13 选中不透明蒙版对象,使用"自由变换工具" ᐅ,在弹出的隐藏工具列中选择"自由扭曲" ᐅ工具,

变换不透明蒙版形状,完成后如图17-84所示。

图 17-84

Step 14 重复上述步骤,创建其他对象的不透明蒙版,如图17-85、图17-86所示。

图 17-85

图 17-86

至此,完成立体标志的制作。

本案例将练习制作一份中餐厅的广告设计，主要用到的工具有"矩形工具" ▣ 、"文字工具" T 等。

Step 01 新建一个竖向 A4 大小的空白文档。执行"文件 > 置入"命令，在弹出的"置入"对话框中选择素材"中餐 1.jpg"，取消勾选"链接"复选框，单击"置入"按钮将素材置入，调整置入素材位置及大小，如图 17-87 所示。

Step 02 重复上一步骤，置入"墨纹 .png"素材，调整置入素材位置及大小，如图 17-88 所示。

Step 03 选中"中餐 1.jpg"与"墨纹 .png"素材，执行"窗口 > 透明度"命令，在弹出的"透明度"面板中单击"创建蒙版"，即可创建不透明蒙版，效果如图 17-89 所示。

Step 04 继续执行"文件 > 置入"命令，在弹出的"置入"对话框中选择素材"中餐 1.jpg"，取消勾选"链接"复选框，单击"置入"，调整置入素材位置及大小，如图 17-90 所示。

图 17-87　　　　　　图 17-88　　　　　　图 17-89　　　　　　图 17-90

Step 05 单击工具箱中的"文字工具" T ，在画板中合适位置绘制文字，如图 17-91 所示。

Step 06 选中上步中的文字对象及"中餐 1.jpg"素材，鼠标右击，在弹出的下拉菜单中执行"建立剪切蒙版"命令，创建剪切蒙版，如图 17-92 所示。

Step 07 执行"文件 > 置入"命令，在弹出的"置入"对话框中选择素材"山水 .png"，

图 17-91　　　　　　图 17-92

取消勾选"链接"复选框，单击"置入"，调整置入素材位置及大小，如图 17-93 所示。

Step 08 单击工具箱中的"椭圆工具" ⬭，在画板中合适位置绘制椭圆，如图 17-94 所示。

Step 09 选中上步中绘制的椭圆，执行"窗口 > 渐变"命令，在弹出的"渐变"面板中单击"径向渐变" ■，为椭圆添加径向渐变，如图 17-95 所示。

Step 10 选中椭圆与"山水 .png"素材，执行"窗口 > 透明度"命令，在弹出的"透明度"面板中单击"创建蒙版"，创建不透明蒙版，如图 17-96 所示。

图 17-93

图 17-94

图 17-95

图 17-96

Step 11 使用"文字工具" T 在画板中合适位置输入文字，如图 17-97 所示。

Step 12 单击工具箱中的"矩形工具" ▢，在文字前后绘制矩形，如图 17-98 所示。

Step 13 执行"文件 > 置入"命令，在弹出的"置入"对话框中选择素材"树叶 .png"，取消勾选"链接"复选框，单击"置入"，调整置入素材位置及大小，如图 17-99 所示。

Step 14 单击工具箱中的"矩形工具" ▢，绘制与画板等大的矩形，选中所有对象，鼠标右击，在弹出的下拉菜单中执行"建立剪切蒙版"命令，创建剪切蒙版，完成后如图 17-100 所示。

至此，中餐厅广告设计制作完成。

图 17-97

图 17-98

图 17-99

图 17-100

课后作业 / 设计书籍插图

项目需求

受某出版社委托帮其设计书籍插图，要求悠闲惬意，体现午后时光，风格简约清新。

项目分析

选择看起来较为悠闲轻松的图片，通过剪切蒙版调整大小，反相输入文字，点明主题，留白处输入文字，符合书籍特性。

项目效果

效果如图17-101所示。

操作提示

Step01：置入图片。

Step02：使用剪切蒙版剪切至合适大小。

Step03：输入文字。

图 17-101

第 18 章
特殊效果组

★ 内容导读

本章主要对 Illustrator 软件中的效果进行讲解。Illustrator 软件中的效果主要改变的是对象的外观而不更改其本质。通过特殊效果组，用户可以为对象添加收缩、膨胀、扭曲、变换等效果，也可以用来制作 3D 图像或者具有透视感的设计。

◔ 学习目标

○ 学会为对象添加效果
○ 学会修改编辑效果
○ 熟练使用效果

通过"效果"菜单,用户可以在不更改对象原始信息的情况下更改对象外观。单击"效果"菜单,在下拉菜单中可以看到很多效果组,如图18-1所示。通过这些效果组就可以达到为对象添加效果的目的。

图 18-1

18.1.1 为对象应用效果

"效果"菜单中包含很多效果,这些效果的使用方法大致相同。

以"涂抹"效果为例。选中要添加效果的对象,如图18-2所示。执行"效果>风格化>涂抹"命令,在弹出的"涂抹选项"对话框中设置参数,完成后单击"确定"按钮,即可为对象添加效果,如图18-3所示。

图 18-2

图 18-3

18.1.2 栅格化效果

与"对象"菜单中的"栅格化"命令不同的是,"效果"菜单中的"栅格化"命令可以创建栅格化外观,使其外观变为位图对象,但是本质上还是矢量对象,可以通过"外观"面板进行更改。

选中要添加效果的对象,执行"效果>栅格化"命令,弹出"栅格化"对话框,如图18-4所示。在"栅格化"对话框中,可以对栅格化选项进行设置。

图 18-4

其中,各选项的作用如下。

●**颜色模型:**用于确定在栅格化过程中所用的颜色模型。

●**分辨率:**用于确定栅格化图像中的每英寸像素数。

●**背景:**用于确定矢量图形的透明区域如何转换为像素。"白色"可用白色像素填充透明区域,选择"透明"可使背景透明。

●**消除锯齿:**应用消除锯齿效果,以改善栅格化图像的锯齿边缘外观。

●**创建剪切蒙版:**创建一个使栅格化

图像的背景显示为透明的蒙版。

●添加环绕对象：可以通过指定像素值，为栅格化图像添加边缘填充或边框。

设置完成后单击"确定"按钮，矢量对象边缘即出现位图特有的锯齿，如图18-5、图18-6所示。

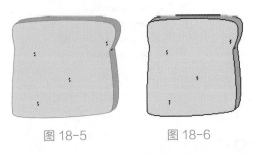

图 18-5　　　　　图 18-6

18.1.3 修改或删除效果

修改或删除效果都可以在"外观"面板中操作。选中已添加效果的对象，如图18-7所示。执行"窗口 > 外观"命令，弹出"外观"面板，如图18-8所示。

图 18-7

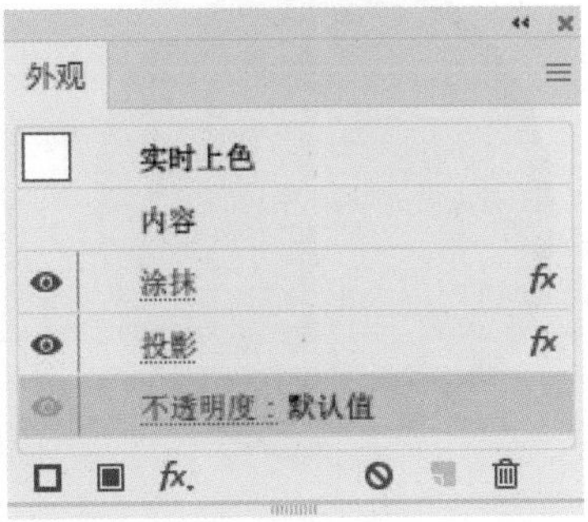

图 18-8

在"外观"面板中选择需要修改的效果名称并单击，即可弹出对应的效果对话框。在效果对话框中设置需要修改的选项，设置完成后单击"确定"按钮，如图18-9所示，即修改完成，效果如图18-10所示。

图 18-9

图 18-10

若要删除效果，选中要删除效果的对象，在"外观"面板中选中需要修改的效果，单击"外观"面板中的"删除" 🗑 按钮，如图18-11所示。如图18-12所示为删除"涂抹"效果后的图片效果。

图 18-11

图 18-12

若想要清除所有效果，选中要删除效果的对象，单击"外观"面板右上角的"菜单"按钮，在弹出的下拉菜单中执行"清除外观"命令，如图18-13所示。

图 18-13

"3D"效果组中的效果可以帮助用户将二维对象创建出三维的效果。执行"效果 > 3D"命令，在弹出的子菜单中可以执行"凸出和斜角""绕转""旋转"三种命令，如图18-14所示。

图 18-14

18.2.1 "凸出和斜角"效果

"凸出和斜角"效果可以为对象添加厚度从而创建凸出于平面的立体效果。

选中要添加"凸出和斜角"效果的对象，执行"效果 > 3D > 凸出和斜角"命令，弹出"3D凸出和斜角选项"对话框，如图18-15所示。在对话框中设置参数，完成后按"确定"按钮即可为对象增加效果，如图18-16所示。

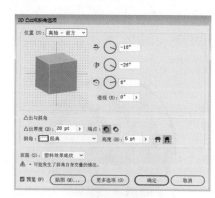

图 18-15

图 18-16

其中，部分选项功能如下。

●位置：设置对象如何旋转以及观看对象的透视角度。在下拉列表中提供预设位置选项，也可以通过右侧的三个文本框中进行不同方向的旋转调整，或直接使用鼠标拖拽。

●透视：通过调整该选项中的参数，调整对象的透视效果。数值设置为0°时，没有任何效果，角度越大透视效果越明显。

●凸出厚度：设置对象深度，值为0～2000。

●端点：指定显示的对象是实心（开启端点 ●）还是空心（关闭端点 ●）对象。

●斜角：沿对象的深度轴（z轴）应用所选类型的斜角边缘。

●高度：设置1～100的高度值。

●斜角外扩 ●：将斜角添加至对象的原始形状。

●斜角内缩 ●：自对象的原始形状砍去斜角。

●表面：控制表面底纹。"线框"绘制对象几何形状的轮廓，并使每个表面透明；"无底纹"不向对象添加任何新的表面属性；"扩散底纹"使对象以一种柔和、扩散的方式反射光；"塑料效果底纹"使对象以一种闪烁、光亮的材质模式反射光。

单击"更多选项"按钮可以查看完整的选项列表，如下所示。

●光源强度：控制光源的强度。

●环境光：控制全局光照，统一改变所有对象的表面亮度。

●高光强度：控制对象反射光的多少。

●高光大小：控制高光的大小。

●混合步骤：控制对象表面所表现出

来的底纹的平滑程度。

●底纹颜色：控制底纹的颜色。

●后移光源按钮 ●：将选定光源移到对象后面；前移光源按钮 ●：将选定光源移到对象前面。

●新建光源按钮 ●：用来添加新的光源。

●删除光源按钮 ●：用来删除所选的光源。

●保留专色：保留对象中的专色，如果在"底纹颜色"选项中选择了"自定"，则无法保留专色。

●绘制隐藏表面：指定是否绘制隐藏的表面。如果对象透明，或是展开对象并将其拉开时，便能看到对象的背面。

18.2.2 "绕转"效果

"绕转"效果可以将路径或图形沿垂直方向做圆周运动创建3D效果。

选中要添加"绕转"效果的对象，执行"效果 > 3D > 绕转"命令，弹出"3D绕转选项"对话框，如图18-17所示。在对话框中设置参数，完成后按"确定"按钮即可为对象增加效果，如图18-18所示。

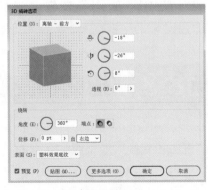

图 18-17

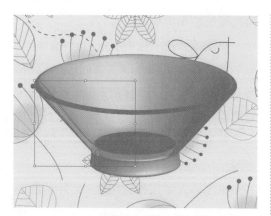

图 18-18

其中，部分选项的作用如下。

●角度：设置 0～360° 的路径绕转度数。

●端点：指定显示的对象是实心（打开端点 ◑）还是空心（关闭端点 ◐）对象。

●位移：在绕转轴与路径之间添加距离，例如可以创建一个环状对象。

●自：设置对象绕之转动的轴，包括"左边"和"右边"。

●表面：在该下拉列表中选择3D对象表面的质感。

18.2.3 "旋转"效果

"旋转"效果可以对二维或三维对象进行三维空间上的旋转。

选中要添加"旋转"效果的对象，执行"效果 > 3D > 旋转"命令，弹出"3D

旋转选项"对话框，如图18-19所示。在对话框中设置参数，完成后按"确定"按钮即可为对象增加效果，如图18-20所示。

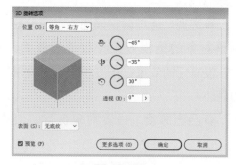

图 18-19

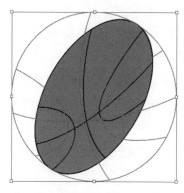

图 18-20

其中，部分选项的作用如下。

●位置：设置对象如何旋转以及观看对象的透视角度。

●透视：用来控制透视的角度。

●表面：创建各种形式的表面，从黯淡、不加底纹的不光滑表面到平滑、光亮，看起来类似塑料的表面。

18.3 "扭曲和变换"效果组

"扭曲和变换"效果组中包含有"变换""扭拧""扭转""收缩和膨胀""波纹""粗糙化""自由扭曲"七种效果，如图18-21所示。利用这些效果可以方便地改变对象的形状，但不会改变对象的基本几何形状。

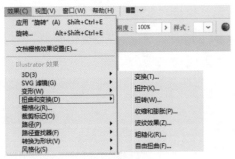

图 18-21

18.3.1 "变换"效果

"变换"效果可以对对象做出缩放、移动、旋转或者镜像等操作。

选中要添加效果的对象，执行"效果>扭曲和变换>变换"命令，弹出"变换效果"对话框，如图18-22所示。在对话框中设置参数，完成后按"确定"按钮即可为对象增加效果，如图18-23所示。

图 18-22　　　　图 18-23

其中，部分选项的作用如下。

●缩放：在选项区域中分别调整"水平"和"垂直"文本框中的参数值，定义缩放比例。

●移动：在选项区域中分别调整"水平"和"垂直"文本框中的参数值，定义移动的距离。

●角度：在文本框中设置相应的数值，定义旋转的角度，或拖拽控制柄进行

旋转。

●对称x、y：勾选该复选框时，可以对对象进行镜像处理。

●定位器▦：定义变换的中心点。

●随机：勾选该复选框时，将对调整的参数进行随机变换，而且每一个对象的随机数值并不相同。

18.3.2 "扭拧"效果

"扭拧"效果可以随机地向内或向外弯曲和扭曲所选对象。

选中要添加效果的对象，执行"效果>扭曲和变换>扭拧"命令，弹出"扭拧"对话框，如图18-24所示。在对话框中设置参数，完成后按"确定"按钮即可为对象增加效果，如图18-25所示。

图 18-24

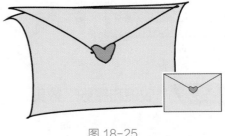

图 18-25

其中，各选项的作用如下。

●水平：在文本框输入相应的数值，可以定义对象在水平方向的扭拧幅度。

●垂直：在文本框输入相应的数值，可以定义对象在垂直方向的扭拧幅度。

●相对：选择该选项时，将定义调整的幅度为原水平的百分比。

●绝对：选择该选项时，将定义调整的幅度为具体的尺寸。

●锚点：勾选该复选框时，将修改对象中的锚点。

●"导入"控制点：勾选该复选框时，将修改对象中的导入控制点。

●"导出"控制点：勾选该复选框时，将修改对象中的导出控制点。

18.3.3 "扭转"效果

"扭转"效果可以顺时针或者逆时针扭转对象的形状。

选中要添加效果的对象，执行"效果 > 扭曲和变换 > 扭转"命令，弹出"扭转"对话框，如图18-26所示。在对话框中设置扭转的角度，完成后按"确定"按钮即可为对象增加效果，如图18-27所示。

图 18-26   图 18-27

18.3.4 "收缩和膨胀"效果

"收缩和膨胀"效果可以以所选对象的中心点为基点，对对象进行收缩或膨胀的变形操作。

选中要添加效果的对象，如图18-28

所示。执行"效果 > 扭曲和变换 > 收缩和膨胀"命令，弹出"收缩和膨胀"对话框，如图18-29所示。

图 18-28

图 18-29

移动该对话框中的滑块，向左移动滑块即文本框中为负值时，对象进行"收缩"变形，如图18-30所示；向右移动滑块即文本框中为正值时，对象进行"膨胀"变形，如图18-31所示。

图 18-30

图 18-31

18.3.5 "波纹"效果

"波纹"效果可以对路径边缘进行波纹化的扭曲。若想使路径内外侧分别出现波纹或锯齿状的线段锚点，可以应用该效果。

选中要添加效果的对象，执行"效果>扭曲和变换>波纹"命令，弹出"波纹效果"对话框，如图18-32所示。在对话框中设置参数，完成后按"确定"按钮即可为对象增加效果，如图18-33所示。

图 18-32

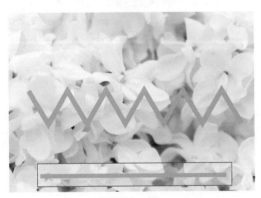

图 18-33

其中，各选项的作用如下。

●大小：用于定义波纹效果的尺寸。数值越小，波纹的起伏越小；反之，波纹的起伏越大。如图18-34、图18-35所示分别为大小是4mm和10mm的对比效果。

图 18-34

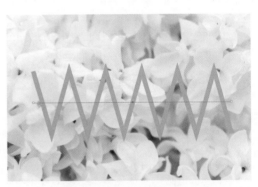

图 18-35

●相对：选择该选项时，将定义调整的幅度为原水平的百分比。

●绝对：选择该选项时，将定义调整的幅度为具体的尺寸。

●每段的隆起数：通过调整该选项中的参数，定义每一段路径出现波纹隆起的数量。数值越大，波纹越密集。如图18-36、图18-37所示分别为每段的隆起数是10和20的对比效果。

图 18- 36

415

图 18-37

●平滑：选择该选项时，将使波纹的效果比较平滑，如图18-38所示。

●尖锐：选择该选项时，将使波纹的效果比较尖锐，如图18-39所示。

图 18-38

图 18-39

18.3.6 "粗糙化"效果

"粗糙化"效果可以使对象的边缘变形为各种大小的尖峰和凹谷的锯齿，使对象看起来粗糙。

选中要添加效果的对象，执行"效果>扭曲和变换>粗糙化"命令，弹出"粗糙化"对话框，如图18-40所示。在对话框中设置参数，完成后按"确定"按钮即可为对象增加效果，如图18-41所示。

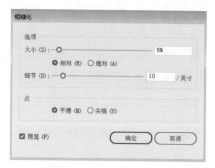

图 18-40

图 18-41

其中，各选项的作用如下。

●大小：定义粗糙化效果的尺寸。数值越大，粗糙程度越大。

●相对：选择该选项时，将定义调整的幅度为原水平的百分比。

●绝对：选择该选项时，将定义调整的幅度为具体的尺寸。

●细节：通过调整该选项中的参数，定义粗糙化细节每英寸出现的数量。数值越大，细节越丰富。

●平滑：选择该选项时，将使粗糙化的效果比较平滑。

●尖锐：选择该选项时，将使粗糙化的效果比较尖锐。

18.3.7 "自由扭曲"效果

"自由扭曲"效果可以通过控制一个虚拟的方形控制框的四个角点的位置来改变矢量对象的形状。

选中要添加效果的对象，执行"效果>扭曲和变换>自由扭曲"命令，弹出"自由扭曲"对话框，如图18-42所示。在对话框中调整对象变形，完成后按"确定"按钮即可为对象增加效果，如图18-43所示。

图 18-42

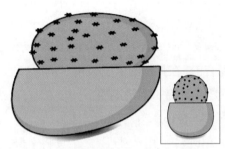

图 18-43

课堂练习　制作有透视感的文字海报

本案例将练习制作有透视感的文字海报，主要用到的工具包括"文字工具" **T**、"钢笔工具" ✐ 等。

Step 01　新建一个 190mm×250mm 的空白文档，如图 18-44 所示。使用"矩形工具" ▢ 在画板中绘制一个与画板等大的矩形，在属性栏中设置颜色为白色，描边无。使用"钢笔工具" ✐ 在画板中合适位置绘制梯形，如图 18-45 所示。

Step 02　在属性栏中设置颜色和描边，完成后如图 18-46 所示。

图 18-44

Step 03　重复上述步骤，并在属性栏中设置颜色和描边，如图 18-47、图 18-48 所示。选中上述步骤中绘制的图形，按 Ctrl+2 组合键锁定。

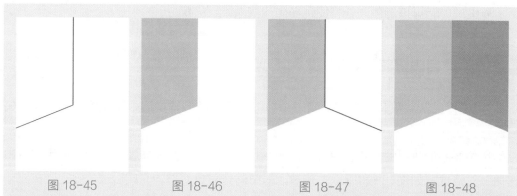

图 18-45　　　　　　图 18-46　　　　　　图 18-47　　　　　　图 18-48

Step 04 使用"文字工具" T 在画板合适位置输入文字，如图 18-49 所示。选中输入的文字，鼠标右击，在弹出的下拉菜单中执行"创建轮廓"命令，此时输入的文字转成路径，如图 18-50 所示。鼠标右击，在弹出的下拉菜单中执行"取消编组"命令，取消编组。

图 18-49　　　　　　图 18-50

Step 05 选中字母"P"和字母"D"，按住 Alt 键，使用"刻刀" 工具将字母分割，调整下各部分位置，如图 18-51 所示。

Step 06 选中字母"P"上半部分，执行"效果>扭曲和变换>自由扭曲"命令，弹出"自由扭曲"对话框，在"自由扭曲"对话框中，调整变形，如图 18-52 所示。完成后效果如图 18-53 所示。

Step 07 重复上述操作，调整字母其他部位变形，在属性栏中设置各部位颜色，完成后效果如图 18-54 所示。

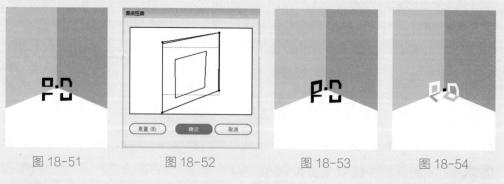

图 18-51　　　　　　图 18-52　　　　　　图 18-53　　　　　　图 18-54

Step 08 使用"文字工具" T 在画板合适位置输入文字，在控制栏中设置颜色，如图 18-55 所示。

Step 09 选中上步中输入的文字，按 Ctrl+G 组合键编组，选中编组文字，执行"效果>扭曲和变换>自由扭曲"命令，在弹出的"自由扭曲"对话框中，调整变形，设置透视感，如图 18-56 所示。完成后效果如图 18-57 所示。

图 18-55

图 18-56

图 18-57

Step 10 选中自由扭曲对象，执行"效果＞扭曲和变换＞扭拧"命令，在弹出的"扭拧"对话框中设置参数，如图 18-58 所示。完成后按"确定"按钮即可为对象增加效果，如图 18-59 所示。

Step 11 继续使用"文字工具" T 在画板合适位置输入文字，重复上述操作，效果如图 18-60 所示。

Step 12 使用"文字工具" T 在画板合适位置输入文字，单击"文字工具" T，选中部分单个字母在属性栏中设置颜色，如图 18-61 所示。

图 18-58

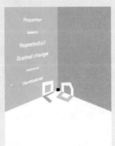
图 18-59

图 18-60

图 18-61

Step 13 选中上步中输入的文字，执行"效果＞扭曲和变换＞粗糙化"命令，在弹出的"粗糙化"对话框中设置参数，如图 18-62 所示。完成后效果如图18-63所示。

至此，有透视感的文字海报制作完成。

图 18-62

图 18-63

18.4 "路径"效果组

"路径"效果组中的效果可以对选中的路径进行移动、将位图转换为矢量轮廓和所选的描边部分转变为图形对象的操作。执行"效果 > 路径"命令，在弹出的子菜单中可以执行"位移路径""轮廓化对象""轮廓化描边"三种命令，如图18-64所示。

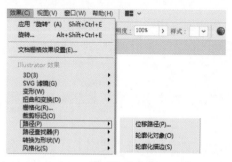

图 18-64

18.4.1 "位移路径"效果

"位移路径"效果可以沿选中路径的轮廓创建新的路径。

选中要添加效果的对象，执行"效果 > 路径 > 位移路径"命令，弹出"偏移路径"对话框，如图18-65所示。在对话框中设置参数，完成后按"确定"按钮即可为对象增加效果，如图18-66所示。

图 18-65

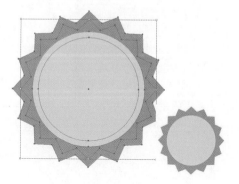

图 18-66

若选择连接"圆角"选项，单击"确定"按钮，效果如图18-67所示；若选择连接"斜角"选项，单击"确定"按钮，效果如图18-68所示。

图 18-67

图 18-68

其中，各选项的作用如下。

● 位移：在该文本框中输入相应的数

值可以定义路径外扩的尺寸。

● 连接：在该选项的下拉列表中选中不同的选项，定义路径转换后的拐角和包头方式，包括斜接、圆角、斜角三种。

● 斜接限制：在文本框输入相应的数值，过小的数值可以限制尖锐角的显示。

18.4.2 "轮廓化描边"效果

"轮廓化描边"效果可以将所选的描边部分转变为图形对象，制作更为丰富的效果。

选中对象，执行"效果 > 路径 > 轮廓化描边"命令，即可为对象添加"轮廓化描边"效果。

18.4.3 "路径查找器"效果

"路径查找器"效果可以调整所选对象与对象之间的关系。应用"路径查找器"效果之前，首先要对所选对象进行编组，如图18-69所示。然后选中编组对象，执行"效果 > 路径查找器"命令，在弹出的子菜单中执行相应的命令，如图18-70所示。

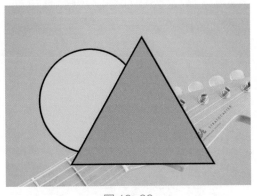

图 18-69

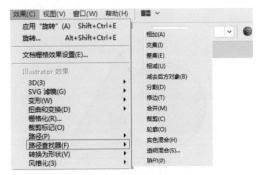

图 18-70

接下来，针对"路径查找器"效果中的子命令进行讲解。

● 相加：描摹所有对象的轮廓，得到的图形采用顶层对象的颜色属性，如图18-71所示。

● 交集：描摹对象重叠区域的轮廓，如图18-72所示。

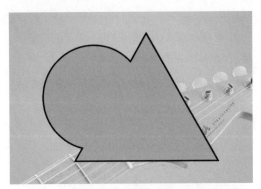

图 18-71

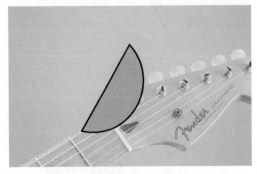

图 18-72

● 差集：描摹对象未重叠的区域。若有偶数个对象重叠，则重叠处会变成透明；若有奇数个对象重叠，则重叠的地方

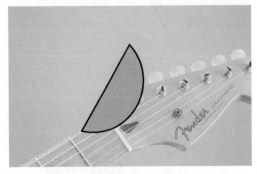

会填充颜色。如图18-73、图18-74所示。

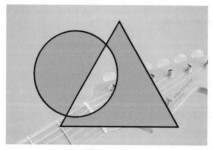

图 18-73

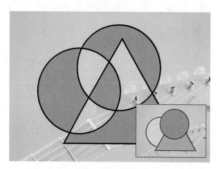

图 18-74

●**相减：** 从后面的对象减去前面的对象，如图18-75所示。

●**减去后方对象：** 从前面的对象减去后面的对象，如图18-76所示。

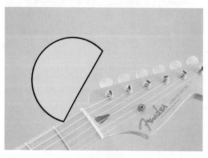

图 18-75

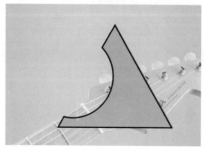

图 18-76

●**分割：** 按照图形的重叠，将图形分割为多个部分，如图18-77所示。

●**修边：** 删除所有描边，且不会合并相同颜色的对象，如图18-78所示。

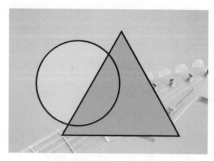

图 18-77

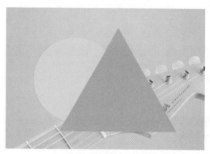

图 18-78

●**合并：** 删除已填充对象被隐藏的部分。它会删除所有描边并且合并具有相同颜色的相邻或重叠的对象，如图18-79所示。

●**裁剪：** 将图稿分割为作为其构成成分的填充表面，删除图稿中所有落在最上方对象边界之外的部分以及删除所有描边，如图18-80所示。

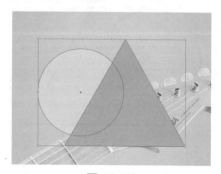

图 18-79

图 18-80

● 轮廓：创建出选中对象的边缘，如图18-81所示。

● 实色混合：通过选择每个颜色组件的最高值来组合颜色，如图18-82所示。

图 18-81

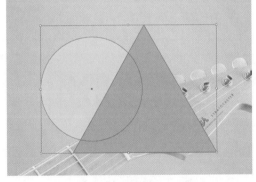

图 18-82

● 透明混合：使底层颜色透过重叠的图稿可见，然后将图像划分为其构成部分的表面，如图18-83所示。

● 陷印："陷印"命令通过识别较浅色的图稿并将其陷印到较深色的图稿中，

为简单对象创建陷印。可以从"路径查找器"面板中应用"陷印"命令，或者将其作为效果进行应用。使用"陷印"效果的好处是可以随时修改陷印设置，如图18-84所示。

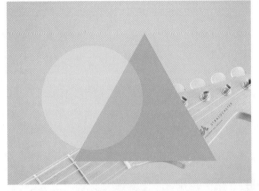

图 18-83

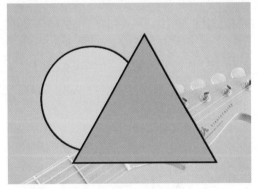

图 18-84

📄 课堂练习　制作多层次的文字

本案例将练习制作多层次的文字，主要用到"矩形工具" ▢、"文字工具" T 等工具。

扫一扫 看视频

Step 01　新建一个 40mm×26mm 的空白文档，如图18-85所示。使用"矩形工具" ▢ 在画板中绘制一个与面板等大的矩形，在属性栏中设置颜色，完成后如图18-86所示。选中绘制的

423

矩形，按 Ctrl+2 组合键锁定。

图 18-85

图 18-86

Step 02 使用"文字工具"**T**在画板中合适位置输入文字，如图 18-87 所示。选中文字，在属性栏中设置颜色、字体、字号，完成后如图 18-88 所示。

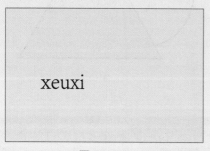

图 18-87

图 18-88

Step 03 选中输入的文字，按 Ctrl+C 组合键和 Ctrl+ B 组合键复制在后面，

执行"效果 > 路径 > 位移路径"命令，在弹出的"偏移路径"对话框中设置参数，完成后如图 18-89 所示。

Step 04 选中复制的文字，在属性栏中设置颜色，如图 18-90 所示。

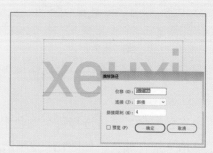

图 18-89

图 18-90

Step 05 重复上述操作，复制文字并为文字添加"位移路径"效果，如图 18-91 所示。

图 18-91

Step 06 选中最顶层文字，按 Ctrl+C 组合键和 Ctrl+ F 组合键复制在前面，执行"效果 > 路径 > 位移路径"命令，在弹出的"偏移路径"对话框中设置参数，完成后如图 18-92 所示。

图 18-92

Step 07 使用"矩形工具"绘制矩形，在控制栏中设置描边参数，效果如图 18-93 所示。

Step 08 选中绘制的矩形，在控制栏中设置描边参数，按 Ctrl+C 组合键和 Ctrl+ F 组合键复制在前面，执行"效果 > 路径 > 位移路径"命令，在弹出的"偏移路径"对话框中设置参数，完成后如图 18-94 所示。

图 18-93

图 18-94

Step 09 执 行"文 件 > 置 入"命 令，置 入 本 章 素 材 对 象"叶.png"和"鸟.png"，调整至合适大小与位置，如图 18-95 所示。

Step 10 使用"直线段工具" 绘制直线段，在"图层"面板中调整顺序至背景上层，在控制栏中设置参数，效果如图 18-96 所示。

图 18-95

图 18-96

Step 11 选中绘制的直线段，执行"效果 > 模糊 > 高斯模糊"命令，在弹出的"高斯模糊"对话框中设置参数，如图 18-97 所示。完成后效果如图 18-98 所示。

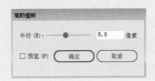

图 18-97

图 18-98

至此，完成多层次文字的绘制。

18.5 "风格化"效果组

"风格化"效果组中包含有"内发光""圆角""外发光""投影""涂抹""羽化"六种效果。执行"效果>风格化"命令，在弹出的子菜单中可以选择这六种效果，如图18-99所示。

图 18-99

18.5.1 "内发光"效果

"内发光"效果可以在对象的内部添加亮调以实现内发光效果。

选中要添加效果的对象，执行"效果>风格化>内发光"命令，弹出"内发光"对话框，如图18-100所示。在对话框中设置参数，完成后按"确定"按钮即可为对象增加效果，如图18-101所示。

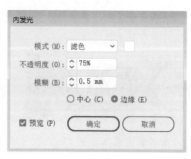

图 18-100

图 18-101

其中，各选项的作用如下。

● 模式：指定发光的混合模式。

● 不透明度：在该文本框中输入相应的数值，可以指定所需发光的不透明度百分比。

● 模糊：在该文本框中输入相应的数值，可以指定要进行模糊处理之处到选区中心或选区边缘的距离。

● 中心：选中该选项时，将创建从选区中心向外发散的发光效果，如图18-102所示。

● 边缘：选中该选项时，将创建从选区边缘向内发散的发光效果，如图18-103所示。

图 18-102

图 18-103

18.5.2 "外发光"效果

"外发光"效果可以在对象的外侧创建发光的效果。

选中要添加效果的对象，执行"效果 > 风格化 > 外发光"命令，弹出"外发光"对话框，如图18-104所示。在对话框中设置参数即可为对象增加效果。如图18-105所示为添加外发光效果的对象。

图 18-104

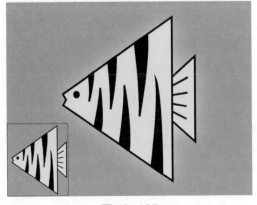

图 18-105

其中，各选项的作用如下。

●模式：指定发光的混合模式。

●不透明度：在该文本框中输入相应的数值可以指定所需发光的不透明度百分比。

●模糊：在该文本框中输入相应的数值可以指定要进行模糊处理之处到选区中心或选区边缘的距离。

18.5.3 "投影"效果

"投影"效果可以为选中的对象添加投影效果。

选中要添加效果的对象，执行"效果 > 风格化 > 投影"命令，弹出"投影"对话框，如图18-106所示。在对话框中设置参数，完成后按"确定"按钮即可为对象增加效果，如图18-107所示。

图 18-106

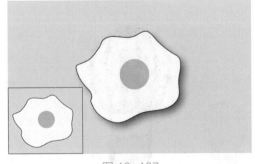

图 18-107

其中，各选项的作用如下。

●模式：设置投影的混合模式。

427

●不透明度：设置投影的不透明度百分比。

●X位移和Y位移：设置投影偏离对象的距离。

●模糊：设置要进行模糊处理之处距离阴影边缘的距离。

●颜色：设置阴影的颜色。

●暗度：设置为投影添加的黑色深度百分比。

18.5.4 "涂抹"效果

"涂抹"效果能够在所选对象的表面添加画笔涂抹的效果，并且保持原对象的颜色和基本形状。

选中要添加效果的对象，执行"效果 > 风格化 > 涂抹"命令，弹出"涂抹"对话框，如图18-108所示。在对话框中设置参数，完成后按"确定"按钮即可为对象增加效果，如图18-109所示。

图 18-108

图 18-109

其中，各选项的作用如下。

●设置：使用预设的涂抹效果，从"设置"菜单中选择一种对图形快速进行涂抹效果，如图18-110、图18-111所示为不同设置的效果。

图 18-110

图 18-111

●角度：在该文本框中输入相应角度，用于控制涂抹线条的方向。

●路径重叠：在该文本框中输入相应数值，用于控制涂抹线条在路径边界内部距路径边界的量或在路径边界外距路径边界的量。负值将涂抹线条控制在路径边界内部，正值则将涂抹线条延伸至路径边界外部。

●变化：在该文本框中输入相应数值，用于控制涂抹线条彼此之间的相对长度差异。

●描边宽度：在该文本框中输入相应数值，用于控制涂抹线条的宽度。

●曲度：在该文本框中输入相应数值，用于控制涂抹曲线在改变方向之前的曲度。

●变化：在该文本框中输入相应数值，用于控制涂抹曲线彼此之间的相对曲度差异大小。

●间距：在该文本框中输入相应数值，用于控制涂抹线条之间的折叠间距量。

●变化：在该文本框中输入相应数值，用于控制涂抹线条之间的折叠间距差异量。

18.5.5 "羽化"效果

"羽化"效果可以制作对象边缘羽化的不透明度渐隐效果。

选中要添加效果的对象，执行"效果>风格化>羽化"命令，弹出"羽化"对话框，如图18-112所示。在对话框中设置半径参数，完成后按"确定"按钮即可看到羽化效果，如图18-113所示。

图 18-112

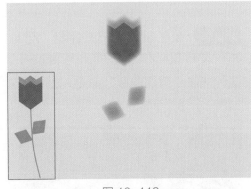

图 18-113

课堂练习　制作变形文字

本案例将练习制作变形文字，主要用到的工具有"文字工具" **T**、"钢

扫一扫 看视频

笔工具"　等。

Step 01 新建一个 260mm×185mm 的空白文档，如图 18-114 所示。使用"矩形工具"在画板中绘制一个与画板等大的矩形，如图18-115 所示。

图 18-114

图 18-115

Step 02 选中上步中绘制的矩形，执行"窗口>渐变"命令，在弹出的"渐变"面板中设置渐变，完成后如图 18-116 所示。

Step 03 重复上述步骤，绘制渐变矩形，如图 18-117 所示。选中上述步骤中绘制的矩形，按 Ctrl+2 组合键锁定。

图 18-116

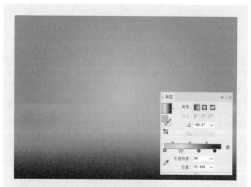

图 18-117

Step 04 使用"文字工具" T 在画板中合适位置输入文字"ZOO",如图 18-118 所示。

Step 05 调整文字顺序和旋转角度,单击"填色"按钮,在弹出的"拾色器"对话框中设置颜色,完成后如图 18-119 所示。按 Ctrl+C、Ctrl+B 组合键复制一份,并按 Ctrl+2 组合键锁定。

图 18-118

图 18-119

Step 06 执行"文件 > 置入"命令,

在弹出的"置入"对话框中选择素材"花纹 1.png",取消勾选"链接"复选框,单击"置入",如图 18-120 所示。调整花纹 1 素材的排列顺序,如图 18-121 所示。

图 18-120

图 18-121

Step 07 按住 Shift 键选中字母"Z"和花纹 1,鼠标右击,在弹出的菜单中,执行"建立剪切蒙版"命令,完成后如图 18-122 所示。

图 18-122

Step 08 选中剪切蒙版对象,执行"效果＞风格化＞内发光"命令，在弹出的"内发光"对话框中设置参数，完成后按"确定"按钮即可为对象增加效果，如图 18-123 所示。

图 18-123

Step 09 重复上述步骤，置入"花纹 2.png"和"花纹 3.png"素材，建立剪切蒙版并添加内发光效果，如图 18-124、图 18-125 所示。

图 18-124

图 18-125

Step 10 在"图层"面板中解锁锁定的字母，选中并执行"效果＞路径＞位移路径"命令，在弹出的"偏移路径"

对话框中设置参数，完成后效果如图 18-126 所示。

Step 11 选中上步中偏移路径的对象，执行"效果＞扭曲和变换＞波纹"命令，在弹出的"波纹"对话框中设置参数，完成后效果如图 18-127 所示。

图 18-126

图 18-127

Step 12 使用"钢笔工具" 在字母 Z 的合适位置绘制高光，如图 18-128 所示。选中绘制的高光，执行"效果＞模糊＞高斯模糊"命令，在弹出的"高斯模糊"对话框中设置参数，完成后效果如图 18-129 所示。

图 18-128

图 18-129

Step 13 重复上述步骤，为其他位

置制作高光效果，如图 18-130、图 18-131 所示。

图 18-130

图 18-131

至此，文字变形制作完成。

18.6 "转换为形状" 效果组

"转换为形状" 效果组包含有 "矩形" "圆角矩形" "椭圆" 三种效果。通过这三种效果，用户可以将矢量对象的形状转换为矩形、圆角矩形、椭圆。

执行 "效果 > 转换为形状" 命令，在弹出的子菜单中可以选择这三种效果，如图18-132所示。

图 18-132

18.6.1 "矩形" 效果

"矩形" 效果可以将选中的矢量对象转换为矩形。

选中要添加效果的对象，执行 "效果 > 转换为形状 > 矩形" 命令，弹出 "形状选项" 对话框，如图18-133所示。在对话框中设

图 18-133

置参数，完成后按 "确定" 按钮即可为对象增加效果，如图18-134所示。

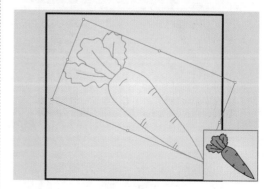

图 18-134

其中，各选项的作用如下。

● 绝对: 可以在"宽度"和"高度"文本框中输入数值来定义转换的矩形对象的绝对尺寸, 如 图18-135 所示。

图 18-135

● 相对: 可以在"额外宽度"和"额外高度"文本框中输入数值来定义转换的矩形对象添加或减少的尺寸, 如 图18-136 所示。

图 18-136

● 宽度/高度: 定义转换的矩形对象的绝对尺寸。选择"绝对"时出现该文本框。

● 额外宽度/额外高度: 定义转换的矩形对象添加或减少的尺寸。选择"相对"时出现该文本框。

● 圆角半径: 定义圆角尺寸。仅在"圆角矩形"命令中可以修改。

18.6.2 "圆角矩形"效果

"圆角矩形"效果可以将选中的矢量对象转换为圆角矩形。

选中要添加效果的对象，执行"效果 > 转换为形状 > 矩形"命令，弹出"形状选项"对话框，如图18-137所示。在对话框中设置参数，完成后按"确定"按钮即可

图 18-137

为对象增加效果，如图18-138所示。

图 18-138

18.6.3 "椭圆"效果

"椭圆"效果可以将选中的矢量对象转换为椭圆。

选中要添加效果的对象，执行"效果 > 转换为形状 > 矩形"命令，弹出"形状选项"对话框，如图18-139所示。在对话框中设置参数，完成后按"确定"按钮即可为对象增加效果，如图18-140所示。

图 18-139

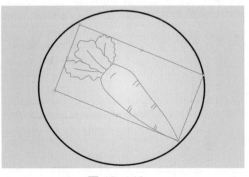

图 18-140

433

本案例将使用多重效果制作广告海报，主要用到的工具有"矩形工具"■、"文字工具" T等。

Step 01 新建一个 190mm × 250mm 的空白文档，如图 18-141 所示。使用"矩形工具"■在画板中绘制一个与画板等大的矩形，在属性栏中设置颜色，完成后如图 18-142 所示。

图 18-141　　　　　　　　图 18-142

Step 02 选中绘制的矩形，执行"效果 > 纹理 > 颗粒"命令，在弹出的"颗粒"对话框中设置参数，如图 18-143 所示。完成后单击"确定"按钮，效果如图 18-144 所示。选中矩形，按 Ctrl+2 组合键锁定。

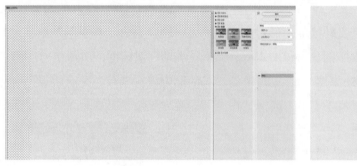

图 18-143　　　　　　　　　　　　图 18-144

Step 03 使用"矩形工具"■在画板中绘制矩形，在属性栏中设置填充和描边，完成后如图 18-145 所示。

Step 04 重复上步在画板中绘制矩形，在属性栏中单击"描边"，在弹出的"描边"面板中设置描边虚线，如图 18-146 所示。完成后效果如图 18-147 所示。

Step 05 使用"剪刀工具" ✂将虚线框分割并去除不需要的部分，如图 18-148 所示。

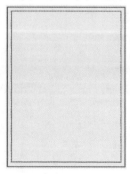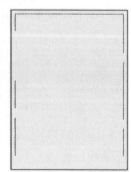

图 18-145　　　　　图 18-146　　　　　图 18-147　　　　　图 18-148

Step 06 执行"文件 > 置入"命令，在弹出的"置入"对话框中选择素材"草 .png"，取消勾选"链接"复选框，单击"置入"，如图 18-149 所示。

Step 07 使用"矩形工具" ■ 在"草 .png"素材文件上绘制矩形，如图 18-150 所示。

Step 08 选中绘制的矩形与"草 .png"素材文件，鼠标右击，在弹出的下拉菜单中执行"建立剪切蒙版"命令，效果如图 18-151 所示。

Step 09 选中剪切蒙版文件，执行"效果 > 风格化 > 投影"命令，在弹出的"投影"对话框中设置参数，完成后效果如图 18-152 所示。

图 18-149　　　　　图 18-150　　　　　图 18-151　　　　　图 18-152

Step 10 执行"文件 > 置入"命令，在弹出的"置入"对话框中选择素材"女孩 2.png"，取消勾选"链接"复选框，单击"置入"，如图 18-153 所示。

Step 11 使用"矩形工具" ■ 在"女孩 2.png"素材文件上绘制矩形，如图 18-154 所示。

Step 12 选中上步中绘制的矩形与"女孩 2.png"素材文件，鼠标右击，在弹出的下拉菜单中执行"建立剪切蒙版"命令，效果如图 18-155 所示。

Step 13 选中新建立的剪切蒙版，执行"效果 > 风格化 > 投影"命令，在弹出的"投影"对话框中设置参数，完成后效果如图 18-156 所示。

图 18-153　　　　　图 18-154　　　　　图 18-155　　　　　图 18-156

Step 14 使用"文字工具" T 在画板中输入文字"童"，在属性栏中调整颜色和字体、字号，完成后如图 18-157 所示。

Step 15 选中文字"童"，执行"效果 > 3D > 凸出和斜角"命令，在弹出的"3D 凸出和斜角选项"对话框中设置参数，如图 18-158 所示。

Step 16 设置完成后单击"确定"按钮，效果如图 18-159 所示。选中文字"童"，按 Ctrl+C 组合键和 Ctrl+F 组合键复制在前面。

图 18-157   图 18- 158   图 18-159

Step 17 选中上层的文字，执行"窗口 > 外观"命令，在弹出的"外观"面板中单击"3D 凸出和斜角"，在弹出的"3D 凸出和斜角选项"对话框中设置参数，如图 18-160 所示。设置完成后单击"确定"按钮，调整下位置和颜色，效果如图 18-161 所示。

Step 18 重复上述操作，制作文字"年"，效果如图 18-162 所示。

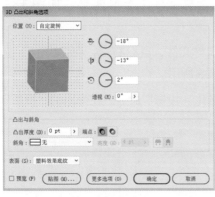

图 18-160   图 18-161   图 18-162

Step 19 使用"文字工具" T 在画板中合适位置输入文字，如图 18-163 所示。

Step 20 使用"矩形工具" 在画板中合适位置绘制矩形，在属性栏中设置颜色，如图 18-164 所示。

Step 21 使用"多边形工具" 在上步中绘制的矩形上下绘制三角形并填充颜色，如图 18-165 所示。

Step 22 重复上述操作，绘制矩形和三角形，如图 18-166 所示。

图 18-163 图 18-164 图 18-165 图 18-166

Step 23 ▶ 执行"文件 > 置入"命令，在弹出的"置入"对话框中选择素材"叶子 .png"，取消勾选"链接"复选框，单击"置入"，如图 18-167 所示。

Step 24 ▶ 重复上步，多次置入素材并调整位置，效果如图 18-168 所示。

Step 25 ▶ 使用"椭圆工具"⬭，按住 Shift 键在画板中绘制正圆，在属性栏中设置颜色，如图 18-169 所示。

图 18-167 图 18-168 图 18-169

Step 26 ▶ 重复上步，绘制大小不一的正圆，如图 18-170、图 18-171 所示。

至此，海报绘制完成。

图 18-170 图 18-171

课后作业 / 制作立体字特效海报

项目需求

受某店家委托帮其设计店庆海报，要求简洁生动自然，色彩丰富。

项目分析

通过立体字增加立体感；颜色主题选择了蓝色，给人畅快、清新的感觉，点缀橙色、红色，增加活力。

项目效果

效果如图18-172所示。

操作提示

Step01：输入文字。
Step02：通过3D效果组增加文字立体感。
Step03：绘制装饰物。

图 18-172

桃李不言，下自成蹊

阳光

Ai

Illustrator

第 19 章
外观与样式

★ 内容导读

本章主要对对象的外观与样式进行讲解。通过"外观"面板与"图形样式"面板，用户可以很便捷地为选中的对象添加效果，设计更好的视觉效果。

📂 学习目标

○ 学会使用"透明度"面板
○ 学会使用"外观"面板
○ 学会应用与新建图层样式

19.1 "透明度"面板

"透明度"面板中可以调整对象的不透明度、混合模式以及制作不透明蒙版等。执行"窗口>透明度"命令，即可弹出"透明度"面板，如图19-1所示。

图 19-1

其中，各选项的作用如下。

● 混合模式：设置所选对象与下层对象的颜色混合模式。

● 不透明度：通过调整数值控制对象的透明效果，数值越大对象越不透明；数值越小，对象越透明。

● 对象缩略图：所选对象缩略图。

● 不透明度蒙版：显示所选对象的不透明度蒙版效果。

● 剪切：将对象建立为当前对象的剪切蒙版。

● 反相蒙版：将当前对象的蒙版颜色反相。

● 隔离混合：选择该选项可以防止混合模式的应用范围超出组的底部。

● 挖空组：启用该选项后，在透明挖空组中，元素不能透过彼此而显示。

● 不透明度和蒙版用来定义挖空形状：使用该选项可以创建与对象不透明度成比例的挖空效果。在接近100% 不透明度的蒙版区域中，挖空效果较强；在具有较低不透明度的区域中，挖空效果较弱。

单击属性栏中的"不透明度"按钮，即可显示"透明度"面板，如图19-2所示。

图 19-2

19.1.1 混合模式

混合模式是当前对象与底部对象以一种特定的方式进行混合，以达到需要的画面效果的操作。

选中任意对象，按Ctrl+C组合键和Ctrl+F组合键复制在前面。执行"窗口>透明度"命令，弹出"透明度"面板，在"透明度"面板中单击"混合模式"按钮，在弹出的下拉菜单中选择混合模式，如图19-3所示。

图 19-3

（1）正常

默认情况下，图形的混合模式为"正常"，即选择的图形不与下方的对象产生混合效果，如图19-4所示。

（2）变暗

选择基色或混合色中较暗的一个作为结果色。比混合色亮的区域会被结果色所取代，比混合色暗的区域将保持不变，如图19-5所示。

图 19-4

图 19-5

（3）正片叠底

将基色与混合色混合，得到的颜色比基色和混合色都要暗。将任何颜色与黑色混合都会产生黑色；将任何颜色与白色混合则颜色保持不变，如图19-6所示。

（4）颜色加深

通过增加上下层对象之间的对比度来使像素变暗，与白色混合后不产生变化，如图19-7所示。

图 19-6

图 19-7

（5）变亮

选择基色或混合色中较亮的一个作为结果色。比混合色暗的区域将被结果色所取代。比混合色亮的区域将保持不变，如图19-8所示。

（6）滤色

将基色与混合色的反相色混合，得到的颜色比基色和混合色都要亮。将任何颜色与黑色混合则颜色保持不变；将任何颜色与白色混合都会产生白色，如图19-9所示。

图 19-8

441

图 19-9

（7）颜色减淡

通过减小上下层图像之间的对比度来提亮底层图像的像素，如图19-10所示。

（8）叠加

对颜色进行过滤并提亮上层图像，具体取决于基色。图案或颜色叠加在现有的图稿上，在与混合色混合以反映原始颜色的亮度和暗度的同时，保留基色的高光和阴影，如图19-11所示。

图 19-10

图 19-11

（9）柔光

使颜色变暗或变亮，具体取决于混合色。若上层图像比50%灰色亮，则图像变亮；若上层图像比50%灰色暗，则图像变暗，如图19-12所示。

（10）强光

对颜色进行过滤，具体取决于混合色即当前图像的颜色。若上层图像比50%灰色亮，则图像变亮；若上层图像比50%灰色暗，则图像变暗，如图19-13所示。

图 19-12

图 19-13

（11）差值

从基色减去混合色或从混合色减去基色，具体取决于哪一种的亮度值较大。与白色混合将反转基色值，与黑色混合则不发生变化，如图19-14所示。

（12）排除

创建一种与"差值"模式相似但对比度更低的效果。与白色混合将反转基色分量，与黑色混合则不发生变化，如图19-15所示。

图 19-14

图 19-15

（13）色相

  用基色的亮度和饱和度以及混合色的色相创建结果色，如图19-16所示。

图 19-16

（14）饱和度

  用基色的亮度和色相以及混合色的饱和度创建结果色，在饱和度为0的灰度区域上应用此模式着色不会产生变化，如图19-17所示。

图 19-17

（15）混色

  用基色的亮度以及混合色的色相和饱和度创建结果色。这样可以保留图稿中的灰阶，对于给单色图稿上色以及给彩色图稿染色都会非常有用，如图19-18所示。

（16）明度

  用基色的色相和饱和度以及混合色的亮度创建结果色，如图19-19所示。

图 19-18

图 19-19

19.1.2　不透明度

  不透明度指的是对象半透明的程度，

443

常用于多个对象融合效果的制作。

选中对象，执行"窗口>透明度"命令，弹出"透明度"面板，在"透明度"面板中可以设置选中对象的不透明度，默认不透明度是100%，如图19-20所示。

在"不透明度"文本框中输入数值，数值越低对象就越透明，或者单击▸状按钮拖动滑块来更改"不透明度"数值。如图19-21所示为"不透明度"为30%时的效果。

图 19-20

图 19-21

19.1.3 不透明度蒙版

不透明蒙版可以帮助用户制作渐隐效果。为对象添加不透明蒙版后，可以通过在不透明蒙版上添加黑色、白色和灰色的图形来控制对象的显示与隐藏，如图19-22、图19-23所示，对象中对应不透明蒙版中黑色部位的变为透明，灰色部分为半

透明，白色为不透明。

图 19-22

图 19-23

19.1.3.1 不透明蒙版的制作

课堂练习 不透明蒙版的应用操作

本案例将通过实际操作对不透明蒙版进行讲解，涉及的知识点包括"渐变工具" ■、"透明度"面板等。

Step 01 在需要添加不透明蒙版的对象上绘制矩形，如图 19-24 所示。为矩形填充黑白渐变，如图 19-25 所示。

图 19-24

图 19-25

Step 02 选中对象与绘制的矩形,执行"窗口 > 透明度"命令,在弹出的"透明度"面板中单击"创建蒙版",此时对象中对应矩形黑色部分的位置被隐藏,白色部分被显示,如图 19-26、图 19-27 所示。

图 19-26

图 19-27

Step03 若对不透明蒙版的效果不满意,可以选中"透明度"面板中的蒙版缩略图,使用"渐变工具" ■ 调整黑白渐变色,以调整不透明蒙版的效果,如图 19-28、图 19-29 所示。

图 19-28

图 19-29

Step 04 在选中"透明度"面板中的蒙版缩略图的情况下,绘制的图案将在蒙版中显示,如图 19-30、图 19-31 所示。

图 19-30

图 19-31

Step 05 勾选"透明度"面板中的"剪切"复选框，可以隐藏全部图形，通过编辑蒙版使图片显示，若不勾选，图形将被显示，通过编辑蒙版隐藏相应的区域，如图 19-32、图 19-33 所示。

图 19-32

图 19-33

Step 06 勾选"反向蒙版"复选框，将使当前的蒙版反向，即对象隐藏的部分显示，显示的部分隐藏，如图 19-34、图 19-35 所示。

图 19-34

图 19-35

Step 07 若想删除不透明蒙版，可以单击"透明度"面板中的"释放"，或者单击"透明度"面板右上角的菜单，在弹出的下拉菜单中执行"释放不透明蒙版"命令，即可删除不透明蒙版，如图 19-36、图 19-37 所示。

图 19-36

图 19-37

默认状态下，蒙版和对象是链接在一起的，此时，蒙版跟随对象的移动或旋转而移动或旋转，若取消链接，则可以对蒙版或对象单独操作，如图19-38、图19-39所示。

图 19-38

图 19-39

若想暂时取消不透明蒙版，可以单击"透明度"面板右上角的菜单，在弹出的下拉菜单中执行"停用不透明蒙版"命令，或者按住Shift键单击蒙版缩略图，如图19-40、图19-41所示。

图 19-40

图 19-41

若要重新启用不透明蒙版，单击"透明度"面板右上角的菜单，在弹出的下拉菜单中执行"启用不透明蒙版"命令，或者按住Shift键再次单击蒙版缩略图，如图19-42、图19-43所示。

图 19-42

图 19-43

知识点拨

不透明蒙版的图形可以是位图、矢量图或者文字。

通过不透明蒙版，可以为文字对象添加带有渐隐效果的底纹，或者为图形添加文字镂空效果，也可以制作文字的渐隐。

（1）制作文字底纹

选中文本对象与背景图案，执行"窗口>透明度"命令，在弹出的"透明度"面板中单击"创建蒙版"，此时，文本对象中黑色部分被隐藏，白色部分被显示，如图19-44、图19-45所示。

447

图 19-44

图 19-47

图 19-48

图 19-45

操作提示

若文本填充为白色，创建不透明蒙版后效果如图19-46所示。

若文本填充为黑色，且在"透明度"面板中取消勾选"剪切"复选框，则可为图形添加文字镂空效果，如图19-47所示。

（2）添加渐隐效果

若要对文字对象添加渐隐效果，也可以通过不透明蒙版来实现。

在文字对象上层绘制渐变图形，如图19-48所示。选中文字对象与绘制的图形，执行"窗口 > 透明度"命令，在弹出的"透明度"面板中单击"创建蒙版"，即可为文字对象添加渐隐效果，如图19-49所示。

图 19-46

图 19-49

19.1.3.2 不透明蒙版的编辑

添加不透明蒙版后，原始图形与不透明蒙版合并为一个图层，若想对原始对象或者不透明蒙版进行编辑，可以在"透明度"面板中分别选取进行操作。

鼠标选中"透明度"面板中的不透明蒙版缩略图，然后单击工具箱中的"选择工具" ▶，选中画板中的不透明蒙版，即可对其做旋转、缩放、移动等操作，如图19-50、图19-51所示。

图 19-50

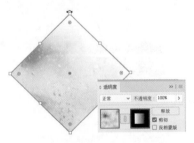

图 19-51

也可以单击工具箱中的"直接选择工具" ▷，选中不透明蒙版的锚点改变其形状，如图19-52、图19-53所示。

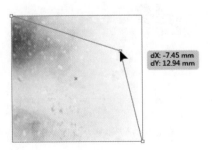

图 19-52

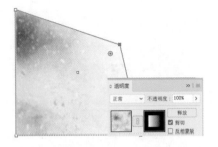

图 19-53

若原始图像是矢量对象，也可以在选中不透明蒙版图层的情况下，单击工具箱中的"直接选择工具" ▷，选中路径边缘的锚点对原始图形的形状进行修改，如图19-54、图19-55所示。

图 19-54

图 19-55

在链接情况下，移动原始或者变换对象，蒙版也会发生变化，如图19-56、图19-57所示，原始对象缩小，不透明蒙版也跟着缩小。

449

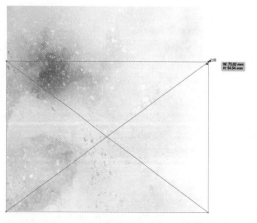

图 19-56

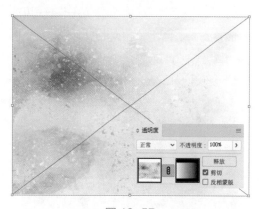

图 19-57

若取消链接，则可以对原始对象或不透明蒙版分别进行编辑。如图19-58、图19-59所示，原始对象缩小，不透明蒙版并没有跟着原始对象变化。

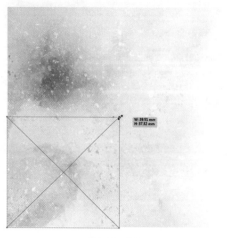

图 19-58

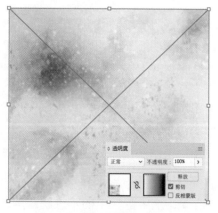

图 19-59

文本对象不透明蒙版的编辑与图形对象类似。

若文字对象是蒙版对象，鼠标选中"透明度"面板中的不透明蒙版缩略图，单击工具箱中的"文字工具" **T**，在文字对象中单击即可对文字进行编辑，如图19-60、图19-61所示。

图 19-60

图 19-61

若文字对象是被蒙版对象，直接选中即可进行操作。

本案例将练习制作一个手提袋，主要用到"矩形工具" ▣、"钢笔工具" ✏、"文字工具" T 等工具。

Step 01 新建一个竖向 A4 大小的空白文档，如图 19-62 所示。使用"矩形工具" ▣ 在画板中绘制一个与画板等大的矩形，如图 19-63 所示。

Step 02 选中上步中绘制的矩形，使用"渐变工具" ▣ 为矩形填充渐变，如图 19-64 所示 。选中填充渐变的矩形，按 Ctrl+2 组合键锁定。

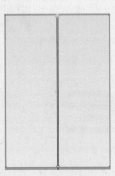

图 19-62   图 19-63   图 19-64

Step 03 使用"钢笔工具" ✏ 在画板中绘制图形作为手提袋正面，在控制栏中设置颜色，如图 19-65 所示。

Step 04 重复上步，绘制图形作为手提袋侧面 1，如图 19-66 所示。

Step 05 使用"渐变工具" ▣ 为上步中绘制的图形填充渐变，如图 19-67 所示。

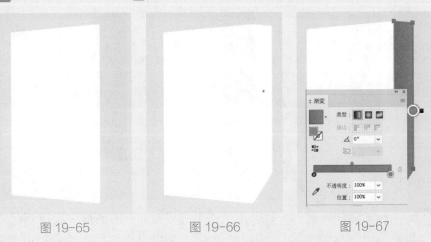

图 19-65   图 19-66   图 19-67

Step 06 重复上述步骤，绘制图形作为手提袋侧面 2、侧面 3 并填充渐变，如图 19-68、图 19-69 所示。

Step 07 使用"椭圆工具" ⬭ 在手提袋正面上绘制椭圆，如图 19-70 所示。

Step 08 选中手提袋正面与上步中绘制的两个椭圆，执行"窗口 > 路径查找器"命令，

451

在弹出的"路径查找器"面板中选择"减去顶层" 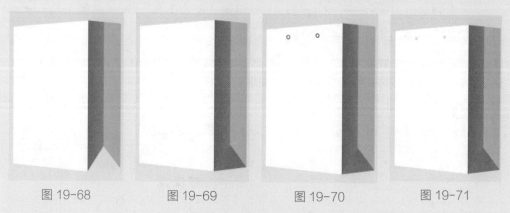 按钮,完成后效果如图19-71所示。

图 19-68 　　　　图 19-69 　　　　图 19-70 　　　　图 19-71

Step 09 使用"钢笔工具" 在手提袋正面绘制线条作为提手,如图19-72所示。

Step 10 选中上步中绘制的线条,执行"对象>路径>偏移路径"命令,在弹出的"偏移路径"对话框中设置参数,完成后单击"确定"按钮,隐藏绘制的线条,效果如图19-73所示。

Step 11 选中偏移路径,执行"效果>风格化>内发光"命令,在弹出的"内发光"对话框中设置参数,完成后单击"确定"按钮,效果如图19-74所示。

Step 12 选中偏移路径,执行"效果>风格化>投影"命令,在弹出的"投影"对话框中设置参数,完成后单击"确定"按钮,效果如图19-75所示。

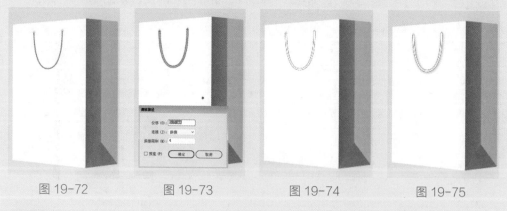

图 19-72 　　　　图 19-73 　　　　图 19-74 　　　　图 19-75

Step 13 执行"文件>置入"命令,在弹出的"置入"对话框中选择素材"logo.png",取消勾选"链接"复选框,单击"置入",调整位置和大小,如图19-76所示。

Step 14 使用"文字工具" 在画板中合适位置输入文字,如图19-77所示。

Step 15 选中上步中输入的文字,执行"效果>扭曲和变换>自由扭曲"命令,在弹出的"自由扭曲"对话框中调整变形,效果如图19-78所示。

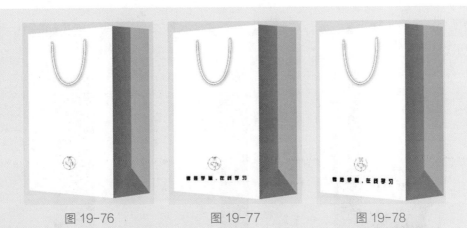

图 19-76   图 19-77   图 19-78

Step 16 选中上述步骤中绘制的手提袋各部位。单击工具箱中的"镜像工具" ，按住 Alt 键拖动镜像中心点至编组对象最底部，在弹出的"镜像"对话框中设置参数，完成后单击"复制"按钮，效果如图 19-79 所示。

Step 17 选中手提袋正面部分所有对象，如图 19-80 所示。按 Ctrl+G 组合键编组，使用"自由变换工具" 将编组图形进行变形，如图 19-81 所示。

Step 18 选中手提袋侧面所有对象，按 Ctrl+G 组合键编组，对手提袋侧面进行变形，效果如图 19-82 所示。

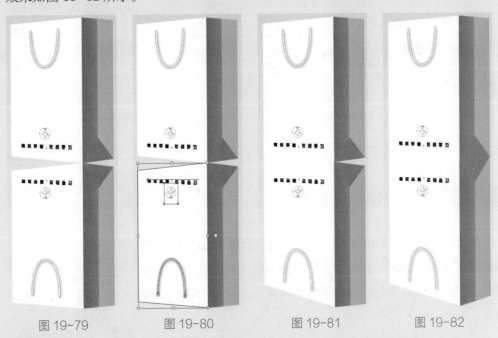

图 19-79   图 19-80   图 19-81   图 19-82

Step 19 使用"钢笔工具" 在手提袋正面上绘制等大的图形并填充黑白渐变，如图 19-83 所示。

Step 20 选中手提袋正面编组对象和上步中绘制的矩形，执行"窗口 > 透明度"命令，在弹出的"透明度"面板中单击"创建蒙版"，效果如图 19-84 所示。

Step 21 重复上述步骤，制作手提袋侧面编组对象的不透明蒙版，效果如图 19-85 所示。

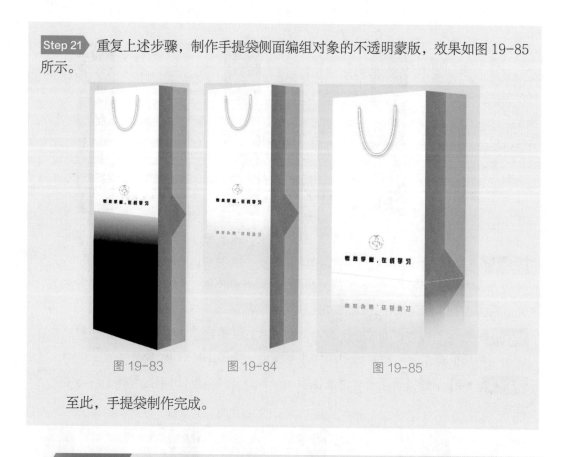

图 19-83　　　　　图 19-84　　　　　　图 19-85

至此，手提袋制作完成。

19.2 "外观"面板

"外观"面板中显示有所选对象的描边、填充等属性。若为选中的对象添加了效果，那么该效果也会显示在"外观"面板中。

19.2.1 认识"外观"面板

执行"窗口 > 外观"命令，或按Shift+F6组合键，即可弹出"外观"面板。在该面板中会显示选中对象的外观属性，用户也可以通过该面板编辑和调整选中对象的外观效果，如图19-86所示。

其中，部分选项作用如下。

●单击切换可视性 👁 ：用于切换属性或效果的显示与隐藏。👁 为显示状态；□ 为隐藏状态。

●添加新描边□：为选中的对象添加新的描边。

●添加新填色■：为选中的对象添加新的填色。

图 19-86

● 添加新效果 *fx*：未选中的对象添加新的效果。

● 清除外观 ⊘：清除选中对象的外观属性与效果。

● 复制所选项目 ▪：在"外观"面板中复制选中的属性。

● 删除所选项目 🗑：在"外观"面板中删除选中的属性。

19.2.2 修改对象外观属性

在"外观"面板中，可以快速修改对象的基本属性或者效果。

（1）填色

选中画板中的矢量对象，如图19-87所示。按Shift+F6组合键，弹出"外观"面板，在该面板中可以看到选中对象的属性，如图19-88所示。

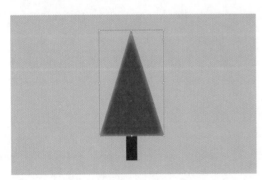

图 19-87

图 19-88

单击"填色"属性，在弹出的面板

中选择颜色，如图19-89所示，即可看到选中对象的颜色发生了变化，如图19-90所示。

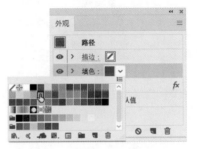

图 19-89

图 19-90

（2）描边

"描边"属性的修改与"填色"属性类似。

若想新建一个描边，可以单击"外观"面板中的"添加新描边" □ 按钮，即可在"外观"面板中新建一条描边属性，如图19-91所示。选中新建的描边，为其设置颜色和宽度，即可在画板中看到所选对象发生了相应的变化，如图19-92所示。

图 19-91

455

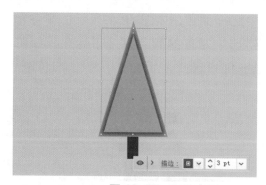

图 19-92

（3）效果

单击"外观"面板中的效果名称，即可弹出对应的效果对话框以进行修改，如图19-93所示。在相应的效果对话框中修改参数后，即可在画板中看到所选对象发生了相应的变化，如图19-94所示。

图 19-93

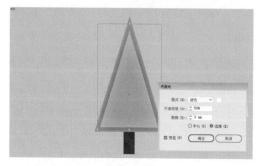

图 19-94

管理对象外观属性

通过"外观"面板可以调整外观属性和效果的顺序，以达到不同的展示效果。

选择需要调整顺序的"层"，按住鼠标拖拽到需要调整的位置后，松开鼠标即可调整其排列顺序，如图19-95所示。调整完成后，效果也会发生相应的变化，如图19-96所示。

图 19-95

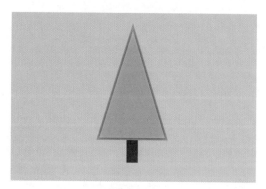

图 19-96

19.3 "图形样式"面板

"图形样式"面板中包含一系列已经设置好的外观属性，使用图形样式库只需单击一下即可为对象赋予不同的效果。执行"窗口＞图形样式"命令，弹出"图形样式"面板，如图19-97所示。

图 19-97

19.3.1 应用图形样式

选中画板中的对象，执行"窗口>图形样式"命令，弹出"图形样式"面板，如图19-98所示。单击"图层样式"面板中的样式按钮，即可为选中的对象赋予图形样式，如图19-99所示。

图 19-98

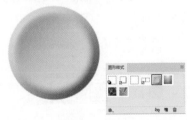

图 19-99

若对"图形样式"面板的样式不满意，单击"图层样式"面板左下角的"图形样式库菜单" 按钮，或执行"窗口>图形样式库"命令，即可打开样式库列

表，如图19-100所示。选中任一样式库，在弹出的面板中单击样式即可为对象赋予图层样式，如图19-101所示。

图 19-100

图 19-101

操作提示

当为对象赋予图形样式后，该对象和图形样式之间就建立了"链接"关系。当对该对象外观进行设置时，同时会影响到相应的样式。

单击"图形样式"面板中的"断开图形样式连接" 按钮，即可断开链接。

如果要删除"图形样式"面板中的样式，可以选中图形样式，单击"删除" 按钮。

19.3.2 新建图形样式

若对现有的图层样式不满意，可以根据自己的需要创建新的图层样式。

选中需要创建图层样式的图形，如图19-102所示。执行"窗口 > 图形样式"命令，弹出"图层样式"面板，单击"图层样式"面板中的"新建图形样式" 按钮，即可创建新的图层样式，如图19-103所示。

图 19-102

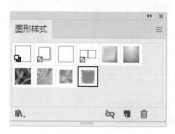

图 19-103

定义完图形样式后，关闭该文档后定义的图形样式就会消失。如果要将图形样式永久保存，可将相应的样式保存为样式库，以后随时调用该样式库，即可找到相应的样式。

选中需要保存的图形样式，单击"菜单" 按钮，执行"存储图形样式库"命令，在弹出的窗口中设置一个合适的名称，单击"保存"按钮，如图19-104所示。

若要找到存储的图形样式，可以单击"图层样式库菜单" 按钮，执行"用户定义"命令即可看到存储的图形样式，如图19-105所示。

图 19-104

图 19-105

19.3.3 合并图形样式

若想要合并多个图形样式以得到新的图形样式，可以按住Ctrl键单击要合并的多个图形样式，然后单击"菜单" 按钮，在弹出的下拉菜单中执行"合并图形样式"命令，如图19-106所示。

在弹出的"图形样式选项"对话框中设置名称，单击"确定"按钮即可合并图形样式，如图19-107所示。

图 19-106

图 19-107

新建的图形样式将包含所选图形样式的全部属性，并将被添加到面板中图形样

式列表的末尾，如图19-108所示。

图 19-108

综合实战　设计网页广告

扫一扫 看视频

本案例将练习设计网页广告，涉及的知识点包括"矩形工具"、"文字工具" T、"外观"面板、"透明度"面板等。

Step 01 新建一个 1024px×768px 的空白文档，如图 19-109 所示。执行"文件 > 置入"命令，在弹出的"置入"对话框中选择素材"背景 73.jpg"，取消勾选"链接"复选框，单击"置入"，如图 19-110 所示。

图 19-109

图 19-110

Step 02 调整置入素材大小，如图 19-111 所示。

Step 03 使用"矩形工具"在画板中绘制一个和画板等大的矩形，如图 19-112 所示。

图 19-111

图 19-112

Step 04 选中置入素材和上步中绘制的矩形，鼠标右击，在弹出的下拉菜单中执行"建立剪切蒙版"命令，效果如图 19-113 所示。

Step 05 使用"矩形工具"在画板中绘制一个和画板等大的矩形，如图 19-114 所示。

图 19-113

图 19-114

Step 06 选中上步中绘制的矩形，执行"窗口>透明度"命令，弹出"透明度"面板，在"透明度"面板中单击"混合模式"按钮，在弹出的下拉菜单中选择"柔光"混合模式，效果如图 19-115 所示。选中置入素材与上步中的矩形，按 Ctrl+2 锁定。

图 19-115

Step 07 使用"矩形工具" ▢ 在画板中合适位置绘制矩形，如图 19-116 所示。

Step 08 重复上步骤，绘制稍大的矩形，如图 19-117 所示。

Step 09 选中未锁定的图形对象，鼠标右击，在弹出的下拉菜单中执行"建立复合路径"命令，效果如图 19-118 所示。

图 19-116

图 19-117

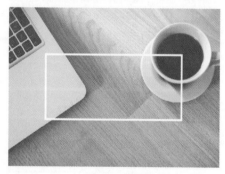

图 19-118

Step 10 选中该复合路径，执行"窗口>透明度"命令，弹出"透明度"面板，在"透明度"面板中可以设置不透明度为 80%，效果如图 19-119 所示。

Step 11 使用"矩形工具" ▢ 在复合路径内部绘制矩形，如图 19-120 所示。

Step 12 选中上步中绘制的矩形，执行"窗口>透明度"命令，弹出"透明度"面板，在"透明度"面板中可以设置不透明度为 80%，效果如图 19-121 所示。

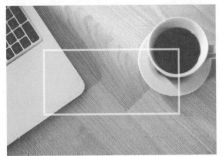

图 19-119

图 19-120

Step 13 使用"文字工具" T 在矩形中输入文字，如图 19-122 所示。

图 19-121

图 19-122

Step 14 选中上步中输入的文字，执行

"窗口＞图形样式库＞图像效果"命令，在弹出的"图像效果"面板中选择"前面阴影"样式，如图 19-123 所示。文字效果如图 19-124 所示。

图 19-123

图 19-124

Step 15 重复上述步骤，输入文字并设置样式，如图 19-125、图 19-126 所示。

图 19-125

图 19-126

至此，网页广告设计完成。

课后作业 / 设计插画杂志封面

项目需求

受某杂志社委托帮其设计插画杂志封面，要求颜色生动自然有活力。

项目分析

名称位于上方留白处，清晰醒目；下方大部分区域绘制插画图案，符合主题，同时饱满画面；颜色主体选用绿色，富有生气。

项目效果

效果如图19-127所示。

操作提示

Step01：输入文字。

Step02：使用矩形工具背景。

Step03：使用钢笔工具绘制装饰，并通过不透明度面板、外观面板等装饰。

图 19-127

第 20 章
打印、输出和Web图形

★ 内容导读

本章主要对 Illustrator 软件中的打印和网页输出来进行讲解。通过
Illustrator 软件设计作品后，往往会根据实际需要将其导出或者打印
出来。而根据设计需求的不同，输出方式也有所变化。通过本章节
的学习，可以帮助用户了解不同输出的操作方法。

★ 学习目标

O 学会导出不同格式的文件
O 学会打印文件
O 学会输出网页图形

Illustrator软件中绘制的对象，可以通过"导出"转换为普通格式的图像文件，以方便用户的查看。

在Illustrator软件中，导出有"导出为多种屏幕所用格式""导出为"和"存储为Web所用格式（旧版）"三种方式。执行"文件 > 导出"命令，在弹出的列表中即可选择这三种导出方式，如图20-1所示。

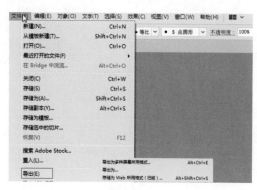

图 20-1

20.1.1 导出图像格式

图像格式包含有位图格式和矢量图格式两种。

位图图像格式包括带图层的".pdf"格式、".jpg"格式以及".tif"格式；矢量图格式则分为".pdf"格式、".jpg"格式、".tif"格式、".png"格式、".dwg"格式、".swf"格式等。通过执行"文件 > 导出 > 导出为"命令，弹出"导出"对话框，设置文件名称与保存类型后单击"导出"按钮即可导出图像格式的文件，如图20-2所示。

图 20-2

（1）".pdf"格式

".pdf"格式是标准的Photoshop格式，如果文件中包含不能导出到Photoshop格式的数据，Illustator软件可通过合并文档中的图层或栅格化文件，保留文件的外观。它是一种包含了源文件内容的图片形式的格式，可用于直接打印的一种格式。

（2）".jpg"格式

".jpg"格式是在Web上显示图像的标准格式，是可以直接打开图片的格式。

（3）".tif"格式

".tif"格式是标记图像文件格式，用于在应用程序和计算机平台间交换文件。

（4）".bmp"格式

".bmp"格式是Windows操作系统中的标准图像文件格式，该格式包含丰富的图像信息，但占用内存较大。

20.1.2 导出AutoCAD格式

执行"文件 > 导出 > 导出为"命令，

弹出"导出"对话框，如图20-3所示。选择保存类型为"AutoCAD绘图（*.DWG）"，单击"导出"按钮，弹出"DXF/DWG导出选项"对话框，如图20-4所示。设置相关选项后单击"确定"按钮即可导出AutoCAD格式文件。

图 20-3

图 20-4

20.1.3　导出SWF-Flash格式

Flash（*.SWF）格式是一种基于矢量的图形文件格式，用于适合Web的可缩放小尺寸图形。

导出的".swf"格式图稿可以在任何分辨率下保持其图像品质，并且非常适用于创建动画帧。Illustator软件具有强大

的绘图功能，为动画元素的制作提供了保证。它可以导出".swf"格式和".gif"格式文件，再导入Flash中进行编辑，制作成动画。

（1）制作图层动画

在Illustator软件中，绘制动画是以帧的形式，将绘制的元素释放到单独的图层中，每一个图层为动画的一帧或一个动画文件。将图层导出SWF帧，可以很容易地动起来。

（2）导出SWF动画

Flash是一个强大的动画编辑软件，但是在绘制矢量图形方面没有Illustator软件绘制得精美，而Illustator软件虽然可以制作动画，但是不能够编辑精美的动画。两者结合，才能创建出更完美的动画。

执行"文件 > 导出 > 导出为"命令，弹出"导出"对话框，如图20-5所示。选择保存类型为Flash（*.SWF）格式，单击"导出"按钮，弹出"SWF选项"对话框，如图20-6所示。设置相关选项后单击"确定"按钮即可导出Flash（*.SWF）格式文件。

图20-5

465

图 20-6

出"JPEG 选项"对话框，如图 20-9 所示。

图 20-8

图 20-9

课堂练习 导出jpg格式

本案例将练习导出jpg格式文件。导出jpg格式文件可以只导出画板中的图像，也可以导出所有图像。

Step 01 执行"文件 > 打开"命令，打开"导出素材 .ai"文件，如图 20-7 所示。

图 20-7

Step 02 执行"文件 > 导出 > 导出为"命令，弹出"导出"对话框，如图 20-8 所示。

Step 03 选择保存类型为 JPEG（*.JPG）格式，勾选"使用画板"复选框，然后单击"导出"按钮，弹

Step 04 在该对话框内设置参数，完成后单击"确定"按钮，即可导出图片，如图 20-10 所示，画板外的内容未被导出。

图 20-10

至此，jpg格式文件导出完成。

20.2 打印 Illustrator 文件

Illustrator软件中创作的各类设计作品可以直接输出打印。在Illustrator软件的打印输出中，可以进行调整颜色、设置页面、添加印刷标记和出血等操作。

20.2.1 认识打印

执行"文件>打印"命令，弹出"打印"对话框，如图20-11所示。在"打印"对话框中可以设置打印选项，指导完成文档的打印过程。设置完成后单击"打印"按钮即可打印。

图20-11

接下来，对"打印"对话框中的部分选项进行讲解。

● **打印预设**：用来选择预设的打印设置。

● **打印机**：在下拉列表中可以选择打印机。

● **存储打印设置** ：单击该按钮可以弹出"存储打印预设"窗口。

● **设置**：用于设置打印常规选项以及纸张方向等。

● **常规**：设置页面大小和方向，指定要打印的页数，缩放图稿，指定拼贴选项以及选择要打印的图层。

● **标记和出血**：选择印刷标记与创建出血。

● **输出**：创建分色。

● **图形**：设置路径、字体、PostScript 文件、渐变、网格和混合的打印选项。

● **色彩管理**：选择一套打印颜色配置文件和渲染方法。

● **高级**：控制打印期间的矢量图稿拼合（或可能栅格化）。

● **小结**：查看和存储打印设置小结。

20.2.2 关于分色

在Illustrator软件中，将图像分为两种或多种颜色的过程称为分色，用来制作印版的胶片称为分色片。

为了重现彩色和连续色调图像，印刷上通常将图稿分为四个印版（印刷色），分别用于图像的青色、洋红色、黄色和黑色四种原色；还可以包括自定油墨（专色）。在这种情况下，要为每种专色分别创建一个印版。当着色恰当并相互套准打印时，这些颜色组合起来就会重现原始图稿。

执行"文件>打印"命令，在弹出的"打印"对话框中选择打印机，选择"输出"选项，如图20-12所示。接着在"打印"对话框中设置参数，完成后单击"打印"按钮，即可。

图 20-12

20.2.3 设置打印页面

在"打印"对话框中，选择左侧设置选项，即可分别弹出相应的设置面板，在相应的设置面板中可对需要打印的文件进行设置。以"标记和出血"设置面板为例，如图20-13所示。

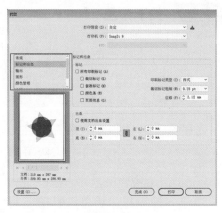

图 20-13

其中，一些选项作用如下。

● **重新定位页面上的文件**：在"打印"对话框中的预览框内，可显示页面中的文件打印位置，在"打印"对话框左下角的预览图像中可以拖动作品。

● **印刷标记和出血**：为了方便打印文件，在打印前可以为文件添加印刷标记和出血设置，通过"标记和出血"选项设置各个参数。

20.2.4 打印复杂的长路径

若在Illustrator软件中，想要打印路径过长或路径过于复杂的文件，可能会无法打印，打印机可能会发出极限检验报错消息。为简化复杂的长路径，可将其分割成两条或多条单独的路径，还可以更改用于模拟曲线的线段数，并调整打印机分辨率。

知识延伸

在打印中，陷印是很重要的技术之一。颜色产生分色时，其中较浅色的对象重叠较深色的背景，看起来像是扩展到背景中，即外扩陷印；另一种是内缩陷印，其中较浅色的背景重叠陷入背景中的较深色的对象，看起来像是挤压或缩小该对象。

20.3 创建 Web 文件

网页设计中，图稿中含有文本、位图、矢量图等多种元素，若直接保存后上传网络会由于图片过大影响网页打开速度。在Illustrator软件中，可以通过"切片工具" 将其裁切为小尺寸图像存储，方便上传。

20.3.1 创建切片

"切片工具" ⬚可以将完整的网页图像划分为若干较小的图像，这些图像可在Web页上重新组合。在输出网页时，可以对每块图形进行优化。创建切片有四种方式。

（1）使用"切片工具" ⬚创建切片

单击工具箱中的"切片工具" ⬚，在图像上按住鼠标拖动，绘制矩形框，如图20-14所示。释放鼠标后画板中将会自动形成相应的版面布局，效果如图20-15所示。

图 20-14

图 20-15

（2）从参考线创建切片

若文件中包含有参考线，即可创建基于参考线的切片。执行"视图 > 标尺 > 显示标尺"命令或按Ctrl+R组合键，显示标尺，拉出参考线，如图20-16所示。然后执行"对象 > 切片 > 从参考线创建"命令，即可从参考线创建切片，如图20-17所示。

图 20-16

图 20-17

（3）从所选对象创建切片

选中画板中的图形对象，执行"对象 > 切片 > 从所选对象创建"命令，即可根据选中图像的最外轮廓划分切片，如图20-18所示。选中图形对象，将其移动到任何位置，都会从所选对象的周围创建切片，如图20-19所示。

图 20-18

图 20-19

创建出的切片还可以进行选择、调整、隐藏、删除、锁定等操作。

（1）选择切片

鼠标右击"切片工具" ◢ 按钮，在弹出的工具组中单击"切片选择工具" ◿ 按钮，在图像中单击即可选中切片，如图20-20所示。若想选中多个切片，可以按住Shift键单击其他切片，如图20-21所示。

图 20-20

图 20-21

（2）调整切片

若执行"对象>切片>建立"命令创建切片，切片的位置和大小将捆绑到它所包含的图稿。若移动图像或调整图像大小，切片边界也会自动进行调整。

（3）删除切片

若要删除切片，使用"切片选择工具" ◿ 选中切片后，按Delete键删除即可，如图20-22、图20-23所示。

图 20-22

图 20-23

也可以在选中切片后，执行"对象>切片>释放"命令，即可将切片释放为一个无填充无描边的矩形，如图20-24、图20-25所示。

图 20-24

图 20-25

若要删除所有切片，执行"对象>切

片>全部删除"命令即可。

（4）隐藏和显示切片

执行"视图>隐藏切片"命令，即可在插图窗口中隐藏切片；执行"视图>显示切片"命令，即可在插图窗口中显示隐藏的切片。

（5）锁定切片

执行"视图>锁定切片"命令，即可锁定所有的切片。若想锁定单个切片，在"图层"面板中单击切片的编辑列即可。

（6）设置切片选项

切片选项确定了切片内容如何在生成的网页中显示，以及如何发挥作用。选中要定义的切片，执行"对象>切片>切片选项"命令，即可弹出"切片选项"对话框，如图20-26所示。

图 20-26

其中，各选项作用如下。

●切片类型：设置切片输出的类型，即在与HTML文件同时导出时，切片数据在Web中的显示方式。

●名称：设置切片的名称。

●URL：设置切片链接的Web地址（仅限用于"图像"切片），在浏览器中单击切片图像时，即可链接到这里设置的网址和目标框架。

●目标：设置目标框架的名称。

●信息：设置出现在浏览器中的信息。

●替代文本：设置出现在浏览器中的该切片（非图像切片）位置上的字符。

●背景：选择一种背景色填充透明区域或整个区域。

20.3.3 导出切片图像

在Illustrator软件中制作完成网页图像后，首先要创建切片，然后执行"文件>导出>存储为Web所用格式（旧版）"命令，弹出"存储为Web所用格式"对话框，如图20-27所示。选择右下角"所有切片"选项，将切割后的网页单个保存起来，效果如图20-28所示。

图 20-27

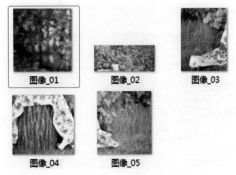

图 20-28

其中，部分选项作用如下。

●**显示方法**：选择"原稿"选项卡，图像窗口中只显示原始图像；选择"优化"选项卡，图像窗口中只显示优化的图像；选择"双联"选项卡，图像窗口中会显示优化前和优化后的图像。

●**缩放工具**：选中该工具单击图像窗口即可放大显示比例。按住Alt键单击图像窗口即可缩小显示比例。

●**切片选择工具**：使用该工具可以选择单独的切片以进行优化。

●**吸管工具**：用于拾取图像颜色。

●**吸管颜色**：用于显示"吸管工具"拾取的颜色。

●**切换切片可见性**：激活该选项，切片才会显示在窗口中。

●**优化菜单**：用于存储优化设置、设置优化文件大小等。

●**颜色表**：用于优化设置图像的颜色。

●**状态栏**：用于显示光标所在位置图像的颜色值等信息。

20.4 创建 Adobe PDF 文件

便携文档格式（PDF）是一种通用的文件格式。这种文件格式保留了由各种应用程序和平台上创建的源文件的字体、图像以及版面。Illustrator软件可以创建不同类型的PDF文件，如多页PDF、包含图层的PDF和PDF/x兼容的文件等。

执行"文件 > 存储为"命令，选择Adobe PDF（*.PDF）作为文件格式，如图20-29所示。单击"保存"按钮，弹出"存储Adobe PDF"对话框，如图20-30所示。设置参数后，单击"存储PDF"按钮即可创建PDF文件。

图 20-30

"存储Adobe PDF"对话框中的选项，与"打印"对话框中的部分选项相同。前者特有的是选项除了PDF的兼容性外，还包括PDF的安全性。在该对话框左侧列表中，选择"安全性"选项后，即可在对话框右侧显示相关的选项，通过该选项的设置，能够为PDF文件的打开与编辑添加密码。

图 20-29

Photoshop+Illustrator+CorelDRAW｜站式高效学习一本通

课堂练习 使用切片工具进行网页切片

本案例将练习使用"切片工具" ✐ 进行网页切片，涉及的知识点包括"切片工具" ✐ 和"导出"命令。

扫一扫 看视频

Step 01 执行"文件 > 打开"命令，打开素材"切片素材 .ai"，如图 20-31 所示。

Step 02 单击工具箱中的"切片工具" ✐ 按钮，在画板中绘制切片，如图 20-32 所示。

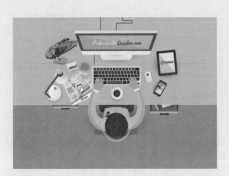

图 20-31

图 20-32

Step 03 重复上步，继续绘制切片，如图 20-33 所示。

Step 04 执行"文件 > 导出 > 存储为 Web 所用格式（旧版）"命令，弹出"存储为 Web 所用格式"对话框，设置优化格式为 GIF，选择导出"所

有切片"，单击"存储"按钮，如图 20-34 所示。

图 20-33

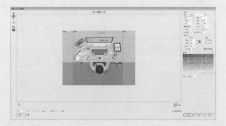

图 20-34

Step 05 在弹出的"将优化结果存储为"对话框中选择合适的存储位置，如图 20-35 所示。单击"保存"按钮，即可存储切片，如图 20-36 所示。

图 20-35

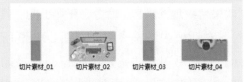

切片素材_01　切片素材_02　切片素材_03　切片素材_04

图 20-36

至此，网页切片制作完成。

扫一扫 看视频

本案例将练习制作精美书签，主要用到"矩形工具" ▣、"椭圆工具" ◯、"圆角矩形工具" ▣ 等工具。

Step 01 新建一个 210mm×140mm 的空白文档，如图 20-37 所示。使用"矩形工具" ▣ 绘制一个与画板等大的矩形，在属性栏中设置颜色，如图 20-38 所示。

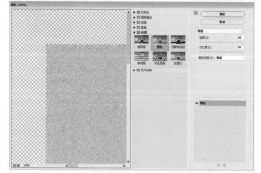

图 20-39

图 20-37

图 20-40

图 20-38

Step 02 选中上步中绘制的矩形，执行"效果>纹理>颗粒"命令，在弹出的"颗粒"对话框中调整参数，如图 20-39 所示。完成后单击"确定"按钮，效果如图 20-40 所示。选中绘制的矩形，按 Ctrl+2 组合键锁定。

Step 03 使用"圆角矩形工具" ▣ 在画板中绘制圆角矩形，在属性栏设置颜色，如图 20-41 所示。

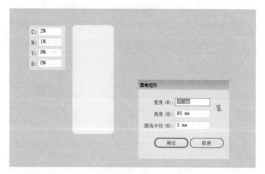

图 20-41

Step 04 使用"椭圆工具" ◯，按住 Shift 键在合适位置绘制正圆，如图 20-42 所示。调整圆角矩形与正圆居中对齐。

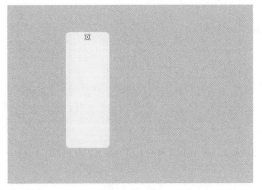

图 20-42

Step 05 选中上步中绘制的圆角矩形与正圆，鼠标右击，在弹出的菜单中，执行"建立复合路径"命令，效果如图20-43所示。

Step 06 选中复合路径，执行"效果 > 风格化 > 投影"命令，在弹出的"投影"对话框中设置参数，完成后单击"确定"按钮，效果如图20-44所示。

图 20-43

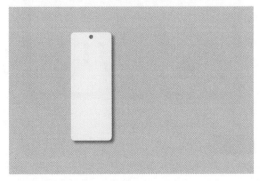

图 20-44

Step 07 选中复合路径，按 Alt 键复制一个作为书签背面，如图20-45所示。

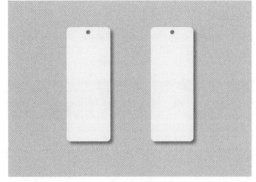

图 20-45

Step 08 执行"文件 > 置入"命令，在弹出的"置入"对话框中选择素材"书签素材 1.png"，取消勾选"链接"复选框，单击"置入"，调整位置和大小，如图20-46所示。

图 20-46

Step 09 重复上述步骤，继续置入素材"书签素材 2.png"，如图20-47所示。选中"书签素材 1.png"和"书签素材2.png"，按 Ctrl+G 组合键编组。

图 20- 47

Step 10 使用"圆角矩形工具" 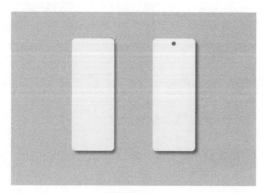在画板中绘制与书签等大的圆角矩形，如图20-48所示。

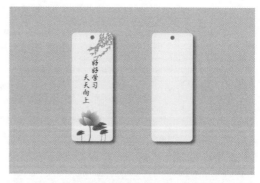

图 20-50

Step 11 选中编组对象和上步中绘制的圆角矩形，鼠标右击，在弹出的菜单中，执行"建立剪切蒙版"命令，效果如图20-49所示。

图 20-48

图 20-51

Step 14 使用"文字工具" T 在画板中合适位置输入文字，在属性栏中设置字体、字号，效果如图20-52所示。

图 20-49

Step 12 使用"文字工具" T 在画板中合适位置输入文字，在属性栏中设置字体字号，效果如图20-50所示。

Step 13 执行"文件>置入"命令，在弹出的"置入"对话框中选择"书签素材3.png"和"书签素材4.jpeg"，取消勾选"链接"复选框，单击"置入"，调整位置和大小，如图20-51所示。

图 20-52

Step 15 执行"文件>导出>导出为"命令，在弹出的"导出"对话框中，选择"保存类型"为JPEG（*.JPG）格式，勾选"使用画板"复选框，如图20-53所示。然后单击"导出"按钮，在弹出的"JPEG

选项"对话框中设置参数，完成后单击"确定"按钮，如图 20-54 所示。

图 20-53　　　　　　　　　　　　　　图 20-54

Step 16 导出后的图像如图 20-55 所示。

图 20-55

至此，精美书签制作导出完成。

 课后作业 ／ **设计购物首页并导出切片图像**

项目需求

受某购物网站委托帮其设计首页，要求简洁大气，符合网站特性。整体色调明亮，给人愉悦的体验。

项目分析

主体选用黄色，明亮而欢快；点缀白色，使整体显得干净温馨；搭配小商品等装饰物，增加视觉效果；购物的女生则更有代入感。

效果如图20-56、图20-57所示。

图 20-56

购物网站_01　　　购物网站_02　　　购物网站_03

图 20-57

操作提示

Step01：使用矩形工具绘制背景。

Step02：使用钢笔工具绘制装饰物。

Step03：输入文字。

第 21 章
CorelDRAW 入门必备

★ **内容导读**

本章主要讲解 CorelDRAW 软件的基础知识，首先介绍 CorelDRAW 的应用领域以及新增功能；然后介绍软件的操作界面，如何调整合适的视图、设置页面等知识。只有掌握了基础知识，才能对软件运用自如。

学习目标

○ 了解 CorelDRAW 新增功能
○ 掌握如何调整合适的视图
○ 掌握页面的大小、方向、背景、布局设置
○ 掌握文件导出和导入

21.1 CorelDRAW 概述

CorelDRAW Graphics Suite是Corel公司出品的矢量图形制作软件，该软件给设计师提供了矢量动画、页面设计、网站制作、位图编辑和页面动画等多种功能。

软件提供的智慧型绘图工具以及新的动态向导可以充分降低用户的操控难度，允许用户更加精确地创建物体的尺寸和位置，减少点击步骤，节省设计时间。

经过多年的发展，其版本已更新至CorelDRAW2019，如图21-1所示。该版本更是以简洁的界面、稳定的功能获得了千万用户的青睐。

图 21-1

21.1.1 CorelDRAW的应用领域

使用CorelDRAW图形设计程序，可以实现无可比拟的超高生产效率。该工具给设计师提供了广告设计、矢量动画、标志设计、插画设计等多种功能。下面将对常见的应用进行介绍。

（1）标志设计

标志设计是VI视觉识别系统设计中的一个关键点。标志，是表明事物特征的记号。企业强大的整体实力、完善的管理机制、优质的产品和服务，都被涵盖于标志中，通过不断的刺激和反复刻画，深深地留在受众心中，Logo展示如图21-2、

图21-3所示。

图 21-2

图 21- 3

（2）插画设计

插画和绘画是在设计中经常使用到的一种表现形式。这种结合电脑的绘图方式很好地将创意和图像进行结合，为我们带来了更为震撼的视觉效果，如图21-4、图21-5所示。

图 21-4

Photoshop+Illustrator+CorelDRAW | 站式高效学习 | 本通

图 21-5

（3）广告设计

广告的作用是通过各种媒介使更多的目标受众知晓产品、品牌、企业等相关信息，虽然表现手法多样，但最终目的相同，如图21-6、图21-7所示。

图 21-6

图 21-7

（4）包装设计

包装设计是针对产品进行市场推广的重要组成部分。包装是建立产品与消费者联系的关键点，是消费者接触产品的第一印象，成功的包装设计在很大程度上可以促进产品的销售。如图21-8、图21-9所示。

图 21-8

图 21-9

（5）书籍装帧设计

书籍装帧设计与包装设计有相似之处，书籍的封面越精美，越能抓住读者的目光，起到引人注意的效果，如图21-10、图21-11所示。

图 21-10

图 21-11

21.1.2 CorelDRAW新增功能

为了更加方便大家的操作，Corel-DRAW增强及增加了一部分的新功能，下面对改变的部分功能进行具体的阐述。

（1）增强功能："对象"泊坞窗

管理重建的设计元素、图层和页面。全新对象泊坞窗可以提供对文档结构的直接控制和对其组件的快速访问，如图21-12、图21-13所示。

图 21-12

图 21-13

（2）增强功能：像素工作流

为了确保所有网页的像素完美，将像素网格对齐到页面边缘，这样导入任何图形都具有清晰的边缘，并且新的"对齐到像素网格"按钮可以轻松完善形状，如图21-14、图21-15所示。

图 21-14

图 21-15

（3）新增功能：无损效果

无须修改源对象，就能在矢量图和位图上应用、修改并尝试位图效果。属性泊坞窗中的全新效果选项卡是进行无损编辑的核心，如图21-16~图21-18所示。

图 21-16

图 21-17

图 21-18

（4）新增功能：模板

在欢迎屏幕中点击"获取更多"，可以免费下载不断更新的"从模板新建"工作和大量全新的模板，如图21-19所示。

（5）增强功能：PDF标准

提供更丰富的兼容ISO的PDF/X导出选项。全新支持PDF/-4，可以轻松输出与官方设备兼容的文件，如图21-20所示。

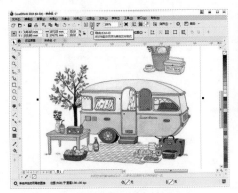

图 21-19

图 21-20

（6）增强功能：用户界面

利用导航界面，能高效地查找和替换项目元素，享受精简的打印合并以及重组选项对话框体验。

（7）增强功能：性能和稳定性

CorelDRAW增强软件的工作性能和软件的稳定性，将文本处理时间、启动时间、文档加载时间、图形呈现等相关的性能进行改进。

（8）新增功能："查找并替换"泊坞窗

CorelDRAW 中新增的"查找并替换"泊坞窗提供了一个简单明了的直观界面，使您可以前所未有的速度查找绘图组件并更改其属性。此外，还新增了用于选择对象并将其属性用作搜索基础的选项。用户可以同时替换多个对象属性，如颜色、填充和轮廓；并且，查找和文本替换已增强为在 PowerClips 中包含文本并嵌套在分组对象中。

21.1.3　CorelDRAW的启动和退出

启动CorelDRAW应用程序可通过多种方法实现，可双击CorelDRAW图标运行该软件，还可通过单击任务栏中"开始"按钮，弹出级联菜单，若该菜单中显示有Corel-DRAW图标，则选择该图标，即可启动该程序。

CorelDRAW与其他图形图像处理软件相似，同样拥有菜单栏、工具箱、工作区、状态栏等构成元素，但也有其特殊的构成元素，其工作界面如图21-21所示。

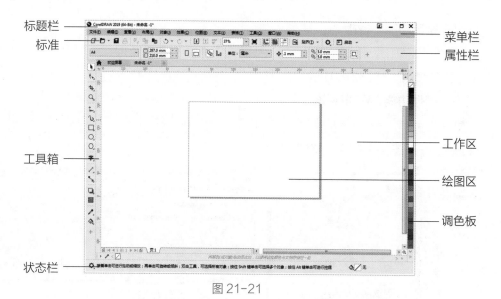

标题栏 —
标准 —
工具箱 —
状态栏 —

— 菜单栏
— 属性栏
— 工作区
— 绘图区
— 调色板

图 21-21

退出程序可直接单击界面右上角的"关闭" ✕ 按钮，也可通过执行"文件 > 关闭"命令退出程序。

21.1.4 工具箱和工具组

默认状态下，工具箱以竖直的形式放置在工作界面的左侧，其中包含了所有用于绘制或编辑对象的工具。菜单列表中有的工具右下角显示有黑色的快捷箭头，则表示该工具下包含了相关系列的隐藏工具。将鼠标光标移动至工具箱顶端，当光标变为拖动光标即可将其脱离至浮动状态，如图21-22所示。

图 21-22

关于各工具的使用及功能介绍如表21-1所示。

表21-1　各工具的功能

图标	名称	功能描述
▶	选择工具	用于选择一个或多个对象并进行任意移动或大小调整，可在文件空白处拖动鼠标以框选指定对象
⬚	形状工具	用于调整对象轮廓的形态。当对象为扭曲后的图形时，可利用该工具对图形轮廓进行任意调整
⬚	裁剪工具	用于裁剪对象不需要的部分图像。选择某一对象后，拖动鼠标以调整裁剪尺寸，完成后在选区内双击即可裁剪该对象选取外的图像
⬚	缩放工具	用于放大或缩小页面图像，选择该工具后，在页面中单击以放大图像，右击以缩小图像

图标	名称	功能描述
	手绘工具	使用该工具在页面中单击，移动光标至任意点再次单击可绘制线段；按住鼠标左键不放，可绘制随意线条
	艺术笔工具	具有固定或可变宽度及形状的画笔，在实际操作中可使用艺术笔工具绘制出具有不同线条或图案效果的图形。
	矩形工具	可绘制矩形和正方形，按住Ctrl键可绘制正方形，按住Shift键可以起始点为中心绘制矩形
	椭圆形工具	可用于绘制椭圆形和正圆，设置其属性栏可绘制饼图和弧
	多边形工具	可绘制多边形对象，设置其属性栏中的边数可调整多边形的形状
字	文本工具	使用该工具在页面中单击，可输入美术字；拖动鼠标设置文本框，可输入段落文字
	平行度量工具	用于度量对象的尺寸或角度
	直线连接器工具	用于连接对象的锚点
	阴影工具	使用该工具可为页面中的图形添加阴影
	透明度工具	使用此工具可调整图片及形状的明暗程度，并具备4种透明度的设置
	颜色滴管工具	主要用于取样对象中的颜色，取样后的颜色可利用填充工具填充指定对象
	交互式填充工具	利用交互式填充工具可对对象进行任意角度的渐变填充，可进行调整

21.2 调整合适的视图

使用软件进行绘制的过程中，需要调整视图来观察图像，有时需要放大显示画面某个局部，这时就可以使用到工具箱"缩放工具"以及"平移工具"。除此之外，还可以调整图像的显示模式、文档窗口显示模式等。

21.2.1 缩放工具和平移工具

在绘图过程中，为了方便用户控制图像的整体和局部效果，CorelDRAW提供两种便利的视图浏览工具，即"缩放工具" 和"平移工具" 。下面将针对这两种工具的使用进行讲解。

（1）放大视图显示比例

CorelDRAW中有两种放大视图显示比例的方法。单击工具箱中的"缩放工具" 将工具选中，当光标变为带有加号的放大镜 时，在需要被放大的部分工作区单击即可放大图像，如图21-23、图21-24所示。

图 21-23

图 21-24

也可以选择工具箱中"缩放工具" 按住鼠标左键拖拽，即可放大图像显示比例，如图21-25、图21-26所示。

图 21-25

图 21-26

（2）缩小视图显示比例

如果想要缩小画面中的某个区域，使用"缩放工具" 按住键盘上的Shift键，光标会变为带有减号的放大镜标志 ，在需要被缩小的工作区单击即可缩小图像，如图21-27所示。

（3）全屏显示

若想全屏显示页面中的所有对象，双击工具箱中"缩放工具" 即可，效果如图21-28所示。

图 21-27

图 21-28

在控制图像整体和局部效果时，除了可以使用工具箱中的工具外，还可使用鼠标上的滑轮来控制视图，将鼠标光标放置在需要放大的工作区域，向前滑动鼠标上的滑轮，鼠标光标所在的工作区域将被放大，鼠标上的滑轮往后方滑动，鼠标光标所在的工作区域将会被缩小。

（4）移动视图

当图像放大至视图无法完全显示时，可以使用"平移工具" 在不同的视图中拖动图像以便于浏览，如图21-29、图21-30所示。

图 21-29

图 21-30

知识延伸

按住鼠标上的滑轮，鼠标光标会标成"平移工具"标志，在页面任意位置进行拖动浏览视图。

21.2.2 图像显示模式

图像的显示模式包括多种形式，分类显示在"查看"菜单中。如图21-31、

图21-32所示分别是"增强"显示模式和"线框"显示模式效果。

图 21-31

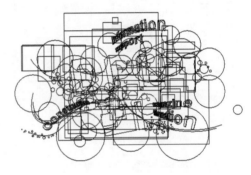

图 21-32

21.2.3 文档窗口显示模式

在CorelDRAW 中，若同时打开多个图形文件，可调整其窗口显示模式将其同时显示在工作界面中，以方便图形的显示。CorlDRAW 为用户提供了层叠、水平平铺和垂直平铺显示模式，在菜单栏中单击"窗口"按钮，在下拉列表中选择相应的模式，即可得到相应的效果，如图21-33所示。

（1）层叠

指所在打开的文档从屏幕的左上角到右下角以堆叠和层叠的排列方式显示，如图21-34所示。

图 21-33

图 21-34

（2）水平平铺

当选择"水平平铺"方式时，窗口会自动调整大小，并以水平方向平铺的方式填满可用的空间，如图21-35所示。

（3）垂直平铺

当选择"垂直平铺"时，窗口会自动调整大小，并以垂直平铺的方式填满可用的空间，如图21-36所示。

图 21-35

图 21-36

对单幅图像而言，图形窗口的显示即为窗口的最大化和最小化，单击窗口右上角的"最小化"按钮 ⊟或"最大化"按钮 ▢ 可调整文档窗口的显示状态。

21.2.4 预览显示

预览显示是将页面中的对象以不同的区域或状态显示，包括全屏预览、只预览选定对象、页面排序器视图，如图21-37所示。

图 21-37

●**全屏预览**：在绘制图像时，执行"查看 > 全屏预览"命令，整个电脑显示器上会显示预览的效果，如图21-38、图21-39所示。

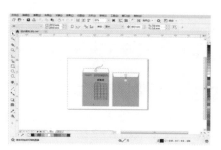

图 21-38

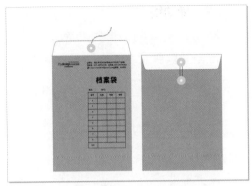

图 21-39

●只预览选定对象：如果在绘制图像时，想观察绘制的某一个图像，可以将图像先选中，然后执行"查看 > 只预览选定对象"命令，整个电脑显示屏将会显示选中对象的预览效果，如图21-40、图21-41所示。

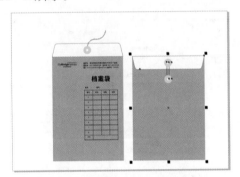

图 21-40

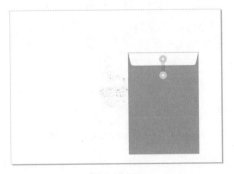

图 21-41

●页面排序器视图：在一个文档中有多个页面时，执行"查看 > 页面排序器视图"命令，页面上绘制区域的图像会显示在同一界面，如图21-42、图21-43所示。

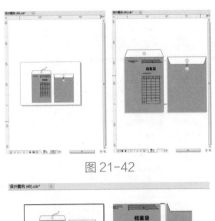

图 21-42

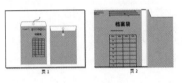

图 21-43

21.2.5 辅助工具的设置

（1）标尺

标尺能辅助用户在页面绘图时进行精确的位置调整，同时也能重置标尺零点，以便用户对图形的大小进行观察。

通过执行"查看 > 标尺"命令可在工作区中显示或隐藏标尺，也可在选择工具属性栏的"单位"下拉列表框中选择相应的单位以设置标尺，如图21-44所示。

双击标尺，打开"文档选项"对话框，选择"标尺"选项，从中可对标尺的具体情况进行设置，如图21-45所示。

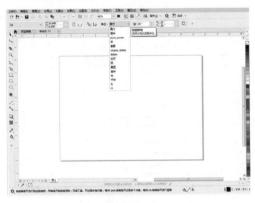

图 21-44

489

图 21-45

（2）网格

网格是分布在页面中的有一定规律性的参考线，使用网格可以将图像精确地定位。

执行"查看＞网格"命令即可显示网格，也可以在标尺上右击，在弹出来的菜单中选择"网格设置"命令，打开"文档选项"对话框，从中对网格的样式、间隔、属性等进行设置，如图21-46、图21-47所示。

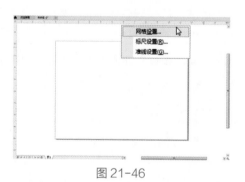

图 21-46

图 21-47

（3）辅助线

辅助线是绘制图形时非常实用的工具，可帮助用户对齐所需绘制的对象以达到更精确的绘制效果。

执行"查看＞辅助线"命令，可显示或隐藏辅助线（显示的辅助线不会一并被导出或打印）。

设置辅助线的方法是，打开"文档选项"对话框，单击"辅助线"的选项，即可对其显示情况和颜色等进行设置，如图21-48所示。

将鼠标的光标放置在标尺上方，按住鼠标左键往下拖拽，此时会拖拽一条蓝色的虚线，将该虚线放置后，松开鼠标即可创建一条辅助线，如图21-49所示。

图 21-48

图 21-49

如果想要删除某一辅助线，首先要使用"选择工具"将辅助线选中，然后再按下Delete键即可；或者，执行"查看＞辅助线"命令将其隐藏。

课堂练习 调整CorelDRAW画册的页面顺序

使用CorelDRAW制作画册时通常要在一个文档中建立多个页面，当页面很多的时候查看页面或者给页面重新排序时，会比较麻烦，接下来讲述下更加直观的方法。

Step 01 执行"文件>打开"，命令，弹出"打开绘图"对话框，选择本章素材"画册"，如图21-50所示。单击"打开"按钮，打开文档，如图21-51所示。

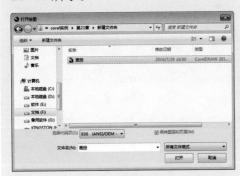

图 21-50

图 21-51

Step 02 打开文档后，在文档工作区左下方可以看到页面的列表，如图21-52所示。执行"查看>页面排序器视图"命令，进入页面排序器视图，每一页的缩略图依次排列在视图中，如图21-53所示。

图 21-52

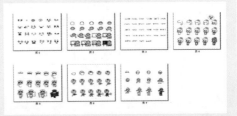

图 21-53

Step 03 文档中表情页面与人物页面混杂在一起，将所有的表情页面调整至最后，在"页1"上方，按住鼠标左键拖拽图像，直到红色竖线达到"页7"的位置后面，松开鼠标，"页1"被移到最后的页面，如图21-54、图21-55所示。

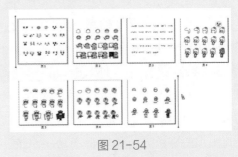

图 21-54

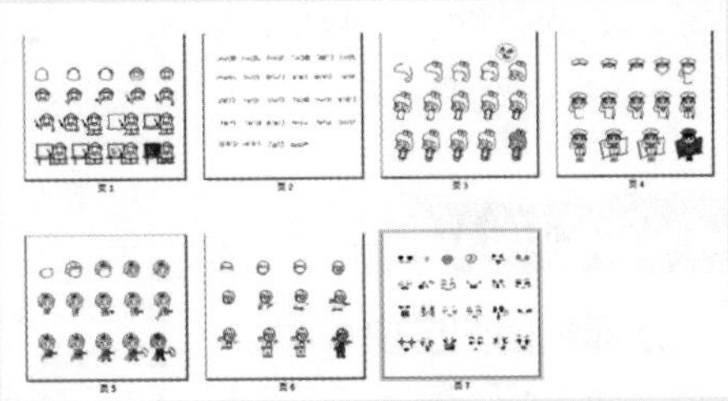

图 21-55

图便会回到正常的模式，如图 21-57
所示。

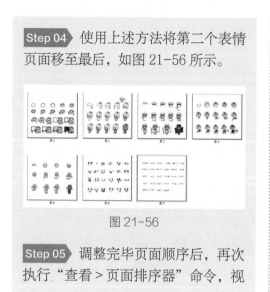

图 21-56

Step 05 调整完毕页面顺序后，再次
执行"查看 > 页面排序器"命令，视

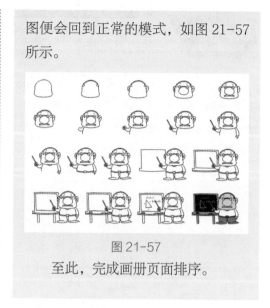

图 21-57

至此，完成画册页面排序。

21.3 设置页面属性

本节主要讲解如何设置页面的属性，主要包括设置页面尺寸和方向、页面的背景、
页面的属性等，下面将对其进行详细的阐述。

21.3.1 设置页面尺寸和方向

新建空白图形文件后，若需要设
置页面的尺寸，可执行"布局 > 页面
大小"命令，打开"文档选项"对话
框，此时自动选择"页面尺寸"选项，
并显示相应的页面，如图21-58所示。
其中，可设置页面的纸张类型、页面
尺寸、分辨率和出血状态等属性，也
可以设置页面的方向。

图 21-58

知识延伸

让标尺回归自由

一般来说，在CorelDRAW 中使用标尺时，都是在指定的位置，但有时在处理图
像时，为了方便使用，我们可以让标尺变得更"自由"一些。操作方法还是比较简单

的，只要在标尺上按住Shift键拖移鼠标，即可以移动标尺。若想让标尺回到原位，则只要在标尺上按住Shift键迅速按鼠标两下，就会立即归位。

21.3.2　设置页面背景

设置页面背景与设置页面尺寸一样，通过执行"布局 > 页面背景"命令打开相应对话框。一般情况下，页面的背景为"无背景"设置，用户可通过点选相应的单选按钮，自定义页面背景。单击"浏览"按钮，可导入位图图像以丰富页面背景状态，如图21-59所示。

图 21-59

21.3.3　设置页面布局

设置页面布局是对图像文件的页面布局尺寸和对开页状态进行设置。通过执行"布局 > 页面布局"命令弹出对话框，在"文档选项"对话框中选择"Layout"选项，显示出相应的页面。可通过选择不同的布局选项，对页面的布局进行设置，可直接更改页面的尺寸和对开页状态，便于在操作中进行排版，如图21-60所示。

图 21-60

课堂练习　将图片设置为背景

下面将利用本章所学设置页面背景的命令，将图片设置成背景图形，具体的操作步骤如下。

Step 01　启动CorelDRAW应用程序，执行"文件 > 新建"命令，在弹出的"创建新文档"对话框中进行设置，然后单击"OK"按钮，新建文档，如图 21-61、图 21-62 所示。

扫一扫 看视频

图 21-61

图 21-62

Step 02 执行"布局>页面背景"命令，打开"文档选项"对话框，选择"背景"选项，如图 21-63 所示。

Step 03 在对话框中选择"位图"，并单击"预览"按钮，如图21-64所示。

图 21- 63

图 21-64

Step 04 弹出"导入"对话框，选择需要导入图像，单击"导入"按钮，将图像导入，如图 21-65 所示。

Step 05 在"位图尺寸"中选"自定义尺寸"激活文本框，如图 21-66 所示。

图 21-65

图 21-66

Step 06 如果只想把一张图片铺满文档，单击"保持纵横比"按钮 🔒，将其解锁。然后在文本框中输入数值，单击"OK"按钮，照片便会成为文档的背景，如图21-67、图21-68所示。

图 21-67

图 21-68

至此，完成背景图片的设置。

21.4 文件的导入和导出

在使用CorelDRAW软件制作图像时，可能会用到其他格式的素材，这时就需要执行导入命令，将素材导入到文档中，进行编辑操作。导出命令是将本软件的格式导出为其他软件或者机器能识别的格式，然后对图像进行查看或者编辑、印刷等。

21.4.1 导入指定格式图像

执行"文件 > 导入"命令，在弹出的对话框中选择需要导入的文件并单击"导入"按钮，此时光标转换为导入光标，如图21-69所示。单击左键可直接将位图以原大小状态放置在该区域，通过拖动鼠标设置图像大小，将图像放在指定位置，如图21-70、 图21-71所示。

图 21-69

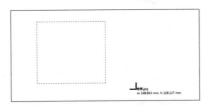

图 21- 70

图 21-71

21.4.2 导出指定格式图像

导出经过编辑处理后的图像时，执行"文件 > 导出"命令，在弹出的对话框中选择图像存储的位置并设置文件的保存类型，如JPEG、PNG或AI等格式。完成设置后单击"导出"按钮即可，如图21-72、图21-73所示。

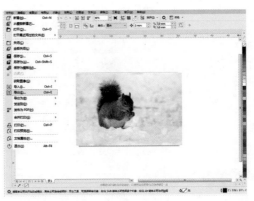

图 21-72

图 21-73

下面将利用本章所学的知识制作节气手机宣传图，具体操作步骤如下。

Step 01 启动 CorelDRAW 应用程序，执行"文件 > 新建"命令，在弹出的"创建新文档"对话框中进行设置，然后单击"OK"按钮，新建文档，如图 21-74、图 21-75 所示。

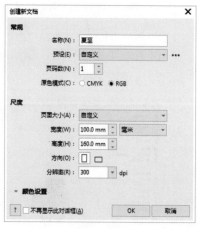

图 21-74　　　　　　　　　　图 21-75

Step 02 执行"文件 > 导入"命令，打开"导入"对话框，选择本章素材"荷花 .jpg"单击"导入"按钮，将图像导入，如图 21-76、图 21-77 所示。

图 21-76　　　　　　　　　　图 21-77

Step 03 此时光标转换为导入光标，按住左键拖动鼠标设置图像大小，将图像放在指定位置，如图 21-78 所示。

Step 04 执行"文件 > 导入"命令，打开"导入"对话框，选择本章素材"文字 1.png"单击"导入"按钮，将图像导入，光标转换为导入光标，在画面中单击，导入图片，然后使用"选择工具" ▶ 调整图像的大小位置，如图 21-79 所示。

Step 05 使用上述同样的方法导入本章素材"文字 2.png"，并调整图像的大小与位置，如图 21-80 所示。

图 21-78   图 21-79   图 21-80

至此，完成夏至节气宣传图的制作。

 课后作业 / 制作光盘封面设计

项目需求

受某公司委托帮其设计光盘封面，要求颜色非常明亮，能吸引人注意，文字内容清晰明了，光盘的正面要与背面的风格统一。

项目分析

光盘的封面采用比较明亮的柠檬黄色，正面重要内容采用红色的字体，使文字内容更加突出。光盘的背面同样采用柠檬黄色为背景色，与光盘正面保持风格统一，光盘封面脊梁部分采用灰色，丰富画面颜色，防止封面柠檬黄过于突出，控制颜色比例。

项目效果

效果如图21-81所示。

图 21-81

操作提示

Step01：使用绘图工具绘制图像。

Step02：使用上色工具给图像填充颜色。

Step03：使用文字工具输入文字信息，设置字体、字号。

第 22 章
图形的绘制

★ **内容导读**

CorelDRAW 中有很多种绘图工具，使用这些绘图工具即可通过简单的操作绘制出各种各样的常见几何图像。除此之外，工具箱中还提供了多种可以绘制出复杂而细致图形的工具。

学习目标

○ 掌握如何使用直线和曲线工具绘制图像
○ 掌握如何使用几何工具绘制简单的几何图像
○ 熟悉如何绘制复杂的几何图像

22.1 绘制直线和曲线

工具箱中有专门用于绘制直线、折线、曲线等的工具，称之为线型绘图工具。下面将对一些线型绘图工具进行介绍。

22.1.1 选择工具

在编辑对象之前都需要先将其选中，选择图形对象有两种方式：一是选择单独一个图形对象，二是选择多个图形对象。

（1）选择单一图形

在CorelDRAW中导入图形文件后单击“选择工具”，在页面中单击图形，此时图形四周出现了黑色点，表示选择了该图形对象，如图22-1、图22-2所示。

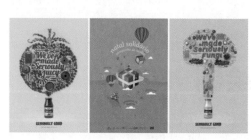

图 22-1

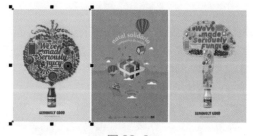

图 22-2

（2）选择多个图形

选择多个图形有如下几种方法。

●**方法1**：按住Shift键的同时逐个单击需选择的对象，即可同时选择多个对象，如图22-3、图22-4所示。

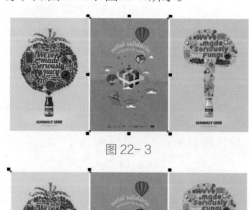

图 22-3

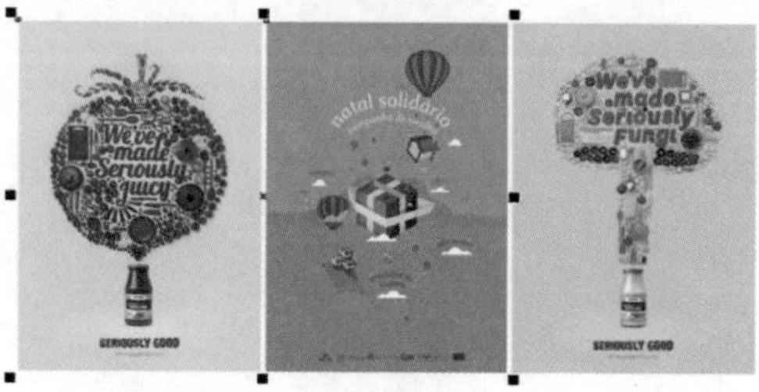

图 22-4

●**方法2**：单击“选择工具”，在需要选取的对象周围按住鼠标左键并拖动光标，绘制出一个选框，若释放鼠标，则选框范围内的对象均被选择，如图22-5、图22-6所示。

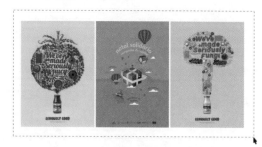

图 22-5

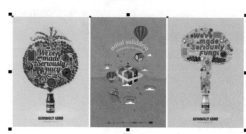

图 22-6

●**方法3**：单击"手绘选择工具" ，然后在画面中按住鼠标左键并拖动，即可随意地绘制需要选择对象的范围，范围以内的部分则被选中，如图22-7、图22-8所示。

图 22-7

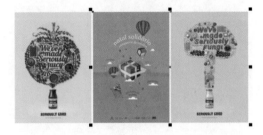

图 22-8

●**方法4**：想要对象全部被选中，可以执行"编辑＞全选"命令，在子菜单中有四个可供选择的类型，指向其中某一项命令即可选中文档中该类型的对象。也可以使用组合键Ctrl+A选择文档中所有未锁定以及未隐藏的对象，如图22-9、图22-10所示。

图 22-9

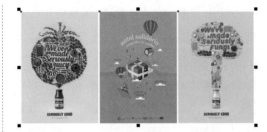

图 22-10

22.1.2　手绘工具

使用手绘工具 不仅可以绘制直线，也可以绘制曲线，接下来将具体地介绍手绘工具。

"手绘工具" 是利用鼠标在页面中直接拖动绘制线条的工具。该工具的使用方法是，单击手绘工具或按下F5键，即可选择手绘工具，然后将鼠标光标移动到工作区中，此时光标变为 形状，在页面中单击并拖动鼠标绘制出曲线，如图22-11所示。

此时释放鼠标软件则会自动去掉绘制过程中的不光滑曲线，将其替换为光滑的曲线效果，如图22-12所示。

图 22-11

图 22-12

501

使用"手绘工具"在起点处单击，此时的光标会形状，然后光标移动到下一个位置，如图22-13所示。再次单击，两点之间会形成一条直线，如图22-14所示。按住Ctrl键可画水平、垂直及15°倍数的直线。

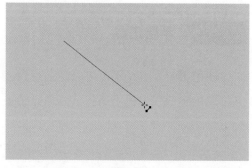

图 22-13

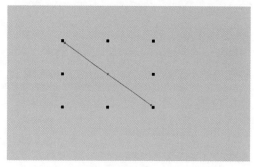

图 22-14

使用"手绘工具"先绘制出一条直线，接着在绘制直线外单击，然后将鼠标光标移至第一条直线的终点处，鼠标光标会变为，单击即可连接在一起，如图22-15、图22-16所示。

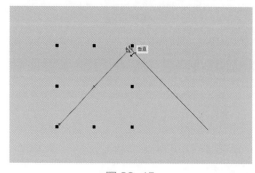

图 22-15

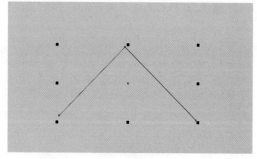

图 22-16

利用"手绘工具"绘制图形，在属性栏中可设置其起始箭头、结束箭头以及路径的轮廓样式，如图22-17、图22-18所示。

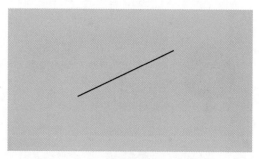

图 22-17

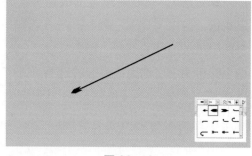

图 22-18

22.1.3 2点线工具

2点线工具在功能上与直线工具相似，使用2点线工具可以快速地绘制出相切的直线和相互垂直的直线。

单击工具箱的"2点工具"，然后在画面中按住鼠标左键拖拽绘制，松开鼠标即可绘制一条线段，如图22-19、图

22-20所示。

图 22-19

图 22-20

接着在选项栏中单击"垂直2点线"![]按钮，此时光标变为 ✧ 状。然后将光标移动至已有的直线上，按住鼠标左键拖拽进行绘制，可以得到垂直于原有线段的一条直线，如图22-21、图22-22所示。

图 22-21

图 22-22

在属性栏上单击"相切的2点线"![]按钮，此时光标变为 ✧ 状。接着将光标

移动到对象边缘处，按住鼠标左键拖拽，松开鼠标后即可绘制一条与对象相切的线段，如图22-23、图22-24所示。

图 22-23

图 22-24

22.1.4 贝塞尔工具

"贝塞尔工具"![]可以精确地创建复杂的图像，也可以绘制折线、曲线等各种各样的复杂矢量形状。

选择"贝塞尔工具"![]，在画面中单击左键作为路径的起点。然后将光标移动到其他位置再次单击，此时绘制的是直线段，如图22-25所示。继续将光标移动到其他位置然后单击，即可绘制折线，如图22-26所示。

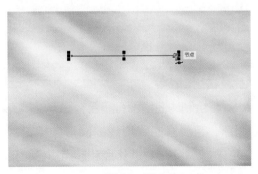

图 22-25

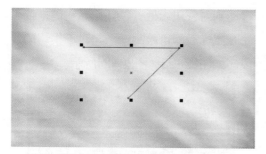

图 22-26

使用"贝塞尔工具" 绘制曲线。选择"贝塞尔工具" ，首先在起点处单击，然后将鼠标移到第二个点位置，按住鼠标左键并拖动可调整曲线弧度，松开鼠标后即可得到一段曲线，按Enter键可以结束路径的绘制，如图22-27所示。如图22-28所示为使用"贝塞尔工具" 绘制的曲线轮廓。

图 22-27

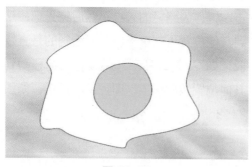

图 22-28

操作提示

若绘制的曲线没有闭合，则不能填充颜色。若要在曲线形成的图形中填充颜色，则必须将曲线的终点和起点重合，形成一条闭合的曲线。

课堂练习 制作卡通伞

本案例主要利用"贝塞尔工具" 和"选择工具" 绘制出可爱的卡通伞图像。接下来，将对案例的具体操作进行详细的介绍。

扫一扫 看视频

Step 01 启动CorelDRAW应用程序，执行"文件 > 新建"命令，在弹出的"创建新建文档"对话框中进行设置，然后单击"OK"按钮，新建文档，如图22-29、图 22-30 所示。

图 22-29

图 22-30

Step 02 选择"椭圆形工具" 单击属性栏中"椭圆形"按钮，按住 Ctrl 键，在页面中按住鼠标左键进行绘制，释放鼠标即可完成正圆的绘制，如图 22-31 所示。

图 22-31

Step 03 使用"选择工具" ，选择正圆，移动正圆到合适的位置后右击鼠标，复制正圆，如图 22-32 所示。

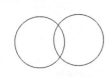

图 22-32

Step 04 使用上述方法复制其他正圆，如图 22-33 所示。

Step 05 使用"选择工具" ，将绘制的正圆全部选中，单击属性栏中的"移除前面对象" 按钮，裁剪图像，如图 22-34 所示。

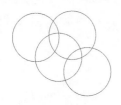

图 22-33

图 22-34

Step 06 选择"形状工具" ，调整图像，如图 22-35 所示。

Step 07 将绘制的图像选中，按 Shift+F11 组合键，打开"编辑填充"对话框，在对话框设置图像的填充色，单击"OK"按钮应用图像的填充，如图 22-36 所示。

图 22-35

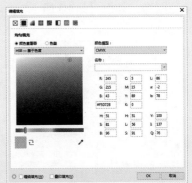

图 22-36

Step 08 选中绘制的图像，在操作界面右侧"默认调色板"上右击无色色块 ，去除轮廓线，如图 22-37 所示。

Step 09 使用"贝塞尔工具" ，绘制图像，并使用"形状工具" ，调整绘制的图像，如图 22-38 所示。

图 22-37

图 22-38

Step 10 按 Shift+F11 组合键，打开"编辑填充"对话框，为上步绘制的图像填充颜色，并右击"默认调色板"上无色色块☑，去除轮廓色，如图 22-39 所示。

Step 11 使用"贝塞尔工具"绘制出伞柄图像，如图 22-40 所示。

图 22-39

图 22-40

Step 12 单击操作界面右侧的"默认调色板"色块为图形填充颜色，并右击"默认调色板"上无色色块☑，去除图像的轮廓，如图 22-41 所示。

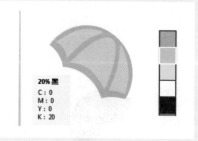

图 22-41

Step 13 使用"选择工具"将伞柄选中，图形在选中状态下，再次单击

图像，使其四周出现倾斜手柄和旋转手柄，拖动角旋转手柄，将图像旋转并移至合适的位置，如图 22-42 所示。

图 22-42

Step 14 按 Shift+Page Down 组合键调整图层顺序，将伞柄图像置于最低层，效果如图 22-43 所示。

Step 15 继续使用"贝塞尔工具"绘制图像，并填充颜色，去除其轮廓，如图 22-44 所示。

图 22-43

图 22-44

Step 16 选中黄色伞上的装饰图像，使用"透明度工具"在选中图像上方拖拽，为图像添加渐变透明度效果，如图 22-45 所示。使用相同方法，调

Photoshop+Illustrator+CorelDRAW | 站式高效学习一本通

整其他的黄色伞上的装饰图像，效果
如图 22-46 所示。

图 22-45

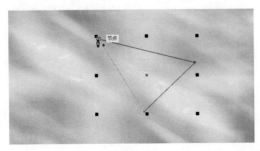

图 22-46

至此，完成卡通伞图像的绘制

22.1.5 钢笔工具

"钢笔工具" 是实际操作中经常使
用的工具之一，在功能上它将直接的绘制
和贝塞尔曲线的绘制进行了融合。

"钢笔工具" 的绘图操作方法与贝
塞尔工具相似，在画面中单击可以创建尖
角的点以及直线，然后按住鼠标左键并
拖动即可得到圆角的点及弧线，如图22-
47、图22-48所示。

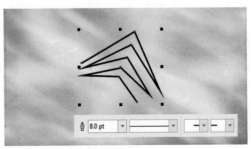

图 22-47

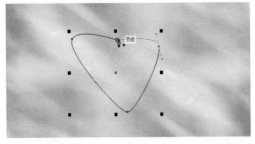

图 22-48

在"线条样式""起始箭头""终止箭
头"列表中进行选择可以改变线条的样
式，如图22-49、图22-50所示。

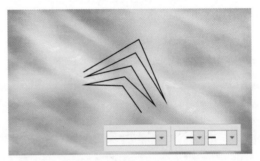

图 22-49

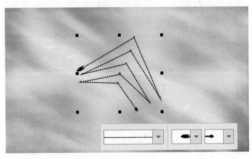

图 22-50

在"轮廓宽度"中可以在列表中进行
选择，也可以在数值框中输入合适的数
值，如图22-51、图22-52所示。

图 22-51

507

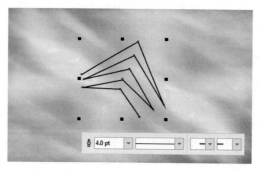

图 22-52

单击属性栏上的"预览模式"按钮⚲，在绘图页面中单击创建一个节点，移动鼠标后可以预览即将形成的路径。未启用预览模式和启用预览模式的对比效果如图22-53、图22-54所示。

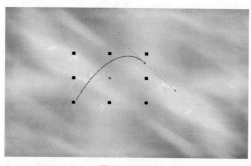

图 22- 53

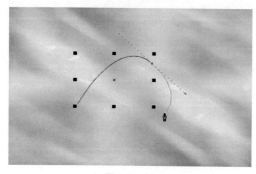

图 22-54

单击"自动添加/删除"按钮⚲，将光标移动到路径上光标会自动切换为添加节点或删除节点的形式，如图22-55所示。如果未启用该功能，将光标移动到路径上则可以创建新路径，如图22-56所示。

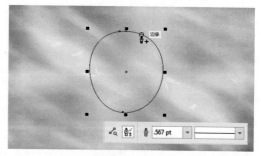

图 22-55

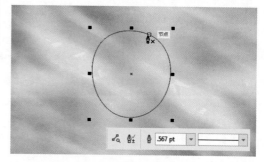

图 22-56

22.1.6 B样条

"B样条工具"⚲在绘制的过程中有蓝色控制框。单击样条工具，在页面上单击确定起点后继续单击并拖动图像，此时可看到线条外的蓝色控制框，对曲线进行了相应的限制，继续绘制曲线的闭合曲线，如图22-57所示。当图形闭合时，蓝色控制框自动隐蔽。

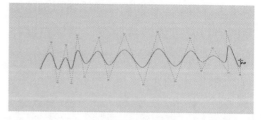

图 22-57

22.1.7 折线工具

"折线工具"也是用于绘制直线和曲线的，在绘制图像的过程中它可以将一条条的线段闭合。该工具的使用方法：选择

"折线工具" ，当鼠标光标变为折线形状 时，单击确定线段起点，继续单击确定图形的其他节点，双击结束绘制，如图22-58、图22-59所示。

图 22-58　　　　图 22-59

22.1.8　3点曲线工具

在绘制多种弧形或近似圆弧等曲线时，可以使用3点曲线工具，使用该工具可以任意调整曲线的位置和弧度，且绘制过程更加自由快捷。

单击选择"3点曲线工具" ，在页面中前两次单击确定起点和终点的距离，第三点是用于控制曲线的弧度。单击并按住左键以创建第一点，然后拖拽至另一点后松开鼠标以创建第二个点，如图22-60所示，此时拖拽鼠标至第三点，然后再次单击左键可获得曲线路径，如图22-61所示。在拖拽出圆弧时，按住Ctrl键，可以使圆弧更加饱满，如图22-62所示。

图 22-60　　　　图 22-61　　　　图 22-62

22.1.9　艺术笔工具

"艺术笔工具" 是一种具有固定或可变宽度及形状的画笔，在实际操作中可使用艺术笔工具绘制出具有不同线条或图案效果的图形。单击"艺术笔工具" ，在其属性栏中分别有"预设"按钮 、"笔刷"按钮 、"喷涂"按钮 、"书法"按钮 和"表达式"按钮 。单击不同的按钮，即可看到属性栏中的相关设置选项也发生变化，如图22-63所示。

图 22-63

（1）应用预设

单击"艺术笔工具" 属性栏中的"预设"按钮 ，在"预设笔触"下拉列表框中选择一个画笔预设样式，如图22-64所示。然后将鼠标光标移动到工作区中，当光标变为画笔形状时，单击并拖动鼠标，即可绘制出线条。此时线条自动运用了预设的画笔

509

样式，效果如图22-65所示。

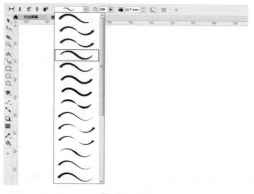

图 22-64

图 22-65

（2）应用笔刷

单击"艺术笔工具" 🖋属性栏中的"笔刷"按钮 █ ，在"类别"下拉列表中选择笔刷的类别，如图22-66所示。

同时还可以在其后面的"笔刷笔触"下拉列表框中选择笔刷样式，然后将鼠标光标移动到工作区中，当光标变为画笔形状时，单击并拖动鼠标，即可绘制出线条。此时线条自动运用了预设笔刷的样式，形成相应的效果，如图22-67、图22-68所示。

图 22-66

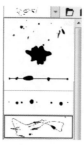

图 22-67

图 22-68

（3）喷涂

"喷涂"模式艺术笔能够以图案为绘制的路径描边，而且图案的选择非常多，还可以对图案大小、间距、旋转进行设置。

单击"艺术笔工具"属性栏中的"喷涂"按钮 🖋 ，在"类别"下列表框中选择画笔的类别，如图22-69所示。

同时还可以在后面的"喷射图样"下拉列表框中选择喷射的样式，如图22-70所示。然后将光标移至工作区中，当光标变为画笔形状时，按住鼠标左键拖拽即可绘制出图像，如图22-71所示。

图 22-69

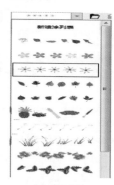

图 22-70

图 22-71

Photoshop+Illustrator+CorelDRAW | 站式高效学习一本通

（4）应用书法

单击"艺术笔工具"属性栏的"书法"按钮，即可对属性栏中的"手绘平滑""笔触宽度""书法角度'等选项进行设置，完成后在图像中单击并拖动鼠标，即可绘制图形。此时绘制出的形状自动添加了一定的书法笔触感，如图22-72、图22-73所示。

图 22-72

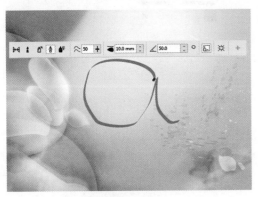

图 22-73

（5）表达式

单击"艺术笔工具"属性栏中的"压力"按钮，即可对属性栏中的"手绘平滑"和"笔触宽度"选项进行设置，完成后在图像中单击并拖动鼠标绘制图形，此时绘制的形状默认为黑色，如更改当前画笔的填充颜色，此时图像则自动显示出相应的颜色，如图22-74、图22-75所示。

图 22-74

图 22-75

课堂练习 绘制卡通猫头鹰

本案例主要利用"钢笔工具""3点弧线工具"，绘制可爱的猫头鹰图像，下面具体讲解绘制的过程。

Step 01 启动CorelDRAW应用程序，执行"文件 > 新建"命令，在弹出的"创建新文档"对话框中进行设置，然后单击"OK"按钮，新建文档，如图22-76、图22-77所示。

图 22-76

图 22-77

Step 02 使用"椭圆形工具" 按 Ctrl 键绘制正圆，用来制作猫头鹰的耳朵，如图 22-78 所示。

Step 03 使用"钢笔工具" 绘制出猫头鹰的身体，如图 22-79 所示。

图 22-78

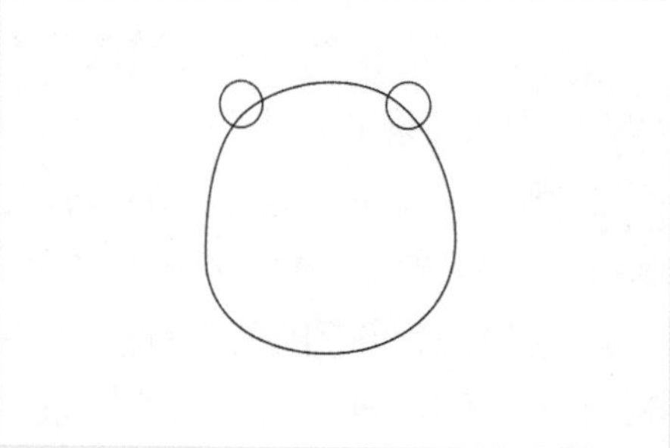

图 22-79

Step 04 使用"选择工具" 将绘制的图像全部选中，单击属性栏中的"焊接"按钮，连接成一个整体，如图 22-80 所示。

Step 05 按 Shift+F11 组合键，打开"编辑填充"对话框，在对话中设置颜色，单击"OK"按钮，应用颜色

填充效果，并在"默认调色板"右击无色色块，去除图像的轮廓，如图 22-81 所示。

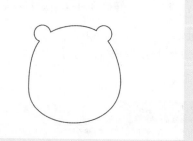

图 22-80

图 22-81

Step 06 上步骤操作效果如图 22-82 所示。

Step 07 使用"椭圆形工具" 按 Ctrl 键绘制正圆，用来制作猫头鹰的眼睛，并在"默认调色板"单击白色色块为图像填充颜色，右击无色色块 去除轮廓色，如图 22-83 所示。

图 22-82

图 22-83

Step 08 继续使用"椭圆形工具"⭕绘制正圆，单击"默认调色板"上的黑色色块，为图像填充黑色，并去除图像的轮廓，如图 22-84 所示。

Step 09 在工具箱选择"常见形状工具"🔲在其属性栏中单击"完美形状"按钮，在下拉列表中选择心形形状，在页面中单击并拖拽绘制出心形形状，并在"默认调整色板"为图像填充白色，并去除轮廓，如图 22-85 所示。

图 22-84

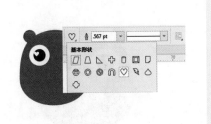

图 22-85

Step 10 利用"选择工具"👆先将绘制的猫头鹰眼睛图像全部选中，然后

按小键盘上的"+"键，复制眼睛图像，单击属性栏上的"水平镜像" 🔁 按钮，为图像进行反转，最后移动图像的位置，如图 22-86 所示。

Step 11 使用"钢笔工具"绘制猫头鹰的翅膀，如图 22-87 所示。

图 22-86

图 22-87

Step 12 按 Shift+F11 组合键打开"编辑填充"对话框，为绘制的翅膀填充颜色，然后去除图像的轮廓色，如图 22-88 所示。

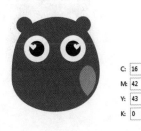

C: 16
M: 42
Y: 43
K: 0

图 22-88

Step13 选中绘制的翅膀按小键盘上"+"键，将图像绘制，然后使用"选

择工具"  将图像移动旋转，如图
22-89所示。

图 22-89

Step 14 使用"钢笔工具"  绘制出
猫头鹰的嘴巴，并填充颜色，去除轮
廓色，如图 22-90 所示。

Step 15 使用"选择工具"  选中
绘制的心形图案，移动图案至猫头鹰
的身体处，右击鼠标复制心形图案，
并调整图像的大小，旋转图案，如图
22-91 所示。

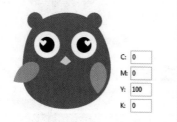

图 22-90

图 22-91

Step 16 使用上述方法，复制心形图
案，装饰猫头鹰的身体，如图 22-92
所示。

Step 17 选择"吸管工具"  在翅膀
上方单击吸取的颜色，如图 22-93 所示。

图 22-92

图 22-93

Step 18 吸取颜色后，鼠标光标会变
为 标志，在复制的心形图案上单击，
为心形图像填充颜色，如图 22-94、
图 22-95 所示。

图 22-94

图 22-95

Step 19 使用"钢笔工具"  绘制猫

头鹰的爪子，并填充颜色，去除轮廓色，效果如图 22-96 所示。

Step 20 使用"选择工具" ▷ 选择上步骤绘制的图像，按小键盘上的"+"键复制图像，单击属性栏上的"水平镜像" ◁⊳ 按钮，旋转图像，并将其移至合适的位置，如图 22-97 所示。

图 22-96

图 22-97

Step 21 按 Shift+Page Down 组合键调整图层顺序，将爪子放置于最底层，效果如图 22-98 所示。

图 22- 98

Step 22 选中眼睛中的心形图像，复

制图像，并调整图像的大小，修改其填充色，如图 22-99 所示。

图 22-99

Step 23 使用"钢笔工具" ▷ 绘制图像，并设置其填充色，如图 22-100 所示。

Step 24 将上步绘制的图像去除轮廓，并执行"对象 > 造型 > 合并"命令，将图像合并成一个整体，制作出红色的气球，如图 22-101 所示。

图 22-100

图 22-101

Step 25 使用"钢笔工具" ▷ 绘制图像，填充白色，并去除轮廓色，制作出气球的高光，如图 22-102 所示。

Step 26 继续使用"钢笔工具" 绘制线条，并设置轮廓的颜色，绘制出绳子，如图22-103所示。

图 22-102

图 22-103

Step 27 将气球和绳子选中，按Ctrl+G组合键将图像群组，调整其位置，如图22-104所示。

图 22-104

Step 28 使用"三点曲线工具" 绘制曲线，制作月亮，如图22-105所示。

图 22-105

Step 29 继续使用"三点曲线工具" 绘制曲线，如图22-106所示。

Step 30 执行"窗口 > 泊坞窗 > 连接曲线"命令，打开"连接曲线"泊坞窗，选中两条曲线，在"连接曲线"泊坞窗中单击"应用"按钮，将曲线连接，并填充白色，去除轮廓色，如图22-107所示。

图 22-106

图 22-107

Step 31 双击工具箱中的"矩形工具" ，生成和页面一样大小的矩形，并填充颜色，去除轮廓，如图22-

108 所示。

Step 32 使用"星形工具" ☆ 绘制星形图案，并填充颜色，去除轮廓，装饰画面，如图 22-109 所示。

图 22-108

图 22-109

Step 33 使用"文本工具" 字 ，在

画面中单击，如图 22-110 所示，输入文字信息，并在"默认调色板"中右击白色色块，修改其轮廓色，如图 22-111 所示。

图 22-110

图 22-111

至此，完成卡通猫头鹰绘制。

22.2 绘制几何图形

为了提高工作效率，软件提供了几何绘制工具，可以更加方便、快捷地绘制出几何图像，接下来将对这些工具进行介绍。

22.2.1 绘制矩形和3点矩形

单击"矩形工具" □ ，在页面中单击并拖动鼠标绘制任意大小的矩形，按住Ctrl键的同时单击并拖动鼠标，绘制出的则是

正方形，如图22-112、图22-113所示。

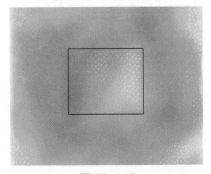

图 22-112

517

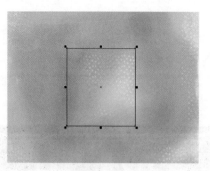

图 22-113

使用"矩形工具"绘制图像后,可以在属性栏中设置其转角形态。软件提供了"圆角""扇形角""倒棱角"三种,在属性栏中单击相应的转角按钮,设置"转角半径"可以改变角的转角效果、角的大小,如图22-114、图22-115、图22-116所示。

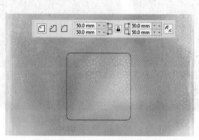

图 22-114

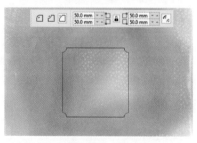

图 22- 115

图 22-116

知识点拨

当属性栏中"同时编辑所有角"按钮 处于启用状态,四角的参数不能分别调整。而单击该按钮使之处于未启用状态,选定矩形,在设置角半径的文本框中输入数值,对应的角半径会发生变化。还可以单击某个角的节点,然后在该节点上按住左键并进行拖动,此时可以看到只有所选角发生变化。

选择工具箱中"3点矩形工具" ,将光标移动到画面中,然后在画面中按住鼠标左键从一点移到另一点,绘制矩形的一边。接着向另外的方向移动光标,设置矩形另一边的长度,如图22-117、图22-118所示。按住Ctrl键,可以绘制正方形。

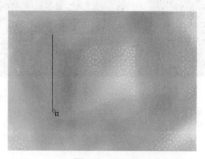

图 22-117

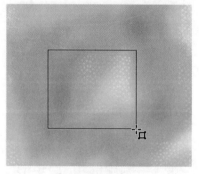

图 22-118

22.2.2 绘制椭圆形和饼图

使用"椭圆形工具" 不仅可以绘制

椭圆形、正圆以及具有旋转角度的几何图形，还可以绘制饼形以及圆弧形。这在很大程度上提升了图形绘制的可变性。

选择"椭圆形工具"○单击属性栏中的"椭圆形"按钮，然后在画面中按住鼠标左键进行绘制，释放鼠标即可完成绘制，如图22-119所示。按住Ctrl键绘制，可以绘制出正圆，如图22-120所示。

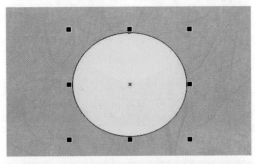

图 22-119

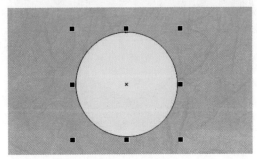

图 22-120

操作提示

在绘制圆时，同时按住 Shift 键从中心进行绘制。

在属性栏单击"饼形"按钮○，设置"起始和结束角度"数值框中的参数，在画面中拖拽即可绘制出饼形形状，如图22-121所示。

单击"弧线"按钮○，可以绘制弧线，如图22-122所示。

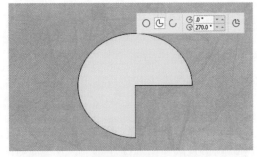

图 22-121

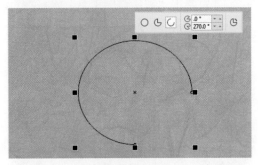

图 22-122

选择"3点椭圆形工具"○在绘制区按住鼠标左键绘制一条直线，释放鼠标后此线条作为椭圆的一个直径，然后向另一个方向拖拽以确定椭圆的另一个轴向直径的大小，如图22-123、图22-124所示。

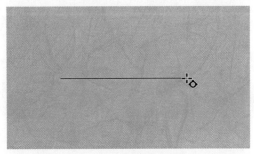

图 22-123

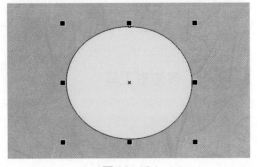

图 22-124

22.2.3 智能绘图工具

使用"智能绘图工具" 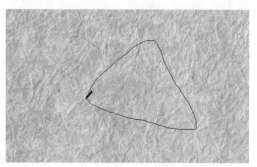可以快速将绘制的不规则形状进行图形的转换，尤其是当绘制的曲线与基本图形相似时，该工具可以自动将其变换为标准的图形。智能绘图工具的使用方法如下。

首先单击"智能绘图工具" △，在页面中随意单击并拖动鼠标绘制图形曲线，将形状识别等级设置为最高，智能平滑等级设置为无，这样绘制的曲线趋近于实际手绘路径效果，如图22-125、图22-126所示。

图 22-125

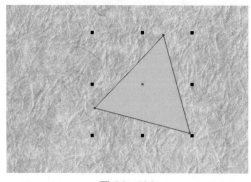

图 22-126

22.2.4 多边形工具

使用"多边形工具" ○可以绘制三个边及以上的不同边数的多边形。单击"多边形工具" ○，在其属性栏的"点数或边数"数值框和"轮廓宽度"下拉列表框中输入相应的数值或选择相应的选项，然后在绘制区中按住鼠标左键并拖拽，即可绘制出多边形，如图22-127所示。按住Ctrl键，可以绘制等边多边形，如图22-128所示。

图 22-127

图 22-128

22.2.5 星形工具

使用"星形工具" ☆可以快速绘制出简单星形图案，也可以绘制复杂的星形。

绘制简单形象，选择"星形工具" ☆后，在其属性栏中单击"星形"按钮☆，在"点数或边数"和"锐度"数值框中可对星形的边数和角度进行设置，然后在绘制区，按住鼠标左键拖拽，确定星形后释放鼠标，如图22-129、图22-130所示。按Ctrl键绘制出等边的星形。

图 22-129

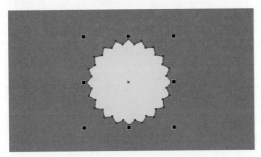

图 22-130

绘制复杂星形，选择"星形工具" ☆ 在属性栏中单击"复杂星形"按钮 ✿，然后在属性栏中设置"点数或边数"和"锐度"数值，在页面中单击鼠标左键并拖动，即可绘制出如图22-131所示的复杂星形图案。按Ctrl键绘制出等边复杂的星形，如图22-132所示。

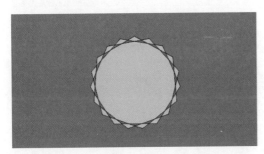

图 22-131

图 22-132

课堂练习 制作吊牌标签

本案例主要利用"矩形工具"绘制图像，下面将具体讲述吊牌标签的制作过程。

扫一扫 看视频

Step 01 启动CorelDRAW应用程序，执行"文件 > 新建"命令，在弹出的"创建新文档"对话框中进行设置，然后单击"OK"按钮，新建文档，如图22-133、图22-134所示。

图 22-133

图 22-134

Step 02 使用"矩形工具" □ 绘制矩形，在属性栏中设置尺寸为40mm×65mm，如图 22-135 所示。

Step 03 在"矩形工具" □ 属性栏中设置"圆角的半径"如图 22-136 所示。

图 22- 135

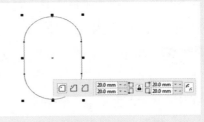

图 22-136

521

Step 04 按 F11 键，打开"编辑填充"对话框，设置渐变的类型为"线性渐变"，选择渐变滑块，在颜色处单击"节点颜色"，在下拉列表中设置渐变的颜色，并设置渐变的角度，如图 22-137 所示。

Step 05 应用渐变填充后，右击操作界面右侧的"默认调色板"上无色色块▨，去除轮廓，如图 22-138 所示。

图 2-137

图 22-138

Step 06 按小键盘上的"+"键复制渐变图像，使用"矩形工具"▢绘制矩形图像，如图 22-139 所示。

Step 07 使用"选择工具"▨按住 Shift 键加选渐变的图形，在属性栏中单击"移除前面对象"按钮▨，修剪图像，如图 22-140 所示。

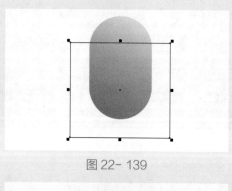

图 22- 139

图 22-140

Step 08 使用"交互式填充工具"▨，调整渐变的角度，如图 22-141 所示。

Step 09 选择"轮廓图工具"▨给图形添加外部轮廓，在属性栏中设置轮廓偏移"1mm"并设置颜色，如图 22-142 所示。

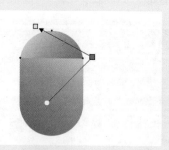

图 22-141

图 22-142

Step 10 使用"椭圆形工具" ⬭，按 Ctrl 键绘制正圆，单击"默认调色板"上的白色色块，为图像填充白色，并取消轮廓色，如图 22-143 所示。

Step 11 使用"矩形工具" ▢ 绘制矩形图像，按 Shift+F10 组合键，打开"编辑颜色"对话框，为图像填充颜色，并取消轮廓色，如图 22-144 所示。

图 22-143

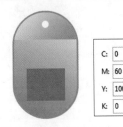

图 22-144

Step 12 在"矩形工具" ▢ 属性栏中设置"圆角的半径"，如图 22-145 所示。

图 22-145

Step 13 使用"文本工具" 字 添加文

字，在属性栏中设置文字的字体、字号，并设置其颜色，如图 22-146 所示。

图 22-146

Step 14 使用"选择工具" ▸ 选择文字和圆角矩形图像，将其进行旋转，如图 22-147 所示。

Step 15 使用"文本工具" 字 添加文字信息，并在属性栏中设置文字的字体、字号，如图 22-148 所示。

图 22-147

图 22-148

Step 16 设置文字的颜色与圆角矩形的颜色一致，按 F12 键打开"轮廓笔"对话框，在对话中设置参数，单击"OK"按钮应用效果，如图 22-149 所示。

Step 17 使用"钢笔工具" 绘制曲线，并在属性栏中设置曲线的宽度，如图22-150所示。

图 22-149

图 22-150

至此，完成吊牌标签的绘制。

22.2.6 螺纹工具

使用"螺纹工具" 可以绘制两种不同的螺纹：一种是对数螺纹，另一种是对称式螺纹。这两者的区别是，在相同的半径内，对数螺纹的螺纹形之间的间距成倍数增长，而对称式螺纹的螺纹形之间的间距是相等的。

选择"螺纹工具" ，在其属性栏的"螺纹回圈"数值框中可调整绘制出的螺纹的圈数。单击"对称式螺纹"按钮 ，在页面中单击并拖动鼠标，绘制出螺纹形状，此时绘制的螺纹十分对称，圆滑度较高，如图22-151所示。

继续在"螺纹工具"的属性栏中单击"对数螺纹"按钮 ，激活"螺纹扩展参数"选项，拖动滑块或在其文本框中输入相应的数值即可改变螺纹的圆滑度，得到的螺纹效果，如图22-152所示。

图 22-151　　　　　图 22-152

22.2.7 常见形状工具

软件为了帮助用户快速完成图像的绘制，将一些常用的形状集合在"常用形状工具" ，绘制图像的形状可以分为5类：基本形状、箭头形状、流程图形状、标题形状和标注形状。

选择"常用形状工具" 在属性栏中单击"完美形状"按钮，在下拉列表中可以选择绘制图像的形状，如图22-153所示。

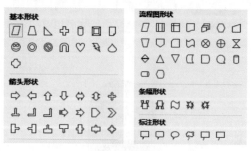

图 22-153

在"完美形状"下拉列表中选择相应形状，然后在绘图窗口中按住鼠标左键进行拖动直到形状达到所需的大小，松开鼠标，完成图像的绘制，如图22-154、图22-155所示。

图 22-154

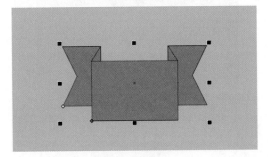

图 22-155

在绘制形状后，有些几何图形上有一个红色的节点，有的没有红色的节点，如图22-156所示，有红色节点的图像可以通过拖动红色节点调整图像，如图22-157所示。

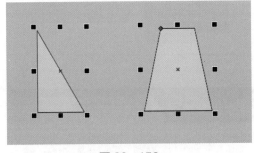

图 22- 156

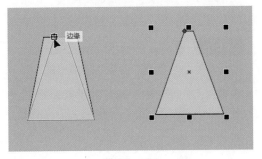

图 22-157

通过红色节点调整图像有局限性，如何对绘制的图像进行一步调整，可以将绘制的图像选中，右击鼠标，在弹出的菜单中选择"转换为曲线"命令，如图22-158所示。红色节点消失，此时表示该图形为普通可调整图形，可结合"形状工具" ⸢↖⸥ 对图形进行自由调整，如图22-159所示。此方法同样适用于没有带红色节点的图形形状的调整。

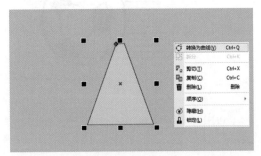

图 22-158

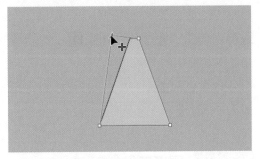

图 22-159

22.2.8 冲击效果工具

"冲击效果工具" ⸢⸥绘制出的图像可以为图像增添活力或表示动态。

选择"冲击效果工具" ⸢⸥，从效果样式列表框中选择"径向"或"平行"，然后在绘图窗口中按鼠标左键拖动，即可绘制出图像，如图22-160、图22-161所示。

图 22-160

图 22-161

使用其他对象作为参考形状，可以将效果限制在内外边界内。要添加内边界，单击属性栏上的"内边界"按钮，然后单击绘图窗口中的参考对象。要添加外边界，单击"外边界"按钮，然后单击绘图窗口中的参考对象。

此外，通过属性栏上的控件，自定义效果中的线条和线条间距。

22.2.9 图纸工具

使用"图纸工具"可以绘制网格，以辅助用户在编辑图形时对其进行精确的定位。使用该工具时，首先应选取"图纸工具"，接着在其属性栏的"列数和行数"数值框中设置相应的数值后，在页面中单击并拖动鼠标绘制出网格，最后单击调色板中的颜色色块即可为其填充颜色，如图22-162所示。

在绘制出网格图纸后，按下Ctrl+U组合键即可取消群组，此时网格中的每个

格子成为一个独立的图形，可分别对其填充颜色，同时也可使用"选择工具"，调整格子的位置，如图22-163所示。要使外边界成为方形，需按住 Ctrl 键拖动绘制。

图 22-162

图 22-163

课堂练习 制作祥云图案

本案例将练习绘制祥云图案，主要用到的工具是"螺纹工具"，下面将具体讲述祥云图案的制作过程。

Step 01 启动CorelDRAW 应用程序，执行"文件 > 新建"命令，在弹出的"创建新文档"对话框中进行设置，然后单击"OK"按钮，新建文档，如图22-164、图 22-165 所示。

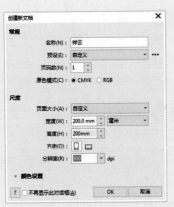

图 22-164

图 22-165

Step 02 选择"螺纹工具" 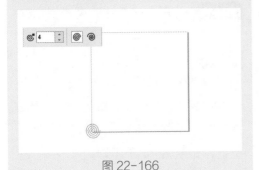, 在属性栏中设置螺纹回圈, 单击"对称式螺纹" 按钮, 然后按 Ctrl 键在画面中绘制螺纹图像, 如图 22-166 所示。

Step 03 按小键盘上的"+"键复制图像, 并将复制的图像排成一列, 如图 22-167 所示。

图 22-166

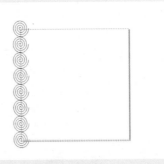

图 22-167

Step 04 选中整列螺纹图像将其复制, 然后移动图像的位置, 如图 22-168 所示。

Step 05 选中上步绘制的两列螺旋纹, 将其复制, 并移动其位置, 如图 22-169 所示。

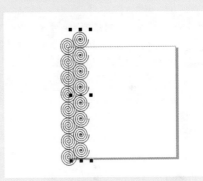

图 22-168

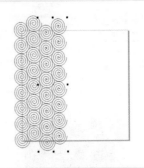

图 22-169

Step 06 继续复制螺纹图像, 如图 22-170 所示。完成效果如图 22-171 所示。

527

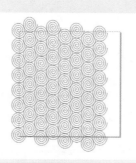

图 22-170

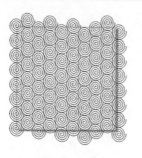

图 22-171

Step 07 将所有的螺纹图像选中，按 F12 键打开"轮廓笔"对话框，在对话框中设置参数，如图 22-172、图 22-173 所示。

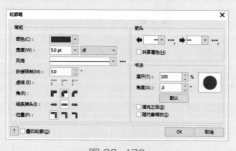

图 22-172

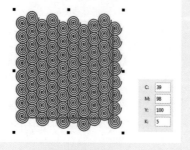

图 22-173

Step 08 使用"钢笔工具"绘制闭合路径图像，并使用"形状工具"调整图像，绘制出祥云，如图 22-174 所示。

Step 09 继续使用"钢笔工具"绘制闭合的路径图像，并使用"选择工具"将新绘制的图像和其底部的图像选中，并单击属性栏中的"移去前面对象"按钮，如图 22-175 所示。

图 22-174

图 22-175

Step 10 使用上述方法，进一步完善云纹图像，如图 22-176 所示。

Step 11 使用"选择工具"将绘制的云纹图像全部选中，在属性栏中单击"焊接"按钮，使其成为一个整体，并将其移至螺纹上方，调整其大小与位置，如图 22-177 所示。

图 22-176

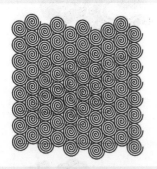

图 22-177

图 22-179

Step 14 双击工具箱"矩形工具"□，软件会在绘制图像的底部自动生成和页面一样大小的矩形，并填充颜色为黑色，如图 22-180 所示。

Step 15 选中云纹图像，使用"阴影工具"□为图像添加阴影效果，如图 22-181 所示。

Step 12 使用"矩形工具"□绘制和页面相同大小的矩形，使用"选择工具"□按 Shift 键加选云纹图像，在属性栏上单击"移除后面对象"按钮□，并填充白色，如图 22-178 所示。

Step 13 选中云纹图像，在"默认调色板"右击无色色块☒去除轮廓，如图 22-179 所示。

图 22-180

图 22-181

Step 16 将绘制的图像全部选中，按 Ctrl+G 组合键将图像群组，然后双击"矩形工具"□绘制和页面相同大小的矩形，之后按 Shift+Page Up 组合

图 22-178

键，将矩形图像置于顶层，如图22-182所示。

Step 17 选中群组的图像，执行"对象 > PowerClip > 置于图文框内部"命令，鼠标光标会变为 ，如图22-183所示。

图 22-182

图 22-183

Step 18 单击绘制的矩形图像，将图像置入文框内，并去除轮廓色，如图22-184、图22-185所示。

图 22-184

图 22-185

至此，完成祥云的制作。

综合实战　制作卡通机器人

扫一扫 看视频

本案例主要利用几何工具绘制卡通机器人，下面将具体讲解绘制的过程。

Step 01 启动CorelDRAW应用程序，执行"文件 > 新建"命令，在弹出的"创建新文档"对话框中进行设置，然后单击"OK"按钮，新建文档，如图22-186、图22-187所示。

图 22-186

图 22-187

Step 02 使用"矩形工具"□绘制矩形，并将绘制的矩形选中，按 C 键将图像纵水平居中对齐，如图 22-188 所示。

Step 03 将绘制的矩形选中，按 Shift+F11 组合键，打开"编辑填充"对话框，在对话框中为图形填充颜色，并去除轮廓，如图 22-189 所示。

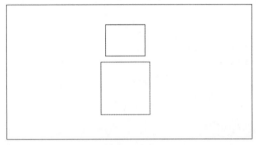

图 22-188

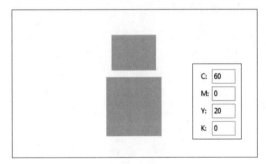

图 22-189

Step 04 选择工具箱中的"椭圆形工具"○在属性栏中单击"饼形"按钮◐，设置起始和结束角度框中的参数，然后在画面中绘制出半圆，并使用"选择工具"▲调整半圆，如图 22-190 所示。

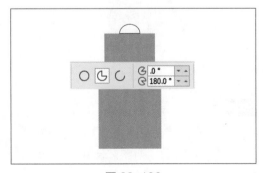

图 22-190

Step 05 按 Shift+F11 组合键，打开"编辑填充"对话框，在对话框中为半圆填充颜色，并去除轮廓，如图 22-191 所示。

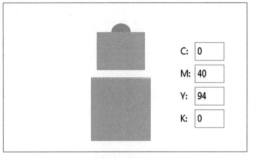

图 22-191

Step 06 使用"钢笔工具"✎绘制线段，并在属性栏中设置轮廓宽度，如图 22-192 所示。

Step 07 使用"椭圆形工具"○绘制正圆，并使用"吸管工具"✐吸取机器人头的黄色，制作出机器头部的天线，如图 22-193 所示。

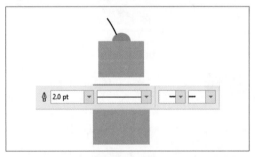

图 22-192

图 22-193

Step 08 将头部天线部分选中，按小键盘上的"+"键，复制图像，单击"选择

531

工具"⬚下的"水平镜像"按钮⬚，将图像翻转，并调整其位置，如图 22-194 所示。

Step 09 使用"椭圆形工具"⬚按 Ctrl 键绘制正圆，并设置其填充色，去除轮廓，绘制出机器人的眼睛，如图 22-195 所示。

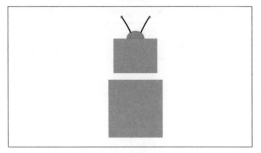

图 22-194

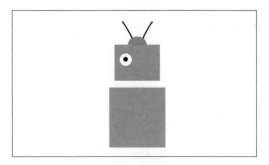

图 22-195

Step 10 选中机器人的眼睛，按小键盘上的"+"键复制图像，并移动其位置，制作出另一个眼睛，如图 22-196 所示。

图 22-196

Step 11 使用"矩形工具"⬚绘制矩形，制作出机器人的嘴巴，并设置其颜色，去

除轮廓，如图 22-197 所示。

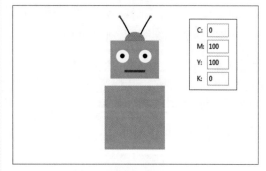

图 22-197

Step 12 使用"贝塞尔工具"⬚绘制机器人的手臂，并设置手臂的颜色，去除其轮廓，如图 22-198 所示。

Step 13 使用"椭圆形工具"⬚按 Ctrl 键绘制正圆，设置其颜色，去除轮廓，装饰机器人的手臂，如图 22-199 所示。

图 22-198

图 22-199

Step 14 继续使用"椭圆形工具"⬚按 Ctrl 键绘制正圆，设置其颜色，去除轮廓，绘制机器人的手，如图 22-200 所示。继续绘制正圆，如图 22-201 所示。

图 22-200

图 22-201

Step 15 选中上步绘制的正圆，在"选择工具" ▶属性栏中，单击"移除前面对象"按钮 ▣，制作出机器人的手臂，如图 22-202 所示。

图 22-202

Step 16 使用"选择工具" ▶将手和手臂全部选中，按小键盘上的"+"键复制图像，并单击属性栏中"水平镜像"按钮 ▥，翻转图像，并将其移至身体的另一侧，如图 22-203 所示。

图 22-203

Step 17 使用"矩形工具" □绘制矩形，绘制机器人胸部显示屏，设置其颜色，去除轮廓，使用"钢笔工具" ✿绘制折线，并设置轮廓为白色，如图 22-204 所示。使用"椭圆形工具" ○按 Ctrl 键绘制正圆，设置其颜色，去除轮廓，重复多次，如图 22-205 所示。

图 22-204

图 22-205

Step 18 使用"常见形状工具" ㊥绘制梯形，并在属性栏中，单击"垂直镜像" ㊥

533

按钮将图像翻转，如图 22-206 所示。

Step 19 设置梯形的颜色，去除其轮廓，如图 22-207 所示。

图 22-206

图 22-207

Step 20 使用"矩形工具"□绘制矩形，并设置其颜色，去除轮廓，如图 22-208 所示。并在属性栏中单击"圆角"按钮□，并在圆角半径文本框中设置参数，制作出圆角矩形图像，如图 22-209 所示。

图 22-208

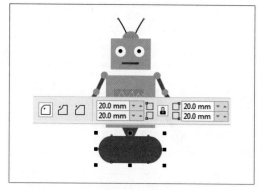

图 22-209

Step 21 使用上述方法，制作出圆角矩形，如图 22-210 所示。

Step 22 使用"矩形工具"□和"椭圆形工具"○分别绘制矩形和正圆，设置其颜色，去除轮廓，制作出机器人的脖子和车轮，如图 22-211 所示。

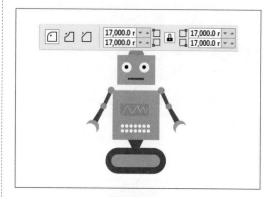

图 22-210

图 22-211

至此，完成机器人的制作。

课后作业 / **绘制乡村元素的图像**

项目需求

受人委托帮其制作乡村元素的图像，要求绘制的图片要有山有水，乡间的房子简洁时尚，风格扁平化。

项目分析

图像是一幅依山傍水的乡村景象，绘制水图像时用了两种颜色：浅蓝和亮蓝，浅蓝表示水的清澈，亮蓝制作出水的波纹，给人水波荡漾的感觉。绘制山用了两种颜色，渐变颜色表示远山，只能看到山头的绿色，其他地方为白色，给人山间仙气缭绕的感觉，浅绿色表示近山。房子绘制的是西方农村风格的洋房，又添加树和风车作为装饰，丰富画面。

项目效果

效果如图22-212所示。

操作提示

Step01：使用绘图工具绘制图像。

Step02：使用造型命令生成新图像。

Step03：使用上色工具绘制给图像填充颜色。

图 22-212

535

第 23 章
对象的编辑与管理

★ 内容导读

在作品的制作过程中，难免会使用到大量的文字和图形对象，合理的
对象管理可以帮助我们更好更快地对图像进行操作。本章主要从图像
对象的基本操作、变换对象、查找和替换及组织编辑等方面进行详细
的阐述。

◢ 学习目标

○ 熟练地对图像进项复制、剪切、粘贴及撤回重做
○ 掌握如何对图像进行变换
○ 了解对象的查找替换
○ 熟练使用编辑对象的工具

23.1 图形对象的基本操作

对象的基本操作包括复制对象、剪切对象、粘贴对象、步长和重复以及撤销与重做操作等，在进行图像变换之前首先要选中该对象，然后才能进行复制、剪切等操作。

23.1.1 复制对象

复制对象很容易理解，就是复制出一个与之前的图案一模一样的图形对象，常见的方法包含以下3种。

● **方法1**：命令复制对象，使用"选择工具" 单击需要进行复制的图像对象，执行"编辑 > 复制"命令，再执行"编辑 > 粘贴"命令，即可在图形原有位置上复制出一个完全相同的图形对象。

● **方法2**：组合键复制对象，选择对象后按Ctrl+C组合键对图像进行复制，然后按Ctrl+V组合键，可快速对复制的对象进行原位粘贴。

● **方法3**：鼠标左键复制对象，这也是最常使用和最为快捷的复制图形对象的方法。选择图形对象，如图23-1所示。按住鼠标左键不放，拖动对象到页面其他位置，如图23-2所示，此时单击鼠标右键即可复制该图形对象，如图23-3所示。

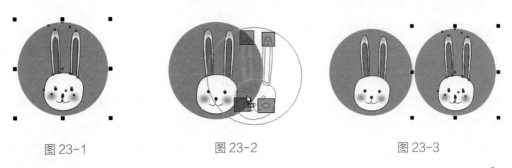

图 23-1   图 23-2   图 23-3

操作提示

原位复制对象

拖动对象时按住Shift键，可在水平和垂直方向上移动或复制对象。当然，选择图形对象后在键盘上按下"+"键，也可在原位快速复制出图形对象，连续按下"+"键即可在原位复制出多个相同的图形对象。

23.1.2 剪切与粘贴对象

为了让用户更方便地对图形进行操作，一般是将剪切和复制图形对象的操作结合使用。剪切对象的操作方法如下。

●**方法1**：在对象上右击，在弹出的菜单中选择"剪切"命令即可。

●**方法2**：选择对象后按下Ctrl+X组合键，即可将对象剪切到剪贴板中。

而粘贴对象则更简单，同其他应用程序一样，只需按下Ctrl+V组合键即可，需要注意的是，剪切对象和粘贴对象都可在不同的图形文件之间或不同的页面之间进行，以方便用户对图形内容的快速运用。

23.1.3 再制对象

再制对象与复制相似，不同的是，再制对象是直接将对象副本放置到绘图页面中，而不通过剪切板进行中转，所以不需要进行粘贴。同时，再制的图形对象不是直接出现在图形对象的原来位置，而是与初始位置之间有一个默认的水平或垂直的位移。

再制图形对象可通过菜单命令实现。使用选择工具选择需要进行再制的图形对象，如图23-4所示，执行"编辑 > 再制"命令或按下Ctrl+D组合键，即可在原对象的右上角方向再制出一个与原对象完全相同的图形，如图23-5所示。

图23-4

图23-5

操作提示

再制图形对象

再制图形对象还有另一种方法，选择图形对象后按住鼠标右键拖动图形，到达合适的位置后释放鼠标，此时自动弹出组合键菜单，选择"复制"命令即可。

23.1.4 认识"步长和重复"泊坞窗

在实际的运用中，还会需要精确地对对象进行再制操作，此时可借助"步长和重复"泊坞窗快速复制出多个有一定规律的图形对象，对图形对象进行编辑操作。执行"编辑 > 步长和重复"命令，或按下Ctrl+Shift+D组合键，即可在绘图页面右侧显示"步长和重复"泊坞窗，如图23-6所示。如图23-7所示为设置水平偏移20mm、垂直偏移10mm、偏移份数为5的效果。

图23-6

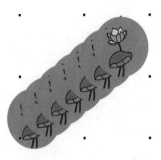

图 23-7

操作提示

快速调整图形

选择图形对象后，可同时对水平和垂直方向进行设置，提高操作效率。

23.1.5 撤销与重做

在绘制图像时，常会用到撤销和重做这两个操作，以方便对所绘制的图形进行修改或编辑，从而让图形的绘制变得更加轻松。

撤销操作即将这一步对图形执行过的操作默认删除，从而返回到上一步情况下的图形效果中。在CorelDRAW中，撤销操作有3种方法。

● **方法1**：与大多数图像处理类软件一样，按下Ctrl+Z组合键撤销上一步的操作。若重复按Ctrl+Z组合键，则可一直撤销操作到相应的步骤。

● **方法2**：执行"编辑＞撤销"命令，即可撤销上一步的操作。

● **方法3**：通过在标准工具栏中单击"撤销"按钮进行撤销。

知识点拨

撤销与重做的关系

撤销操作是重做操作的前提，只有执

行过撤销操作，才能激活标准工具栏中的"重做"按钮。重做即对撤销的操作软件进行自动重做，可通过单击"重做"按钮或执行"编辑＞重做"命令来完成。

📋 课堂练习　制作方格图像

本案例主要利用"步长和重复"命令来制作方块效果，接下来将具体的介绍制作过程。

扫一扫 看视频

Step 01 启动 CorelDRAW 应用程序，执行"文件＞新建"命令，在弹出的"创建新文档"对话框中进行设置，然后单击"OK"按钮，新建文档，如图23-8、图 23-9 所示。

图 23-8

图 23-9

Step 02 使用"矩形工具" ☐绘制矩形，并在属性栏中设置精确的尺寸，如图 23-10 所示。

Step 03 选择绘制的矩形，执行"编辑 > 步长和重复"命令，打开"步长和重复"泊坞窗，在泊坞窗中设置水平偏移的间距，设置复制的份数，单击"应用"按钮，水平复制图像，如图 23-11 所示。

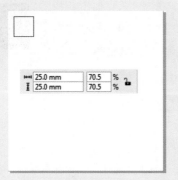

图 23-10

图 23-11

Step 04 步长和重复效果如图 23-12 所示。

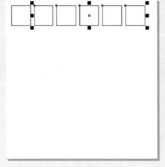

图 23-12

Step 05 将页面中所有图像全部选中，在"步长和重复"泊坞窗中，设置垂直间距的参数，设置复制的份数，单击"应用"按钮，垂直复制图像，如图 23-13 所示。

图 23-13

Step 06 将绘制的矩形图像全部选中，按 Ctrl+G 组合键，将图像群组，如图 23-14 所示。

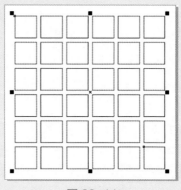

图 23-14

Step 07 选中群组图像，执行"窗口 > 泊坞窗 > 对齐与分布"命令，打开"对齐与分布"泊坞窗，单击"页面边缘"按钮后，再单击"水平居中对齐" 和"垂直居中对齐" ，将图像对齐页面，如图 23-15 所示。

Step 08 对齐效果如图 23-16 所示。

图 23-15

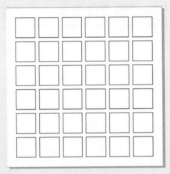

图 23-16

Step 09 选中矩形，执行"对象 > PowerClip> 创建空 PowerClip 图文框"命令，效果如图 23-17 所示。

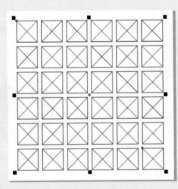

图 23-17

Step 10 执行"文件 > 导入"命令，将本章素材"花 .jpg"图像导入到当前文档中，如图 23-18 所示。

Step 11 选中导入的素材，按鼠标左键拖拽至 PowerClip 图文框中，如图 23-19 所示。

图 23-18

图 23-19

Step 12 将素材拖入到文本框中，选中 PowerClip 图文框，界面出现"编辑"按钮，点击"编辑"按钮，编辑图文框里的内容，如图 23-20 所示。

Step 13 调整素材的大小与位置，单击"完成"按钮，结束图文框内容的编辑，如图 23-21 所示。

图 23- 20

图 23-21

541

完成效果如图 23-22 所示。

如图 23-23 所示。

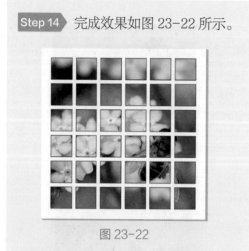

图 23-22

Step 15 选中图文框,在"默认调色板"上右击无色色块☒,去除轮廓,

图 23-23

至此,完成方格图像的制作。

23.2 变换对象

为了绘图更加方便快捷,软件添加一些图形对象的变换操作,包括镜像对象、对象的自由变换、对象的坐标、对象的精确变换、对象的造型等。

23.2.1 镜像对象

镜像对象是指快速对图形对象进行对称操作,可分为"水平镜像"▣和"垂直镜像"▣。水平镜像是图形沿垂直方向的直线做标准180°旋转操作,快速得到水平翻转的图像效果;垂直镜像是图形沿水平方向的直线做180°旋转操作,得到上下翻转的图像效果。镜像图形对象的方法比较简单,只需选择需要调整的图形对象,如图23-24所示,然后在属性栏中单击"水平镜像"按钮▣或"垂直镜像"按钮▣即可执行相应的操作,原图形通过

"垂直镜像"▣复制后的图形对比效果如图23-25所示。

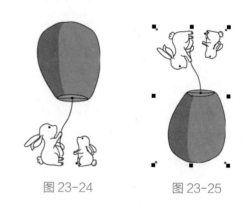

图 23-24　　　　图 23-25

23.2.2 对象的自由变换

图形对象的自由变换可通过两种方式实现,其一通过直接旋转变换图形对象;其二是通过自由变换工具对图形对象进行自由旋转、镜像、调节、扭曲等操作。下面将对其操作进行详细介绍。

（1）直接旋转图形对象

通过直接旋转图形对象进行变换，这个操作有两个实现途径，一种是使用"选择工具"▶选择图形对象后，在选择工具属性栏的"旋转角度"文本框中输入相应的数值后按下Enter键确认旋转。

另一种方法是选择图形对象后再次单击该对象，此时在对象周围出现旋转控制点，如图23-26所示。将鼠标光标移动到控制点上，单击并拖动鼠标，此时在页面中会出现以蓝色线条显示的图形对象的线框效果，如图23-27所示。当调整到合适的位置后释放鼠标，图形对象会发生相应的变化，如图23-28所示。

图23-26　　　　　　图23-27　　　　　　图23-28

操作提示

图形对象的缩放

图形对象的缩放即对图形进行放大或缩小操作，其方法是单击"选择工具"▶，选择需要缩放的图形对象后将鼠标光标移动到对角的黑色控制点上，单击并向下拖动图像到合适的位置后释放鼠标即可。

（2）使用工具自由变换对象

"自由变换工具"是针对图形的自由变换而产生的，使用自由变换工具可以对图形对象进行自由旋转、自由镜像、自由调节、自由扭曲等操作。单击"图形>自由变换"工具，即可查看其属性栏，如图23-29所示。

| | | | X: | 448.063 mm | | | 105.128 mm | | 100.0 | % | | | .0 | | | | 448.063 mm | | .0 | | | | | | | |
| Y: | -27.576 mm | | | 105.128 mm | | 100.0 | % | | .0 | | | | -27.576 mm | | .0 | | | | | | |

图23-29

其中显示出一排工具按钮，下面对一些常用工具按钮的作用进行介绍。

● **自由旋转工具**：利用该工具，在图形上任意位置单击定位旋转中心点，拖动鼠标，此时显示出蓝色的线框图形，待到旋转到合适的位置后释放鼠标，即可让图形沿中心点进行任意角度的自由旋转。

● **自由角度反射工具**：选择该工具，然后在图形上任意位置单击定位镜像中心点，拖动鼠标即可让图形沿中心点进行任意角度的自由镜像图形。需要注意的是，该工具一般结合"应用到再制"按钮使用，可以快速复制出想要的镜像图形效果。

543

● **自由缩放工具** □：该工具与"自由角度反射工具"相似，一般与"应用到再制"按钮结合使用。

● **自由倾斜工具** □：选择该工具，在图形上任意位置单击定位扭曲中心点，拖动鼠标调整图形对象。

● **"应用到再制"按钮** □：单击该按钮，对图形执行旋转等相关操作的同时会自动生成一个新的图形，这个图形即变换后的图形，而原图形保持不动，如图23-30、图23-31所示。旋转45°后再制生成的图形效果如图23-32所示。

图23-30　　　　　　　　图23-31　　　　　　　　图23-32

23.2.3　精确变换对象

对象的精确变换是指在保证图形对象精确度不变的情况下，精确控制图形对象在整个绘图页面中的位置、大小以及旋转的角度等因素。要实现图形对象的精确变换，这里提供了两种方法，下面分别进行介绍。

（1）使用属性栏变换图形对象

使用"选择工具" □ 选择图形对象后，即可查看属性栏，如图23-33所示。

图23-33

在选择工具属性栏中的对象位置、对象大小、缩放因子和旋转角度数值框中输入相应的数值，即可对图形对象进行变换。同时，单击旁边的"锁定比率"按钮 □，还可对比率进行锁定。

需要注意的是，若是针对矩形图形，可以结合"圆角/扇形角/倒棱角"泊坞窗对其进行调整。选择矩形图形后，执行"窗口 > 泊坞窗 > 角"的命令，打开"角"泊坞窗，在泊坞窗中选择调整的样式，有圆角、扇形角和倒棱角3种以供选择，并设置其半径，如图23-34所示，此时出现蓝色的线条效果，如图23-35所示。单击"应用"按钮，即可调整矩形形状，如图23-36所示。

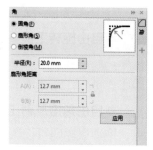

图 23-34

图 23-35

图 23-36

（2）使用"转换"泊坞窗变换图形对象

执行"窗口＞泊坞窗＞变换＞位置"命令，或按Alt+F7组合键即可打开"转换"泊坞窗。默认情况下，打开的"转换"泊坞窗停靠在绘图区右侧颜色板的旁边，此时还可拖动泊坞窗使其成为一个单独的浮动面板，分别单击位置、旋转、缩放和镜像、大小和倾斜按钮，可切换到不同的面板，从中轻松调整图形对象的位置、旋转、缩放和镜像、大小、倾斜等效果，变换泊坞窗，如图23-37所示。

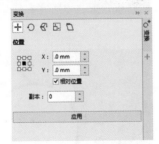

图 23-37

23.2.4 对象的坐标

使用对象坐标对图形在整个页面中的位置进行精确调整。执行"窗口＞泊坞窗＞坐标"命令，即可显示"坐标"泊坞窗。

在"坐标"泊坞窗中可分别单击"矩形"按钮、"椭圆形"按钮、"多边形"按钮、"2点线"按钮和"多点线"按钮以切换到不同的面板，其中显示出了图形对象在页面中X轴和Y轴的位置以及大小、比例等相关选项，可针对不同图形在页面中的位置进行调整和控制。

23.2.5 对象的造型

对象的造型有两种方法：一种是通过单击属性栏中的按钮进行造型；另一种是打开"形状"泊坞窗进行造型。

选择两个图形，在属性中即可出现按钮，如图23-38所示。

单击某个按钮即可进行相应的造型，单击"焊接"按钮，如图23-39所示。

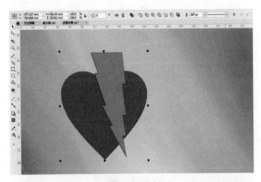

图 23-38

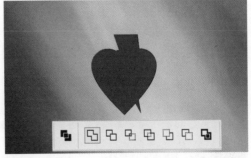

图 23-39

执行"窗口＞泊坞窗＞形状"命令，

545

可以打开"形状"泊坞窗，在"形状"泊坞窗的下拉列表框中提供了焊接、修剪、相交、简化、移除后面对象、移除前面对象、边界7种造型方式，在其下的窗口中可预览造型效果，如图23-40所示。

图23-40

下面分别对对象的焊接、修剪、相交、简化等功能进行详细的介绍。

（1）焊接对象

焊接对象即将两个或多个对象合为一个对象。焊接对象的操作方法如下。

首先选择一个图形对象，并适当调整对象位置以满足图形要求，如图23-41所示。随后打开"形状"泊坞窗，从中选择"焊接"选项，单击"焊接到"按钮，将鼠标光标移动到页面中。当光标变为焊接形状时，在另一个对象上单击即可将两个对象焊接为一个对象。完成焊接操作后，可以看到在焊接图形对象的同时，也为新图形对象运用了源图形对象的属性和样式，如图23-42所示。

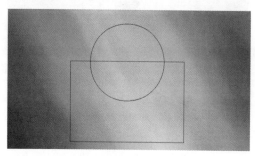

图23-41

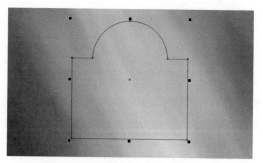

图23-42

（2）修剪对象

修剪对象即使用一个对象的形状去修剪另一个形状，在修剪过程中仅删除两个对象重叠的部分，但不改变对象的填充和轮廓属性。修剪图形对象的方法如下。

选择图像，如图23-43所示，在"形状"泊坞窗中选择"修剪"选项。单击"修剪"按钮，将鼠标光标移动到页面中，当光标变为 形状时，在另一个对象上单击即可完成修剪，效果如图23-44所示。

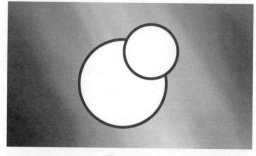

图23-43

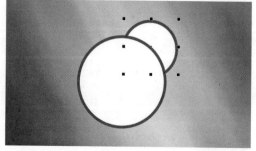

图23-44

（3）相交对象

相交对象即使两个对象的重叠相交

区域成为一个单独的对象图形。相交图形对象的操作方法如下。

选择图形对象，如图23-45所示，在"形状"泊坞窗中选择"相交"选项，单击"相交对象"按钮，将鼠标光标移动到页面中。当光标变为▶◦形状时，在另一个对象上单击即可创建出这两个图形相交的区域形成的图形，如图23-46所示。

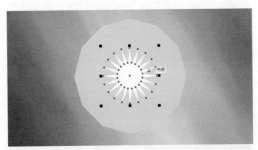

图 23-45

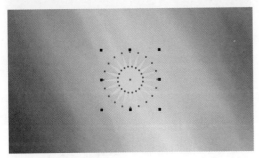

图 23-46

知识点拨

若使用选择工具选择这个新图形，将其移动到页面的其他位置，即可显示原来的图形效果。

（4）简化对象

简化对象是修剪操作的快速方式，即沿两个对象的重叠区域进行修剪。简化对象的操作方法如下。

选择重叠图形，如图23-47所示，同时框选这两个图形对象，在"造型"泊坞窗中选择"简化"选项，单击"应用"

按钮即可。完成简化后，使用"选择工具"▶移动图像。可看到简化后的图形效果，如图23-48所示。

图 23-47

图 23-48

（5）移除后面对象

可以利用下层对象的形状，减去上层对象中的部分。移除后面对象图形象的操作方法如下。

选择重叠图形，如图23-49所示，在"形状"泊坞窗中选择"移除后面对象"选项，单击"应用"按钮，此时下层对象消失，同时上层对象中下层对象形状范围内的部分也被删除，如图23-50所示。

图 23-49

547

图 23-50

（6）移除前面对象

可以利用上层对象的形状，减去下层对象中的部分。移除前面对象图形象的操作方法如下。

选择重叠图形，如图23-51所示，在"形状"泊坞窗中选择"移除前面对象"选项，单击"应用"按钮，此时上层对象消失，同时下层对象中上层对象形状范围内的部分也被删除，如图23-52所示。

图 23-51

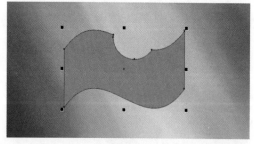

图 23-52

（7）边界

使用边界可以快速将图形对象转换为闭合的形状路径。执行边界的操作方法如下。

选择图形对象后，在"形状"泊坞窗中选择"边界"选项，单击"应用"按钮，即可将图形对象转换为形状路径。如图23-53、图23-54所示分别为边界前和边界后的图形效果。

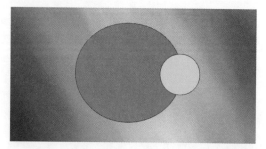

图 23-53

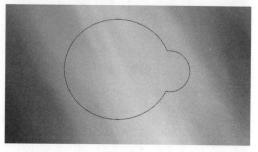

图 23-54

需要说明的是，若不勾选任何复选框，则是直接将图形替换为形状路径。若勾选"保留原对象"复选框，则是在原有图形的基础上生成一个相同的形状路径，使用选择工具移动图形，即可让形状路径单独显示。

> **课堂练习** 绘制蝴蝶图像

本案例主要利用造型和水平镜像来制作完成，接下来，将对案例的具体操作进行详细介绍。

Step 01 启动 CorelDRAW 应用程序，执行"文件 > 新建"命令，在弹出的"创建新文档"对话框中进行设置，然后单击"OK"按钮，新建文档，如图

23-55、图 23-56 所示。

图 23-55

图 23-56

Step 02 使用"钢笔工具" ⬛绘制图像，按 Shift+F11 组合键，打开"编辑填充"对话框，在对话框中设置颜色，并取消图像轮廓，如图 23-57、图 23-58 所示。

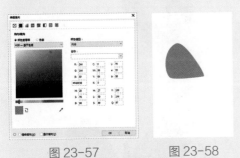

图 23-57　　　　图 23-58

Step 03 继续使用"钢笔工具" ⬛图像，为图像填充颜色，并取消轮廓，如图 23-59 所示。

Step 04 使用"椭圆形工具"按 Ctrl 键绘制正圆，设置其颜色，取消轮廓色，如图 23-60 所示。

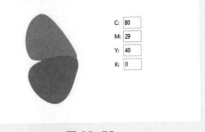

图 23-59

图 23-60

Step 05 继续使用"椭圆形工具" ◯按 Ctrl 键绘制正圆，如图 23-61 所示。使用"选择工具" ▶选中两次绘制的正圆，在属性栏中，单击"移除前面对象"按钮 ⬚，制作出圆环图像，如图 23-62 所示。

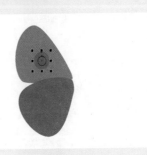

图 23-61

图 23-62

使用"钢笔工具" 绘制图像，设置其填充色，去除轮廓，如图23-63所示。

Step 07 使用"椭圆形工具" 绘制正圆与椭圆，制作出蝴蝶的身体和头，如图23-64所示。

C: 5
M: 13
Y: 32
K: 0

图 23-63

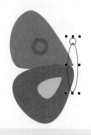

图 23-64

Step 08 将上步绘制的圆选中，在"选择工具" 属性栏中单击"焊接"按钮，使其成为一个整体，然后设置填充颜色，去除轮廓，如图23-65所示。

Step 09 分别使用"钢笔工具" 、"椭圆形工具" 绘制图像，制作出蝴蝶触须，如图23-66所示。

图 23-65

图 23-66

Step 10 使用"选择工具" 将蝴蝶的触须选中，按小键盘上的"+"键将其复制，然后单击属性栏上的"水平镜像"按钮 ，将图像镜像，并将复制的图像移至合适的位置，如图23-67所示。

Step 11 使用上述同样的方法，将蝴蝶的翅膀复制并水平镜像图像，最后将复制的图像移至到合适的位置，如图23-68所示。

图 23-67

图 23-68

至此，完成蝴蝶图像的绘制。

23.3 查找和替换

查找和替换主要应用于排版，此功能可以快速地在多个页面图像中进行文本的内容查找和替换。

23.3.1 查找文本

查找文本是针对文字的编辑而进行的，主要用于对一大段文章中的个别文字或字母进行查找或修改。此时使用查找文本操作，可将需要修改的文字或字母在文章中进行快速定位。查找文本的操作方法如下。

执行"编辑>查找并替换"命令，打开"查找并替换"泊坞窗。在泊坞窗中选择"查找并替换文本"，将窗口切换至"查找并替换文本"设置参数的界面，选择"查找"，在"查找"文本框中输入需要查找的内容。单击"查找下一个"按钮，此时即可看到，需要查找的内容以反白形式显示，如图23-69、图23-70所示，

图 23-69

若继续单击"查找下一个"按钮，Corel-DRAW则会自动对段落文本中其

图 23-70

他位置的相同内容进行查找，找到相应内容并使其反白显示。

23.3.2 替换文本

替换文本是依附查找文本而存在的，它能快速将查到的内容替换为需要的文本内容。

执行"编辑>查找并替换"命令，打开"查找并替换"泊坞窗。在泊坞窗中在选择"查找并替换文本"，将窗口切换至"查找并替换文本"设置参数的界面，选择"替换"，在"查找"文本框和"替换"文本框中依次输入要查找和替换的内容，如图23-71所示。

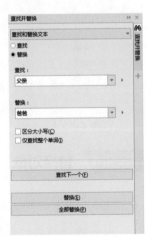

图 23-71

随后单击"查找下一个"按钮，查找出要被替换的内容，然后单击"替换"按钮，内容将被替换掉，或者双击"替换"按钮，替换内容，如图23-72所示。

图 23-72

如果想替换全部的内容，在泊坞窗口中单击"全部替换"按钮。

23.3.3 查找对象

查找对象与查找文本相似，不同的是查找的是独立的图形对象，该功能多用于复杂的图像中对需要修改的图形对象进行查找。查找对象的具体操作方法如下。

执行"编辑>查找并替换"命令，打开"查找并替换"泊坞窗。在泊坞窗中在选择"查找并替换文本"将窗口切换至"查找对象"设置参数的界面，选择要查找的类型，其中默认选择"属性"，如图23-73所示。然后单击"添加查询"按钮，打开"查找对象"对话框，在对话框中选择要找的属性，选择"椭圆形"单击"OK"按钮，如图23-74所示。最后可以单击 ◄ ► 按钮，一个一个地查找，也可以单击"查找全部"按钮，查找全部，如图23-75所示。

图 23-73

图 23-74

图 23-75

23.3.4 替换对象

替换对象比替换文本在功能上更为灵活一些，它可以对图形对象的颜色、轮廓笔属性、文本属性等进行替换。替换对象的方法如下。

执行"编辑>查找并替换"命令，打开"查找并替换"泊坞窗。在泊坞窗中将窗口切换至"替换对象"设置参数的界面，其中默认选择的是"Color"选项，如图23-76所示。在泊坞窗中可以设置查找的颜色，最后可以单击 ◄ ► 按钮，一个一个地查找，也可以单击"全部替换"按钮，替换全部，如图23-77所示。

图 23-76

图 23-77

课堂练习 **替换矢量图像的颜色**

本案例讲解如何使用替换对象命令，替换矢量图像的颜色，下面将对案例的具体操作进行详细介绍。

扫一扫 看视频

Step 01 执行"文件 > 打开"命令，打开本章素材"微波炉 .cdr"，如图23-78 所示。

图 23-78

Step 02 执行"窗口 > 泊坞窗 > 查找并替换"命令，打开"查找并替换"泊坞窗，在泊坞窗中，选择"替换对象"，选择"Corlor"，设置查找的颜色、替换的颜色，如图23-79 所示。

图 23-79

Step 03 在泊坞窗中单击"替换"按钮，软件会自动选择符合条件的图像，再次单击"替换"图像的颜色将被替换，如果想全部替换，单击"全部替换"。本案例只需更改部分黑色图像，所以单击"替换"按钮，一个一个进行更改，如图 23-80 所示。

Step 04 最终替换效果如图 23-81 所示。

图 23-80

图 23-81

至此，完成本案例的制作。

23.4 组织编辑对象

本节主要讲解形状编辑工具：形状工具、涂抹工具、粗糙画笔工具、裁剪工具、刻刀工具、橡皮擦工具。掌握了这几个工具可以对图形对象进行形态的编辑。

23.4.1 形状工具

在对曲线对象进行编辑时，针对其节点的操作大多可通过形状工具属性栏中的按钮来进行，将图形对象转换为曲线对象后，才能激活形状工具的属性栏，下面将对常用按钮及其功能进行介绍。

● **添加节点** ：单击该按钮表示可在对象原有的节点上添加新的节点。

● **删除节点** ：单击该按钮表示将对象上多余或不需要的节点删除。

● **连接两个节点** ：单击该按钮即可将曲线上两个分开的节点连接起来，使其成为一条闭合的曲线。

● **断开曲线** ：单击该按钮即可将闭合曲线上的节点断开，形成两个节点。

● **转换为线条** ：单击该按钮即可将曲线转换成直线

● **转换为曲线** ：单击该按钮即可将线段转换为曲线，可以通过控制柄更改曲线形状。

● **尖突节点** ：单击该按钮即可将对象上的节点变为尖突。

● **平滑节点** ：单击该按钮即可将尖突的节点变为平滑的节点。

● **对称节点** ：单击该按钮可将同一曲线形状应用到节点的两侧。

（1）添加和删除节点

图形对象上的节点是对图像形状的一个精确控制，将对象转换为曲线后单击"形状工具" 。此时图形对象上出现节点，如图23-82所示，将鼠标光标移动到对象的节点上，双击节点即可删除该节点。也可以单击节点后在属性栏中单击"删除节点"按钮，删除节点。删除节点后改变了图形的形状，如图23-83所示。

此外，在图形上没有节点处双击或单击属性栏中的"添加节点"按钮，也可添加节点以改变图形形状，如图23-84所示。

图 23-82　　　　　　图 23-83　　　　　　图 23-84

（2）分割和连接曲线

若要在使用曲线绘制的图形上填充颜色，则需要将断开的曲线连接起来，而有时为了方便进行编辑，也可以将连接的曲线进行分割操作，以便对其分别进行调整。在连接节点时需注意，应先同时选择需要连接的两个节点，然后单击属性栏中的"连接两个节点"按钮即可。分割曲线则是右击节点，在弹出的快捷菜单中选择"拆分"命令即可。

（3）调整节点的尖突与平滑

调整节点的尖突与平滑可以从细微处快速调整图像的形状。方法与其他调整相似，只需选择需要调整的节点，在属性栏中单击"尖突节点"按钮和"平滑节点"按钮，即可执行相应的操作。

"形状工具"不能直接对几何图像的节点进行调整，需要将几何图像转换为曲线，可以执行"对象>转换为曲线"命令，或按Ctrl+Q组合键，即可将几何图像转换为曲线图像。

23.4.2 涂抹工具

使用"涂抹工具"可以快速对图形进行任意修改。涂抹工具的使用方法如下。

选择图形对象，如图23-85所示。单击"涂抹工具"，在其属性栏的"笔尖大小""水分浓度""斜移""方位"数值框中进行相应参数的设置。完成后在图像中从内向外拖动，即可为图形添加笔刷涂抹部分，并以图形的相同颜色进行自动填充，如图23-86所示。若从外向内拖动，则可删除笔刷涂抹的部分，其效果如图23-87所示。

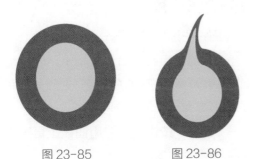

图 23-85　　　　　　图 23-86

图 23-87

23.4.3 粗糙笔刷工具

使用"粗糙笔刷工具"对图形平滑边缘进行粗糙处理，使其产生裂纹、破碎或撕边的效果，让单调的图形效果多变。粗糙笔刷的使用方法如下。

选择图形对象，如图23-88所示。单击"粗糙笔刷工具"，在其属性栏的"笔尖大小""尖突频率""水分浓度""斜移"数值框中设置相应的参数，完成后将笔刷移动到图形上，在图形边缘处拖动，即可使其形成粗糙边缘的效果，如图23-89所示。

图 23-88　　　　　　图 23-89

粗糙笔刷的使用限制

使用粗糙笔刷可以为图形边缘添加尖突效果。但应注意，若此时导入的为位图图像，则需要将位图图像转换为矢量图形，才能对其使用"粗糙笔刷工具"，否则会弹出提示对话框，提示该对象无法使用此工具。

23.4.4 裁剪工具

使用裁剪工具可以将图片中不需要的部分删除，同时保留需要的图像区域。下面将对裁剪图形对象的方法进行介绍。

单击裁剪工具，当鼠标光标变为

形状时，在图像中单击并拖动裁剪控制框。此时框选部分为保留区域，颜色呈正常显示，框外的部分为裁剪掉的区域，颜色呈反色显示，如图23-90所示。此时可在裁剪控制框内双击或按下Enter键确认裁剪，裁剪后得到的效果如图23-91所示。

图 23-90

图 23-91

23.4.5　刻刀工具

使用"刻刀工具" ✎可对矢量图形或位图图像进行裁切操作，但需要注意的是，刻刀工具只能对单一图形对象进行操作。下面对刻刀工具使用方法进行介绍。

单击"刻刀工具" ✎，在属性栏中根据需要进行选择。随后在图像中对象的边缘位置单击并拖动鼠标，如图23-92所示，此时当刻刀图标到达图形的另一个边

缘时，被裁剪的部分将自动闭合为一个单独的图形，此时还可使用选择工具移动被裁剪的图形，让裁剪效果更真实，如图23-93所示。

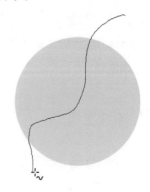

图 23-92

图 23-93

操作提示

属性栏选项的介绍

"剪切时自动闭合"按钮 ✐：表示此时闭合分割对象形成的路径，此时分割后的图形成为一个单独的图像。

"边框"按钮 ✖：使用曲线工具时，显示或隐藏边框。

23.4.6　橡皮擦工具

很多设计软件中都有橡皮擦软件，当然CorelDRAW也不例外。该工具可以快速对矢量图形或位图图像进行擦除，从而让图像效果更令人满意。

单击"橡皮擦工具" ⬚，在属性栏的"橡皮擦厚度"数值框中设置参数，调整橡皮擦擦头的大小。同时还可单击"橡皮擦形状"按钮○，默认橡皮擦擦头为圆形，单击该按钮后，该按钮变为□形状，此时则表示擦头为方形。完成后在图像中需要擦除的部分上单击并拖动鼠标，即可擦除相应的区域。使用橡皮擦形状擦除图像前后的效果如图23-94、图23-95所示。

图 23-94

图 23-95

在使用"橡皮擦工具" ⬚擦除的过程中双击，则擦除擦头所覆盖的区域图形。还可以单击后拖动鼠标，到合适的位置后再次单击，此时擦除的则是这两个点之间的区域图形。橡皮擦工具只能擦除单一图形对象或位图，而对于群组对象、曲线对象则不能使用该功能，且擦除后的区域会生成子路径。

知识延伸

使图形中心对齐的技巧

在CorelDRAW中如果要对两个或两个以上的图形进行中心对齐，就可以用"对齐和属性"命令。

操作方法为：选择两个或两个以上图形后，选择"窗口＞泊坞窗＞对齐与分布"命令，打开"对齐与分布"泊坞窗，选择对齐对象到"活动对象"，从中单击"水平居中对齐"按钮 ▭ 和"垂直居中对齐"按钮 ▯ 后即可将图形进行中心对齐，如图23-96、图23-97所示。

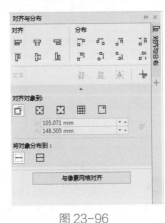

图 23-96

图 23-97

557

本案例主要利用"选择工具"和"粗糙工具"完成，接下来将对案例的具体操作进行详细介绍。

扫一扫 看视频

Step 01 启动 CorelDRAW 应用程序，执行"文件 > 新建"命令，在弹出的"创建新文档"对话框中进行设

图 23-98

置，然后单击"OK"按钮，新建文档，如图 23-98、图 23-99 所示。

图 23-99

Step 02 使用"钢笔工具"绘制图像，使用"形状工具"对绘制的线段进行调整，如图 23-100、图 23-101 所示。

Step 03 按 Shift+F11 组合键，打开"编辑填充"对话框，在对话框中设置颜色，并取消图像轮廓，如图 23-102 所示。

Step 04 使用上述同样的方法，继续绘制树叶，设置其填充色，去除轮廓，

如图 23-103 所示。

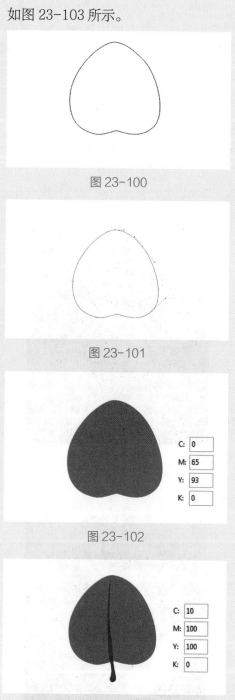

图 23-100

图 23-101

图 23-102

图 23-103

Step 05 将橘色的图像选中，选择"粗糙工具"，在属性栏上进行设置，然后在橘色部分的边缘进行涂抹，如图 23-104 所示。完成效果如图 23-

105 所示。

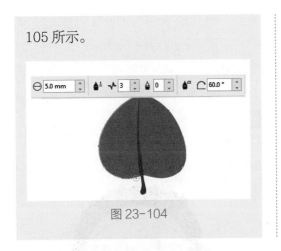

图 23-104

图 23-105

至此，完成树叶的绘制。

综合实战 绘制卡通女孩

扫一扫 看视频

本案例主要利用复制、镜像对象、对象造型等命令来绘制卡通女孩人物图像。接下来，将对案例的具体操作进行详细介绍。

Step 01 启 动 CorelDRAW 应用程序，执行"文件>新建"命令，在弹出的"创建新文档"对话框中进行设置，然后单击"OK"按钮，新建文档，如图 23-106、图 23-107 所示。

图 23-106

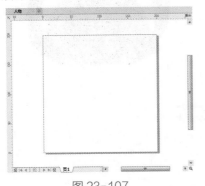

图 23-107

Step 02 使用"椭圆形工具"○绘制圆，如图 23-108 所示。继续绘制圆，如图 23-109 所示。

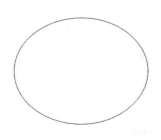

图 23-108

图 23-109

Step 03 使用"选择工具" ▷选择绘制圆，在属性栏中单击"焊接"按钮 ▫，使图像焊接在一起，如图 23-110 所示。

Step 04 按 Shift+F11 组合键，打开"编

559

辑填充"对话框，为绘制的图像填充颜色，如图23-111所示。

图 23-110

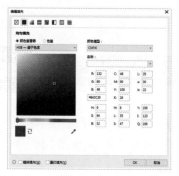

图 23-111

Step 05 按F12键打开"轮廓笔"对话框，在对话框中设置参数，调整图像的轮廓，如图23-112、图23-113所示。

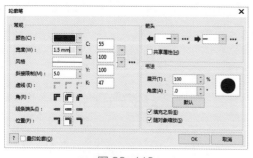

图 23-112

图 23-113

Step 06 使用"椭圆形工具"○绘制一个

椭圆，为其填充颜色，设置轮廓与上步相同的效果，然后按小键盘上的"+"键复制图像，并调整复制图像的形状，如图23-114所示。

Step 07 将绘制的圆选中，在"选择工具"▶属性栏中，单击"移除前面对象"按钮▣，生成新的图像，如图23-115所示。

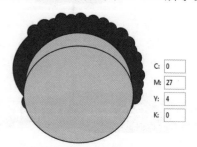

图 23-114

图 23-115

Step 08 使用"形状工具"▶和"选择工具"▶调整上步生成的图像，如图23-116所示。

图 23-116

Step 09 选择"椭圆形工具"○在属性栏中单击"饼形"按钮◔，在"起始和结束角度"文本框中设置角度，然后在页面中绘制半圆，如图23-117所示。

图 23-117

Step 10 使用"椭圆形工具"◎绘制圆，如图 23-118 所示。

Step 11 将绘制的半圆和上步绘制的圆选中，在"选择工具"▶属性栏中单击"焊接"⚏，将图像焊接成一个整体，如图 23-119 所示。

图 23-118

图 23-119

Step 12 为图像填充白色，设置轮廓与之前图像相同，按小键盘上的"+"键复制图像，在"选择工具"▶属性栏中单击"水平镜像"按钮⚏，将复制的图像镜像，并将其移至合适的位置，如图 23-120 所示。

Step 13 下面绘制花朵图形。使用"椭圆工具"◎按 Ctrl 键，绘制正圆，设置填充色为白色，如图 23-121 所示。

图 23-120

图 23-121

Step 14 继续使用"椭圆形工具"◎绘制圆，按 Ctrl+Q 组合键将几何图像转化为曲线，使用"形状工具"⤵对绘制的图像进行调整，制作出花瓣，并按 Ctrl+PageDown 组合键调整图像的图层顺序，如图 23-122 所示。

Step 15 使用"选择工具"▶将"花瓣"图像选中，然后单击花瓣，使其出现旋转和扭曲手柄，然后将旋转中心移至圆形图像的中心点，如图 23-123 所示。

图 23-122

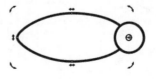

图 23-123

561

Step 16 执行"窗口>泊坞窗>变换"命令，单击"旋转"按钮，切换至旋转操作界面，设置旋转角度及副本数量，单击"应用"按钮，如图23-124、图23-125所示。

图 23-124　　　　图 23-125

Step 17 为花瓣填充颜色，并将绘制的花全部选中，按Ctrl+G组合键将图像编组，如图23-126所示。

Step 18 按F12键打开"轮廓笔"对话框，在对话框中设置轮廓，如图23-127所示。

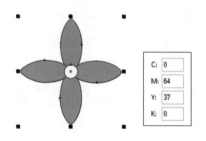

图 23-126

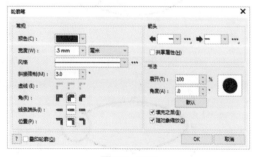

图 23-127

Step 19 将花朵图像复制，调整大小，

移动到合适的位置，如图23-128所示。

Step 20 使用"钢笔工具" 绘制人物的脸部，并为其填充肉色，设置轮廓与绘制头发的轮廓一样的效果，如图23-129所示。

图 23-128

图 23-129

Step 21 按小键盘上的"+"键，复制脸部图像，然后使用"选择工具" 调整图像的大小，修改其填充的颜色，去除轮廓，如图23-130所示。

图 23- 130

Step 22 使用"椭圆形工具 " 绘制椭圆，制作出人物的眼睛，填充白色，并设置轮廓，如图23-131所示。

Step 23 继续使用"椭圆形工具" ◯ 绘制圆，设置填充颜色，去除其轮廓色，如图23-132所示。

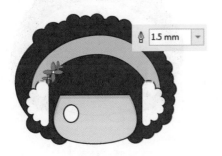

图23-131

图23-132

Step 24 使用"2点线工具" ⬦ 绘制线段，并设置轮廓，如图23-133所示。

图23-133

Step 25 将眼睛图像全部选中，按"+"键复制，并单击"水平镜像"按钮 ◴，将复制眼睛图像镜像，制作出人物的另一个眼睛，如图23-134所示。

Step 26 使用"3点曲线工具" ⬧ 按Ctrl键绘制弧形，制作人物的嘴巴，设置轮廓，如图23-135所示。

图23-134

图23-135

Step 27 复制弧形，将其移动到合适的位置，完成嘴巴的制作，如图23-136所示。

Step 28 使用"2点线工具" ⬦ 绘制线段，设置轮廓，如图23-137所示。

图23-136

图23-137

Step 29 使用"椭圆形工具" ◯ 绘制圆，

563

设置填充色，去除其轮廓，如图23-138所示。

Step 30 执行"效果 > 模糊 > 高斯式模糊"命令，打开"高斯式模糊"对话框，设置模糊的半径，单击"ＯＫ"按钮，应用模糊效果，制作出腮红图像，如图23-139所示。

图23-138

图23-139

Step 31 复制腮红图像，右移图像，如图23-140所示。

图23-140

Step 32 使用"钢笔工具" 绘制人物的手臂，为其填充颜色，并设置轮廓，如

图23-141所示。

图23-141

Step 33 使用"椭圆形工具" 绘制圆，并在"选择工具" 属性栏中单击"焊接"按钮 ，将图像焊接成一个整体，设置填充白色，如图23-142所示。

Step 34 继续使用"椭圆形工具" 绘制圆，填充肉色的颜色，用来制作人物的手，如图23-143所示。

图23-142

图23-143

Step 35 复制人物的手和手臂，将复制的手和手臂水平镜像，然后往右移动图像，

如图 23-144 所示。

Step 36 使用"矩形工具"□绘制矩形图像，在属性栏中设置圆角半径，如图 23-145 所示。

图 23-144

图 23-145

Step 37 使用"椭圆形工具"○绘制圆，为圆填充颜色，如图 23-146 所示。使用"选择工具"▶将绘制的圆全部选中，单击属性栏上的"焊接"按钮□，将图像焊接成一个整体，如图 23-147 所示。

图 23-146

图 23-147

Step 38 使用"常见形状工具"⬜绘制心形图案，如图 23-148 所示。

Step 39 将人物的身体全部选中，按 Shift+PageDown 组合键调整图层顺序，将人物的身体置于最底层，并整体调整图像，如图 23-149 所示。

图 23-148

图 23-149

至此，完成卡通女孩的绘制。

课后作业 / 制作房地产名片

项目需求

受某公司委托帮其设计名片，要求尺寸184mm×56mm，商务风格、简洁大气、成熟干练，以黄色为主色调。

项目分析

因为设计要求以黄色为主色调，所以名片的背景图像填充了黄色，为了使图像更加丰富，在背景上添加一些杂色底纹。其他装饰图像和文字都采用比较暗与黄色相邻的颜色，为图像增加成熟感和商务气息。

项目效果

效果如图23-150、图23-151所示。

图 23-150

图 23-151

操作提示

Step01：使用绘图工具绘制图像。

Step02：使用图像编辑命令编辑图像。

Step03：使用文字工具输入文字信息，设置字体、字号。

第 24 章
颜色的填充与调整

★ 内容导读

矢量图的颜色设置包括两个部分：填充与轮廓。填充是指路径以内的
区域，轮廓是指路径或图形的边缘线，填充可以填充纯色、渐变色及
图案，轮廓可以设置轮廓的粗细、虚线等效果。

♂ 学习目标

○ 掌握使用各种工具为图像填充各种颜色的方法
○ 掌握滴管工具的使用
○ 掌握如何设置轮廓颜色及样式
○ 了解如何对对象进行图案填充、底纹填充、PostScript 填充

24.1 填充对象颜色

填充颜色有很多种方法，使用一些填充颜色的工具，还可以使用调色板、泊坞窗。下面将具体讲解为绘制的对象填充颜色的方法。

24.1.1 调色板

最直接的纯色均匀填充的方法，就是使用调色板进行填充，默认情况下位于窗口的右侧，调色板中集合多种颜色。执行"窗口 > 调色板"命令，在子菜单中可以选择其他的调色板，如图24-1、图24-2所示。

图 24-1

图 24-2

选中要被填充的对象，在调色板中单击填充颜色色块，为对象填充颜色，如图

24-3、图24-4所示。

图 24-3

左键单击→

图 24-4

选中需要添加轮廓的对象，在调色板中右击调色板中颜色色块，可以对图像的轮廓色进行设置，轮廓色填充完整后，可以在属性栏中对其"轮廓宽度"和"线条样式"等属性进行更改，如图24-5、图24-6所示。

右键单击→

图 24-5

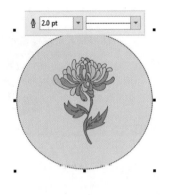

图 24-6

选中图像，单击调色板上的无色色块按钮☑，即可去除当前对象的填充颜色。右键单击无色色块☑，即可去除当前对象的轮廓线，如图24-7、图24-8所示。

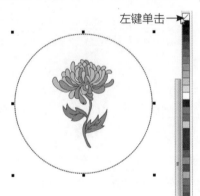

左键单击→

图 24-7

右键单击→

图 24-8

24.1.2 **颜色泊坞窗**

执行"窗口 > 泊坞窗 > 颜色"命令，可以打开"Color"泊坞窗，如图24-9所示。

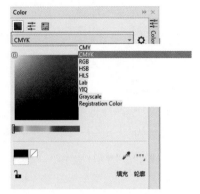

图 24-9

下面分别对其中的重要选项进行介绍。

● **显示按钮组**■≣▦：该组按钮从左到右依次为"显示颜色查看器"按钮■、"显示颜色滑块"按钮≣和"显示调色板"按钮▦。单击相应的按钮，即可将泊坞窗切换到相应的显示状态。

● **"颜色模式"下拉列表框**：默认情况下显示CMYK模式，该下拉列表框为用户提供的9种颜色模式收录其中，选择即可显示颜色模式的滑块图像。

● **滑块组**：在"颜色"泊坞窗中拖动滑块或在其后的文本框中输入数值即可调整颜色。

● **"自动应用颜色"按钮🔒**：该按钮默认为🔒状态，表示未激活自动应用颜色工具。单击该按钮，当其变换成🔓状态时，若在页面中绘制图形，拖动滑块即可调整图像的填充颜色。

24.1.3 **交互式填充**

利用"交互式填充工具"◈可对对象进行任意角度的渐变填充，可进行调整。

使用该工具及其属性栏，可以完成在对象中添加各种类型的填充，可以灵活方便直观地进行填充，"交互式填充工具"⬗的使用方法很简单。

　　首先创建一个图像，如图24-10所示。单击"交互式填充工具"⬗，通过设置"起始填充色"和"结束填充色"下拉列表框中的颜色，并拖动填充控制线及中心控制点的位置，可随意调整填充颜色的渐变效果，如图24-11所示。

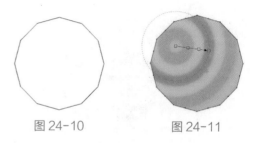

图 24-10　　　　　　　图 24-11

24.1.4　智能填充工具

　　"智能填充工具"⬗可对任意闭合的图形填充颜色，也可同时对两个或多个叠加图形的相交区域填充颜色，或者在页面中任意位置单击，均可对页面中所有镂空图形进行填充。单击智能填充工具⬗，即可查看其属性栏，如图24-12所示。

图 24-12

　　下面对其中的重要选项进行介绍。

　　●**填充选项**：在该下拉列表中可设置填充状态，包括"使用默认值""指定"和"无填充"选项。

　　●**填充色**：在该下拉列表框中可设置预定的颜色，也可自定义颜色进行填充。

　　●**轮廓选项**：在该下拉列表框中可对填充对象的轮廓属性进行设置，也可不添加填充时对象轮廓。

　　●**轮廓宽度**：在该下拉列表框中可设置填充对象时添加的轮廓宽度。

　　●**轮廓色**：在该下拉列表框中可设置填充对象时添加的轮廓颜色。

📋 **课堂练习**／制作几何背景

　　本案例主要利用"智能填充工具"⬗完成，具体的操作步骤如下。

Step 01 启动 CorelDRAW 应用程序，执行"文件＞新建"命令，在弹出的"创建新文档"对话框中进行设置，然后单击"OK"按钮，新建文档，如图24-13、图 24-14 所示。

Step 02 使用"矩形工具"▢

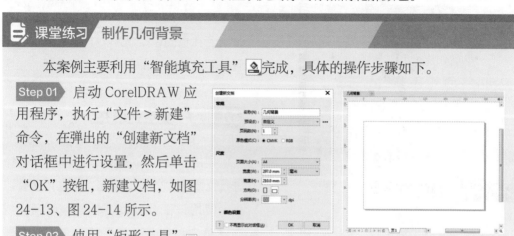

图 24-13　　　　　　　图 24-14

绘制矩形图形，如图 24-15 所示。使用"2 点线工具" 绘制直线，如图 24-16 所示。

图 24-15

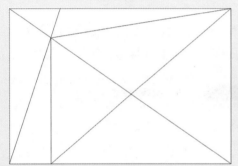

图 24-16

Step 03 ：继续使用"2 点线工具" 绘制直线，制作出几何背景的框架，如图 24-17 所示。

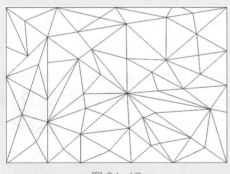

图 24-17

Step 04 选择"智能填充工具" 在属性栏中进行设置，设置填充的颜色，然后单击需填充此颜色的区域，即可填充颜色，如图 24-18 所示。

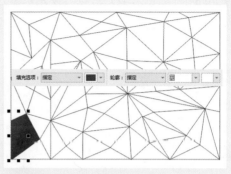

图 24-18

Step 05 继续填充颜色，如图 24-19 所示。将图像全部选中，右击"默认调色板"中的无色色块按钮 ，去除轮廓，如图 24-20 所示。

图 24-19

图 24-20

至此，完成几何背景的制作。

24.1.5 网状填充

利用"网状填充工具" 可以创建复杂多变的网状填充效果，同时还可以将每一个网点填充上不同的颜色并定义颜色的扭曲方向。网状填充是通过调整网状网

571

格中的多种颜色来填充对象。使用贝塞尔工具绘制一片花瓣，然后使用网状填充调整颜色，最后绘制出剩余花瓣，调整效果如图24-21～图24-24所示。

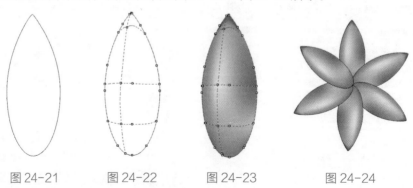

图 24-21　　　图 24-22　　　图 24-23　　　图 24-24

24.1.6　颜色滴管工具

"颜色滴管工具" ✐主要用于吸取画面中图形的颜色，包括桌面颜色、页面颜色、位图图像颜色和矢量图形颜色。单击颜色吸管工具，即可查看其属性栏，如图24-25所示。

图 24-25

下面对其中的重要选项进行介绍。

- "选择颜色"按钮：默认情况下选择该按钮，此时可从文档窗口进行颜色选取样。
- "应用颜色"按钮：应用该按钮可将所选颜色直接应用到对象上。
- "从桌面选择"按钮：应用该按钮可对应用程序外的对象进行颜色取样。
- "1×1"按钮 ✐：应用该按钮表示对单像素颜色取样。
- "2×2"按钮 ✐：应用该按钮表示对2×2像素区域中的平均颜色值进行取样。
- "5×5"按钮 ✐：应用该按钮表示对5×5像素区域中的平均颜色值进行取样。
- "加到调色板"按钮：应用该按钮表示将该颜色添加到文档调色板中。

📝 课堂练习　颜色滴管工具的应用

扫一扫 看视频

本案例主要对"颜色滴管工具" ✐的技巧进行训练，具体的操作步骤如下。

Step 01 启动 CorelDRAW 应用程序，执行"文件 > 打开"命令，打开本章素材"卡通牙"，如图 24-26 所示。使用"常见形状工具" ⬚绘制心形图案，如图 24-27 所示。

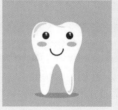

图 24-26　　　　图 24-27

Step 02 单击"颜色滴管工具" ✎，在页面中移动鼠标光标，此时可看见光标所指之处颜色的参数值，如图24-28所示。

Step 03 单击取样点吸取颜色之后，将自动切换到应用颜色工具下，此时在属性栏的"所选颜色"框中可看到当前取样的颜色，当光标显示为可填充内部状态时单击，即可对指定图像对象填充吸取的颜色，如图24-29所示。

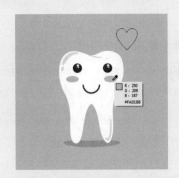

图 24-28

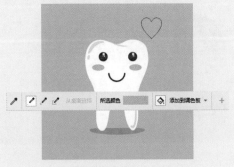

图 24-29

Step 04 填充指定图形对象颜色后，还可按住 Shift 键在"选择颜色"按钮和"应用颜色"按钮之间进行快速切换。此时单击"选择颜色"按钮，在图像中继续取样颜色，如图24-30所示。

Step 05 将填充光标移动至图形上方，将光标靠近图形变圆，在图形内

会变成填充颜色的光标，在图形的轮廓上会变为填充轮廓光标 ✎，如图24-31所示。

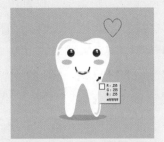

图 24-30

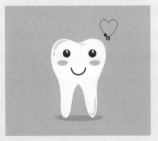

图 24-31

Step 06 单击轮廓处，会对图形的轮廓填充颜色；单击图形内部，会填充图像，效果如图24-32、图24-33所示。

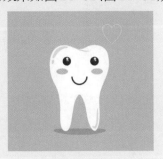

图 24-32

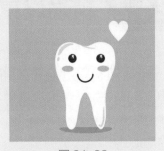

图 24-33

至此，完成几何背景的制作。

24.1.7　属性滴管工具

　　"属性滴管工具" 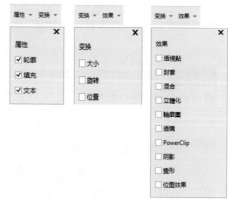与"颜色滴管工具"同时收录在滴管工作组中，这两个工具有类似之处。属性滴管工具用于取样对象的属性、变换效果和特殊效果，并将其应用到执行的对象。单击属性滴管工具 ，即可显示其属性栏，在其中分别单击"属性""变换""效果"按钮，即可弹出与之相对应的面板。单击相应按钮弹出的对应面板图如图24-34～图24-36所示。

图 24-34　　图 24-35　　图 24-36

　　"属性滴管工具" 的使用方法比较简单。首先新建一个图形，对该图像对象的颜色、轮廓宽度及颜色等相关属性进行设置，此时可使用其他工具绘制出另一个图形，以备使用。然后单击"属性滴管工具" ，在图形对象上单击，此时在"属性"按钮下的面板中默认勾选了"轮廓""填充"和"文本"复选框，则表示对图形对象的这些属性都进行了取样，如图24-37所示。此时将鼠标光标移动到另一个图像上，光标发生了变化，在图形对象上单击可将开始取样的样式应用到该图形对象上，得到的效果图如图24-38所示。

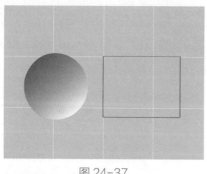

图 24-37

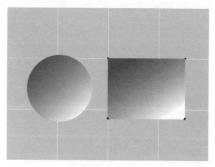

图 24-38

24.2　精确设置填充颜色

　　本节主要讲解如何精确设置填充颜色，精确填充设置可以更加准确地填充图形颜色，包括"均匀填充""渐变填充""图样填充""底纹填充""PostScript填充"。接下来介绍精确设置填充颜色的方法。

24.2.1　填充工具和均匀填充

　　填充工具用于填充对象的颜色、图样和底纹等，也可取消对象填充内容。

　　在未选择任何对象的情况下，选择填充工具填充样式后，可弹出"均匀填充"

对话框。询问填充的对象是"图形""艺术效果"还是"段落文本"，勾选相应的复选框单击"确定"按钮，在选项栏中双击"编辑填充"按钮，或按Shift+F11组合键打开"编辑填充"对话框设置颜色，如图24-39所示。设置完成后打击"确定"按钮，之后所绘制的图形或输入的文本颜色将直接填充该颜色。

图 24-39

24.2.2 渐变填充

单击"交互式填充工具" ，在选项栏中双击"编辑填充"选项或按下F11键，即可打出"编辑填充"对话框，从中选择"渐变填充"样式，如图24-40所示。

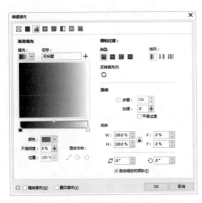

图 24-40

其中为用户提供了"线性渐变填充""椭圆形渐变填充""圆锥形渐变填

充"和"矩形渐变填充"4种渐变样式。

在渐变条上方双击可直接增加渐变色块，再次双击即可删除色块，选择渐变色块，在渐变条下方颜色单击"节点颜色"框，弹出下拉面板，编辑图像的颜色，如图24-41所示。

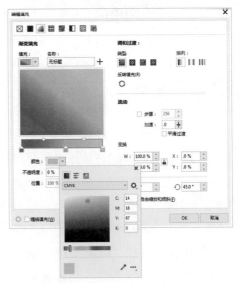

图 24-41

例如，在图像中选择需要执行渐变填充的图形对象，如图24-42所示。按下F11快捷键快速打开"渐变填充"对话框。在"类型"下方选择"圆锥形渐变填充"选项，在渐变条设置渐变色块颜色，单击"确定"按钮添加渐变填充效果，如图24-43所示。

图 24-42

图 24-43

24.2.3 图样填充

图样填充是将CorelDRAW 软件自带的图样进行反复的排列，运用到填充对象中。单击"交互式填充工具" ⬛，在弹出的面板中选择"编辑填充"选项，即可打开"编辑填充"对话框，其中为用户提供了"向量图样填充""位图图样填充"和"双色图样填充"3种填充方式 ⬛ ⬛ ⬛，分别点选相应的单选按钮即可应用。"向量图样填充"效果如图24-44、图24-45所示。

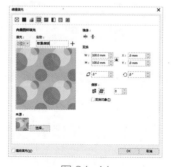

图 24-44

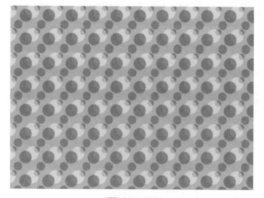

图 24-45

"位图图样填充"效果如图24-46、图24-47所示。

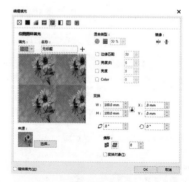

图 24-46

图 24-47

"双色图样填充"效果如图24-48、图24-49所示。

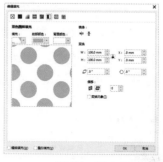

图 24-48

图 24-49

"填充挑选器"下拉列表框：单击图样样式旁的下拉按钮，在打开的"填充"选择框中可对图样样式进行选择，这些样式都是CorelDRAW自带的。如图24-50~图24-52所示分别为不同的填充样式下的图形样式效果。

图 24-50

图 24- 51

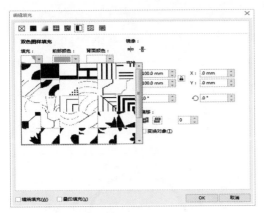

图 24-52

24.2.4 底纹填充

使用底纹填充可让填充的图形对象具有丰富的底纹样式和颜色效果。在执行底纹填充操作时，首先应选择需要执行底纹填充的图形对象，如图24-53所示。单击交互式填充工具，在控制栏中单击"编辑填充"选项，打开"编辑填充"对话框，选择"底纹填充"选项。在"底纹列表"框中选择一个底纹样式，预览框中可对底纹效果进行预览。

此外，用户还能对底纹的密度、亮度以及色调进行调整，完成后单击"OK"按钮，即可看到图形填充了相应底纹后的效果，如图24-54所示。

图 24-53

图 24-54

24.2.5 PostScript填充

PostScript填充是集合了众多纹理选项的填充方式，单击"交互式填充工具"，在控制栏中单击"编辑填充"选项，打开"编辑填充"对话框，选择"底纹填充"选项，如图24-55、图24-56所示。在该对话框中可选择各种不同的底纹填充样式，此时还可对相应底纹的频度、行宽和间距等参数进行设置。

图 24-55

图 24-56

　　本案例应用填充渐变的命令来为图像填充颜色，具体的操作步骤如下。

扫一扫 看视频

Step 01 启动CorelDRAW应用程序，执行"文件 > 新建"命令，在弹出的"创建新文档"对话框中进行设置，然后单击"OK"按钮，新建文档，如图24-57、图24-58所示。

图 24-57

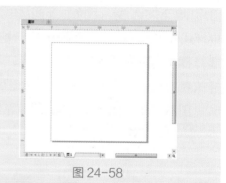

图 24-58

Step 02 使用"椭圆形工具" ○ 按Ctrl键绘制正圆，然后将圆选中，按Ctrl+L组合键，将图像合并，如图24-59所示。

Step 03 按Shift+F11组合键打开"编辑填充"对话框，在对话中设置圆环的颜色，然后取消图像的轮廓色，如图24-60所示。

图 24-59

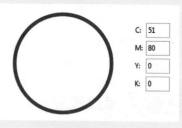

图 24-60

Step 04 使用"透明度工具" ▨ 选中圆环，并在圆环的上方拖拽，为图像添加渐变透明度的效果，如图24-61所示。

Step 05 按小键盘上的"+"键，复制圆环图像，执行"效果 > 模糊 > 高斯式模糊"命令，打开"高斯式模糊"对话框，设置模糊半径，单击"OK"按钮应用模糊效果,并按Shift+PageDown组合键,调整图层顺序,如图24-62所示。

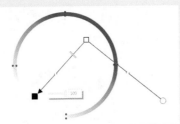

图 24-61

图 24-62

Step 06 使用"椭圆形工具"〇绘制圆形,如图 24-63 所示。按 F11 键打开"编辑填充"对话框,在对话框中设置渐变的颜色及类型,如图24-64所示。

图 24-63

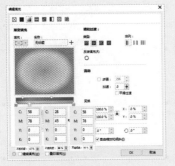

图 24-64

Step 07 为圆应用渐变效果,并取消轮廓色,如图 24-65 所示。

Step 08 使用"透明度工具"⊠为图像添加渐变透明度的效果,如图24-66 所示。

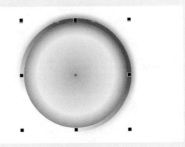

图 24-65

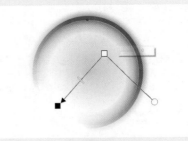

图 24-66

Step 09 继续使用"椭圆形工具"⊠绘制圆形,然后使用"选择工具"▶调整圆的形状和角度,如图24-67所示。

Step 10 按小键盘上"+"键复制上步绘制的圆,按 Ctrl+Q 组合键转换为曲线图像,然后使用"形状工具"▶调整椭圆的形状,如图 24-68 所示。

图 24-67

579

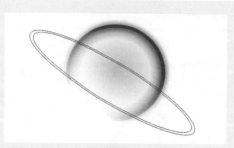

图 24-68

Step 11 选中前面两步骤绘制的圆，按 Ctrl+L 组合键，将图像合并，为其填充颜色，取消轮廓，并按小键盘上的"+"键，将图像复制，如图 24-69 所示。

Step 12 使用"钢笔工具" [✒]绘制闭合的路径，加选上步复制的圆环，在"选择工具" [▶]属性栏中单击"移除前面对象"按钮 [▫]，生成新图像，如图 24-70 所示。

图 24-69

图 24-70

Step 13 为了直观展示新生成的图像，移动底部的圆环图像，如图24-71 所示。

Step 14 将移动的圆环图像恢复到原

来的位置，然后使用"钢笔工具" [▶]绘制闭合的路径，并加选圆环图像，在"选择工具" [▶]属性栏中"移除前面对象"按钮 [▫]，生成新图像，如图 24-72 所示。

图 24-71

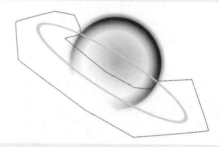

图 24-72

Step 15 为了直观展示新生成的图像，移动大的半圆环图像，圆形图像的内部为上步新生成的图像，如图 24-73 所示。

Step 16 将移动的图像恢复到原来的位置，将两个圆环图像全部选中，选择"透明度工具" [▨]，在页面出现的框中设置不透明度，如图 24-74 所示。

图 24-73

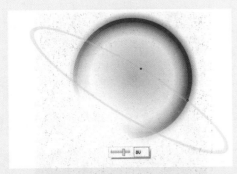

图 24-74

相同大小的矩形，如图 24-77 所示。

Step 20 按 F11 键打开"编辑填充"对话框，为矩形图像填充渐变效果，如图 24-78 所示。

图 24-77

图 24-78

Step 17 选中小的圆环，按 Ctrl+PageDown 组合键调整图层顺序，如图 24-75 所示。

Step 18 按 Shift 键加选大圆环，按小键盘上的"+"键复制图像，选择"透明度工具"单击属性栏上的"无透明度"按钮，删除复制图像的透明度效果，去除填充颜色，设置轮廓色为黄色，宽度为"2pt"，如图 24-76 所示。

Step 21 矩形渐变填充效果如图 24-79 所示。

Step 22 使用"形状工具"将闭合的路径断开，并去除部分节点，如图 24-80 所示。

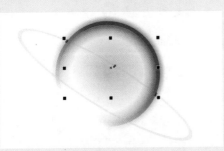

图 24-75

黄
C : 0
M : 0
Y : 100
K : 0

图 24-76

Step 19 双击工具箱"矩形工具"，软件会在图层最底部自动生成和页面

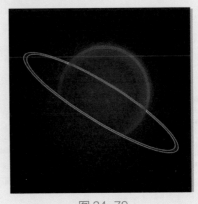

图 24-79

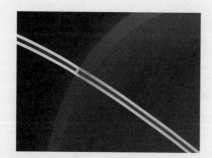

图 24-80

Step 23 上步调整的效果如图 24-81、图 24-82 所示。

图 24-81

图 24-82

Step 24 使用"贝塞尔工具" 绘制图像，并按 F12 键，打开"轮廓笔"对话框，在对话中进行设置轮廓效果，单击"OK"按钮，应用效果如图 24-83、图 24-84 所示。

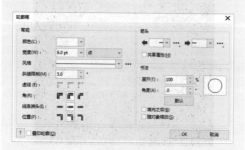

图 24-83

图 24-84

Step 25 使用"椭圆形工具" 按 Ctrl 键，绘制正圆，按 F11 键打开"编辑填充"对话框，在对话框中设置颜色，单击"OK"按钮，应用填充效果，并去除轮廓，如图 24-85、图 24-86 所示。

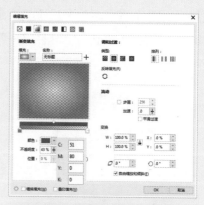

图 24-85

图 24-86

至此，完成星球效果的制作。

24.3 填充对象轮廓颜色

对图像的轮廓进行填充和编辑，可以丰富图像。下面将对轮廓的填充样式进行详细介绍。

24.3.1 轮廓笔

"轮廓笔"主要用于调整图形对象的轮廓宽度、颜色以及样式等属性。

双击"轮廓笔"，弹出"轮廓笔"对话框，如图24-87、图24-88所示。

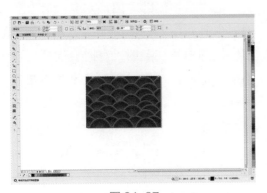

图 24-87

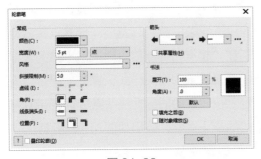

图 24-88

在对话框中选择"无轮廓"选项即可删除轮廓线，选择"轮廓笔宽度"或其他参数选项可直接调整当前轮廓的状态，效果如图24-89、图24-90所示。

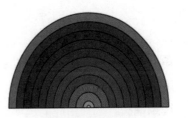

图 24-89

图 24-90

在图形的绘制和操作中，对图形对象轮廓属性的相关设置都可在"轮廓笔"对话框中进行。选择"轮廓笔"选项或按下F12键，都可以打开"轮廓笔"对话框，如图24-91所示。

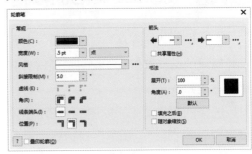

图 24-91

下面对其中比较重要选项进行详细的介绍。

●颜色：默认情况下，轮廓线颜色为黑色。单击该下拉按钮，在弹出的颜色面板中可以选择轮廓线的颜色。若这些颜色还不能满足用户的需求，可单击"其他"按钮，在打开的"选择颜色"对话框中选择颜色。

●**宽度：** 在该下拉列表框中可设置轮廓线的宽度，同时还可对其单位进行调整。

●**样式：** 单击该下拉按钮，在弹出的下拉菜单中可设置轮廓线的样式，有实线和虚线以及点状线等多种样式。

●**角：** 选择相应的选项即可设置图形对象轮廓线拐角处的显示样式。

●**线条端头：** 选择相应的选项即可设置图形对象轮廓线端头处的显示样式。

●**箭头：** 单击其下拉按钮，即可在弹出的下拉菜单中设置为闭合的曲线线条起点和终点处的箭头样式。

●**书法：** 可在"展开"和"角度"数值框中设置轮廓线笔尖的宽度和倾斜角度。

●**填充之后：** 勾选该选项后，轮廓线的显示方式调整到当前对象的后面显示。

●**随对象缩放：** 勾选该选项后，轮廓线会随着图形大小的改变而改变。

设置轮廓线颜色和样式

在认识了"轮廓笔"对话框后，对图形轮廓线的调整自然就变得更加轻松。其操作方法如下。

选择的图形对象，如图24-92所示。按下F12键打开"轮廓笔"对话框，对其中的"颜色""宽度"以及"样式"选项进行设置，如图24-93所示，单击"确定"按钮。完成效果如图24-94所示。

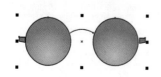

图 24-92

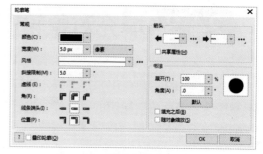

图 24-93

图 24-94

轮廓线不仅针对图形对象而存在，同时也针对绘制的曲线线条。在绘制有指向性的曲线线条时，有时会需要对其添加合适的箭头样式。新版本中自带了多种箭头样式，用户可根据需要设置不同的箭头样式。

曲线箭头的样式设计很简单，首先利用钢笔工具绘制未闭合的曲线线段，如图24-95所示。按F12键，打开"轮廓笔"对话框。为了让箭头效果明显，用户可以先设置线条的颜色、宽度和样式，然后分别在"起点和终点箭头样式"下拉列表框中设置线条的箭头样式，完成后单击"确定"按钮，此时的曲线线条变成了带有样式的箭头线条，效果如图24-96所示。

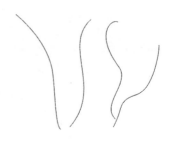

图 24-95

图 24-96

知识延伸

扫一扫 看视频

使用缩放如何保证比例不变

在对图形对象进行缩放操作时，可全选图形对象。按下F12键，打开"轮廓笔"对话框，取消勾选"随对象缩放"复选框，完成后单击"确定"按钮。随后再对图形对象进行缩放操作，这样图形的填充和轮廓均按等比例缩放，从而避免发生图像变形。

综合实战　绘制可爱文本框

本案例主要利用颜色填充命令和设置轮廓线颜色和样式命令，制作出可爱的文本框，具体的操作步骤如下。

Step 01 启动 CorelDRAW 应用程序，执行"文件 > 新建"命令，在弹出的"创建新文档"对话框中进行设置，然后单击"OK"按钮，新建文档，如图 24-97、图 24-98 所示。

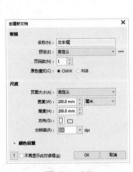

图 24-97

图 24-98

Step 02 使用"椭圆形工具" ○ 按 Ctrl 键绘制正圆，如图 24-99 所示。

Step 03 使用"选择工具" ▶ 将绘制的正圆全部选中，然后单击属性栏中的"焊接"按钮 ⊕，如图 24-100 所示。

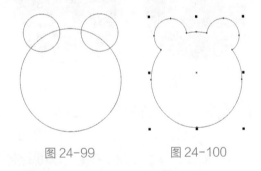

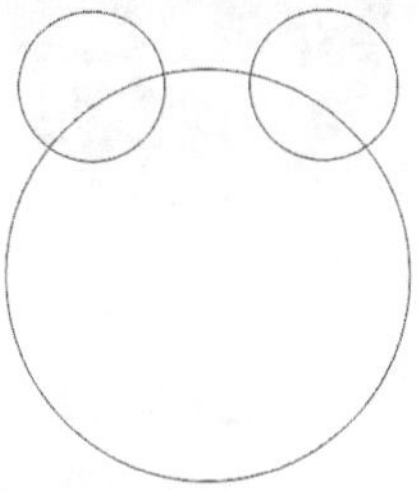

图 24-99　　　　　图 24-100

Step 04 按 Shift+F11 组合键打开"编辑填充"对话框，为绘制的图像填充均匀的颜色，如图 24-101 所示。

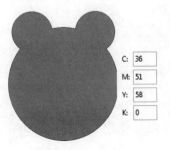

图 24-101

585

Step 05 按 F12 键打开"轮廓笔"对话框，设置轮廓的颜色、宽度等参数，如图 24-102 所示。

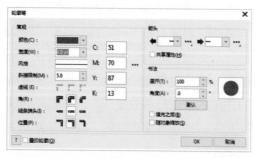

图 24-102

Step 06 上步设置的轮廓效果如图 24-103 所示。

Step 07 使用"椭圆形工具" ⊙ 按 Ctrl 键绘制正圆，如图 24-104 所示。

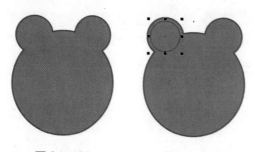

图 24-103   图 24-104

Step 08 使用"钢笔工具" ✎ 绘制闭合的路径，如图 24-105 所示。使用"选择工具" ▶ 选中钢笔绘制的闭合路径和上步绘制的正圆，在属性栏中单击"移除前面对象"按钮 ▢，生成新图形，如图 24-106 所示。

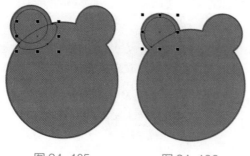

图 24-105   图 24-106

Step 09 使用"形状工具" ▶ 调整新图形，为其填充白色，去除轮廓色，如图 24-107 所示。

Step 10 将复制的新图形用"选择工具" ▶ 选中，按小键盘上的"+"键复制图像，并在属性栏中单击"水平镜像"按钮 ▥，镜像图像，并将其往右移动，如图 24-108 所示。

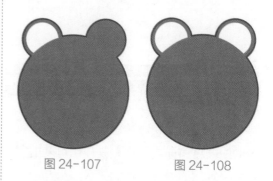

图 24-107   图 24-108

Step 11 继续使用"椭圆形工具" ⊙ 按 Ctrl 键绘制正圆，设置填充色为白色，去除轮廓，如图 24-109 所示。

Step 12 将绘制的正圆选中，按小键盘上"+"键复制图像，使用"选择工具"按 Shift 键缩小图像，设置填充为无，轮廓为黑色，如图 24-110 所示。

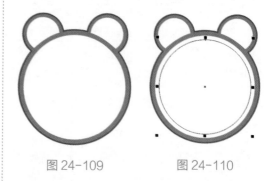

图 24-109   图 24-110

Step 13 按 F12 键打开"轮廓笔"对话框，设置上步操作的对象轮廓，使其成虚线，如图 24-111、图 24-112 所示。

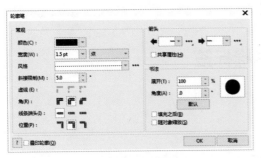

图 24-111

图 24-112

Step 14 使用"2点线工具"✐绘制直线，如图 24-113 所示。

图 24-113

Step 15 将绘制的直线全部选中，然后执行"窗口 > 泊坞窗 > 对齐与分布"命令，打开"对齐与分布"泊坞窗，在泊坞窗中，先单击"活动对象"□对齐对象，然后单击"水平居中对齐"➖和"垂直分散排列中心"➗，将图像对齐，如图 24-114 所示。

图 24-114

Step 16 按 F12 键打开"轮廓笔"对话框，为绘制的直线添加虚线效果，设置线段的宽度、角等参数，如图 24-115 所示。

Step 17 为了展示效果的美观，使用"椭圆形工具"◯绘制圆，设置其颜色，去除轮廓，如图 24-116 所示。

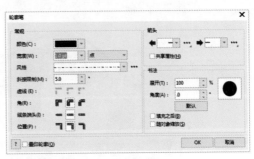

图 24-115

图 24-116

至此，完成文本框的制作。

587

项目需求

受某公司委托帮其设计标签，要求标签尺寸60mm×60mm，给人活泼的感觉，看到标签能让人联想到商品的纯天然。

项目分析

因为商品是纯天然，所以标签整体采用蓝色和白色，能给人干净的感觉。绘制手的标志和五角星标志来表示商品的质量非常好。为了给标签增加活泼的感觉，标签的整体外形为不规则的图像。

项目效果

效果如图24-117所示。

图 24-117

操作提示

Step01：使用绘图工具绘制图像。

Step02：使用上色工具给图像填充颜色及渐变色。

Step03：使用文字工具输入文字信息，设置字体、字号。

第 25 章
编辑文本段落

★ 内容导读

"文字"是设计作品中重要的一部分，在图像中加入文字，可以起到烘托主题、丰富页面的作用，画面因为添加了文字显得更加有韵味。本章主要讲解文本的输入、文字的编辑以及链接文本。

⟳ 学习目标

○ 掌握如何输入文字和段落文字
○ 掌握如何调整文本
○ 掌握如何使文本围绕对象轮廓排列
○ 掌握段落与文本之间的链接以及与图形的链接

25.1 输入文本文字

文字能够传达信息，在图像设计中有着不可替代的作用。在CorelDRAW软件中，使用"文本工具"创建文字是最常见的方式，接下来将对如何使用"文本工具" 字以及一些相关的基础操作进行介绍。

25.1.1 输入文本

在使用 CorelDRAW 绘制或编辑图形时，适当添加文字能让整个图像呈现出图文并茂的效果。在CorelDRAW 中，文本的输入需要使用"文本工具" 字，在文本工具属性栏中可设置文字的字体、大小和方向等。单击"文本工具" 字，即可显示该工具的属性栏，如图25-1所示。

图 25-1

下面对其中重要的选项进行详细的介绍。

● **"水平镜像"按钮** ᵰ **和"垂直镜像"按钮** ᵹ：通过单击这两个按钮，可将文字进行水平或垂直方向上的镜像反转调整。

● **字体列表**：打开该下拉按钮，从中可选择系统拥有的文字字体，调整文字的效果。

● **字体大小**：打开该下拉按钮，从中可以选择软件提供的默认字号，也可以直接在输入框中输入相应的数值以调整文字的大小。

● **字体效果按钮**：从左至右依次为"粗体"按钮 B、"斜体"按钮 I 和"下划线"按钮 U，单击按钮可应用该样式，再次单击则取消应用该样式。

● **"文本对齐"按钮** ᵬ：对齐方式包括"左""居中""右"以及"强制调整"等选项，只需单击即可选择任意选项以调整文本对齐的方式。

● **"项目符号列表"按钮** ≡：在选择段落文本后才能激活该按钮，此时单击该按钮，即可为当前所选文本添加项目符号，再次单击即可取消其应用。

● **"首字下沉"按钮** ᵃ：与"项目符号列表"按钮相同，也只有在选择文本的情况下才能激活该按钮。单击该按钮，显示选择首字下沉的效果，再次单击即可取消其应用。

● **"交互式Open Type"按钮** O：当某种Open Type功能可以用于选定文本时，在屏幕上显示指示。

● **"编辑文本"按钮** ᵃᵇ：单击该按钮可打开"编辑文本"对话框，从中不仅可输入文字，还可设置文字的字体、大小和状态等属性。

● **"文本"按钮** ᴬₒ：单击该按钮可弹出"文本"泊坞窗，从中可设置文字的字体、大小和颜色等属性。

●"文本方向"按钮组：单击"将文本更改为水平方向"按钮，可将当前文字或输入的文字调整为横向文本；单击"将文本更改为垂直方向"按钮，可将当前文字或输入的文字调整为纵向文本。

课堂练习　创建美术字

美术字的特点是在输入文字的过程中需要按Enter键进行换行，否则文字不会自动换行。

Step 01 单击工具箱中的"文本工具"按钮，在文档中单击鼠标左键，此时单击的位置会出现闪烁的光标，如图25-2所示。

Step 02 插入光标后，接着就可以输入文本，如图25-3所示。

图 25-2

图 25-3

Step 03 若想换行，按 Enter 键进行换行，如图25-4所示。

Step 04 然后继续输入文字，如图25-5所示。

图 25-4

图 25-5

至此，完成美术文字的创建。

25.1.2　输入段落文本

段落文本是将文本置于一个段落框内，以便同时对这些文本的位置进行调整，适用于在文字量较多的情况下对文本进行编辑。

打开图像后单击"文本工具"，在图像中单击并拖出一个文本框，此时可看到文本插入点默认显示在文本框的开始部分，文本插入点的大小受字号的影响，字号越大，文本插入点显示得也越大，如图25-6所示。

在文本属性栏的"字体列表"和"字体大小"下拉列表框中选择合适的选项，设置文字的字体和字号，然后在文本插入点后输入相应的文字即可，如图25-7所示。

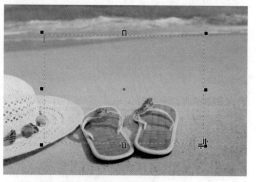

图 25- 6

图 25-7

25.2 编辑文本文字

在对文本工具的属性栏进行介绍后，用户了解到可在其中进行文本格式的设置。在实际应用中，为了能系统地对文字的字体、字号、文本的对齐方式以及文本效果等文本格式进行设置，还可在"字符格式化"和"段落格式化"泊坞窗中进行。

25.2.1 调整文字间距

要调整文字的间距可在"文本属性"泊坞窗中进行。首先选择文本，执行"文本>文本"命令，打开"文本"泊坞窗，然后对字符间距或段间距进行设置。调整行间距的对比效果如图25-8、图25-9所示。

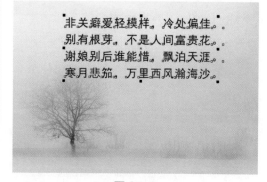

图 25-9

知识延伸

使用"形状工具"将文本选中，文本的左下角和右下角分别出现向上向下拖动的标志、向左向右拖动的标志，拖动标志，可以调整文本的行间距和字间距。按Ctrl+Shift+＜组合键可将文字间距缩小，而按Ctrl+Shift+＞组合键可将文字间距放大。

25.2.2 使文本适合路径

为了使文本效果更加突出，用户可以将文字沿特定的路径进行排列，从而得到

图 25-8

特殊的排列效果。在编辑过程中，难免会遇到路径的长短和输入的文字不能完全相符的情况，此时可对路径进行编辑，让路径排列的文字也随之发生变化，如图25-10、图25-11所示。

图 25-10

图 25-11

25.2.3 首字下沉

文字的首字下沉效果是指对该段落的第一个文字进行放大，使其占用较多的空间，起到突出显示的作用。

设置文字首字下沉的方法是，选择需要进行调整的段落文本，执行"文本 > 首字下沉"命令，打开"首字下沉"对话框，在其中勾选"使用首字下沉"复选框，在"下沉行数"数值框中输入首字下沉的行数，如图25-12所示。此时单击"确定"按钮即可在当前段落文本中应用此设置，得到的效果如图25-13所示。

图 25-12

图 25-13

需要注意的是，还可在"首字下沉"对话框中勾选"首字下沉使用悬挂式缩进"复选框，此时首字所在的该段文本将自动对齐下沉后的首字边缘，形成悬挂缩进的效果。

25.2.4 将文本转换为曲线

将文本转换为曲线在一定程度上扩充了对文字的编辑操作，可以通过该操作将文本转换为曲线，从而改变文字的形态，制作出特殊的文字效果。

文本转换为曲线的方法较为简单，只需要选择文本后执行"对象 > 转换为曲线"命令或按下Ctrl+Q组合键即可。或者在文本上右击，在弹出的快捷菜单中选择"转换为曲线"命令，也可以将文本转换为曲线。

当完成上述的转换操作后，单击"形状工具" ，此时在文字上出现多个节

593

点，单击并拖动节点或对节点进行添加和删除操作即可调整文字的形状。如图25-14、图25-15所示，分别为输入的文本和将文本转换为曲线后进行调整的文字效果。

图 25-14

图 25-15

📋 **课堂练习** 使文本围绕对象轮廓排列

本案例主要使用使文本适合路径的命令制作，下面对本案例的制作进行具体的介绍。

扫一扫 看视频

Step 01 启动CorelDRAW应用程序，执行"文件>新建"命令，在弹出的"创建新文档"对话框中进行设置，然后单击"OK"按钮，新建文档，如图25-16所示。

Step 02 执行"文件>导入"命令，导入本章素材"女孩.jpg"图像，调整导入素材的位置与大小，如图25-17所示。

图 25-16

图 25-17

Step 03 选中导入的素材，右击鼠标，在弹出的菜单栏中选择"锁定"选项，将图像锁定，如图 25-18、图 25-19所示。

Step 04 使用"文本工具" 字 输入文字，设置文字的字体、字号、颜色，如图 25-20 所示。

Step 05 使用"椭圆形工具" ○，按 Ctrl 键绘制正圆，如图 25-21 所示。

图 25-18

图 25-19

图 25-20

图 25-21

Step 06 将文字和字体一起选中，执行"文本 > 使文本适合路径"命令，使文本围绕对象轮廓进行排列，右击"默认调色板"上无色色块☑，去除轮廓，如图 25-22、图 25-23 所示。

Step 07 除了执行使文本适合路径的命令外，也可以使用"文本工具"字。使用"椭圆形工具"⭕按 Ctrl 键绘制正圆，如图 25-24 所示。使用"文本工具"字置于圆的边缘当鼠标变为↘标

志时，左键单击正圆边缘，即可插入光标，如图 25-25 所示。

图 25-22

图 25-23

图 25-24

图 25-25

Step 08 接着输入文字，如图 25-26 所示。使用"文本工具" 字 将输入的文字选中，设置其字体、字号、颜色，如图 25-27 所示。

图 25-26

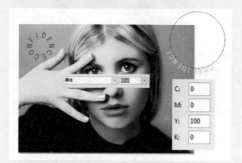

图 25-27

Step 09 选中上步操作的对象，去除轮廓，使用"选择工具" 将文字旋转，如图 25-28 所示。

图 25-28

Step 10 按键盘上的"+"键，复制

对象，然后移动对象的位置，旋转对象，如图 25-29 所示。

图 25-29

Step 11 使用上述使文本围绕对象轮廓排列的方法，制作其他的路径文字，丰富图像内容，效果如图 25-30、图 25-31 所示。

图 25-30

图 25-31

至此，完成本案例的制作。

25.3 链接文本

在CorelDRAW软件中，不仅可以对文字的字体、字号、颜色等属性进行设置，还可以使段落文本之间链接、文本与图像之间链接，下面分别进行介绍。

25.3.1 段落文本之间的链接

链接文本可通过应用"链接"命令实现。按住Shift键的同时单击选择两个文本框，如图25-32所示，然后执行"文本 > 段落文本框 > 链接"命令，即可将两个文本框中的文本链接。链接文本之后，通过调整两个文本框的大小可同时调整两个文本框中文字的显示效果，如图25-33所示。

图 25-32

图 25-33

操作提示

不同页面上的文本链接

除了能对同一页面上的文本进行链接外，还可对不同页面上的文本进行链接。要链接不同页面中的文本，首先在两个不同的页面中输入相应的段落文字，单击页面2中段落文本框底端的控制柄，再切换至页面1中单击该页面中的文本框，即可将两个文本框中的段落文本链接。

25.3.2 文本与图形之间的链接

链接文本与图形对象的方法是，将鼠标光标移动到文本框下方的控制点图标上，当光标变为双箭头形状时单击，此时光标变为黑色箭头形状，如图25-34所示。在需要链接的图形对象上单击，即可将未显示的文本显示到图形中，形成图文链接，如图25-35所示。值得注意的是：创建链接后执行"文本 > 段落文本框 > 断开连接"命令，即可断开与文本框的链接。断开链接后，文本框中的内容不会发生变化。

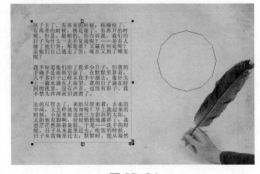

图 25-34

图 25-35

制的文本框，如图 25-39 所示。

图 25-38　　　　图 25-39

课堂练习　整理文章

本案例主要使用段落文本之间的链接命令和"文本"泊坞窗对文章进行整理，下面将对本案例进行具体的介绍。

扫一扫 看视频

Step 01 启动 CorelDRAW 应用程序，执行"文件 > 新建"命令，在弹出的"创建新文档"对话框中进行设置，然后单击"OK"按钮，新建文档，如图 25-36 所示。

Step 02 双击工具箱中的"矩形工具"□为其填充颜色，去除轮廓，如图 25-37 所示。

图 25-36　　　　图 25-37

Step 03 使用"文本工具"字绘制文本框，图 25-38 所示。按小键盘上的"+"键复制文本框，并往右移动复

Step 04 继续使用"文本工具"字在绘制文本框中输入文章，然后单击"文本"按钮，弹出"文本"泊坞窗，从中设置文字的字体、大小和颜色，如图 25-40、图 25-41 所示。

图 25-40

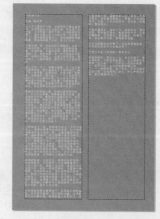

图 25-41

Step 05 在"文本"泊坞窗中"段落"选项组中设置首行缩进，将文章

内容全部的首行缩进，如图 25-42、
图 25-43 所示。

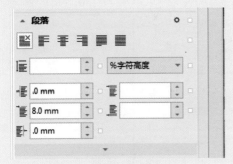

图 25-42

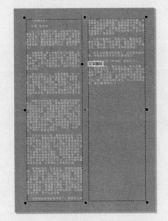

图 25-43

Step 06 使用"文本工具" <u>字</u> 分别单独选中文章的名称和作者，设置其字体的大小，首行缩进为"0"，文本对齐为"中"，如图 25-44 所示。

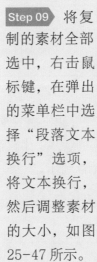

图 25-44

Step 07 执行"文件 > 打开"命令，打开本章素材"荷花和鱼"文档，将素材全部选中，按 Ctrl+G 组合键将图像编组，按 Ctrl+C 组合键将图像复制，如图 25-45 所示。

图 25-45

Step 08 切换至文章的文档，按 Ctrl+V 组合键将复制的图像粘贴，并调整图像的大小与位置，如图 25-46 所示。

图 25-46

Step 09 将复制的素材全部选中，右击鼠标键，在弹出的菜单栏中选择"段落文本换行"选项，将文本换行，然后调整素材的大小，如图 25-47 所示。

图 25-47

至此，完成文章的整理。

扫一扫 看视频

利用本章所学的知识可以制作出漂亮的卡片，下面将对卡片的制作进行介绍。

Step 01 启动 CorelDRAW 应用程序，执行"文件>新建"命令，在弹出的"创建新文档"对话框中进行设置，然后单击"OK"按钮，新建文档，如图 25-48 所示。

图 25-48

图 25-49

Step 02 使用"矩形工具"□绘制矩形，并在属性栏中设置精确的尺寸，如图 25-49 所示。

Step 03 使用"椭圆形工具"○绘制正圆，在属性栏中为其设置精确的尺寸，如图 25-50 所示。

Step 04 继续使用"椭圆形工具"○绘制正圆，如图 25-51 所示。

Step 05 将上步绘制的正圆，按"+"键复制，并在"选择工具"▶属性栏中单击"水平镜像"按钮 ◫，将复制的图像镜像，并移动其位置，如图 25-52 所示。

Step 06 选中绘制的所有正圆，将图像复制，单击"垂直镜像"按钮 ，将图像镜像，然后往图像的下方移动图像，如图 25-53 所示。

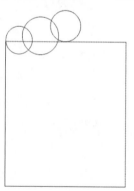

图 25-50

图 25-51

图 25-52

图 25-53

Step 07 使用"选择工具"▶将全部图像选中，单击属性栏上"创建边界"按钮 ◫，生成新图像，为其填充颜色，如图 25-54 所示。

Step 08 为新生成的图像去除轮廓，如图 25-55 所示。

Step 09 执行"文件>导入"命令，导入本章素材"花1.png"，调整图像的大小、位置和角度，如图 25-56 所示。

图 25-54

图 25-55

Step 10 继续执行"文件 > 导入"命令，导入本章素材"花 2.png"，调整图像的大小、位置，旋转图像，如图 25-57 所示。

Step 11 将导入的"花 2.png"素材选中，执行"对象 > 置于图文框内部"命令，鼠标光标发生变化，单击底部新生成的图像，如图 25-58 所示。置入图像内部效果如图 25-59 所示。

图 25-56   图 25-57   图 25-58   图 25-59

Step 12 使用"文本工具"[字]创建文字，单击"文本"按钮[A。]，弹出"文本"泊坞窗，从中可设置文字的字体、大小和颜色等属性，如图 25-60、图 25-61 所示。

Step 13 继续使用"文本工具"[字]创建文字，并在打开的"文本"泊坞窗中，设置文字的字体、字号、颜色，如图 25-62 所示，效果如图 25-63 所示。

图 25- 60   图 25-61   图 25-62   图 25-63

Step 14 使用"文本工具"[字]绘制文本框，如图 25-64 所示。在文本框中输入文字，并在"文本"泊坞窗中设置文字的字体、字号及颜色，如图 25-65 所示。

Step 15 单击属性栏中的"将文本更改为垂直方向"按钮[All]，改变字体的方向，如图 25-66 所示。使用"形状工具"[,]调整图像的行距和字间距，如图 25-67 所示。

图 25-64

图 25-65

图 25-66

图 25-67

至此，完成励志卡片的制作。

课后作业 ／ 制作招聘招贴海报

项目需求

受某公司委托帮其设计招聘海报，要求有创意，重点内容突出，吸引人注意，起到广告宣传的作用。

项目分析

海报背景使用羊皮卷纸，贴在墙上会非常醒目，能吸引人的注意，招聘海报上"缺"字，一部分用红色表示，红色部分正好是个人字，含蓄表达了公司缺人急需新人。文字内容排版，重点突出。

项目效果

效果如图25-68所示。

操作提示

Step01：绘制羊皮纸图像，并为其填充颜色。

Step02：输入"缺"字，设置字体字号，并处理字体的结构。

Step03：使用文字工具输入其他的文本信息，设计文字的字体、字号。

图 25-68

第 26 章
应用图形特效

★ 内容导读

CorelDRAW 软件不仅具有强大的矢量绘图功能，还可以为矢量图像添加特效。本章对一些比较常用的图像特效进行讲解，例如阴影效果、轮廓效果、混合效果、变形效果、封套效果、立体效果、透明效果等。

← 学习目标

○ 掌握如何为图像添加阴影
○ 掌握如何调和图像
○ 掌握如何制作出立体图像
○ 掌握如何为图像添加透明度效果
○ 了解轮廓工具、封套工具等工具的使用
○ 了解为对象添加特殊效果的方法

26.1 认识交互式特效工具

在CorelDRAW中，图形对象的特效可以理解为通过对图形对象进行混合、扭曲、阴影、立体化、透明度等多种特殊效果的调整和叠加，使得图形呈现出不同的视觉效果。这些效果不仅可以组合使用，同时也可以结合其他的图形绘制工具、形状编辑工具、颜色填充工具等进行运用，能让设计作品中的图形呈现出个性独特的视觉效果。

使用CorelDRAW绘制图形的过程中，要为图形对象添加特效，可结合软件提供的交互式特效工具进行。这里的交互式特效工具是阴影、轮廓图、混合、变形、封套、立体化、块阴影、透明度这8种工具，部分工具展示如图26-1所示。

图 26-1

26.2 交互式阴影效果

在绘制图像时，一般会给绘制的图像和文字添加一些投影效果，以让制作出的图像看起来更有立体感。

单击工具箱中的"阴影工具" 📮，可在其属性栏中对相关参数进行设置，如图26-2所示。

图 26-2

下面对其中比较重要选项进行详细的介绍。

● "阴影颜色"下拉列表框：用于设置阴影的颜色。

● "合并模式"下拉列表框：选择阴影颜色下层对象颜色的调和方式。

● "阴影的不透明度"数值框：用于调整阴影的不透明度，数值越小，阴影越透明。取值范围为0～100。

● "阴影羽化"数值框：用于调整阴影的羽化程度，数值越大，阴影越虚化。取值范围为0～100。

● "羽化方向"按钮：单击该按钮，弹出相应的选项面板，从中通过单击不同的按钮设置阴影扩散后变模糊的方向，包括高斯式模糊、中间、向外和平均按钮。

● "羽化边缘"按钮：用于设置羽化边缘的类型，如线形、方形、反白方形和平面按钮。

● "阴影偏移"数值框：用于设置阴影和对象间的距离。

● "阴影角度"数值框：用于显示阴影偏移的角度和位置。通常不在属性栏中进行设置，而在图形中直接拖动到想要的位置即可。

● "阴影延伸"数值框：用于调整阴影的长度，该数值的取值范围为0～100。

● "阴影淡出"数值框：用于调整阴影边缘的淡出程度，该数值的取值范围同样为0～100。

● "复制阴影效果属相"按钮：单击该按钮可以将文档中另一种阴影属性应用到所选的对象中。

● "清除阴影"按钮：单击该按钮移除对象中的阴影。

使用"阴影工具"🗔，不仅能为图形对象添加阴影效果，还能设置阴影方向、羽化以及颜色等，以便制作出更为真实的阴影效果。

（1）添加阴影

添加阴影效果的具体方法是，在页面中绘制图形后，单击"阴影工具"🗔，在图形上单击并往外拖动鼠标，即可为图形添加阴影效果。默认情况下，此时添加的阴影效果的不透明度为50%，羽化值为15%，如图26-3所示。此时可以在属性栏中的"阴影的不透明度"和"阴影羽化"数值框中进行设置，以调整阴影的浓度和边缘强度。如图26-4、图26-5所示分别为设置不同参数情况下图形的阴影效果。

图 26-3　　　　　　　　图 26-4　　　　　　　　图 26-5

（2）调整阴影的颜色

对图形对象添加阴影效果后，还可通过在属性栏中的"阴影颜色"下拉列表框中对阴影颜色进行设置，改变阴影效果。在页面选中绘制的图像，单击"阴影工具"🗔，如图26-6所示，在图形上单击并拖动鼠标，添加阴影效果，如图26-7所示。此时可看到，阴影颜色默认为黑色。在"阴影颜色"下拉列表框单击绿色色块，设置阴影颜色为绿色，此时阴影效果发生变化，效果如图26-8所示。

图 26-6　　　　　　　　图 26-7　　　　　　　　图 26-8

在设置图形对象阴影的"透明度操作"选项时，应将对象的阴影颜色混合到背景色

605

中，以达到两者颜色混合的效果，产生不同的色调样式，其中包括"常规""添加""减少""差异""乘""除""如果更亮""如果更暗"等。如图26-9～图26-11所示分别为相同颜色下设置不同的"透明度操作"选项后的阴影效果。

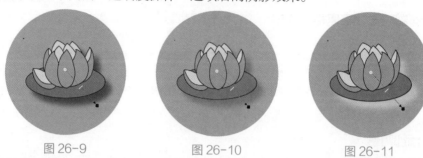

图 26-9　　　　　　　图 26-10　　　　　　　图 26-11

课堂练习　制作灯管效果的字体

本案例将练习制作灯管效果的字体，主要用到的工具包括"阴影工具" □ 和"透明度工具" ▨ ，下面具体讲述制作的过程。

Step 01 启动 CorelDRAW 应用程序，执行"文件>新建"命令，在弹出的"创建新文档"对话框中进行设置，然后单击"OK"按钮，新建文档，如图 26-12 所示。

Step 02 执行"文件>导入"命令，导入本章素材"砖墙 .jpg"图像，调整导入素材的位置与大小，如图 26-13 所示。

Step 03 使用"矩形工具" □ 绘制和页面相同大小的矩形，并填充颜色为黑色，如图 26-14 所示。

图 26-12　　　　　　　图 26-13

Step 04 使用"透明度工具" ▨ 为黑色的矩形添加"椭圆渐变透明度"透明度效果，如图 26-15 所示。

Step 05 选择手柄上的黑

图 26-14　　　　　　　图 26-15

色节点，设置节点的不透明度为"70"，如图 26-16 所示。

Step 06 将黑色的矩形和墙素材一起选中，右击鼠标在弹出的菜单栏中选择"锁定"选项，将图像锁定方便后面的操作，如图 26-17 所示。

图 26-16

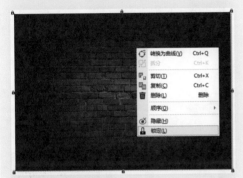

图 26-17

图 26-18

图 26-19

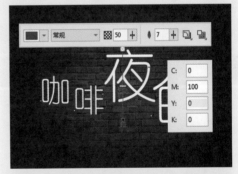

图 26-20

图 26-21

Step 07 使用"文本工具" **字** 输入文字，并在属性栏中设置文字的字体、字号、单击"默认调色板"上的白色色块，为图像填充白色，如图 26-18 所示。

Step 08 将所有添加的文字选中，选择"阴影工具" 为文字添加阴影效果，如图 26-19 所示。

Step 09 在"阴影工具" 属性栏中设置阴影的颜色、合并模式、不透明度、阴影羽化值、羽化方向为"向外"等选项，制作出外发光效果，如图 26-20 所示。

Step 10 将文字和阴影全部选中，按 Ctrl+K 组合键将阴影和字体拆分开，为便于观察拆分的效果，移动"夜"字体，如图 26-21 所示。

Step 11 将移动文字恢复到原来的位

置，使用"阴影工具"ɑ为文字添加阴影效果，在属性栏上设置阴影的颜色、合并模式、不透明度、阴影羽化值等选项，制作出字体的阴影，如图26-22所示。

Step 12 按 F12 键打开"轮廓笔"对话框，在对话框中进行设置，为字体添加描边效果，如图26-23所示。

图 26-22

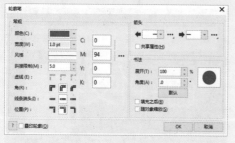

图 26-23

Step 13 描边效果如图26-24所示。使用"椭圆形工具"○绘制圆，并为圆填充渐变色，如图26-25所示。

图 26-24

图 26-25

Step 14 使用"透明度工具"▦将圆选中，为其添加均匀的透明度效果，在属性栏上设置合并模式、不透明度，如图26-26所示。

Step 15 复制圆并调整大小与位置，装饰画面，如图26-27所示。

图 26-26

图 26-27

至此，完成灯管效果字体的制作。

26.3 交互式轮廓图效果

交互式"轮廓图工具" 是一款非常实用的工具，利用"轮廓图工具"可以为图像创建出不同的轮廓效果，使用交互式轮廓图工具可对图形对象的轮廓进行一些简单的调整和处理，使图形更具装饰效果。

单击"轮廓图工具" ，即可显示出该工具的属性栏，如图26-28所示。

| 预设... | + - | X: 14.988 mm
Y: 157.247 mm | 54.347 mm
60.748 mm | 1 | 2.646 mm | | 清除轮廓 + |

图 26-28

由于交互式特效工具的属性栏的部分选项相同，因此下面仅对其中一些不同的、较为关键的选项进行介绍。

- **轮廓偏移的方向按钮组**：该组中包含了"到中心"按钮、"内部轮廓"按钮、"外部轮廓"按钮。单击各个按钮，即可设置轮廓图的偏移方向。

- **"轮廓图步长"数值框**：用于调整轮廓图的步数。该数值的大小直接关系到图形对象的轮廓数，当数值设置合适时，可使对象轮廓达到一种较为平和的状态。

- **"轮廓图偏移"数值框**：用于调整轮廓图之间的间距。

- **"轮廓图角"按钮组**：该组中包含了"斜接角"按钮、"圆角"按钮和"斜切角"按钮。单击各个按钮，可根据需要设置轮廓图的角类型。

- **"轮廓色方向"按钮组**：该组中包含了"线性轮廓色"按钮、"顺时针轮廓色"按钮和"逆时针轮廓色"按钮。单击各个按钮，可根据色相环中不同的颜色方向进行渐变处理。

- **"轮廓色"下拉按钮**：用于设置所选图形对象的轮廓色。

- **"填充色"下拉按钮**：用于设置所选图形对象的填充色。

- **"最后一个填充挑选器"下拉按钮**：该按钮在图形填充了渐变效果时方能激活，单击该按钮，即可在其中设置带有渐变填充效果图形的结束色。

- **"对象和颜色加速"按钮**：单击该按钮即可弹出选项面板，在其中可设置轮廓对象及其颜色的应用状态。通过调整滑块左右方向，可以调整轮廓图的偏移距离和颜色。

- **"清除轮廓"按钮**：应用轮廓效果之后，单击该按钮即可清除轮廓效果。

使用"轮廓图工具" 可为图形对象添加轮廓效果，同时还可设置轮廓的偏移方向，改变轮廓图的颜色属性，从而调整出不同的图形效果。下面将对其实际运用进行详细的介绍。

（1）调整轮廓图的偏移方向

通过在属性栏中轮廓偏移的方向按钮组中单击不同的方向按钮，即可对轮廓向内或向外的偏移效果进行掌控。

首先绘制出图形，如图26-29所示。单击"轮廓图工具"，在其属性栏中单击"到中心"按钮,此时软件自动更新图形的大小,形成到中心的图形效果。此时"轮廓图步长"数值框呈灰色状态,表示未启用,如图26-30所示。

单据"内部轮廓"按钮,激活"轮廓图步长"数值框,在其中可对步长进行设置,完成后按下Enter键确认,此时图形效果发生变化,如图26-31所示。

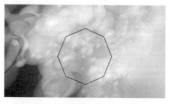

图 26-29

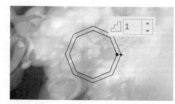

图 26-30

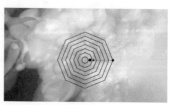

图 26-31

(2)调整轮廓图颜色

利用"轮廓图工具" 调整图形对象的轮廓颜色,可通过应用属性栏中"轮廓色"下拉按钮中的选项和自定义颜色的方式来进行。

要自定义轮廓图的轮廓色和填充色,可通过直接在属性栏中更改其轮廓色和填充色的方式来调整,也可在调色板中调整对象的轮廓色和填充色,以更改对象轮廓色效果。而调整轮廓图颜色方向,则可通过单击属性栏中的"线性轮廓色"按钮、"顺时针轮廓色"按钮或"逆时针轮廓色"按钮,以改变对象的轮廓图颜色方向和效果。设置相同的轮廓色和填充色后,分别单击不同的方向按钮后得到的效果如图26-32~图26-34所示。

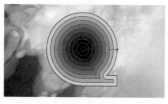

图 26-32

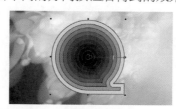

图 26-33

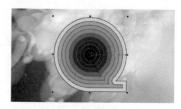

图 26-34

(3)加速轮廓图的对象和颜色

加速轮廓图的对象和颜色是调整对象轮廓偏移间距和颜色的效果。在交互式轮廓图工具的属性栏中单击"对象和颜色加速"按钮,弹出加速选项设置面板。默认状态下,加速对象及其颜色为锁定状态,即调整其中一项,另一项也会随之调整。

单击"锁定"按钮将其解锁后,可分别对"对象"和"颜色"选项进行单独的加速调整。绘制图像,添加轮廓效果,如图26-35所示。分别为"对象"和"颜色"选项进行同时调整和单独调整后的图形效果如图26-36、图26-37所示。

图 26-35

图 26-36

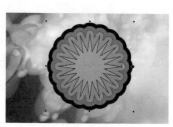

图 26-37

26.4 交互式调和效果

调和效果应用于矢量图形，它是通过两个或两个以上图形之间建立一系列的中间图形，从而制作出渐变调和的丰富效果。

在交互式特效工具组中，每一个工具都对应有一个设置相关参数和选项的泊坞窗。同时，除了能在泊坞窗中对相应工具的参数和选项进行设置外，也可以在其相应的工具属性栏中进行设置。

（1）打开"混合"泊坞窗

执行"窗口 > 泊坞窗 > 效果 > 混合"命令，即可显示出"混合"泊坞窗，如图26-38所示。从泊坞窗中不难看出，在该泊坞窗中分别针对调和的步长、选装、加速对象、颜色的顺时针路径、拆分以及映射点等进行调整。

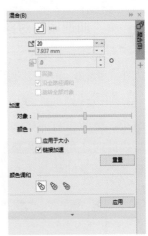

图26-38

需要强调的是，在未对图形进行交互式调和之前，"混合"泊坞窗中的"应用""重置""熔合始端""熔合末端"等按钮呈灰色显示，表示未被激活。只有在对图形对象运用混合效果后，才能激活这些操作按钮。

（2）认识交互式调和工具属性栏

单击"调和工具" ，即可显示出该工具的属性栏，如图26-39所示。

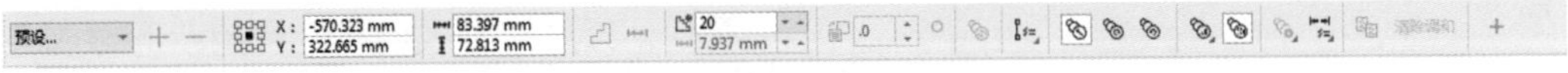

图26-39

图26-40

其中对"调和工具" 的设置选项都进行了调整，以便让用户能够快速运用，下面分别对这些选项进行详细的介绍，为后面的学习打下基础。

● **"预设"下拉列表框**：从中可对软件设定好的选项进行选择运用。选择相应的选项后即可在一旁显示选项效果预览图，以便让用户对应用选项的图形效果一目了然，如图26-40所示

● **"调和对象"数值框**：用于设置调和的步长数值，数值越大，调和后的对象步长越大，数量越多。

● **"调和方向"数值框**：用于调整调和对象后调和部分的方向角度，数值可以为正也可为负。

● **"环绕调和"按钮**：用于调整调和对象的环绕调和效果。单击该按钮可对调和对象作弧形调和处理，要取消该调和效果，可再次单击该按钮。

611

● "调和类型"按钮组：包括"直接调和"按钮、"顺时针调和"按钮和"逆时针调和"按钮。单击"直接调和"按钮，以形状和渐变填充效果进行调和；单击"顺时针调和"按钮，在调和形状的基础上以顺时针渐变色相的方式调和对象；单击"逆时针调和"按钮，在调和形状的基础上以逆时针渐变色相的方式调和对象。

● "加速调和对象"按钮组：包括了"对象和颜色加速"按钮和"调整加速大小"按钮。单击"对象和颜色加速"按钮，即可弹出加速选项面板，如图26-41所示。从中可对加速的对象和颜色进行设置，此时还可通过调整滑块左右方向，调整两个对象间的调和方向。

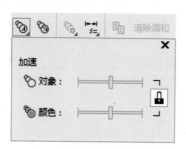

图 26-41

● "更多调和选项"按钮：单击该按钮，则弹出相应的选项面板，在其中可对映射节点和拆分调和对象等进行设置。

● "起始和结束属性"按钮：用于选择调整调和对象的起点和终点。单击该按钮可弹出相应的选项面板，此时可显示调和对象后原对象的起点和终点，也可更改当前的起点或终点为其他新的起点或终点。

● "路径属性"按钮：调和对象以后，要将调和的效果嵌合于新的对象，可单击该按钮，在弹出的选项面板中选择"新路径"选项，单击指定对象即可将其嵌合到新的对象中。

● "复制调和属性"按钮：通过该按钮克隆调和效果至其他对象，复制的调和效果包括除对象填充和轮廓的调和属性。

● "清除调和"按钮：应用调和效果之后可单击该按钮，此时即可清除调和效果，恢复图形对象原有的效果。

（3）运用交互式调和工具

交互式调和工具的运用包括很多方面，最基本的是使用该工具进行图形的交互式调和，同时还可设置调和对象的类型，也可以设置加速调和、拆分调和对象，嵌合新路径等。下面分别对这些具体的运用操作进行详细的介绍。

① 调和对象 调和对象是该工具最基本的运用，选择需要进行交互式调和的图形对象，单击"调和工具" ，在图形上单击并拖动鼠标到另一个图形上，此时可以看到形成的图形渐变效果，如图26-42所示。释放鼠标即可完成这两个图形之间的图形渐变效果，在绘画页面可以看到，经过交互式调和处理的图形形成叠加的过渡效果。

在调和对象之后，可在属性中设置调和的基本属性，如调和的步长、方向等，也可通过对原对象位置的拖动，让调和效果更多变。调整后得到的效果如图26-43所示。

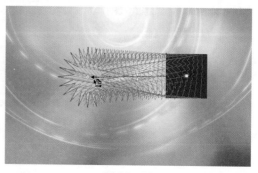

图 26-42

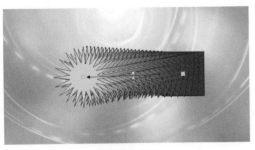

图 26-43

② **设置调和类型** 对象的调整类型即调整时渐变颜色的方向。用户可通过在属性栏中的"调和类型"按钮组中单击不同调和类型对调和类型进行设置。

●单击"直接调和"按钮，渐变颜色直接穿过调和的起始和终止对象；

●单击"顺时针调和"按钮，渐变颜色顺时针穿过调和的起始对象和终止对象；

●单击"逆时针调和"按钮，渐变颜色逆时针穿过调和的起始对象和终止对象。

如图26-44、图26-45所示分别为顺时针调和对象以及逆时针调和对象的效果。

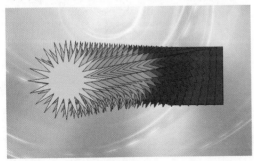

图 26-44

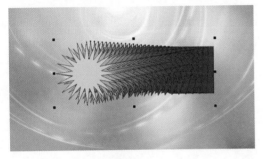

图 26-45

③ **加速调和对象** 加速调和对象是

对调和之后的对象形状和颜色进行调整。单击"对象和颜色加速"按钮，在弹出的"加速"选项面板中显示了"对象"和"颜色"两个选项。在其中拖动滑块设置加速选项，即可让图像显示出不同的效果，默认状态下，对象及其颜色为锁定状态，即调整其中一项，则另一项也会随之调整。单击"锁定" 🔒 按钮将其解锁后可以直接在图像中对中心点的箭头进行拖动，也可设置调和对象的加速效果。如图26-46、图26-47所示分别为同时拖动"对象"和"颜色"加速选项滑块调整后的图形效果。

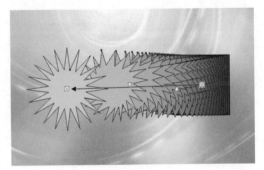

图 26- 46

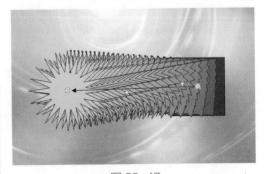

图 26-47

④ **拆分调和对象** 拆分调和对象是将调和之后的对象从中间调和区域打断，作为调和效果的转折点，通过拖动打断的调和点，可调整该调和对象的位置。调和两个对象之后，单击属性栏中的"更多调和选项"按钮，在弹出的面板中选择"拆分"选项，此时鼠标光标转变为拆分箭头状。

613

在调和对象的指定区域单击，如图26-48所示。此时拖动鼠标即可将拆分的独立对象进行位置调整，如图26-49所示。

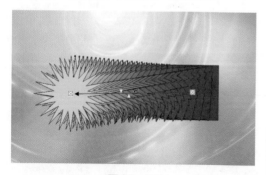

图 26-48

图 26-49

⑤ **嵌合新路径** 嵌合新路径是将已运用调和效果的对象嵌入新的路径。简而言之，就是将新的图形作为调和后图形对象的路径，进行嵌入操作。

选择运用调和后的图形对象，单击属性栏中的"路径属性"按钮，在弹出的面板中选择"新路径"选项，将鼠标光标移动到新图形上，此时光标变为箭头形状，如图26-50所示。在该图形上单击指定的路径，此时调和后的图形对象自动以该图形为新路径执行嵌入操作，得到的效果如图26-51所示。

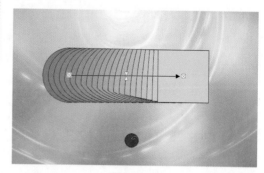

图 26-50

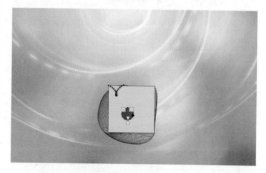

图 26-51

26.5 交互式变形效果

使用工具箱的"变形工具" ⬭，可以对图像进行进一步的变换，使图像变得更加复杂。变形效果包括推拉变形、拉链变形、扭曲变形3种，用户可单击该工具，在其属性栏中对相关参数进行设置。

（1）推拉变形

单击"扭曲工具" ⬭，在其属性栏中单击"推拉变形"按钮 ⊕，即可看到属性栏，如图26-52所示。

图 26-52

下面对其中的重要选项进行介绍。

● "预设"下拉列表框：用于选择软件自带的变形样式，用户还可单击其后的"添加预设"按钮和"删除预设"按钮对预设选项进行调整。

● "添加新的变形"按钮：用于将各种变形的应用对象视为最终对象来应用新的变形。

● "推拉振幅"数值框：用于设置推拉失真的振幅。当数值为正数时，表示向对象外侧推动对象节点；当数值为负数时，表示向对象内侧推动对象节点。推拉变形前和变形后的效果如图26-53、图26-54所示。

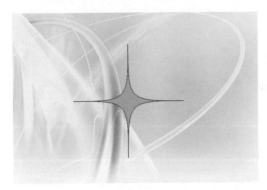

图 26-53

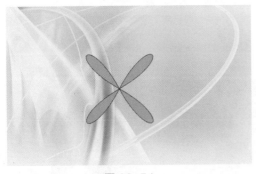

图 26-54

● "居中变形"按钮：单击该按钮，在图形上单击并拖动鼠标，即可让对象以中心为变形中心，拖动即可进行变形，拖拽效果如图26-55、图26-56所示。

图 26-55

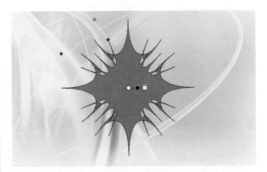

图 26-56

● "转化为曲线"按钮：单击该按钮，即可将图形转化为曲线，此时允许使用"形状工具" 修改该图形对象，如图26-57、图26-58所示。

图 26-57

图 26-58

● **"复制变形属性"按钮**：将文档中另一个图形对象的变形属性应用到所选对象上。

● **"清除变形"按钮**：在应用变形的图形对象上单击该按钮，即可清除变形效果。

推拉变形是对图形对象做推拉式的变形，只能从左右方向对图形对象做变形处理，从而得到推拉变形的效果。具体的操作方法如下。

使用"椭圆形工具" ○绘制一个圆形，如图26-59所示。在交互式扭曲工具属性栏中单击"推拉变形"按钮 ✛，在图形对象上单击并左右拖动鼠标以调整控制柄方向，如图26-60所示，此时释放鼠标即可应用推拉变形效果，如图26-61所示。同时也可在白色的中心点上单击并拖动鼠标，对图像的中心位置进行调整，使图像变换出更多的效果，如图26-62所示。

图26-59

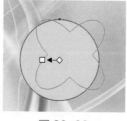
图26-60

图26-61

图26-62

（2）拉链变形

"预设"下拉列表框中单击拉链变形，即可看到其相应的属性栏，如图26-63所示。

图26-63

下面对其中的重要选项进行介绍。

● **"拉链振幅"数值框**：用于设置拉链失真振幅，可选择0~100的数值，数字越大，振幅越大，同时通过在对象上拖动鼠标，变形的控制柄越长，振幅越大。不同数值振幅的效果图如图26-64、图26-65所示。

● **"拉链频率"数值框**：用于设置拉链失真频率。失真频率表示对象拉链变形的波动量，数值越大，波动越频繁，如图26-66所示。

图26-64

图26-65

图26-66

● **"随机变形"按钮**：用于使拉链线条随机分散，如图26-67所示。

● **"平滑变形"按钮**：用于柔和处理拉链的棱角，如图26-68所示。

● **"局部变形"按钮**：在拖动位置的对象区域上对准焦点，使其呈拉链条显示，如

图26-69所示。

图 26-67　　　　　图 26-68　　　　　　　图 26-69

拉链变形是对图形对象进行拉链式的变形处理。制作拉链变形效果的具体操作方法如下。

使用"矩形工具"□绘制图形，如下26-70所示。在交互式变形工具的属性栏中单击"拉链变形"按钮，切换至该变形效果的属性栏状态。在其中的"拉链失真振幅"和"拉链失真频率"数值框中设置相关参数后，在图形上单击并拖动鼠标，即可使图形进行适当的变形，其效果如图26-71所示。

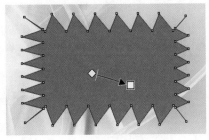

图 26-70　　　　　　　　　　　图 26-71

（3）扭曲变形

"预设"下拉列表框中单击"扭曲变形"按钮，即可看到其相应的属性栏，如图26-72所示。

图 26-72

下面对其中的重要选项进行介绍。

●旋转方向按钮组：包括"顺时针旋转"按钮和"逆时针旋转"按钮。单击不同方向按钮后，扭曲的对象将以不同的旋转方向扭曲变形，如图26-73、图26-74所示。

图 26-73　　　　　　　　　图 26-74

617

● **"完全旋转"数值框**：用于设置扭曲的旋转数以调整对象旋转扭曲的程度，数值越大，扭曲程度越强，如图26-75所示。

● **"附加角度"数值框**：在旋转扭曲变形的基础上附加的内部旋转角度，对扭曲后的对象内部做进一步的扭曲角度处理，如图26-76所示。

图26-75　　　　　　　　　　　　　图26-76

扭曲变形是对对象做扭曲式的变形处理，制作扭曲变形效果的具体操作如下。

使用"常见的工具"🖧绘制图像，如图26-77所示，在交互式变形工具的属性栏中单击"扭曲变形"按钮🌀，切换至该变形效果的属性栏状态。然后通过在图形对象上单击并拖动鼠标以添加控制柄，如图26-78所示，此时释放鼠标即可应用相应的扭曲变形效果，如图26-79所示。

图 26-77　　　　　　　　图 26-78　　　　　　　　图 26-79

📑 **课堂练习**　**制作绮丽花朵**

扫一扫 看视频

　　本案例主要使用"混合工具"制作出初始的花朵，最后使用"变换工具"使花朵更加有视觉冲击力。下面具体讲述制作的过程。

Step 01　启动 CorelDRAW 应用程序，执行"文件>新建"命令，在弹出的"创建新文档"对话框中进行设置，然后单击"OK"按钮，新建文档，如图 26-80 所示。

Step 02　使用"椭圆形工具"◯按 Ctrl 键绘制一大一小的正圆，将小的正圆选中，再次单击成旋转状态，并将旋转中心点移至大圆的中心点处，如图 26-81 所示。

 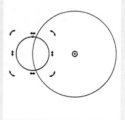

图 26-80　　　　　　　　图 26-81

Step 03 执行"窗口 > 泊坞窗 > 变换"命令,打开"变换"泊坞窗,设置旋转角度、副本,单击"应用"按钮,应用变换效果,如图 26-82、图 26-83 所示。

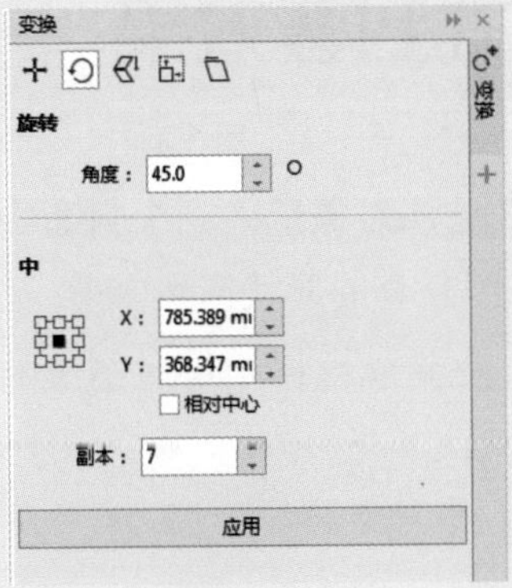

Step 04 将绘制的圆全部选中,单击属性栏上的"创建边界"按钮 🔂,生成边界图像,并将原来的图像删除,制作出花瓣的轮廓,如图 26-84 所示。

图 26-82

图 26-83

Step 05 按小键盘上的"+"键复制轮廓,然后使用"选择工具"按 Shift 键,将图像缩小,如图 26-85 所示。

图 26-84

图 26-85

Step 06 为花瓣填充颜色,去除轮廓色,如图 26-86 所示。选择"混合工具" 🖎 在属性栏上设置,然后在中间拖拽,为图像添加混合效果,如图 26-87 所示。

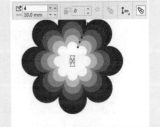

图 26-86

图 26-87

Step 07 将绘制的花朵全部选中,选择"变形工具" 🖾 在其属性栏中进行设置,将花朵变形,也可在视图中拖动手柄,变化图像,如图 26-88 所示。

Step 08 使用"变形工具" 🖾 还可以制作出其他的花朵,如图 26-89 所示。

图 26-88

图 26-89

至此,完成绮丽花朵的制作。

26.6 交互式封套效果

交互式"封套工具" 🔲 是将对象置入一个封套中，通过对封套的节点进行编辑来影响对象的效果，使对象依照封套的形状产生变形。

单击"封套工具" 🔲，在其属性栏中可对图形的节点、封套模式以及映射模式等进行设置，如图26-90所示。

图 26-90

下面对其中重要的选项进行介绍。

● **"选取范围模式"下拉列表框**：包括"矩形"和"手绘"两种选取模式，选择"矩形"选项后拖动鼠标，以矩形的框选方式选择指定的节点；选择"手绘"选项后拖动鼠标，以手绘的框选方式选择指定的节点。

● **节点调整按钮组**：包含了多种关于节点的调整按钮，此时的按钮与形状工具属性栏中的按钮功能相同。

● **封套模式按钮组**：从左到右依次为"直线模式"按钮、"单弧模式"按钮、"双弧模式"按钮和"非强制模式"按钮，单击相应的按钮即可将封套调整为相应的形状，前3个按钮为强制性的封套效果，而"非强制模式"按钮则是自由的封套控制按钮。

● **"添加新封套"按钮**：用于对已添加封套效果的对象继续添加新的封套效果。

● **"映射模式"下拉列表框**：用于对对象的封套效果应用不同的封套变形效果。

● **"保留线条"按钮**：用于以较为强制的封套变形方式对对象进行变形处理。

● **"复制封套属性"按钮**：用于将应用在其他对象中的封套属性进行复制，进而应用到所选对象上。

● **"创建封套自"按钮**：用于将其他对象的形状创建为封套。

使用交换式封套工具可快速改变图形对象的轮廓效果。下面就对该工具封套模式、映射模式的设置以及预设的运用进行详细的介绍和图像展示。

（1）设置封套模式

在页面中绘制图形后，单击"封套工具" 🔲。在属性栏中的封套模式按钮组中进行设置，单击相应的按钮，即可切换到相应的封套模式中。默认状态下的封套模式为非强制模式，其变化比较自由，且可以对封套的多个节点同时进行调整。其他强制性的封套模式是通过直线、单弧或双弧的强制方式对对象进行封套变形处理，且只能单独对各节点进行调整，以达到较规范的封套变形处理。

分别设置封套模式为"直线模式""单弧模式"和"双弧模式"下的调整效果如图26-91～图26-93所示。

图 26-91

图 26-92

图 26-93

（2）设置封套映射模式

设置封套的映射模式是指设置图形对象的封套变形方式。

通过在交互式"封套工具" ⊠ 的属性栏的"映射模式"下拉列表框中分别选择"Horizontal（水平）""原始""自由变形"和"Vertical（垂直）"选项，即可设置相应的映射模式。然后拖动节点即可对图形对象的外观形状进行变形调整。在页面中绘制或打开图形，选择"封套工具"在属性栏中的"映射模式"下拉列表中选择"原始"，调整打开的图像，如图26-94所示。

分别设置"Horizontal"和"Vertical"映射模式对图形对象进行调整后的效果，如图26-95、图26-96所示。

图 26-94

图 26-95

图 26-96

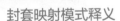
操作提示

封套映射模式释义

在交互式封套工具的"映射模式"下拉列表中"原始""自由变形"映射模式都是较为随意的变形模式。应用这两种封套映射模式，将对对象的整体进行封套变形处理，"水平"封套映射模式是对封套节点水平方向上的图形进行变形处理。

（3）应用预设

使用交互式"封套工具" ⊠ 可以对图像对象进行任意调整。该操作除了能在其工具属性栏中进行外，也可以在"封套"泊坞窗中进行。

选择图形，如图26-97所示，执行"创建 > 泊坞窗 > 封套"命令，显示出"封套"泊坞窗。单击"添加预设"按钮，此时"封套"泊坞窗中显示出预设形状，用户可在其中选择合适的形状，即可自动对选择的图形用封套效果，如图26-98所示。

图26-97　　　　　　　　图26-98

26.7　交互式立体化效果

"立体化工具" ⬡ 可以矢量图添加厚度，进行三维角度的旋转，制作出三维立体效果。立体化工具可以应用于图形、曲线、文字等矢量对象，不能用于位图图像。

单击"立体化工具" ⬡，即可看到其属性栏，如图26-99所示。

| 预设... | + | − | X: 81.866 mm / Y: 245.096 mm | 11.995 mm / -31.397 mr | | 20 | 灭点锁定到对象 | 清除立体化 | + |

图26-99

下面对其中重要的选项进行介绍。

● **"预设"下拉列表框**：用于设置立体化对象的立体角度。

● **"深度"数值框**：用于调整立体化对象的透视深度，数值越大，立体化的景深越大。

● **"灭点坐标"数值框**：用于显示立体化图形透视消失点的位置，可通过拖动立体化控制柄上的灭点以调整其位置。

● **"立体化类型"下拉列表**：用于选择要应用到对象上的立体化类型。

● **"深度"下拉列表**：用于调整立体化效果的深度。

● **"立体化旋转"下拉按钮**：用于旋转立体化对象。

● **"立体化颜色"下位按钮**：用于调整立体化对象的颜色，并设置立体化对象不同类型的填充颜色。

● **"立体化倾斜"下拉按钮**：用于为立体化对象添加斜角立体效果并进行斜角变换的调整。

● **"立体化照明"下拉按钮**：用于根据立体化对象的三维效果添加不同的光源效果。

● **"灭点属性"下拉列表框**：可锁定灭点即透视消失点至指定的对象，也可将多个立体化对象的灭点复制或共享。

● **"页面或对象灭点"按钮**：用于将图形立体化灭点的位置锁定到对象或页面中。

下面就对该工具的立体化类型、立体化方向、颜色、倾斜以及照明等功能的具体运用进行介绍和图像展示。

（1）设置立体化类型

设置立体化对象的类型是指对图形对象的立体化方向和角度进行同步调整，也就是设置立体化的样式，可在属性栏的"立体化类型"下拉列表框中进行选择，同时还可结合"深度"数值框，对调整后图形对象的透视景深效果进行掌控。

绘制出矩形图形，如图26-100所示。单击"立体化工具" ，选中矩形并拖拽，为矩形添加立体效果，如图26-101所示。

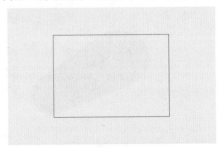

图 26-100

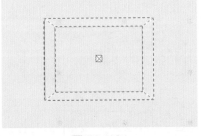

图 26-101

在其属性栏中单击"立体化类型"下拉列表框，在弹出的选项中选择并应用不同角度的立体化效果，如图26-102所示。

此外，也可调节"深度"数值框，从而调整立体化对象的透视宽度，如图26-103所示。

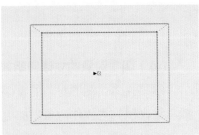

图 26-102

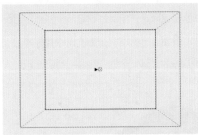

图 26-103

知识延伸

调整透视效果的另一种方法

在交互式立体化工具的运用中，要调整对象的透视深度，还可在应用交互式立体化效果的同时拖动立体化控制柄中间的滑块以调整其透视深度。

（2）调整立体化旋转

添加对象的立体化效果之后，可通过调整立体化对象的坐标旋转方向，以调整对象的三维角度。单击属性栏中的"立体化方向"按钮，在弹出的选项面板中拖动数字模型，如图26-104、图26-105所示。此时可调整立体化对象的旋转方向，如图26-106所示。

图 26-104　　　　　　图 26-105

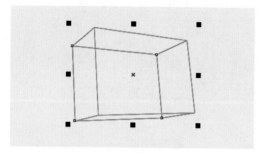

图 26-106

（3）调整立体对象的颜色

选择图形对象，如图26-107所示，在交互式立体化工具属性栏的"立体化颜色"下拉选项面板中单击"使用纯色"按钮。从中可看到，显示的颜色即为刚才在调色板中单击的颜色，如图26-108所示。

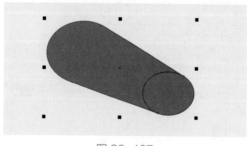

图 26-107

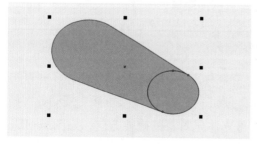

图 26-108

如果在颜色面板中单击"使用递减的颜色"按钮，即可切换到相应的面板中，分别单击"从"和"到"下拉按钮，为其设置不同的颜色。此时，图形的颜色随设置的颜色变换而变换。使用不同递减颜色的图形效果和颜色面板设置图如图26-109、图26-110所示。

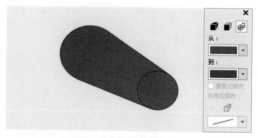

图 26-109

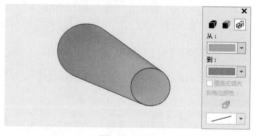

图 26-110

（4）调整对象的立体照明效果

调整立体化图形对象的照明原理是模拟三维光照为立体化对象添加更为真实的光源照射效果，从而丰富图形的立体层次，赋予更真实的光源效果。

选择图形，如图26-111所示。使用交互式"立体化工具"🔲，运用"立体右上"预设，为其制作出立体化图形效果，如图26-112所示。在属性栏中单击"立体化照明"下拉按钮，在弹出的选项面板中可分别单击相应的数字按钮，添加多个光源效果。同时还可在光源网格中单击拖动光源点的位置，结合使用"强度"滑块调整光照强度，对光源效果进行整体控制。完成设置后，即可在页面中同步查看到应用光照效果的图形效果，如图26-113所示。

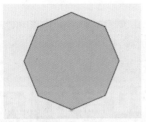

图 26-111

图 26-112

图 26-113

课堂练习 制作金色立体字

本案例主要使用"立体化工具"⟨图⟩为字体制作出立体的效果，下面具体讲述制作的过程。

Step 01 启动CorelDRAW应用程序，执行"文件 > 新建"命令，在弹出的"创建新文档"对话框中进行设置，然后单击"OK"按钮，新建文档，如图26-114所示。

图 26-114

Step 02 使用"文本工具"⟨字⟩输入文字，并在属性栏中设置文字的字体、字号，如图 26-115 所示。

图 26-115

Step 03 按 F11 键打开"编辑填充"对话框，在对话框中设置渐变，为文字填充渐变，如图 26-116、图 26-117 所示。

图 26-116

图 26-117

Step 04 使用"立体化工具"⟨图⟩为文字添加立体效果，如图26-118所示。

Step 05 单击属性栏中的"立体化颜色"按钮⟨图⟩，在弹出的下拉面板中单击"使用递减的颜色"按钮，即可切换到相应的面板中，分别单击"从"和"到"下拉按钮，为其设置不同的颜色，效果如图 26-119 所示。

图 26-118

图 26-119

Step 06 执行"文件 > 导入"命令，将本章素材"红色背景 .jpg"导入到当前文档中，调整图像的大小与位置，按 Shift+PageDown 组合键调整图层顺序，如图 26-120 所示。

图 26-120

Step 07 使用"阴影工具" ▢ 为文字添加阴影，如图 26-121 所示。

Step 08 选中阴影，右击鼠标在弹出的菜单栏中选择"拆分墨滴阴影"，

将阴影与字体拆分开，如图 26-122 所示。

图 26-121

Step 09 选中阴影按 Ctrl+PageDown 组合键调整图层顺序在字体的下方，如图 26-123 所示。

图 26-122

图 26-123

至此，完成金色立体字的制作。

26.8 交互式块阴影效果

块阴影和阴影不同，块阴影由简单的线条构成，因此是屏幕打印和标牌制作的理想之选。

选择工具箱中的"块阴影工具" ，可在属性栏中设置相关的参数，如图26-124所示。

图 26-124

下面对其中比较重要的选项进行介绍。

- "**深度**"数值框：用于调整块阴影的深度。
- "**定位**"数值框：用于设置块阴影的角度。
- "**块阴影颜色**"下拉按钮：用于选择块阴影颜色。
- "**简化**"按钮：修剪对象和块阴影之间的叠加区域。
- "**移除洞孔**"按钮：用于将块阴影设置为不带孔的实线曲线对象。
- "**展开块阴影**"数值框：用于指定增加块阴影尺寸。

为图像添加块阴影效果的方法极为简单，在图形中选择需要添加块阴影的对象，如图26-125所示，选择"块阴影工具" 按鼠标左键拖拽，朝所需方向拖动，直到块阴影达到所需大小，松开鼠标即可。效果如图26-126所示。

图 26-125

图 26-126

26.9 透明度工具

交互式透明效果不仅可以对矢量图形进行运用，还可以对位图图像进行运用，包含7种透明度方式。下面就来认识一下这些透明度方式。

- **无透明度**：单击此选项即删除透明度。选项栏中仅出现合并模式，选择透明度颜色与下方颜色调和的方式。
- **均匀透明度**：应用整齐且均匀分布的透明度，单击该选项，可挑选透明度及设置透明度的值，并指定透明度目标。

627

●渐变透明度：应用不同透明度的渐变，单击该选项会出现4种渐变类型，线性渐变、椭圆形渐变、锥形渐变、矩形渐变，选择不同的渐变类型，可应用不同的渐变效果。

●向量样式透明度：应用向量图形透明度，单击该选项，在选项栏中可设置其合并模式、前景透明度、背景透明度、水平/垂直镜像平铺等。

●位图图样透明度：应用位图图形透明度，设置参数及样式的属性与向量样式透明度相似，在此不做具体介绍。

●双色图样透明度：应用双色图样透明度，设置参数及样式的属性与向量样式透明度、位图图样透明度相似，在此不做具体介绍。

●底纹透明度：应用预设底纹透明度。

使用交互式透明工具可快速赋予矢量图形或位图图像透明效果，下面对该工具的具体使用方法进行介绍。

（1）调整对象透明度类型

调整对象透明度类型是指通过设置对象的透明状态以调整其透明效果。具体方法是：在页面中绘制图形，单击交互式透明度工具，在其属性栏的"透明度类型"下拉列表框中选择相应的选项，即可对图形对象的透明度进行默认的调整，此时若默认的调整效果还不是非常满意，可通过在"透明中心点"和"角度和边界"数值框中设置中心点的位置、透明的角度和边界效果。值得注意的是，这些操作也可直接在图形对象中通过白色的中心点和箭头图标调整。

如图26-127～图26-129所示分别为运用"无透明度""线性渐变""矩形渐变"3种不同的透明度类型的图形效果。此时也可看到，结合对中心点和角度的调整，能让图形呈现出不同程度的透明效果。

图 26-127

图 26-128

图 26-129

（2）调整透明对象的颜色

要调整设置透明效果的图形对象的颜色，可通过直接调整图形对象的填充色和背景色进行，也可在该工具属性栏的"透明度操作"下拉列表框中设置相应的选项，从而通过调整其图形对象颜色与背景颜色的混合关系，产生新的颜色效果。

选择图形对象，如图26-130所示，为其添加"锥"类型透明效果，在"透明度操作"下拉列表框中选择相应的选项即可，如图26-131所示。

图 26-130

图 26-131

Photoshop+Illustrator+CorelDRAW 一站式高效学习一本通

相同的透明度类型和参数下，在"透明度操作"下拉列表框中选择"差异""饱和度"和"绿"选项的图形效果如图26-132～图26-134所示。

图 26-132

图 26-133

图 26-134

课堂练习 制作个性风铃

本案例主要使用填充渐变色命令和"透明度工具"制作出风铃玻璃质感，下面具体讲述制作的过程。

扫一扫 看视频

Step 01 启动CorelDRAW应用程序，执行"文件>新建"命令，在弹出的"创建新文档"对话框中进行设置，然后单击"OK"按钮，新建文档，如图26-135所示。

图 26-135

Step 02 使用"椭圆形工具"按Ctrl键绘制正圆，如图26-136所示。

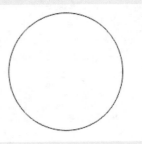
图 26-136

Step 03 按F11键打开"编辑填充"对话框，在对话框中设置，单击"OK"按钮，为圆填充渐变色，如图26-137所示。

Step 04 设置圆的轮廓颜色及粗细，如图26-138所示。

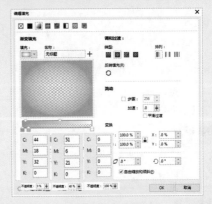
图 26-137

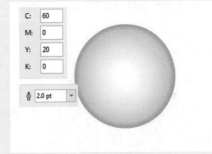
图 26-138

Step 05 使用"椭圆形工具"绘制椭圆，旋转椭圆，调整大小位置，如

629

图 26-139 所示。

Step 06 将正圆和椭圆选中，单击"相交"按钮，生成新图像，然后将原来的椭圆删除，如图 26-140 所示。

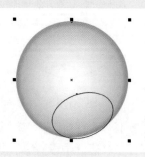

图 26-139

图 26-140

Step 07 单击"默认调色板"上的无色色块，取消新生成图像的填充色，如图 26-141 所示。

Step 08 使用"矩形工具"绘制圆角矩形，如图 26-142 所示。

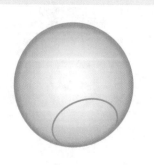

图 26-141

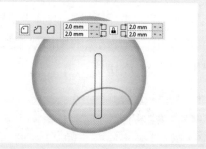

图 26-142

Step 09 选中圆角矩形，按 Ctrl+Q 组合键将图像转为曲线，并使用"形状工具"对图像进行调整，制作出风铃的芯，如图 26-143 所示。

Step 10 为绘制的圆角矩形图像填充颜色，设置其轮廓色和轮廓的宽度，如图 26-144 所示。

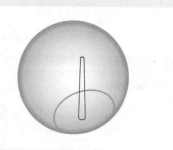

图 26-143

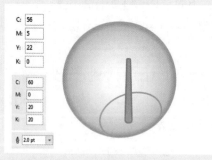

图 26-144

Step 11 使用"钢笔工具"绘制图像，填充白色，去除轮廓色，然后使用"透明度工具"为图像添加均匀的透明度，透明度为"40"，制作出高光，如图 26-145 所示。

Step 12 将高光和调整的圆角矩形选中，按Ctrl+G组合键将图像编组，旋转图像，并按Ctrl+PageDown组合键，调整图像的图层顺序，如图26-146所示。

图 26-145

图 26-146

Step 13 使用"钢笔工具" 绘制线段，按F12键打开"轮廓笔"对话框，在对话框中设置轮廓，如图26-147、图26-148所示。

Step 14 继续使用"钢笔工具" 绘制线段，使用"属性滴管工具" 吸取前面绘制线段的图像，应用于绘制的线段上，并按Shift+PageDown将线段的图层置于底层，如图26-149所示。

Step 15 使用"椭圆形工具" 按"Ctrl"键绘制正圆，如图26-150所示。

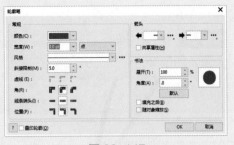

图 26-147

图 26-148

图 26-149

图 26-150

Step 16 继续使用"椭圆形工具" 绘制圆，设置圆填充色为白色，去除轮廓，然后使用"透明度工具" 为图像添加均匀透明度效果，如图26-

631

151 所示。

Step 17 继续"椭圆工具"○绘制两个圆，如图 26-152 所示。

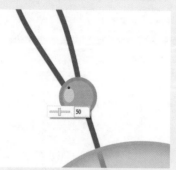

图 26-151

图 26-152

Step 18 选中上步绘制的两个圆，单击"移除前面对象"按钮□，生成新图像，用来制作风铃的高光，如图 26-153 所示。

图 26-153

Step19 为上步绘制的高光图像填充白色，去除轮廓，如图 26-154 所示。

图 26-154

Step 20 使用"刻刀工具"◢在高光图像上绘制两道直线，将高光切成三部分，并删除中间图像，如图 26-155 所示。

Step 21 使用"透明度工具"▧为高光添加线性渐变透明度效果，在视图中调整渐变的手柄，如图 26-156 所示。

图 26-155

图 26-156

Step 22 继续使用"透明度工具"▧为高光添加渐变透明度效果，如图 26-157 所示。

Step 23 使用"钢笔工具"◢绘制图像，利用"形状工具"♦调整图形的形状，为绘制的图像填充白色，去除轮廓，继续为风铃制作高光，如图26-158所示。

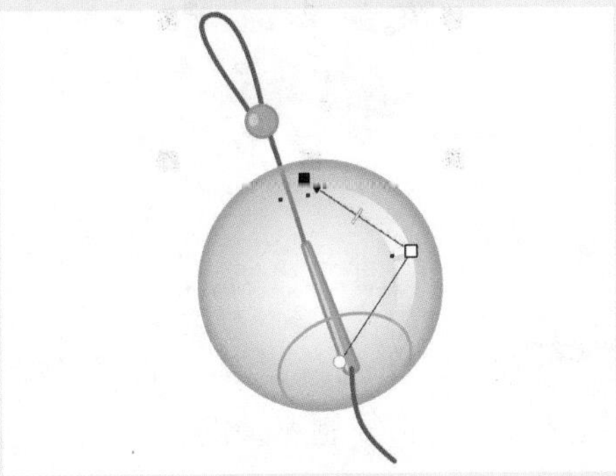

图 26-157

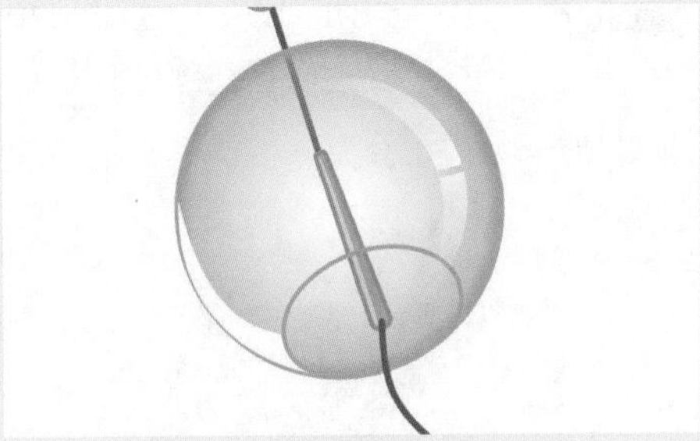

图 26-158

Step 24 使用“透明度工具”为上步绘制的高光添加渐变透明度效果，如图26-159所示。

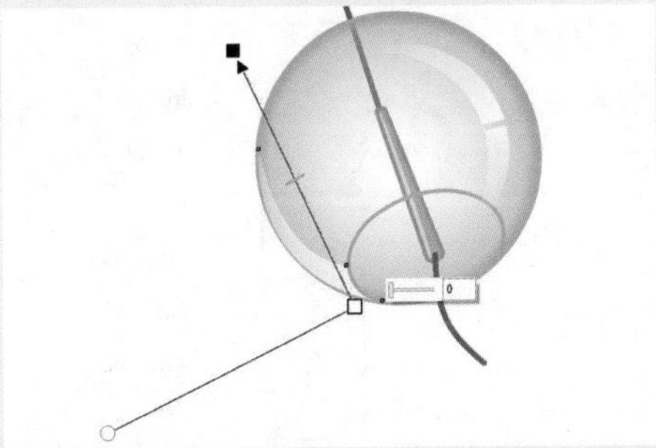

图 26-159

Step 25 使用“椭圆形工具”绘制椭圆，旋转椭圆，并执行“效果 > 模糊 > 高斯式模糊”命令，打开“高斯式模糊”对话框，在对话框中设置模糊半径，单击“OK”按钮应用模糊效果，如图26-160所示。

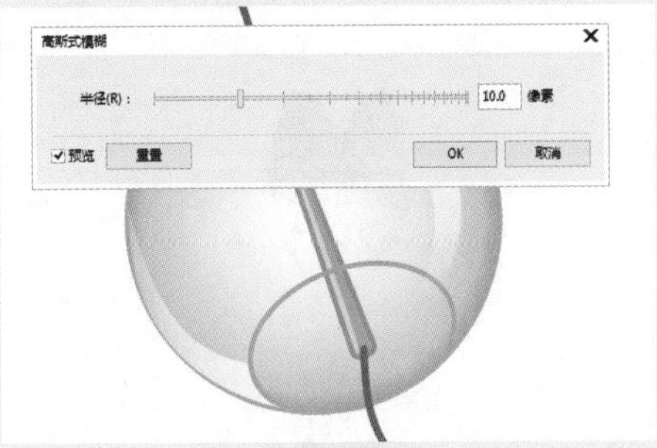

图 26-160

Step 26 使用“钢笔工具”配合“形状工具”绘制花瓣，设置花瓣的颜色，去除轮廓色，如图26-161所示。

Step 27 选中花瓣，使用“透明度工具”为花瓣添加椭圆形渐变透明度效果，如图26-162所示。

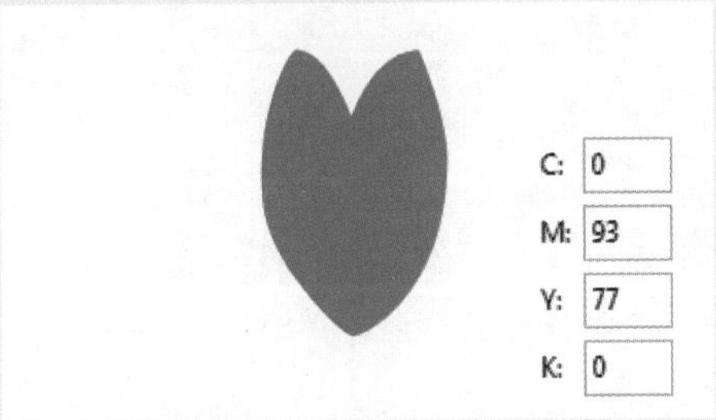

图 26-161

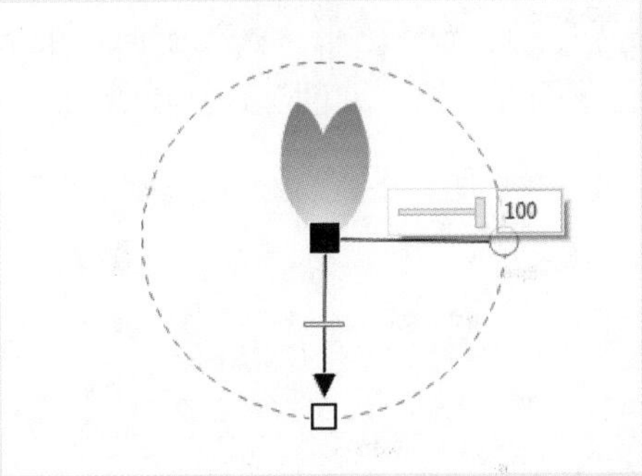

图 26-162

Step 28 使用“椭圆形工具”绘制圆，设置圆的颜色，去除轮廓色，然后使用“透明度工具”为图像添加均匀透明度效果，如图 26-163 所示。

Step 29 将花瓣的旋转中心点移至圆的中心点处，如图 26-164 所示。

图 26-163

图 26-164

Step 30 执行"窗口>泊坞窗>变换"命令，打开"变换"泊坞窗，在泊坞窗中进行设置，单击"应用"按钮，旋转复制花瓣，制作出完成的花朵，如图 26-165 所示。

Step 31 选中花朵，按 Ctrl+G 组合键将图像编组，如图 26-166 所示。

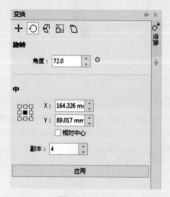

图 26-165

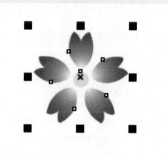

图 26-166

Step 32 将花朵移动到风铃上，复制花朵并调整复制花朵的大小，如图 26-167 所示。

Step 33 使用"矩形工具"□绘制矩形，填充颜色，设置轮廓颜色和宽度，如图 26-168 所示。

图 26-167

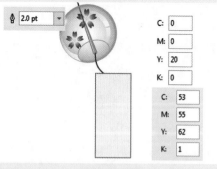

图 26-168

Step 34 使用"钢笔工具"□和"3点曲线工具"△在矩形上绘制图像，设置填充色和轮廓，效果如图 26-169 所示。

Step 35 选中绘制的黄色矩形和上步绘制的图像，按 Ctrl+G 组合键将图像编组，然后使用"封套工具" 将图像变形，如图 26-170 所示。

图 26-169

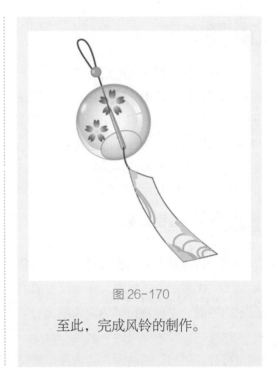

图 26-170

至此，完成风铃的制作。

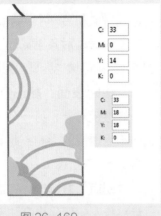

26.10 其他效果

在CorelDRAW中，还可以通过"添加透视"命令和"透镜""斜角"泊坞窗进行特殊效果的添加和制作。

26.10.1 透视点效果

透视点效果是在图形的绘制和编辑过程中经常用到的操作，广泛运用于建筑效果图、产品包装效果图以及书籍装帧设计效果图的制作中。通过添加透视点功能可调整图形对象的扭曲度，从而使对象产生近大远小的透视关系。

选择图形，执行"对象>添加透视"命令，此时在图形对象周围出现具有透视感的红色虚线网格，拖动虚线网格的控制柄，如图26-171所示，将其调整到合适的位置后最后得到透视效果，如图26-172所示。

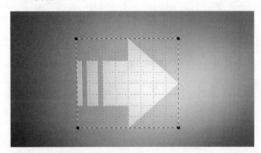

图 26-171

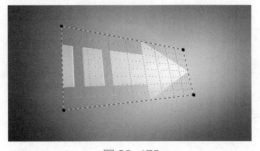

图 26-172

运用添加透视功能的注意事项

添加透视点效果只能应用在独立的图形对象上，在独立群组中可以添加透视点并进行调整操作，但在同时选择多个图形对象的情况下则不能使用该功能。

26.10.2 透镜效果

通过"透镜"泊坞窗可以为图形对象添加不同类型的透镜效果，在调整对象的显示内容时，也可调整其色调效果。

执行"窗口>泊坞窗>透镜"命令，即可打开"透镜"泊坞窗，当未应用任何透镜效果时，"透镜"泊坞窗中的预设选项将为灰色未激活状态，且在预览窗口不显示任何透镜效果，如图26-173所示。

图 26-173

当在"透镜类型"下拉列表框中选择一个透镜选项后，泊坞窗中则显示出使用透镜的示意图效果，同时也激活了相关选项，下面对其选项进行介绍。

● 预览窗口：当在页面中绘制或打开图形后，在其中以简洁的方式显示出当前所选图形对象所选择的透镜类型的作用形式。

● "透镜类型"下拉列表框：用于设置透镜类型，如变亮、颜色添加、色彩限度、自定义彩色图、鱼眼以及线框等类型。选择不同的透镜类型，会提供相对应的设置选项。

● "冻结"复选框：勾选该选项，将冻结透镜对象和另一个对象的相交区域，冻结对象后移动对象至其他地方，最初应用透镜效果的区域也会显示为相同的效果。

● "移除表面"复选框：勾选该选项，一处透镜对象和另一个对象不相叠的区域将不受透镜的影响，此时被透镜所覆盖的区域不可见。

● "视点"复选框：勾选该选项，即使背景对象发生变化也会动态维持视点。

透镜效果的添加方法极为简单，在图形中选择需要进行透镜效果的图形对象，如图26-174所示，在"透镜"泊坞窗中的"透镜类型"下拉列表框中选择合适的类型，并在其面板中设置相应的参数，此时在图形中即可查看应用相应透镜后的效果，如图26-175所示。

图 26-174

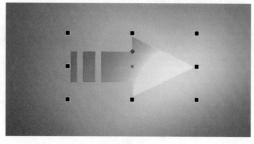

图 26-175

需要说明的是：透镜效果只能对矢量图的图形对象使用，对位图则无法使用该功能。

26.10.3 斜角效果

在"斜角"泊坞窗中，可对图形对象进行立体化处理，也可进行平面化样式处理。

执行"效果>斜角"命令，打开"斜角"泊坞窗。要设置并应用"斜角"泊坞窗，需要选择一个已经填充颜色的图形对象，才能激活相应的灰色选项，如图26-176所示。

图 26-176

下面对其中的选项进行介绍。

● "样式"栏：包括"柔和边缘""浮雕"两种，用于为对象添加不同的斜角样式。

● "斜角偏移"栏：用于设置斜角在对象中的位置和状态。

● "阴影颜色"下拉按钮：用于对对象的斜角的阴影颜色进行设置。

● "光源控件"栏：用于设置光源的颜色、强度、方向和高度。

● "应用"按钮：单击该按钮即可应用设置。

> **知识点拨**
>
> 光源控制
>
> 更改"光源颜色"后，将以该颜色调

和至斜角对象的光源颜色中。其中，"强度"选项可增强光照的明暗对比强度，数值越大，对比越强；"方向"选项可调整光源的照射方向；"高度"选项可调整光照的敏感平滑度，数值越大，其光源高度越低，效果越平滑。

为图形对象添加斜角效果是指在一定程度上为图形对象添加立体化效果或浮雕效果，同时还可对应用斜角效果后的对象进行拆分。

选择图形，如图26-177所示，执行"效果>斜角"命令，打开"斜角"泊坞窗。在"样式"下拉列表框中选择"柔和边缘"选项，点选"距离"单选按钮后设置距离参数，同时对阴影颜色和光源颜色进行设置。完成后单击"应用"按钮，即可看到图形的斜角效果，如图26-178所示。

此外，可点选"到中心"单选按钮，保持其他颜色和参数不变，再次单击"应用"按钮，图像效果也发生了变换，效果如图26-179所示。

图 26-177

图 26-178

图 26-179

637

本案例主要使用"轮廓图工具" □来制作出水纹,下面具体讲述制作的过程。

Step 01 启动 CorelDRAW 应用程序,执行"文件 > 新建"命令,在弹出的"创建新文档"对话框中进行设置,然后单击"OK"按钮,新建文档,如图 26-180 所示。

图 26-180

Step 02 执行"文件 > 导入"命令,导入本章素材"背景 .jpg"图像,调整导入素材的位置与大小,如图 26-181 所示。

图 26-181

Step 03 执行"对象 > 锁定"命令,将素材"墙 .jpg"锁定图像,方便后面的操作,如图 26-182 所示。

Step 04 使用"椭圆形工具" ○ 按 Ctrl 键绘制正圆,如图 26-183 所示。

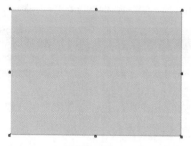

图 26-182

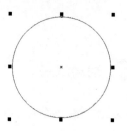

图 26-183

Step 05 使用"轮廓图工具" □ 选中椭圆,然后在属性栏中设置,在正圆的上方,按住鼠标左键为正圆添加轮廓,如图 26-184 所示。添加的轮廓效果如图 26-185 所示。

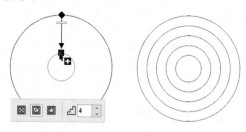

图 26-184　　　　图 26-185

Step 06 将上步操作的图像选中,按 Ctrl+K 组合键拆分轮廓图,为了更加方便观察,移动最外圈的圆,如图 26-186 所示。

Step 07 拆分后的图像部分群组在一起,选中群组的图像按 Ctrl+U 组合键,取消群组,为了更加方便观察,移动圆,如图 26-187 所示。

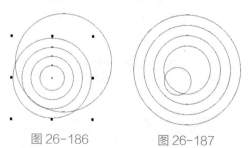

图 26-186　　　　图 26-187

Step 08 按 Shift+F11 组合键打开"编辑填充"对话框,分别为圆填充颜色,取消轮廓色，如图 26-188 所示。

Step 09 复制前面绘制的图像，修改颜色，制作出第二种圆环图像，如图 26-189 所示。

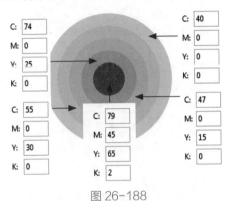

图 26-188

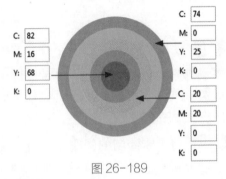

图 26-189

Step 10 使用上述同样的办法，制作出第三种和第四种圆环图像，如图 26-190、图 26-191 所示。

Step 11 制作出第五种圆环图像，如图 26-192 所示。将圆环图像分别选中，按 Ctrl+G 组合键将图像编组，按 Ctrl+U 组合键，取消群组，如图 26-193 所示。

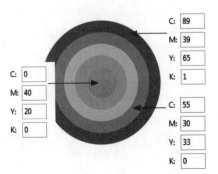

图 26-190

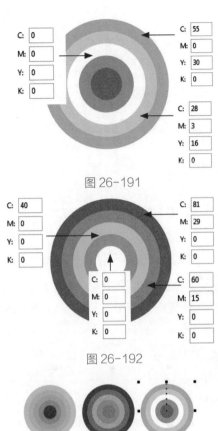

图 26-191

图 26-192

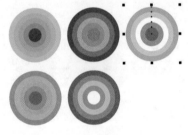

图 26-193

Step 12 绘制正圆，使用"轮廓图工具" 添加向内的轮廓，按 Ctrl+K 组合键拆分轮廓图，按 Ctrl+U 组合键，取消群组，如图 26-194 所示。

Step 13 为上步绘制的图像填充颜色，取消轮廓色，如图 26-195 所示。

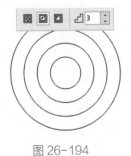

图 26-194

639

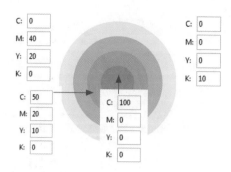

C:	0
M:	40
Y:	20
K:	0

C:	0
M:	0
Y:	0
K:	10

C:	50
M:	20
Y:	10
K:	0

C:	100
M:	0
Y:	0
K:	0

图 26-195

Step 14 复制圆环，为其修改颜色，并将上步绘制的圆环和本步操作的圆环分别群组，如图 26-196 所示。

Step 15 复制前面创建好的圆环图像，调整其在视图中的位置、大小，如图 26-197 所示。

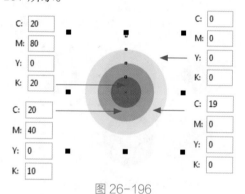

C:	20
M:	80
Y:	0
K:	20

C:	20
M:	40
Y:	0
K:	10

C:	0
M:	0
Y:	0
K:	0

C:	19
M:	0
Y:	0
K:	0

图 26-196

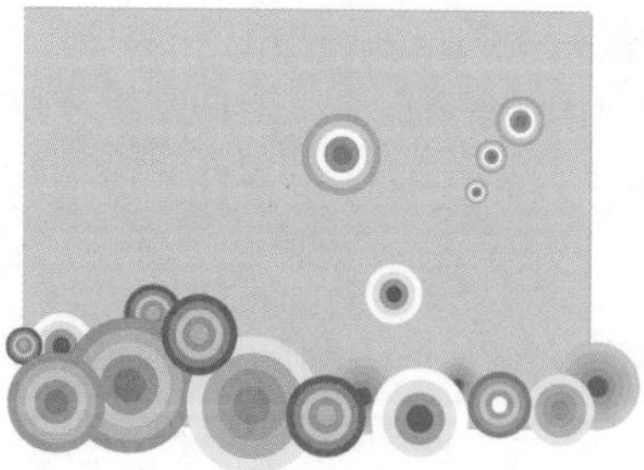

图 26-197

Step 16 使用"椭圆形工具" ◎绘制圆，装饰画面，设置填充色和轮廓，如图 26-198 所示。

Step 17 使用"钢笔工具" ◎绘制大鱼的身体，设置填充色，去除轮廓，如图 26-199 所示。

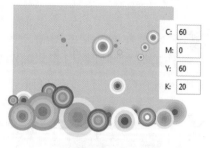

C:	60
M:	0
Y:	60
K:	20

图 26-198

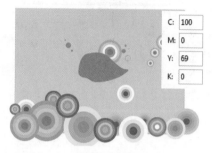

C:	100
M:	0
Y:	69
K:	0

图 26-199

Step 18 使用"椭圆形工具" ◎在鱼的头部绘制椭圆，同时选中椭圆和大鱼图形，单击属性栏中"相交"按钮 ◻，创建出鱼头图像，如图 26-200 所示。

Step 19 将上步绘制的圆删除，为鱼头图像填充颜色，去除轮廓色，如图 26-201 所示。

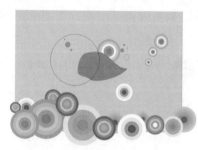

图 26-200

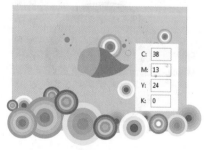

C:	38
M:	13
Y:	24
K:	0

图 26-201

Step 20 使用"椭圆形工具" ◯绘制椭圆形,填充丰富的颜色,创建鱼鳞图像,并按 Ctrl+G 组合键将图像进行编组,如图 26-202 所示。

Step 21 将鱼鳞图像选中,执行"对象 > 置于图文框内部"命令,在画面中单击大鱼的身体图像,如图 26-203 所示。

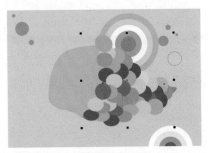

图 26-202

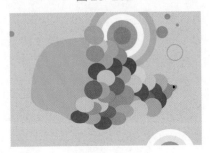

图 26-203

Step 22 将鱼鳞置于大鱼的身体,效果如图 26-204 所示。

Step 23 使用"钢笔工具" ◿绘制出鱼鳍和鱼尾,为其设置填充色,取消轮廓,使用"椭圆形工具" ◯绘制黑色的圆,制作出鱼的眼睛,如图 26-205 所示。

图 26-204

图 26-205

Step 24 使用"钢笔工具" ◿配合"椭圆形工具" ◯运用图像相交的方法绘制出小鱼,如图 26-206 所示。

Step 25 按小键盘上的"+"键复制小鱼,缩小图像,调整其位置,将绘制的图像全部选中,按 Ctrl+G 组合键,将图像编组,如图 26-207 所示。

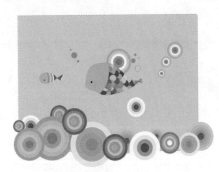

图 26-206

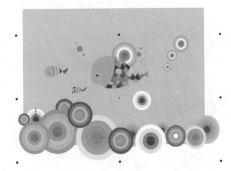

图 26-207

Step 26 使用"矩形工具" ◻绘制矩形,如图 26-208 所示。执行"对象 > 置于图文框内部"命令,将所用绘制的图像置于矩形内,并去除矩形轮廓,如图 26-209 所示。

641

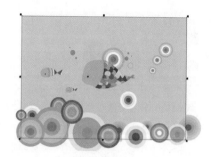

图 26-208

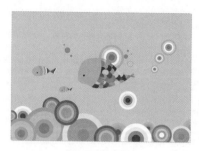

图 26-209

至此，完成海底世界绘制。

课后作业 / 制作房地产标志

项目需求

受某公司委托帮其设计标志，要求设计时尚，有视觉冲击力，从标志中可以看出其是房地产公司，结合名字进行设计。

项目分析

因为公馆的名字中"26"比较独特，所以在制作标志时对"26"进行变形设计。将标志制作出立体的效果，既能给人高楼林立的感觉，也能对人的视觉产生很强冲击，给人留下深刻的印象。标志的颜色采用渐变的灰绿色，给人年轻时尚的感觉。

项目效果

效果如图26-210所示。

操作提示

Step01：使用绘图工具创建出数字。

Step02：使用立体化工具添加立体效果。

Step03：使用渐变工具为图像添加渐变效果。

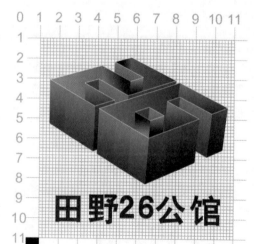

图 26-210

第 27 章
处理位图图像

★ 内容导读

在 CorelDRAW 中不仅能够对矢量图形进行编辑，还能够对位图进行一定程度的编辑。除了对位图进行导入和转换、裁剪、转换为矢量图等处理外，还可以对位图的色彩进行调整。下面将具体讲解位图的处理。

⊙ 学习目标

○ 掌握位图导入、调整位图大小的方法
○ 掌握如何裁剪位图、位图与矢量图的转换方法
○ 熟练地为图像调整色彩

27.1　位图的导入和转换

本节主要讲解处理位图的一些基础知识，只有了解位图的基础知识，才能在下面学习位图的处理时操纵自如，接下来将详细介绍位图的导入和转换。

27.1.1　导入位图

导入全图像即在CorelDRAW工作界面中导入位图图像，位图图像较为特别，不能使用"打开"命令将其打开，只能使用"导入"命令将其导入到工作界面中。CorelDRAW提供3种导入位图图像的方法，分别是通过执行"文件 > 导入"命令导入、使用快捷键Ctrl+I导入和使用标准工具栏中的按钮导入。

27.1.2　调整位图大小

调整位图大小，只需单击"选择工具" 🔲，选择位图后将鼠标指针放置在图像周围的黑色控制点上，然后单击并拖动图像即可调整位图的大小；另一种方式是选择位图后，在属性栏中直接输入文字的宽度和高度，按下Enter键确认调整即可改变位图的大小。

27.2　位图的编辑

本节主要讲解位图的裁剪、位图与矢量图的转换以及图像视图的矫正，接下来将详细介绍编辑位图的过程。

27.2.1　裁剪位图

在CorelDRAW中不仅可以使用裁剪工具对位图进行规则的裁剪，还可以通过"裁剪位图"命令对位图对象进行不规则的裁剪。首先选中位图，如图27-1所示。使用工具箱中的"形状工具"对位图进行调整，如图27-2所示。调整完成后执行"位图 > 裁剪位图"命令，即可将原来多余的部分去除，如图27-3所示。

图 27-1

图 27-2

图 27-3

Photoshop+Illustrator+CorelDRAW | 站式高效学习一本通

27.2.2 矢量图与位图的转换

在CorelDRAW中，矢量图和位图是可以进行相互转换的。将矢量图转换为位图后，可在软件中应用一些如调和曲线、替换颜色等只针对位图图像的颜色调整命令，从而让图像效果更真实。将位图转换为矢量图，则可以保证图像效果在打印过程中不变形。下面分别介绍矢量图和位图的转换方法。

（1）矢量图转换为位图

打开或绘制好矢量图形，如图27-4所示。执行"位图 > 转换为位图"命令，即可打开"转换为位图"对话框，如图27-5所示。在其中可对生成位图的分辨率、光滑处理、透明背景等进行设置，完成单击"OK"按钮，即可将矢量图转换为位图，如图27-6所示。

需要注意的是：将矢量图转换为位图后，即可对其执行相应的调整操作，如颜色转换等，使图像效果发生较大的改变。

图 27-4　　　　　图 27-5　　　　　图 27-6

（2）位图转换为矢量图

位图转换为矢量图有多种模式可供用户选择使用。导入位图选择该图像，在"选择工具" ▶ 属性栏中单击"描绘位图"按钮，弹出菜单，在其中有"快速描摹""中心线描摹"以及"轮廓描摹"等命令。在"中心线描摹"和"轮廓描摹"命令下还有多个子命令，用户可根据需求进行设置。

"快速描摹"命令没有参数设置对话框，选择该选项后软件自动执行转换，而选择"徽标""剪贴画"等命令，则会打开PowerTRACE对话框，在其中可对细节、平滑以及是否删除原始图像进行设置。原位图图像通过快速描摹方式转换的矢量图效果如图27-7、图27-8所示。

图 27-7　　　　　　　　图 27-8

27.2.3 "矫正图像"命令

使用"矫正图像"命令可快速矫正构图上有一定偏差的位图图像，该命令是对旋转和裁剪功能的一种整体运用，将这两种操作进行了一体化的集结，并对效果进行实时预览，使对图像的调整更为准确，同时也提高了处理速度。

选择一个位图，如图27-9所示。执行"位图>矫正"命令，打开"矫正图像"对话框，在对话框中可以设置"更正镜头畸变""旋转图像""垂直透视""水平透视"等参数来矫正构图上有一定偏差的位图图像，如图27-10所示。在对换框中设置参数，单击"OK"按钮，即可得到效果，如图27-11所示。

图 27-9

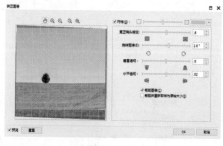
图 27-10

图 27-11

📑 **课堂练习** 制作位图的切割效果

扫一扫 看视频

除了"裁剪工具" ✄ 和"形状工具" ⬡ ，对位图进行处理，裁剪成新形状，还可以使用"刻刀工具" ✎ ，下面具体讲述制作过程。

Step 01 启动 CorelDRAW 应用程序，执行"文件>新建"命令，在弹出的"创建新文档"对话框中进行设置，然后单击"OK"按钮，新建文档，如图 27-12 所示。

Step 02 执行"文件>导入"命令，导入本章素材"女孩1.jpg"到当前文档中，调整图像的大小与位置，如图 27-13 所示。

图 27-12

图 27-13

Step 03 使用"刻刀工具" ✎在画面中绘制直线，将位图拆开，如图 27-14、图 27-15 所示。

图 27-14

图 27-15

Step 04 继续使用"刻刀工具" ✎工具绘制直线，拆分更多的图像，如图 27-16 所示。

Step 05 双击工具箱的"矩形工具" □，绘制和页面相同大小的矩形，并填充黑色，制作出背景，如图 27-17 所示。

图 27-16

图 27-17

Step 06 调整拆分后图像的位置，如图 27-18 所示。

Step 07 使用上述方法，还可以制作出其他的切割效果，如图 27-19 所示。

图 27-18

图 27-19

至此，完成位图切割。

647

27.3 位图的色彩调整

应用色彩的调整命令可以快速改变位图的颜色、色调、亮度、对比度，让图形效果更符合使用环境。下面将对一些常用的色彩调整命令进行介绍。

在"效果>调整"中子菜单有14个命令，除了对位图进行调整，还能对矢量图像进行调整。调整命令的子菜单如图27-20所示。

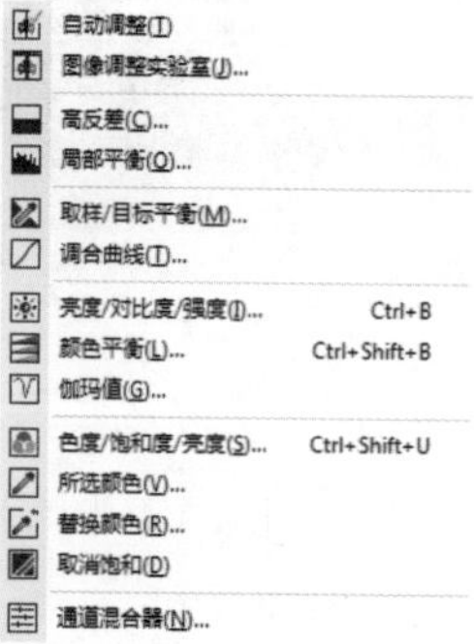

图标	命令	快捷键
自动调整(T)	
图像调整实验室(J)	
高反差(C)	
局部平衡(Q)	
取样/目标平衡(M)	
调合曲线(T)	
亮度/对比度/强度(I)	Ctrl+B
颜色平衡(L)	Ctrl+Shift+B
伽玛值(G)	
色度/饱和度/亮度(S)	Ctrl+Shift+U
所选颜色(V)	
替换颜色(R)	
取消饱和(D)	
通道混合器(X)	

图 27-20

27.3.1 "自动调整"命令

"自动调整"命令是软件根据图像的对比度和亮度快速地进行自动匹配，让图像效果更清晰分明。需要注意的是，该命令没有参数设置对话框，只需选择图像后执行"效果>调整>自动调整"命令，即可自动调整图像颜色。原图像和使用"自动调整"命令调整后的位图效果如图27-21、图27-22所示。

图 27-21

图 27-22

27.3.2 "图像调整实验室"命令

运用"图像调整实验室"命令，可快速调整图像的颜色，该命令在功能上集图像的色相、饱和度、对比度、高光等调色命令于一体，可同时对图像进行多方面的调整。"图像调整实验室"命令的使用方法是选择图像，如图27-23所示。执行"效果 > 调整 > 图像调整实验室"命令，打开"图像调整实验室"对话框，在其右侧栏中拖动滑块设置参数，以调整图像颜色，完成后单击"OK"按钮即可，得到的效果如图27-24所示。

图 27-23

Photoshop+Illustrator+CorelDRAW 1站式高效学习一本通

图 27-24

需要注意的是，在调整过程中若对效果不是很满意，还可在"图像调整实验室"对话框中单击"重置为原始值"按钮，快速地将图像返回原来的颜色状态，以便对其进行再次调整。

27.3.3 "调合曲线"命令

使用"调合曲线"命令，可以通过控制单个像素值精确地调整图像中的阴影、中间值和高光的颜色，从而快速调整图像的明暗关系。其方法是选择图像，如图27-25所示。执行"效果 > 调整 > 调合曲线"命令，打开"调合曲线"对话框，在其中单击添加锚点，拖动锚点调整曲线。完成后单击"OK"按钮应用调整，其效果如图27-26所示。

图 27-25

图 27-26

操作提示

曲线的调合

调合曲线是调整通道颜色。在打开的"调合曲线"对话框中，还可在活动通道下拉列表框中分别选择"红""绿"和"篮"三个选项，同时在曲线框中拖动并调整曲线，能分别针对图像的3个通道进行颜色的调整。

课堂练习 调整蓝绿冷色调

本案例主要使用"调合曲线"的命令，来调整画面的亮度和色调，下面具体讲述制作的过程。

扫一扫 看视频

Step 01 启动 CorelDRAW 应用程序，执行"文件 > 新建"命令，在弹出的"创建新文档"对话框中进行设置，然后单击"OK"按钮，新建文档，如图27-27所示。

图 27-27

Step 02 执行"文件 > 导入"命令，导入本章素材"女孩2.jpg"到当前文档中，调整图像的大小与位置，如图27-28 所示。

图 27-28

Step 03 选中位图，执行"效果 > 调整 > 调合曲线"命令，打开"调合曲线"对话框，拖动曲线，提高图像的亮度，如图 27-29、图 27-30 所示。

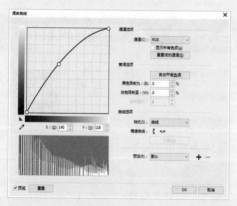

图 27-29

图 27-30

Step 04 在"调合曲线"对话框中

的通道下拉列表框中选择"红"，拖动曲线，调整红色通道的颜色，如图 27-31、图 27-32 所示。

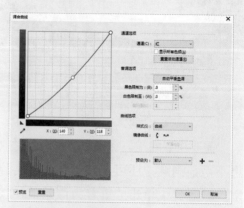

图 27-31

图 27-32

Step 05 在"调合曲线"对话框中的通道下拉列表框中选择"绿"，拖动曲线，使画面色调偏绿色，如图 27-33、图 27-34 所示。

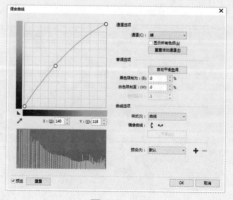

图 27-33

图 27-34

Step 06 继续在"调合曲线"对话框的通道下拉列表框中选择"蓝"，拖动曲线，使画面色调偏蓝色，如图27-35、图 27-36 所示。

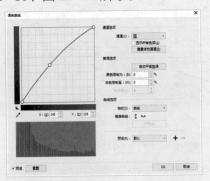

图 27-35

图 27-36

至此，完成照片的颜色调整。

27.3.4 "亮度/对比度/强度"命令

亮度表示图像的明暗关系，对比度表示图像中明暗区域中最暗与最亮之间不同亮度层次的差异范围，强度则是执行对比度和亮度的程度。使用"亮度/对比度"

命令，可以调整所有颜色的亮度以及明亮区域与暗调区域之间的差异。其方法是选择图像，如图27-37所示，执行"效果 > 调整 > 亮度/对比度"命令，打开"亮度/对比度"对话框。在其中拖动滑块即可调整其中相应参数，完成后单击"OK"按钮即可，效果如图27-38所示。

图 27-37

图 27-38

27.3.5 "颜色平衡"命令

使用"颜色平衡"命令，可在图像原色的基础上根据需要添加其他颜色，或通过增加某种颜色的补色，以减少该颜色的数量，从而改变图像的色调，达到纠正图像中偏色或只做出某种色调的图像的目的。其操作方法是，选择图像，如图27-39所示，执行"效果 > 调整 > 颜色平衡"命令或按下Ctrl+Shift+B组合键，打开"颜色平衡"对话框，在其中拖动滑块设置参数。完成后单击"OK"按钮即可调整图像，得到的效果如图27-40所示。

图 27-39

图 27-40

操作提示

预览窗口和预览按钮的关系

在使用系统调整命令时，若在相应的参数设置对话框中通过单击左上角的按钮打开了图像预览窗口，此时单击"预览"按钮即可在预览窗口中预览图像调整后的效果，而在页面中的图像则保持原有效果不变。若没有打开图像中的预览窗口，单击"预览"按钮，则在界面中看到相应的调整效果。

27.3.6 "色度/饱和度/亮度"命令

"色度/饱和度/亮度"命令，可以更改图像中的颜色倾向、色彩的鲜艳程度以及亮度。

选择图像，如图27-41所示。执行"效果 > 调整 > 色度/饱和度/亮度"命令，打开"色度/饱和度/亮度"对话框，可选

择"主对象"，然后拖拽"色度""饱和度""亮度"的滑块调整参数，单击"OK"按钮即可得到效果，如图27-42所示。

图 27-41

图 27-42

如果只更改图像中的某种颜色，可以在"通道"中选择相应的颜色，在这里只选择"红"单选按钮，如图27-43所示，然后拖拽"色度""饱和度""亮度"的滑块调整参数，发现画面中黄色被改变，如图27-44所示。

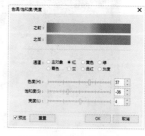

图 27-43

图 27-44

27.3.7 "替换颜色"命令

使用"替换颜色"命令，可改变图像中部分颜色的色相、饱和度和明暗度，从而达到改变图像颜色的目的。该命令是针对图像中某个颜色区域进行调整的，其操作方法是：选择图像，如图27-45所示，执行"效果 > 调整 > 替换颜色"命令，打开"替换颜色"对话框。在"原颜色"和"新建颜色"下拉列表框中对颜色进行设置。此时单击按钮，可在图像中吸取原来颜色或是替换颜色，增加调整的自由度。完成颜色的设置后，在"颜色差异"栏中拖动滑块调整参数，单击"OK"按钮，即可替换颜色，得到的效果如图27-46所示。

图 27-45

图 27-46

27.3.8 "取消饱和度"命令

"取消饱和度"命令可以将彩色的图像变为黑白效果。

选择图像，执行"效果 > 调整 > 取消饱和"命令，可以将图像的颜色转换为与其相对性的灰度效果，如图27-47、图27-48所示。

图 27-47

图 27-48

27.3.9 "通道混合器"命令

使用"通道混合器"命令，可将图像中某个通道中的颜色与其他通道的颜色进行混合，使图像产生混合叠加的合成效果，从而起到调整图像色彩的作用。需要注意的是，在实际应用中，使用"通道混合"命令，可快速调整图像的色相，赋予图像不同的风格。通道混合器的应用过程如下。

选择图像，如图27-49所示。执行"效果>调整>通道混合器"命令，打开"通道混合器"对话框，从中可对输出通

653

道以及各种颜色进行选择，并结合滑块调整参数，让调整更多样化，完成后单击"OK"按钮确认调整，此时得到的效果如图27-50所示。

图27-49

图27-50

27-52所示。

图27-51

图27-52

Step 03 选中素材，执行"效果>调整>替换颜色"命令，打开"替换颜色"对话框，在对话框中选择原颜色处的吸管，吸取素材上的天空颜色，设置新建颜色为白色，单击"OK"按钮替换颜色，如图27-53、图27-54所示。

图27-53

课堂练习　为荷花位图添加古典工笔画的效果

本案例主要应用"替换颜色""亮度/对比度/强度""色度/饱和度/亮度"命令来制作出古典的工笔画效果。下面具体讲解制作的过程。

扫一扫 看视频

Step 01 启动CorelDRAW应用程序，执行"文件>新建"命令，在弹出的"创建新文档"对话框中进行设置，然后单击"OK"按钮，新建文档，如图27-51所示。

Step 02 执行"文件>导入"命令，导入本章素材"荷花.jpg"到当前文档中，调整图像的大小与位置，如图

图27-54

Step 04 选中素材，执行"效果 > 调整 > 亮度 / 对比度 / 强度"命令，打开"亮度 / 对比度 / 强度"对话框，在对话框中设置参数，增强画面的亮度对比度，如图27-55、图27-56所示。

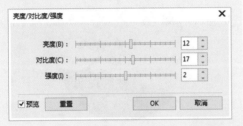

图 27-55

图 27-56

Step 05 继续执行"效果 > 调整 > 色度 / 饱和度 / 亮度"命令，打开"色度 / 饱和度 / 亮度"对话框，在对话框中设置参数，进一步调整画面，如图27-57、图27-58所示。

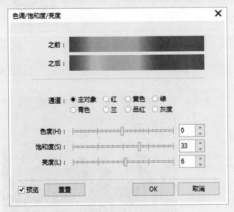

图 27-57

图 27-58

Step 06 使用"矩形工具"□在导入的素材上方绘制矩形，为其填充颜色，去除轮廓，如图27-59所示。

Step 07 选中矩形，在"透明度工具"▨属性栏上将图像的合并模式改为"乘"，如图27-60所示。

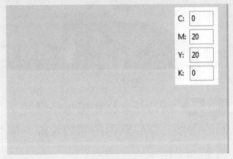

图 27-59

图 27-60

Step 08 使用"椭圆形工具"○按Ctrl键绘制正圆，如图27-61所示。

Step 09 选中荷花素材和绘制的矩形，执行"对象 > PowerClip > 置于

655

图文框内部"命令,使用鼠标在页面中单击绘制的圆,如图27-62所示。

图 27-61

图 27-62

Step 10 将荷花素材和矩形图像置于圆的内部,然后取消图像的轮廓,如图27-63所示。

Step 11 执行"文件 > 导入"命令,导入本章素材"文字 .png"到当前文档中,调整图像的大小与位置,如图27-64所示。

图 27-63

图 27-64

至此,完成古典工笔画效果的制作。

综合实战 制作创意老照片对比场景图

本案例主要使用调整命令来修改位图的颜色,下面具体讲述制作的过程。

Step 01 启动 CorelDRAW 应用程序,执行"文件 > 新建"命令,在弹出的"创建新文档"对话框中进行设置,然后单击"OK"按钮,新建文档,如图27-65所示。

Step 02 执行"文件 > 导入"命令,导入本章素材"城市 .jpg"图像,调整导入素材的位置与大小,如图27-66所示。

图 27-65

图 27-66

Step 03 选中导入的素材，执行"效果 > 调整 > 亮度/对比度/强度"命令，打开"亮度 / 对比度 / 强度"对话框，在对话框中设置参数，调整画面的亮度对比度，如图 27-67、图 27-68 所示。

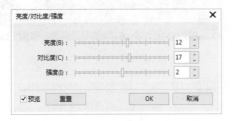

图 27-67

图 27-68

Step 04 执行"效果 > 调整 > 调合曲线"命令，打开"调合曲线"对话框，拖拽曲线，进一步调整图像色调，如图 27-69、图 27-70 所示。

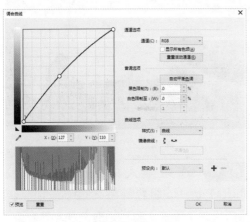

图 27-69

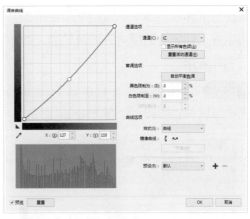

图 27-70

Step 05 执行"文件 > 导入"命令，导入本章素材"手 .jpg"图像，调整图像的大小与位置，如图 27-71 所示。

Step 06 使用"钢笔工具" ▨沿手的轮廓绘制闭合路径，如图 27-72 所示。

图 27-71

图 27-72

Step 07 选中手素材，执行"对象 > PowerClip >置于图文框内部"命令，然后使用鼠标在页面中单击绘制闭合路径，将手置入到闭合路径内，取消轮廓，如图 27-73 所示。

Step 08 选中手素材，再次调整图像的大小与位置，如图 27-74 所示。

图 27-73

图 27-74

Step 09 使用"钢笔工具"[图标]继续绘制图像，设置填充色为白色，如图 27-75 所示。按 Ctrl+PageDown 组合键调整图像图层顺序，如图 27-76 所示。

图 27-75

图 27-76

Step 10 按"+"将复制上步操作的图像，按 Shift 键将复制的图像缩小，如图 27-77 所示。执行"对象 > PowerClip > 创建空 PowerClip 文图框"命令，创建空 PowerClip 文图框，效果如图 27-78 所示。

图 27-77

图 27-78

Step 11 选中导入的城市图片，按 Shift+PageUp 组合键将其置于最顶层，然后执行"效果 > 调整 > 取消饱和"命令，将图像的颜色变为黑白，如图 27-79 所示。

Step 12 将黑白图像拖至文图框上方，将其置入到文图框内部，如图 27-80 所示。

图 27-79

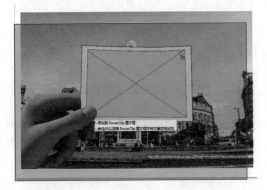

图 27-80

Step 13 置于图文框内部效果如图 27-81 所示。

Step 14 此时选择图文框页面会显示编辑按钮，单击"编辑"按钮，可以对置入图文框内部的图像进行调整，调整黑白图像的大小与位置，完成后单击"完成"按钮，便会回到正常的操作界面，如图 27-82 所示。

图 27-81

图 27-82

Step 15 经过多次调整黑白图像在图文框内部的位置效果如图 27-83 所示。

Step 16 选中图文框和其外部的白色图像，取消轮廓，如图 27-84 所示。

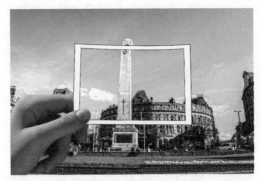

图 27-83

图 27-84

至此，完成创意老照片对比场景图的制作。

课后作业 / 制作餐厅宣传页

项目需求

受某餐厅委托帮其设计宣传页，尺寸210mm×285mm，内容简洁明了，配图与内容相关，整体美观协调。

项目分析

背景中的奶茶照片，美观、简洁，色调暖和，能勾起人的食欲，与广告内容相符。左侧用弧度线进行分割，先以金色的弧形，再绘制紫色的渐变弧形图案，使分割更加自然，可区分内容。为文字设置不同的字体、颜色、字号，突出重点内容。

项目效果

效果如图27-85所示。

图 27-85

操作提示

Step01：裁剪工具和调整命令调整位图。
Step02：使用绘图工具绘制图像。
Step03：使用文字工具输入文字信息，设置字体、字号。

Cdr

第 28 章
应用滤镜特效

★ 内容导读

本章主要讲解了滤镜特效，滤镜特效不仅能够对矢量图进行编辑，同样适用于位图图像。CorelDRAW 中有很多滤镜效果，为了方便用户使用，软件将滤镜分为很多组，单击组中的子菜单，一般会弹出相应命令的对话框，在对话框中进行设置，应用滤镜效果。

◐ 学习目标

○ 认识滤镜
○ 掌握三维滤镜添加及应用
○ 掌握其他常用的滤镜效果

滤镜使图像产生各种特殊的纹理，丰富图像的效果，使图像变得更加生动。CorelDRAW中滤镜分为内置滤镜和插件滤镜，下面对其进行介绍。

28.1.1 内置滤镜

在CorelDRAW中，软件为用户提供了多种不同特性的效果滤镜，由于这些滤镜是软件自带的，因此也称为内置滤镜，收录在"效果"菜单中，只需单击该菜单即可查看。

同时，软件对这些滤镜进行了归类，将功能相似的滤镜归入一个滤镜组中，例如"三维效果""艺术笔触""模糊""相机""颜色转换""轮廓图""创造性""扭曲""杂点""鲜明化"等都在一个滤镜组。每个滤镜组中还包含了多个滤镜效果命令，将鼠标光标在该滤镜组上稍作停留，即可显示出该组的相应滤镜，分别为"炭化笔""蜡笔画""水彩色调"。每种滤镜都有各自的特性，用户可根据实际情况进行灵活运用，如图28-1~图28-3所示。

图 28-1   图 28-2   图 28-3

28.1.2 镜插件

在CorelDRAW中，除了可以使用软件自带的内置滤镜外，系统还支持第三方提供的滤镜，称为插件，需要在软件中进行插入才能使用。这类插件多是外挂厂商出品的适应该软件的效果滤镜，非常实用，能快速制作出特殊的效果。但需要进行安装，方法都比较简单，可根据不同外挂滤镜文件的形式进行安装。

需要注意的是，用户在安装插件时，可根据该插件相应的提示安装。这些插件在安装完成后不必重新启动电脑，仅重新启动CorelDRAW软件即可。执行"位图>插件"命令，选择安装的滤镜后，即可展开相应的滤镜子菜单对滤镜命令进行运用。

28.2 精彩的三维滤镜

"三维滤镜"效果可以为图像添加"三维旋转""柱面""浮雕""卷页""挤远/挤近"和"球面"6种滤镜效果，下面对其进行详细的介绍。

28.2.1 三维旋转

使用"三维旋转"滤镜可以使平面图像在三维空间内进行旋转。其方法是选择位图图像，如图28-4所示，执行"效果 > 三维效果 > 三维旋转"命令，弹出"三维旋转"对话框，在数值框中输入相应的数值，也可直接在左下角的三维效果中单击并拖动进行效果调整，完成后单击"OK"按钮应用该滤镜，其效果如图28-5所示。

图 28-4

图 28-5

28.2.2 柱面

使用柱面效果可以沿着圆柱体的表面贴上图像，创建出贴图三维效果。

应用"柱面"滤镜的方法是，选择位图图像，如图28-6所示，执行"效果 > 三维效果 > 柱面"命令，打开"柱面"对话框。选择"水平"或"垂直"单选按钮，设置变形的方向，然后设置"百分比"的值，调整变形的强度。完成设置后进行预览，效果合适后，单击"OK"按钮应用该滤镜，得到的效果如图28-7所示。

图 28-6

663

图 28-7

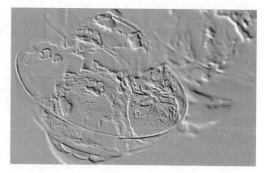

图 28-9

28.2.3 浮雕

使用"浮雕"滤镜可快速将位图制作出类似浮雕的效果,其原理是通过勾画图像的轮廓和降低周围色值,进而产生视觉上的凹陷或浮面凸出效果,形成浮雕感。在CorelDRAW中制作浮雕效果时,还可根据不同的需求设置浮雕颜色、深度等。

其具体操作方法是:选择位图图像,如图28-8所示,执行"效果 > 三维效果 > 浮雕"命令,打开"浮雕"对话框,在其中调整合适的预览窗口,此时还可点选"原始颜色"单选按钮,进行参数设置。预览效果后,单击"OK"按钮应用该滤镜,此时经过调整后出现的是一种类似锐化的效果,如图28-9所示。

28.2.4 卷页

卷页效果是指在图像的4个边角边缘形成的内向卷曲的效果。使用"卷页"滤镜可快速制作出这样的卷页效果,在排版过程中经常使用此功能,来制作出丰富的版面效果。

应用"滤镜"的方法是,选择位图图像,如图28-10所示,执行"效果 > 三维效果 > 卷页"命令,打开"卷页"对话框,在其中单击左侧的方向按钮即可设置卷页方向,同时还可通过点选"不透明"和"透明"单选按钮,对卷页的效果进行设置。另外,还可结合"卷曲度"和"背景颜色"下拉按钮对卷曲部分和背景颜色进行调整。单击按钮可在图像中取样颜色,此时的卷页的颜色则以吸取的颜色进行显示。完成相关设置后进行预览,若效果满意,则单击"OK"按钮应用该滤镜,得到效果如图28-11所示。

图 28-8

图 28-10

图 28-11

课堂练习 添加红色卷页效果

本案例主要对"卷页"滤镜的应用技巧进行练习，下面具体讲述制作的过程。

Step 01 启动 CorelDRAW 应用程序，执行"文件 > 新建"命令，在弹出的"创建新文档"对话框中进行设置，然后单击"OK"按钮，新建文档，如图 28-12 所示。

图 28-12

Step 02 执行"文件 > 导入"命令，导入本章素材"车.jpg"到当前文档中，调整导入图像的大小与位置，如图 28-13 所示。

图 28-13

Step 03 选中导入的图像，执行"效果 > 三维效果 > 卷页"命令，打开"卷页"对话框，在对话框中为图像添加卷页效果，如图28-14、图28-15所示。

图 28-14

图 28-15

Step 04 默认的卷页是灰色的，将灰色改为红色，只需在卷曲度颜色下拉列表中，设置颜色，如图 28-16、图 28-17 所示。

图 28-16

图 28-17

665

Step 05 在"卷页"对话框中设置背景颜色,为图像卷页处设置背景色,如图 28-18 所示。在"卷页"对话框中,单击"OK"按钮,应用卷页效果,完成设置,如图 28-19 所示。

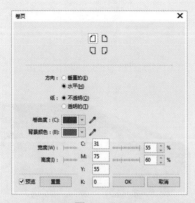

图 28-18

图 28-19

至此,完成红色卷页效果的设置。

28.2.5 挤远/挤近

挤远效果是指使图像产生向外凸出的效果,挤近效果是指使效果图像产生向内凹陷的效果。使用"挤远/挤近"滤镜可以使图像相对于中心点,通过弯曲挤压图像,从而产生向外凸出或向内凹陷的变形效果。该滤镜的使用方法是,选择位图图像,如图28-20所示,执行"效果 > 三维效果 > 挤远/挤近"命令,打开"挤远/挤

近"对话框. 在其中拖动"挤远/挤近"栏的滑块或在文本框中输入相应的数值,即可使图像产生变形效果。当数值为 0 时, 表示无变化;当数值为正数时,将图像挤近,形成凹效果;当数值为负数时,将图像挤远,形成凸效果,完成后单击"OK"按钮应用该滤镜,效果如图28-21所示。

图 28-20

图 28-21

28.2.6 球面

球面指以球心为顶点,在球表面切割等于球半径的平方面积,对应的立体角为球面弧度。CorelDRAW的球面效果指在图像中形成平面凸起,模拟出类似球面的效果,要实现该效果可使用"球面"滤镜。

该滤镜的使用方法是,选择位图图像,如图28-22所示,执行"效果 > 三维效果 > 球面"命令,打开"球面"对话

框。在其中拖动"百分比"数值，向右拖动"百分比"滑块会产生凸起的球面效应，向左拖动"百分比"滑块会产生凹陷的球面效果，完成后单击"OK"按钮应用该滤镜，效果如图28-23所示。

图 28-22

图 28-23

课堂练习 制作球体图像

本案例主要使用"球面"滤镜制作出球体的效果，下面具体讲述制作的过程。

扫一扫 看视频

Step 01 启动CorelDRAW应用程序，执行"文件>新建"命令，在弹出的"创建新文档"对话框中进行设置，然后单击"OK"按钮，新建文档，如图28-24 所示。

Step 02 使用"多边形工具" [O] 按Ctrl 键绘制六边形，并旋转六边形，

如图 28-25 所示。

图 28-24

图 28-25

Step 03 使用"选择工具" 选中绘制的六边形，移动图像位置，单击鼠标右键复制六边形，如图 28-26 所示。

Step 04 使用上述方法复制更多的六边形，如图 28-27、图 28-28 所示。

Step 05 复制到两列六边形时，为部分六边形设置黑色，如图 28-29 所示。继续复制六边形图像，如图 28-30 所示。

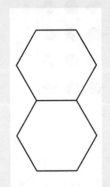

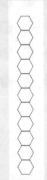

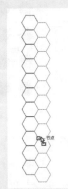

图 28-26   图 28-27 图 28-28

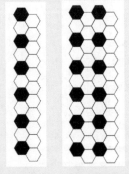

图 28-29   图 28-30

Step 06 最终复制六边形的效果如图

667

28-31 所示。

Step 07 使用 "矩形工具" □按 Ctrl 键绘制正方形，填充白颜色，按 Shift+PageDown 组合键将图像的图层置于最底层，如图 28-32 所示。

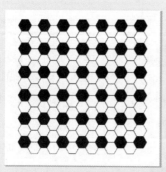

图 28-31

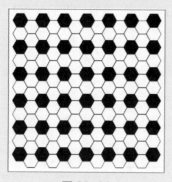

图 28-32

Step 08 将绘制的图像全部选中，执行"位图>转换为位图"命令，打开"转换为位图"对话框，在对话框中设置，单击"OK"按钮，将矢量图转为位图，如图 28-33、图 28-34 所示。

图 28-33

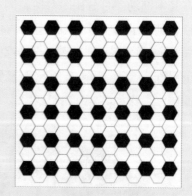

图 28-34

Step 09 执行"效果>三维效果>球面"命令，打开"球面"对话框，在对话框中进行设置，单击"OK"按钮，为位图图像添加球面效果，如图 28-35、图 28-36 所示。

图 28-35

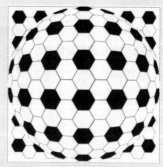

图 28-36

Step 10 使用"椭圆形工具"绘制圆，调整圆的大小与位置，如图 28-37 所示。

Step 11 选中位图图像，执行"对象

> PowerClip > 置于图文框内部"命令，然后使用鼠标在页面中单击绘制圆，将位图置入到圆内，取消圆的轮廓，如图 28-38 所示。

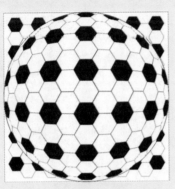

图 28-37

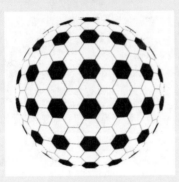

图 28-38

Step 12 使用"阴影工具" ▢ 为图像添加阴影，效果如图 28-39、图 28-40 所示。

图 28-39

图 28-40

至此，完成足球图像的制作。

28.3 其他滤镜组

本节主要对一些比较常用的滤镜组中的滤镜进行介绍，例如"艺术笔触""模糊""颜色转换""轮廓图""创造性""扭曲""杂色"等滤镜组。

28.3.1 艺术笔触

使用"艺术笔触"滤镜组中的滤镜可对位图图像进行艺术加工，赋予图像不同的绘制风格。该滤镜组中包含了"炭笔画""单色蜡笔画""蜡笔画""立体派""印象派""调色刀""彩色蜡笔画""钢笔画""点彩派""木版画""素描""水彩画""水印画"以及"波纹纸画"14种滤镜。

执行"效果 > 艺术笔触"命令，在弹出的子菜单中可以看到相应的滤镜，如图 28-41所示。

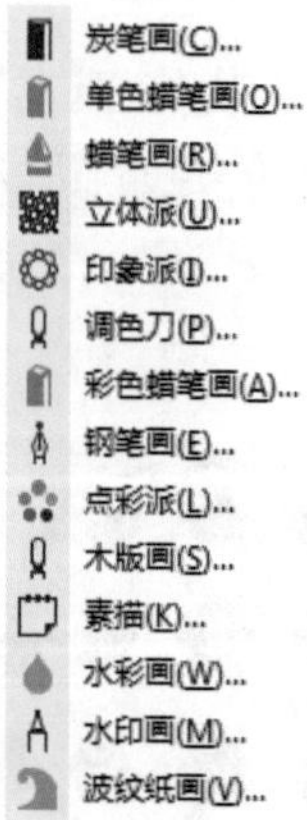

炭笔画(C)...
单色蜡笔画(O)...
蜡笔画(R)...
立体派(U)...
印象派(I)...
调色刀(P)...
彩色蜡笔画(A)...
钢笔画(E)...
点彩派(L)...
木版(S)...
素描(K)...
水彩画(W)...
水印画(M)...
波纹纸画(V)...

图 28-41

下面分别对其功能进行介绍。

●炭笔画：使用该滤镜，可以制作出
类似使用炭笔在图像上绘制出来的图像效
果，多用于对人物图像或照片进行艺术化
处理，原图与应用炭笔画滤镜后的效果对
比如图28-42、图28-43所示。

图 28-42

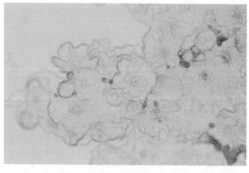

图 28-43

●单色蜡笔画、蜡笔画以及彩色蜡笔
画：这3种滤镜都为蜡笔效果，使用这几
种滤镜都能快速将图像中的像素分散，模

拟出蜡笔画的效果，应用单色蜡笔画滤镜
后的效果如图28-44所示。

●立体派：使用该滤镜，可以将相同
颜色的像素组成小颜色区域，从而让图像
形成带有一定油画风格的立体派图像效
果，应用立体派滤镜后的效果如图28-45
所示。

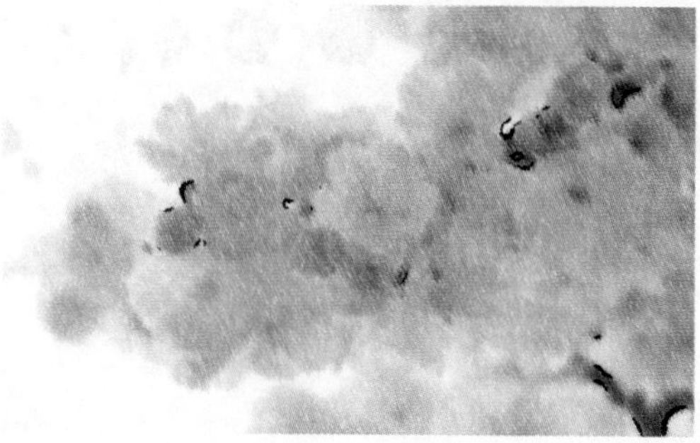

图 28-44

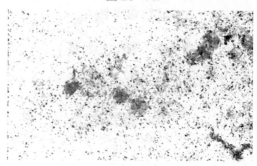

图 28-45

●印象派：使用该滤镜，可以将图像
转换为小块的纯色，创建类似印象派作品
的效果，应用"印象派"滤镜后的效果如
图28-46所示。

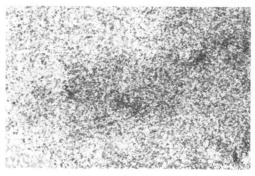

图 28-46

●调色刀：使用该滤镜，可以使图像

中相近的颜色相互融合，减少了细节以产生写意效果，应用"调色刀"滤镜后的图像效果如图28-47所示。

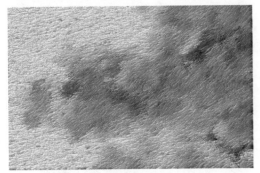
图 28-47

●彩色蜡笔画：使用该滤镜，可以得到彩色蜡笔效果的图像，应用"彩色蜡笔画"滤镜后的图像效果如图28-48所示。

●钢笔画：使用该滤镜，可为图像创建钢笔素描绘图的效果。应用"钢笔画"滤镜后的图像效果如图28-49所示。

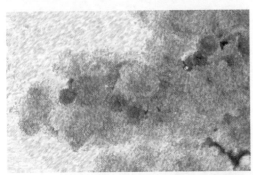
图 28-48

图 28-49

●点彩派：使用该滤镜，可以快速赋予图像一种点彩画派的风格，应用"点彩

派"滤镜后的图像效果如图28-50所示。

●木版画：使用该滤镜，可以使图像产生类似由粗糙剪切的彩纸组成的效果，使得彩色图像看起来像由几层彩纸构成，从而让效果就像刮涂绘画得到的效果一样。应用"木版画"滤镜后的图像效果如图28-51所示。

图 28-50

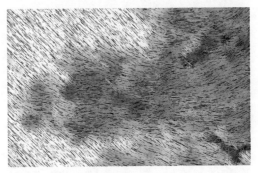
图 28-51

●素描：使用该滤镜，可以使图像产生素描绘画的手稿效果，该功能是绘制功能的一大特色体现，应用"素描"滤镜后的图像效果如图28-52所示。

图 28-52

671

●水彩画：使用该滤镜，可以描绘出图像中景物形状，同时对图像进行简化、混合、渗透，进而使其产生彩画的效果，应用"水彩画"滤镜后的图像效果如图28-53所示。

图28-53

●水印画：使用该滤镜，可以为图像创建水彩斑点绘画的效果，应用"水印画"滤镜后的图像效果如图28-54所示。

●波纹纸画：使用该滤镜，可以使图像看起来好像绘制在带有底纹的波纹纸上，应用"波纹纸画"滤镜后的图像效果如图28-55所示。

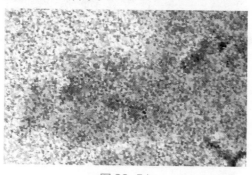

图28-54

图28-55

28.3.2 模糊

使用"模糊"滤镜中的滤镜，可以对图像中的像素进行模糊处理。

执行"效果 > 模糊"的命令，在弹出的子菜单中可以看到，该滤镜中包含了"定向平滑""高斯式模糊""锯齿状模糊""低通滤波器""动态模糊""放射式模糊""智能模糊""平滑""柔和"以及"缩放"10种滤镜，如图28-56所示。这些滤镜能矫正图像，体现图像柔和效果，合理运用还能表现多种动感效果。

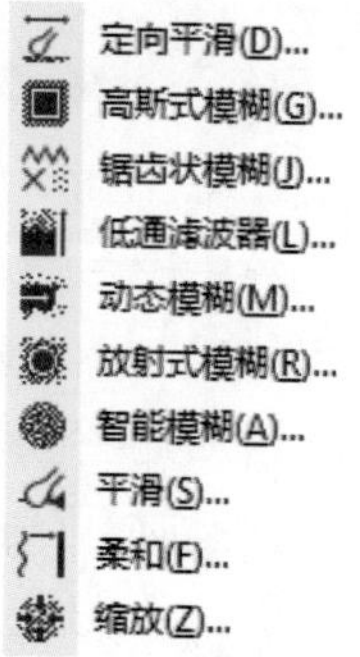

图标	名称
∠	定向平滑(D)...
▦	高斯式模糊(G)...
✕	锯齿状模糊(J)...
▦	低通滤波器(L)...
🚗	动态模糊(M)...
✹	放射式模糊(R)...
❀	智能模糊(A)...
⌇	平滑(S)...
⌐	柔和(F)...
❋	缩放(Z)...

图28-56

下图分别对其功能进行介绍。

●定向平滑：使用该滤镜，可在图像中添加微小的模糊效果，使图像中的颜色过渡变得平滑。

●高斯式模糊：使用该滤镜，可根据半径的数据使图像按照高斯分布快速地模糊图像，产生良好的朦胧效果，如图28-57所示。

●锯齿状模糊：使用该滤镜，可为图像添加细微的锯齿状模糊效果。需要注意的是，该模糊效果不是非常明显，需要将图像放大多倍后才能观察出其变化效果，如图28-58所示。

●低通滤波器：使用该滤镜，可以调整图像中尖锐的边角和细节，让图像的模糊效果更柔和，形成一种朦胧的模糊效果，如图28-59所示。

图 28-57　　　　　　　图 28-58　　　　　　　图 28-59

●**动态模糊**：使用该滤镜，可以模仿拍摄运动物体的手法，通过使像素进行某一方向上的线性位移产生运动模糊效果，如图28-60所示。

●**放射式模糊**：该滤镜可使图像产生从中心点放射的模糊效果。中点处的图像效果不变，离中心点越远，模糊效果越强烈，如图28-61所示。

●**智能模糊**：使用该滤镜，可以选择性地为画面中的部分像素区域创建模糊效果，如图28-62所示。

图 28-60　　　　　　　图 28-61　　　　　　　图 28-62

●**平滑**：使用该滤镜，可以减小相邻像素之间的色调差别，使图像产生细微的模糊变化，如图28-63所示。

●**柔和**：使用该滤镜，可以使图像产生轻微的模糊效果，但不会影响图像中的细节，如图28-64所示。

●**缩放**：使用该滤镜，可以使图像中的像素从中心点向外模糊，离中心点越近，模糊效果越弱，如图28-65所示。

图 28-63　　　　　　　图 28-64　　　　　　　图 28-65

"模糊"滤镜组中的滤镜

在模糊滤镜组中，"定向平滑""放射性模糊""柔和""缩放"等滤镜可以应用于除48位的RGB、16位灰度、调色板和黑白模式之外的图像。

28.3.3 颜色转换

使用"颜色转换"滤镜组中的滤镜，可为位图图像模拟出一种胶片印染效果，且不同的滤镜制作出的效果也不尽相同。

该滤镜组中包含了"位平面""半色调""梦幻色调"和"曝光"4种滤镜，这些滤镜能转换像素的颜色，形成多种特殊效果。执行"效果 > 颜色转换"命令，在弹出的子菜单中可以看到相应的滤镜，如图28-66所示。

位平面(B)...
半色调(H)...
梦幻色调(P)...
曝光(S)...

图 28-66

下面分别对该组中滤镜的功能进行介绍。

●位平面：使用该滤镜，可以将图像中的颜色减少到基本RGB颜色，使用纯色来表现色调，这种效果适用于分析图像的渐变。

●半色调：使用该滤镜，可以为图像创建彩色的版色效果，图像将由用于表现不同色调的一种不同大小的原点组成，在参数对话框中，可调整"青""品红""黄"

和"黑"选项的滑块，以指定相应颜色的筛网角度，原图像和应用"半色调"滤镜后的效果如图28-67、图28-68所示。

图 28-67

图 28-68

●梦幻色调：使用该滤镜，可以将图像中的颜色转换为明亮的电子色，如橙青色、酸橙绿等。在参数设置对话框中，调整"层次"选项的滑块可改变梦幻效果的强度。该数值越大，颜色变化效果越强，数值越小，则使图像色调更趋于一个色调中。应用"梦幻色彩"滤镜后的图像效果如图28-69所示。

●曝光：使用该滤镜，可以使图像转换为类似照相中的底片效果。在其参数设置对话框中，拖动"层次"选项滑块可改变曝光效果的强度。应用曝光滤镜后的效果如图28-70所示。

图 28-69

图 28-70

28.3.4 轮廓图

使用"轮廓图"滤镜组中的滤镜，可以跟踪位图图像边缘，通过独特的方式将复杂图像以线条的方式进行表现。轮廓图滤镜中包含了"边缘检测""查找边缘""描摹轮廓"3种滤镜命令。执行"效果 > 轮廓图"命令，在弹出子菜单中可以看到相应的滤镜，如图28-71所示。

图 28-71

下面分别对该组中滤镜的功能进行介绍。

●边缘检测：使用该滤镜，可以快速找到图像中各种对象的边缘。在其参数设置对话框中，可对背景以及检测边缘的灵敏度进行调整，原图像和使用"边缘

检测"滤镜后的图像效果如图28-72、图28-73所示。

图 28-72

图 28-73

●查找边缘：使用该滤镜，可以检测图像中对象的边缘，并将其转换为柔和的或者尖锐的曲线，这种效果也适用于高对比度的图像，在参数设置对话框中，点选"软"单选按钮可使其产生平滑模糊的轮廓线，点选"纯色"单选按钮可使其产生尖锐的轮廓线，如图28-74所示。

●描摹轮廓：使用该滤镜，以高亮级别0 ~ 255设定值为基准，跟踪上下端边缘，将其作为轮廓进行显示，这种效果最适用于包含文本的高对比度位图，如图28-75所示。

图 28-74

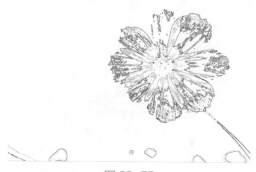

图 28-75

28.3.5 创造性

使用"创造性"滤镜组中的滤镜，可以将图案转换为各种不同的形状和纹理。该滤镜组中包含了"晶体化""织物""框架""玻璃砖""马赛克""散开""茶色玻璃""彩色玻璃""虚光""旋涡"10种滤镜。

执行"效果 > 创造性"命令，在弹出子菜单中可以看到相应的滤镜，如图28-76所示。

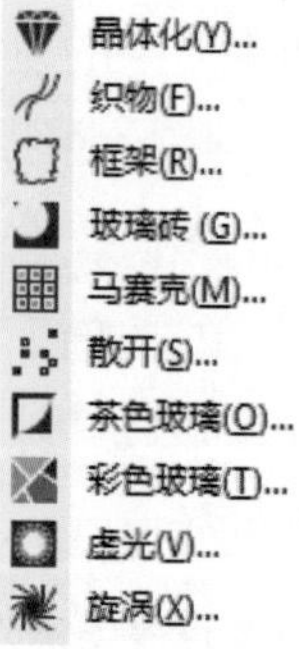

下面分别对其功能进行介绍。

◆	晶体化(Y)...
✐	织物(F)...
☐	框架(R)...
◣	玻璃砖(G)...
▦	马赛克(M)...
⁘	散开(S)...
◪	茶色玻璃(O)...
✕	彩色玻璃(T)...
❂	虚光(V)...
❋	旋涡(X)...

图 28-76

● 晶化体：使用该滤镜，可将图像转换为类似放大观察水晶时的细致块状效果。原图像和应用"晶化体"滤镜后的效果如图28-77、图28-78所示。

● 织物：使用该滤镜，可以使用刺绣、地毯勾织、彩格被子、珠帘等样式，为图像创建不同织物底纹效果。应用"织物"滤镜后的图像效果如图28-79所示。

图 28-77

图 28-78

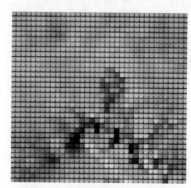

图 28-79

● 框架：使用该滤镜，可以将图像装在预设的框架中，形成一种画框的效果。应用"框架"滤镜后的效果如图28-80所示。

● 玻璃砖：使用该滤镜，可以将图像产生透过厚玻璃块所看到的效果，在参数设置对话框中，可同时调整"块宽度"和"块高度"选项的滑块，以便制作出均匀的砖性图案。应用"玻璃砖"滤镜后的图像效果如图28-81所示。

●马赛克：使用该滤镜，可以将原图像分割为若干个颜色块。在参数设置对话框中，调整"大小"选项的滑块可以改变颜色的大小，在背景色下拉按钮中可以选择背景颜色，若勾选"虚光"复选框，则可在马赛克效果上添加一个虚光框架。应用"马赛克"滤镜后的图像效果如图28-82所示。

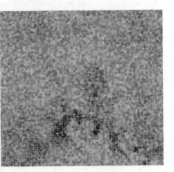

图 28-80　　　　　　　　图 28-81　　　　　　　　图 28-82

●散开：使用该滤镜，可将图像中的像素散射，产生特殊的效果，在参数设置对话框中，调整"水平"选项的滑块可改变水平方向的散开效果，调整"垂直"选项的滑块可改变垂直方向的散开效果。应用"散开"滤镜后的图像效果如图28-83所示。

●茶色玻璃：使用该滤镜，可在图像上添加一层彩色，类似透过彩色玻璃所看到的图像效果。应用"茶色玻璃"滤镜后的图像效果如图28-84所示。

●彩色玻璃：使用该滤镜得到的效果与结晶效果相似，但它可以设置玻璃之间边界的宽度和颜色，在参数设置对话框中，调整"大小"选项的滑块可以改变玻璃块的大小，调整"光源强度"选项的滑块可以改变光线的强度。应用"彩色玻璃"滤镜后的图像效果如图28-85所示。

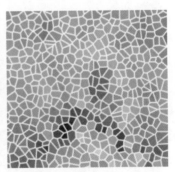

图 28-83　　　　　　　　图 28-84　　　　　　　　图 28-85

●虚光：使用该滤镜，可在图像中添加一个边框，使图像根据边框向内产生朦胧效果。同时，还可对边缘的形状、颜色等进行设置、应用"虚光"滤镜后的效果如图28-86所示。

●旋涡：使用该滤镜，可使图像绕指定的中心产生旋转效果。在其参数设置对话框的"样式"下拉列表框中，可选择不同的旋转样式。应用"旋涡"滤镜后的图像效果如图28-87所示。

677

图 28-86

图 28-87

导入本章素材"女孩.jpg"到当前文档中，调整导入图像的大小与位置，如图 28-89 所示。

图 28-89

Step 03 选择图像，按小键盘上的"+"键复制图形，选中复制的图像，执行"效果 > 创造性 > 框架"命令，打开"图文框"对话框，选中边框的样式，如图 28-90 所示。

图 28-90

Step 04 单击"修改"按钮，切换面板，修改颜色，并拖动滑块调整其不透明度、水平及垂直的缩放参数，设置完成后，单击"OK"按钮，如图 28-91 所示。

图 28-91

课堂练习 添加模糊边框效果

本案例主要使用"框架""高斯式模糊"滤镜效果来制作，下面具体讲述制作的过程。

扫一扫 看视频

Step 01 启动 CorelDRAW 应用程序，执行"文件>新建"命令，在弹出的"创建新文档"对话框中进行设置，

图 28-88

然后单击"OK"按钮，新建文档如图 28-88 所示。

Step 02 执行"文件 > 导入"命令，

Step 05 应用框架滤镜效果，如图28-92所示。继续选中添加框架的图像，执行"效果＞模糊＞高斯式模糊"命令，打开"高斯式模糊"对话框，在对话框中设置模糊半径，单击"OK"按钮，应用模糊效果，如图28-93所示。

图 28-92

图 28-93

Step 06 使用"透明度工具"为图像添加"椭圆形渐变透明度"效果，在中间区域显示出底部清晰的图像，如图28-94、图28-95所示。

图 28-94

图 28-95

至此，完成模糊边框效果的添加。

28.3.6 扭曲

使用"扭曲"滤镜中的滤镜，可以通过不同的方式对位图图形中的像素进行扭曲，从而改变图像中像素的组合情况，制作出不同的图像效果。该滤镜组中包含了"块状""置换""网孔扭曲""偏移""像素""龟纹""旋涡""平铺""湿笔画""涡流"和"风吹效果"11种滤镜。

执行"效果＞扭曲"命令，在弹出子菜单中可以看到相应的滤镜，如图28-96所示。

图 28-96

下面分别对其功能进行介绍。

● **块状**：使用该滤镜，可使图像分裂

679

为若干小块，形成拼贴镂空效果。在参数设置对话框，在"未定义区域"一栏的下拉列表框中可设置图块之间空白区域的颜色。原图像和应用"块状"滤镜后的效果如图28-97、图28-98所示。

●**置换**：使用该滤镜，可在两个图像之间评估像素颜色的值，并根据置换图改变当前图像的效果。应用"置换"滤镜后的效果如图28-99所示。

图 28-97

图 28-98

图 28-99

●**网孔扭曲**：使用该滤镜，可使图像按照形状扭曲。应用"网孔扭曲"滤镜后的效果如图28-100所示。

●**偏移**：使用该滤镜，可按照指定的数值偏移整个图像，并按照指定的方法填充偏移后留下的空白区域。应用"偏移"滤镜后的效果如图28-101所示。

●**像素**：使用该滤镜可将图像分割为正方形、矩形或者射线的单元。可以使用"正方形"或者"矩形"单选按钮创建夸张的数字化图像效果，或者使用"射线"单选按钮创建蜘蛛网效果。应用"像素"滤镜后的效果如图28-102所示。

图 28-100

图 28-101

图 28-102

●**龟纹**：该滤镜是通过为图像添加波纹产生变形效果，应用"龟纹"滤镜后的效果如图28-103所示。

●**旋涡**：使用该滤镜，可使图像按照指定的方向、角度和旋涡中心产生旋涡效果。应用"旋涡"滤镜后的效果如图28-104所示。

●**平铺**：使用该滤镜，可将图像作为平铺块平铺在整个图像范围中，多用于制作纹理背景效果，应用"平铺"滤镜后的图像效果如图28-105所示。

图 28-103

图 28-104

图 28-105

●湿笔画：使用该滤镜，可使图像产生一种类似于油画未干透，看起来颜料有种流动感的效果。应用"湿笔画"滤镜后的效果如图28-106所示。

●涡流：使用该滤镜，可使图像添加流动的涡旋图案。在其参数设置对话框中的"样式"下拉列表框中可对其样式进行选择，可以使用预设的涡流样式，也可以自定义涡流样式。应用"涡流"滤镜后的效果如图28-107所示。

●风吹效果：使用该滤镜，可在图像上制作出物体被风吹动后形成的拉丝效果。调整"浓度"选项的滑块可设置风的强度，调整"不透明"选项的滑块可改变效果的不透明程度。应用"风吹效果"滤镜后的效果如图28-108所示。

图 28-106

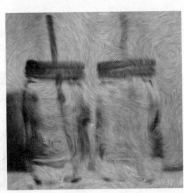
图 28-107

图 28-108

28.3.7　杂点

使用"杂点"滤镜组中的滤镜，可在位图图像中添加或去除杂点。该滤镜组中包含了"添加杂点""最大值""中值""最小值""去除龟纹""去除杂点"6种滤镜。

执行"效果＞杂点"命令，在弹出子菜单中可以看到相应的滤镜，如图28-109所示。下面分别对其功能进行介绍。

●添加杂点：使用该滤镜，可为图像添加颗粒状的杂点，让图像呈现出做旧的效果。原图与应用"添加杂点"滤镜前后对比的效果如图28-110、图28-111所示。

添加杂点(A)...
最大值(M)...
中值(E)...
最小(I)...
去除龟纹(R)...
去除杂点(N)...

图 28-109

图 28-110

图 28-111

●**最大值**：该滤镜根据位图最大值颜色附近的像素颜色值调整像素的颜色，以消除图像中的杂点。应用"最大值"滤镜后的效果如图28-112所示。

●**中值**：该滤镜通过平均图像中像素的颜色值消除杂点和细节。在参数设置对话框中，调整"半径"选项的滑块可设置在使用这种效果时选择像素的数量。应用"中值"滤镜后的效果图28-113所示。

●**最小**：该滤镜通过使图像像素变暗的方法来消除杂点。在"参数对话框中"，调整"百分比"选项的滑块可设置效果的强度，调整"半径"选项的滑块可设置在使用这种效果时选择和评估的像素的数量。应用"最小"滤镜的效果如图28-114所示。

图 28-112

图 28-113

图 28-114

●**去除龟纹**：使用该滤镜，可去除在扫描的半色调图像中经常出现的图案杂点，如图28-115所示。

●**去除杂点**：使用该滤镜可去除扫描或者抓取的视频录像中的杂点，使图像变柔和，如图28-116所示。该滤镜通过比较相邻像素并求一个平均值，使图像变得平滑。

图 28-115

图 28-116

课堂练习 为图像添加下雪的效果

本案例主要使用"块状"扭曲效果和"高斯式模糊"效果制作出雪花，下面具体讲述制作的过程。

扫一扫 看视频

Step 01 启动CorelDRAW应用程序，执行"文件 > 新建"命令，在弹出的"创建新文档"对话框中进行设置，然后单击"OK"按钮，新建文档，如图28-117所示。

Step 02 执行"文件 > 导入"命令，导入本章素材"紫色花.jpg"图像到当前文档中，如图28-118所示。

图 28-117

图 28-118

Step 03 使用"矩形工具"□绘制矩形填充白色颜色，去除轮廓，如图28-119所示。

Step 04 选中矩形，执行"效果 > 扭曲 > 块状"命令，打开"块状"对话框，在对话框中设置参数，单击"OK"按钮应用块状效果，如图28-120所示。

图 28-119

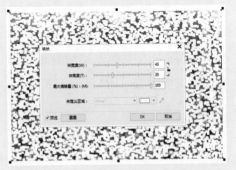
图 28-120

Step 05 执行"效果 > 拼合效果"命令，将块状滤镜效果拼合，再次执行"效果 > 扭曲 > 块状"命令，为图像添加块状效果，如图28-121所示。

Step 06 使用上述方法，再次为白色矩形图像添加块状滤镜的效果，如28-122所示。

图 28-121

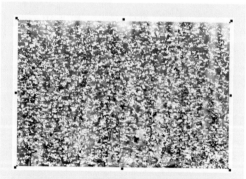

图 28-122

Step 07 选中上步操作的图像，执行"效果 > 模糊 > 高斯式模糊"命令，打开"高斯式模糊"对话框，设置模糊半径，为图像添加模糊效果，如图 28-123 所示。图像添加雪花效果制作完成，如图 28-124 所示。

图 28-123

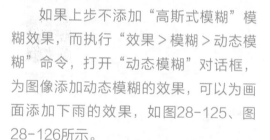

至此，完成下雪效果的添加。

操作提示

如果上步不添加"高斯式模糊"模糊效果，而执行"效果 > 模糊 > 动态模糊"命令，打开"动态模糊"对话框，为图像添加动态模糊的效果，可以为画面添加下雨的效果，如图28-125、图28-126所示。

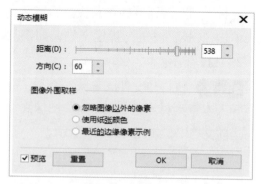

图 28-125

图 28-126

◈ **综合实战** 制作冰棒

扫一扫 看视频

本案例主要使用"高斯式模糊"和"添加杂点"滤镜来制作，下面具体讲述制作的过程。

Step 01 启动 CorelDRAW 应用程序，执行"文件 > 新建"命令，在弹出的"创建新文档"对话框中进行设置，然后单击"OK"按钮，新建文档，如图 28-127 所示。

Step 02 使用"钢笔工具" 和"形状工具" 绘制图像，为其填充颜色，取消轮廓，如图 28-128 所示。

Photoshop+Illustrator+CorelDRAW | 站式高效学习一本通

Step 03 继续绘制图像，设置填充色取消轮廓，如图 28-129 所示。

图 28-127　　　　图 28-128　　　　图 28-129

Step 04 选中上步绘制的图像，按小键盘上的"+"键复制图像，然后按 Shift 键等比例缩小图像，设置其填充色为白色，如图 28-130 所示。

Step 05 将上步白色图像选中，执行"效果 > 模糊 > 高斯式模糊"命令，打开"高斯式模糊"对话框，设置半径的参数，单击"OK"按钮应用模糊效果，如图 28-131 所示。

Step 06 将白色图像和其下面的灰色图像选中，按 Ctrl+PageDown 组合键，将其置于最底层，如图 28-132 所示。

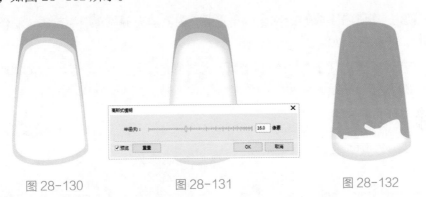

图 28-130　　　　　图 28-131　　　　　图 28-132

Step 07 使用"透明度工具"▨为画面中的蓝色图像添加"线性渐变透明度"效果，如图 28-133 所示。

Step 08 使用"钢笔工具"和"形状工具"绘制图像，为其填充浅蓝色，取消轮廓，如图 28-134 所示。

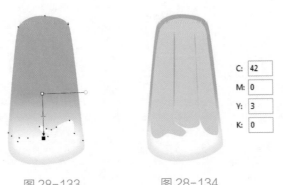

图 28-133　　　　　图 28-134

Step 09 选中浅蓝色图像，执行"效果 > 模糊 > 高斯式模糊"命令，为图像添加模糊效果，如图 28-135 所示。

Step 10 继续选中浅蓝色图像，执行"效果 > 杂点 > 添加杂点"命令，打开"添加杂点"对话框，在对话框中设置参数，单击"OK"按钮，应用添加杂点效果，为图像添加冰的质感，如图 28-136 所示。

Step 11 上步添加杂点的效果如图 28-137 所示。

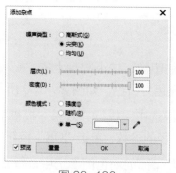

图 28-135   图 28-136   图 28-137

Step 12 使用"矩形工具" □绘制出圆角矩形，为其填充颜色，取消轮廓，制作出冰棒的棒，如图 28-138 所示。

Step 13 使用"贝塞尔工具" ╱绘制图像，为其填充颜色，取消轮廓，装饰冰棒的棒，如图 28-139 所示。将绘制的冰棒的棒全部选中，按 Ctrl+PageDown 组合键，将图像置于底层，如图 28-140 所示。

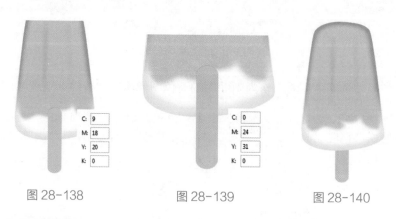

图 28-138   图 28-139   图 28-140

至此，完成冰棒的制作。

课后作业 / **制作蛋糕卡通形象人物**

项目需求

受蛋糕店委托帮其设计 个蛋糕卡通形象人物，要求设计简洁可爱，能给人、带来食欲，起到广告宣传的效果。

项目分析

卡通形象人物的外形是一个双色的蛋糕，在蛋糕上添加了眼睛与嘴巴，将其拟人化，顶部绘制的红色草莓使蛋糕更加可爱，给人想咬一口的感觉，身体前面绘制了红色蝴蝶结，使整个人物更加绅士。

项目效果

效果如图28-141所示。

图 28-141

操作提示

Step01：使用绘图工具绘制蛋糕外形。

Step02：使用上色工具给图像填充颜色。

Step03：使用滤镜命令丰富画面，使其更有层次。

第 29 章
打印输出图像

★ 内容导读

当一个作品完成后，就需要输出到网络或者打印成实物，所以文档的打印输出可以说是平面设计的最后一个环节。本章主要讲解打印的设置及网络的输出，下面对其进行详细的介绍。

⟳ 学习目标

○ 掌握如何设置打印的选项
○ 掌握输出图像的方法

29.1 打印设置

本节主要讲解常规的打印设置、颜色设置、布局设置、打印预览设置、分色打印技巧及合并打印技巧等知识。

29.1.1 常规打印选项设置

CorelDRAW中的"打印"命令可用于设置打印的常规内容、颜色和布局等选项,设置内容包括打印范围、打印类型、图像状态和出血宽度等。常规设置是对图形文件最普通的设置,执行"文件>打印"命令或按下快捷键Ctrl+P组合键,打开"打印"对话框,此时默认情况下显示为"常规"选项卡下的面板,如图29-1所示。

需要注意的是,在弹出的"打印"对话框中,单击"打印预览"按钮旁边的按钮,显示出打印预览图像,如图29-2所示。

图 29-1

图 29-2

如果需要打印的图形文件为多页图形,可以选择"当前页"单选按钮,表示仅打印当前页,也可点选"页"单选按钮,并在其后的文本框中输入相应的页数,在打印时就会只打印所选的图像。

29.1.2 颜色设置

CorelDRAW打印设置中的颜色选项卡用于设置打印的颜色,可以在"打印"对话框中选择"Color"选项,显示相应的版面,如图29-3所示。

下面对其中比较重要选项进行介绍。

● "颜色转换"下拉列表:可以选择颜色类

图 29-3

型，有"CorelDRAW"和"SnagIt9"2种，"CorelDRAW"是指使用文件本身的颜色设置，后者是指使用当前打印机的颜色设置。

● "输出颜色"下拉列表：用于设置颜色的输出类型，包括"灰度"和"RGB"两个选项。

● "颜色配置文件"下拉列表：从中可以选择不同的颜色预置文件，选择不同的颜色输出类型，颜色内置文件会发生变化以配合颜色输出的需要。

● "匹配类型"下拉列表：从中可以选择颜色的匹配类型。

课堂练习 分色打印设置技巧

为了在出片时保证图像颜色的准确，会对图像进行分色打印，下面对其技巧进行具体讲解。

Step 01 执行"文件 > 打开"命令，打开本章素材文件"热气球.CDR-CorelDRAW"，如图29-4所示。

Step 02 执行"文件 > 打印"命令，打开"打印"对话框。单击"打印预览"按钮旁边的扩展按钮，从而在对话框右侧显示出打印预览图像，如图29-5所示。

图 29-4

图 29-5

Step 03 在"Color"选项卡中点选"分隔"单选按钮，此时可看到，右侧的预览图从彩色变为了黑白灰显示效果，如图29-6所示。

图 29-6

Step 04 此时还可看见"复合"选项卡转换为"分色"选项卡。单击"分色"标签，切换到该选项卡中，取消勾选部分颜色复选框，对分色进行设置。完成后单击"应用"按钮，即可应用设置的分色参数，如图29-7所示。

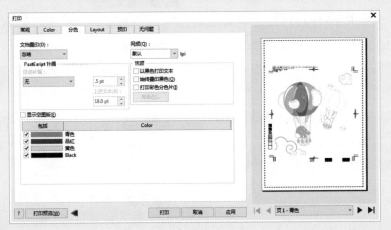

图 29-7

操作提示

在对分色进行设置时，可根据不同的印刷要求取消勾选的颜色复选框。

至此，完成打印颜色的设置。

29.1.3 布局设置

在调整完页面的大小后，还可对页面的版面进行调整，这里的版面是指软件中的布局。可在"打印"对话框中选择"Layout"选项，显示出相应的版面，如图29-8所示。

下面对其中比较重要选项进行介绍。

● "与文档相同"单选按钮：单击该按钮，可使打印的图像按照原图形大小打印。

● "调整到页面大小"单选按钮：单击该按钮，使绘制的图像可以在一个页面中打印出来。

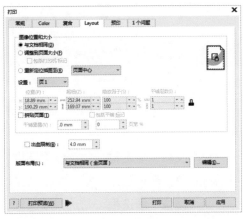

图 29-8

● "重新定位到"下拉列表框：选择相应的选项，也可选"版面布局"下拉列表对版面进行设置。

● "页面布局"下拉列表：用于设定作品的版面布局。

29.1.4 打印预览设置

要使用印刷机将需要印刷或出版的图形文件进行印刷，需将图形文件输出到胶片中。在CorelDRAW中可以直接对其进设置，这也就是我们常说的预印设置，也就是输出到胶片过程中一个相关参数的设置环节。

预印设置是通过对印刷图像进行镜像效果、添加页码等进一步的调整，从这些方面对图像真实的印刷效果进行控制，印刷出小样，以方便对图像的印刷效果进行预先设定。

可在"打印"对话框中选择"预印"选项，显示出相应的版面，如图29-9所示。

图 29-9

下面对其中比较重要的选项进行介绍。

● "反转"复选框：勾选该复选框，可以将原色彩转换过来。

● "镜像"复选框：勾选该复选框，可以达到类似镜子的效果。

● "文件信息"设置区域：从中可以设置将页码和其他的文件信息在纸上打印出来。

● "裁剪/折叠标记"复选框：主要用于将多张分色胶片套齐。

课堂练习 打印合并技巧

"合并打印"适合于大批量制作卡片、工作证、学生证、代金券编号等。下面以合并打印编号为例，对此技巧进行讲解。

Step 01 执行"文件 > 打开"命令，打开本章素材文件"花 .CDR-CorelDRAW"，如图29-10所示。

Step 02 执行"文件 > 合并打印 > 创建 / 载入合并打印"命令，打开"合并打印"对话框，如图29-11所示。

图 29-10

图 29-11

Step 03 在"合并打印"对话框中，单击"添加列"按钮，弹出"添加列"窗口，在对话框中设置，如图 29-12

所示。设置完成后单击“添加”按钮，关闭“添加列”窗口，在“合并打印”窗口中单击“完成”按钮，如图 29-13 所示。

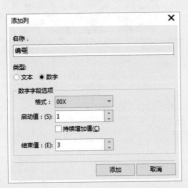

图 29-12

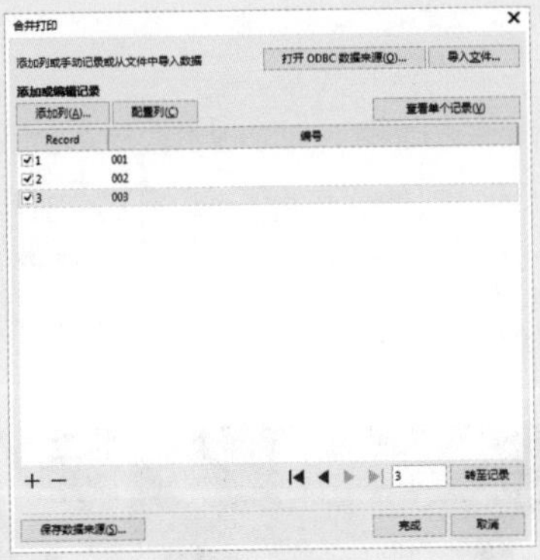

图 29-13

Step 04 弹出细长型“合并打印”窗口，如图 29-14 所示。单击“插入选定字段”按钮，页面会自动生成“<编号>”文字，在属性栏中设置文字的字体、字号，如图 29-15 所示。

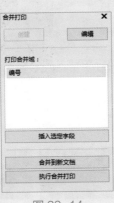

图 29-14

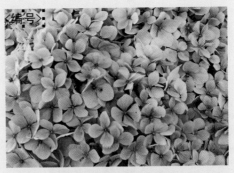

图 29-15

Step 05 单击“执行合并打印”按钮，弹出“打印”对话框，如图 29-16 所示。单击“打印预览”按钮，界面会跳转到打印预览的界面，在打印预览中可以看到添加编号的效果，如图 29-17 所示。

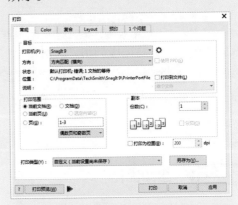

图 29-16

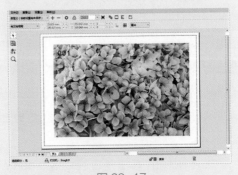

图 29-17

Step 06 在打印预览窗口中，查看其他页的添加效果，编号发生改变，如图 29-18、图 29-19 所示。关闭预览效果，在"打印"对话窗中，单击"打印"按钮，可将图像打印。

图 29-18

图 29-19

至此，完成编号的添加。

本节主要对文件网络输出进行讲解，在完成编辑后会将图像导出，此时可以对输出的图像进行适当优化，优化后的图像可以更方便快捷地上传到互联网和查看。下面对文件的网络输出进行讲解。

29.2.1 图像优化

优化图像是将图像文件的大小在不影响画质的基础上进行适当压缩，从而提高图像在网络上的传输速度，便于访问者快速查看图像或下载文件。可在导出图像为HTML网页格式之前对其进行优化，以减少文件的大小，让文件的网络应用更加流畅。

优化图像的方法是，在CorelDRAW中打开图形文件，如图29-20所示，执行"文件 > 导出为Web"命令，打开"导出到网页"对话框。在该对话框中可在"预设列表""格式""速度"等下拉列表框中设置相应的选项，从而调整图像的格式、颜色优化和传输速度，如图29-21所示。完成后单击"另存为"按钮，在弹出的对话框中进行设置即可。

图 29-20

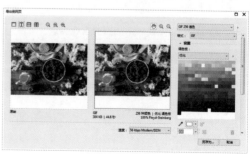

图 29-21

预览窗口的调整

在"导出到网页"对话框的左上角有一排窗口预览按钮，其含义依次为全屏预览、两个水平预览和四个预览，用户可根据需要调整预览窗口的显示情况。

29.2.2　发布至PDF

在CorelDRAW中还能将图形文件直接发布为PDF格式，以便使用PDF格式进行演示或在其他图像处理软件中使用或编辑。

课堂练习　将文件保存为PDF格式

扫一扫 看视频

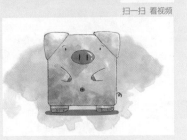

为了更将方便展示和打印图像，会将图像保存为PDF格式，下面将对文件转换为PDF格式过程进行讲述。

Step 01　执行"文件 > 打开"命令，打开本章素材文件"卡通猪 .CDR-CorelDRAW"，如图 29-22所示。

图 29-22

Step 02　执行"文件 > 发布为 PDF"命令，打开"发布为 PDF"对话框，如图 29-23 所示。在其中设置文件存放位置，完成后单击"保存"按钮，即可将文件保存为 PDF 格式的文件。

Step 03　除了使用"发布为 PDF"命令，还可以执行"文件 > 导出"命令，打开"导出"对话框，在对话框中设置保存类型为 PDF，单击"导出"按钮，如图 29-24 所示。

图 29-23

图 29-24

Step 04　双击导出的 PDF 文件，可以浏览该文件，如图 29-25 所示。

至此，完成图片的导出。

图 29-25

扫一扫 看视频

本案例主要利用本章所学的导出知识导出页面中指定图像，具体操作步骤如下。

Step 01 执行"文件＞打开"命令，打开本章素材文件"照片.CDR-CorelDRAW"，如图 29-26 所示。

Step 02 使用"选择工具" ▶ 选择要导出的图像，如图 29-27 所示。

图 29-26

图 29-27

Step 03 执行"文件＞导出"命令，打开"导出"对话框，在对话框中设置保存类型，勾选"只是选定的"复选框，单击"导出"按钮将图像导出，如图 29-28 所示。

Step 04 因为上步选择格式是"PNG"，所以弹出"导出到 PNG"对话框，在对话框中进行设置，单击"OK"按钮，导出图像，如图 29-29 所示。

图 29-28

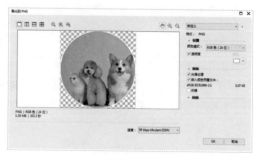

图 29-29

至此，完成将指定页面中的图像导出的操作。

课后作业 / 制作工作证

项目需求

受某公司委托帮其设计工作证，要求设计简洁人气美观，留有照片的位置，便于书写姓名、职务等信息。

项目分析

工作证背景由橘色和渐变的浅橘色组成，给人简洁大气的感觉，在橘色背景上绘制圆角白色矩形，便于识别文字内容，为白色的圆角矩形添加阴影效果，可以使图像更加有层次感，增加画面的立体效果。文字"工作证"采用红色字体，突出文字内容，引导人的视线，由主到次地观察。

项目效果

效果如图29-30所示。

操作提示

Step01：使用绘图工具绘制图像。

Step02：使用上色工具给图像填充颜色。

Step03：使用文字工具输入文字信息，设置字体、字号。

图 29-30

第 30 章
商业案例综合演练

内容导读

前面的几章主要讲解软件的功能和操作要领，本章主要对两个大案例的各种效果的制作过程和制作思路进行讲解，有助于对前面几章知识的理解，进一步提高实战能力。下面将对两个案例进行详细的解析。

学习目标

○ 了解海报的制作过程
○ 了解饮料瓶身广告的制作过程

30.1 商业海报设计

扫一扫 看视频

本案例主要使用了Photoshop软件中的渐变工具为图像填充渐变色，制作出海报的背景，然后使用Illustrator软件对海报进行排版，下面将对其制作过程进行具体的介绍。

Step 01 启动 Photoshop 应用程序，执行"文件 > 新建"命令，打开"新建文档"对话框，在对话框中进行设置，单击"创建"按钮，创建空白文档，如图 30-1 所示。

图 30-1

图 30-2

Step 02 为背景图层填充黑色，如图 30-2 所示。

Step 03 按 Ctrl+Shift+N 组合键，新建图层，如图 30-3 所示。

图 30-3

Step 04 选择"渐变工具" ，在属性栏中单击"渐变编辑器"按钮，打开"渐变编辑器"对话框，在对话框中设置渐变效果，单击"确定"按钮应用渐变，如图 30-4 所示。

Step 05 选择新建的图层，使用"渐变工具" 在画布上单击，并从左上角往右下角拖拽鼠标，为图像添加渐变效果，如图 30-5、图 30-6 所示。

Step 06 选中新建的图层，单击"图层"面板底部添加"添加图层蒙版"按钮 ，为图像添加蒙版，如图 30-7 所示。

图 30-4

图 30-5

图 30-6

图 30-7

Step 07 选中蒙版，选择"画笔工具" ✐.在属性栏上设置不同透明度，在画面中绘制隐藏部分图像，如图 30-8 所示。

Step 08 选中蒙版，在"属性"面板中设置羽化的参数，使图像的边缘更加柔和，如图 30-9、图 30-10 所示，然后将图像保存为"jpg"格式。

图 30-8   图 30-9   图 30-10

Step 09 启动 Illustrator 应用程序，执行"文件 > 新建"命令，打开"新建文档"对话框，在对话框中进行设置，单击"创建"按钮，创建空白文档，如图 30-11、图 30-12 所示。

图 30-11   图 30-12

Step 10 将 Photoshop 制作的背景图像拖入到当前文档中，单击属性栏中的"嵌入"按钮，将背景图像嵌入到文档中，然后将其选中，按 Ctrl+2 组合键将图形锁定，如图 30-13 所示。

Step 11 使用"文字工具" **T.** 输入文字，并在属性栏中设置文字的字体、大小，如图 30-14 所示。

图 30-13   图 30-14

Step 12 选中文字，执行"对象＞扩展"命令，打开"扩展"对话框，在对话框中进行设置，单击"确定"按钮，扩展文字的边缘，如图 30-15 所示。

Step 13 使用"直接选择工具" ▷ 调整"底"文字，然后使用"钢笔工具" ✐ 绘制图像，如图 30-16 所示。

Step 14 执行"窗口＞路径查找器"命令，打开"路径查找器"对话框，选中文字与上步绘制的图像，单击"联集"按钮 ▣，使其成为一个整体，如图 30-17 所示。

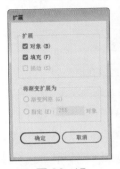

图 30-15

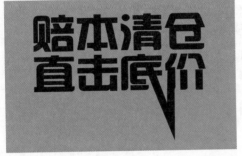

图 30-16

图 30-17

Step 15 使用"删除锚点工具" ✐ 删除"价"上多余的锚点，如图 30-18 所示。

Step 16 设置文字的颜色，如图 30-19 所示。执行"效果＞ 3D ＞凸出和斜角"命令，打开"3D 凸出和斜角选项"对话框，在对话框中设置文字的 3D 凸出效果，单击"确定"按钮，应用 3D 效果，如图 30-20 所示。

图 30-18

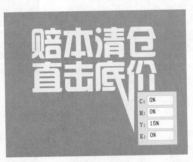

图 30-19

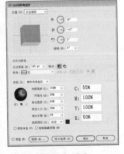

图 30-20

Step 17 3D 效果如图 30-21 所示。使用"矩形工具" ▢ 绘制矩形图像，为其设置颜色，如图 30-22 所示。

图 30-21

图 30-22

701

Step 18 再次使用"矩形工具" 绘制矩形，如图30-23所示。选中两次绘制的矩形图像，单击"路径查找器"面板，在面板上单击"减去顶层"按钮 █，制作出镂空的边框，如图30-24所示。

图30-23

图30-24

Step 19 使用"文字工具" **T.** 输入文字信息，设置文字的字体、字号及颜色，如图30-25所示。

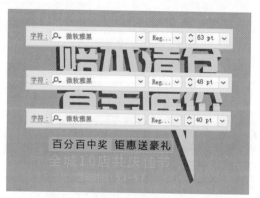

图30-25

Step 20 选中橘色的字体和橘色的矩形，执行"效果>风格化>投影"命令，打开

"投影"对话框，在对话框中设置参数，单击"确定"按钮，应用投影效果，如图30-26所示。

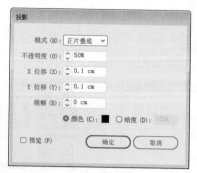

图30-26

Step 21 投影效果如图30-27所示。选择"自由变换工具" ▣ 将字体倾斜，如图30-28所示。

图30-27

图30-28

Step 22 继续使用"自由变换工具" ▣ 将字体旋转，移动到画板中，并进一步调整字体的大小，如图30-29所示。

Step 23 使用"矩形工具" ▢绘制矩形，如图30-30所示。

图 30-29

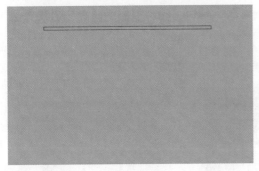

图 30-30

Step 24 选中绘制的矩形按 Alt 键往下垂直移动矩形，复制新的矩形图像，如图 30-31 所示。按 Ctrl+D 组合键，重复上步命令，复制更多的矩形图像，如图 30-32 所示。

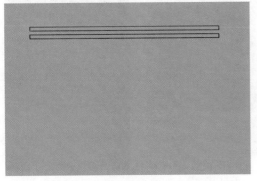

图 30-31

图 30-32

Step 25 使用"椭圆形工具" ○.按 Shift 键绘制正圆,选中绘制的矩形图像,单击"路径查找器"面板中的"分割" ▣ 按钮分割图像,如图 30-33 所示。按 Ctrl+Shift+G 组合键取消分割图像的编组,选中部分图像将其删除,如图 30-34 所示。

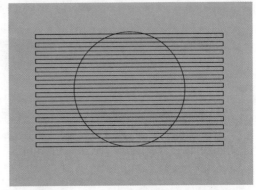

图 30-33

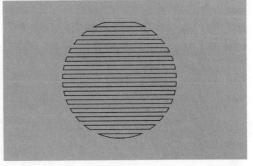

图 30-34

Step 26 将上步操作的图像全部选中，按 Ctrl+G 组合键将图像编组，双击"渐变工具" ▣ 打开"渐变面板"，在"渐

703

变面板"中为图像填充渐变色，制作出渐变的条形圆，如图30-35、图30-36所示。

Step 27 移动上步图像，如图30-37所示。选中图像，双击"旋转工具" ↻ 打开"旋转"对话框，在对话框中设置旋转的角度，单击"确定"旋转图像，如图30-38所示。

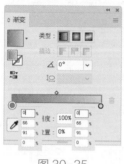

图30-35   图30-36   图30-37   图30-38

Step 28 使用"矩形工具" ▢ 绘制矩形图像，设置图像的填充颜色，如图30-39所示。

Step 29 选中绘制的矩形图像和底部的渐变圆图像，执行"窗口>透明度"命令，打开"透明度"对话框，在对话框中单击"制作蒙版"按钮，制作蒙版，隐藏部分图像，如图30-40所示。

Step 30 按Ctrl+[组合键调整图层顺序，将其调整在文字的下方，如图30-41所示。

图30-39   图30-40   图30-41

Step 31 按Alt键复制上步操作的图像，单击"透明度面板"中的"释放"按钮，释放图像，然后选择蓝色的矩形图像，调整其大小，如图30-42所示。

Step 32 选中蓝色的矩形和渐变圆，再次单击"透明度"面板中的"制作蒙版"按钮，制作蒙版，在属性栏中设置不透明度为"10%"，如图30-43所示。

图30-42   图30-43

Step 33 按 Alt 键复制第一次制作的渐变圆形，调整大小，如图 30-44 所示。

Step 34 选中上步复制的图像，双击"镜像工具" ◢打开"镜像"对话框，选择"垂直"，单击"确定"按钮，翻转图像，如图 30-45、图 30-46 所示。

Step 35 设置图像的不透明度为"10%"，如图 30-47 所示。

图 30-44   图 30-45   图 30-46   图 30-47

Step 36 采用上述同样的方法，为图像的右下角添加装饰，如图 30-48 所示。

Step 37 使用"钢笔工具" ◢绘制装饰图像，利用"渐变"面板为图像填充渐变色，如图 30-49、图 30-50 所示。

图 30-48   图 30-49   图 30-50

Step 38 继续使用"钢笔工具" ◢绘制图像，并为其填充渐变色，如图 30-51、图 30-52 所示。

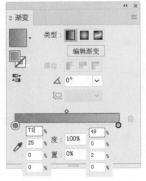

图 30-51   图 30-52

705

使用"文字工具" **T** 添加文字信息，设置文字的字体、字号及颜色，如图 30-53、图 30-54 所示。

图 30-53

图 30-54

Step 40 使用"椭圆工具" ⬭ 按 Shift 绘制正圆，设置圆的颜色，装饰画面，如图 30-55 所示。

Step 41 将本章素材"标志 1.png"拖入到当前文档，调整其位置与大小。单击属性栏中嵌入按钮将图像嵌入，如图 30-56 所示。

至此，完成商业海报的制作。

图 30-55

图 30-56

30.2 饮料瓶身广告设计

扫一扫 看视频

本案例主要使用了Photoshop软件在芒果素材上绘制，制作卡通形象的芒果，然后在CorelDRAW软件中进行排版。下面对其制作过程进行具体的介绍。

Step 01 启动 Photoshop 应用程序，执行"文件 > 打开"命令，打开本章素材"芒果.jpg"，如图 30-57 所示。

Step 02 单击背景图层的"锁"按钮 🔒，将图像解锁，如图 30-58 所示。

Step 03 使用"魔法棒工具" 🪄 将背景图层中的白色图像选中，按 Delete 键将背

图 30-57

图 30-58

景删除，按 Ctrl+D 组合键取消选区，如图 30-59 所示。

Step 04 使用 "椭圆工具" ○ 按 Shift 绘制正圆，设置其颜色，如图 30-60 所示。

Step 05 单击 "图层" 面板底部，"创建新建图层" 按钮 🔲，新建图层，然后使用 "铅笔工具" ✎ 绘制嘴巴图像，如图 30-61 所示。

Step 06 新建图层，使用 "铅笔工具" ✎ 继续绘制图像，按 Ctrl+[组合键调整图层顺序，使图像在嘴巴的下方，如图 30-62 所示。

 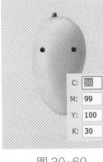  

图 30-59　　　　　图 30-60　　　　　图 30-61　　　　　图 30-62

Step 07 使用上述方法，继续绘制图像装饰芒果，如图 30-63 所示。

Step 08 使用 "椭圆形工具" ○ 绘制椭圆，设置其颜色为白色，如图 30-64 所示。然后将图像保存为 "png" 格式的图像。

Step 09 启动 CorelDRAW 应用程序，执行 "文件 > 新建" 命令，在弹出的 "创建新文档" 对话框中进行设置，然后单击 "OK" 按钮，新建文档，如图 30-65 所示。

图 30-63　　　　　图 30-64　　　　　图 30-65

Step 10 双击 "矩形工具" 🔲，画布上会自动生成和画布大小的矩形，如图 30-66 所示。

Step 11 选中矩形按 F11 键打开 "编辑填充" 对话框，在对话框中设置颜色，为矩形图像填充渐变色，然后去除轮廓线，如图 30-67 所示。

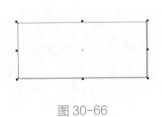

图 30-66

Step 12 继续选中图像，右击鼠标在弹出的菜单栏中选择 "锁定" 选项，将图像锁定，方便后面的操作，如图 30-68 所示。

707

图 30-67

图 30-68

Step 13 使用"矩形工具" □绘制矩形，在属性栏设置精确的尺寸和轮廓的宽度，然后将其锁定，如图 30-69 所示。

Step 14 从标尺中拖拉辅助线，如图 30-70 所示。

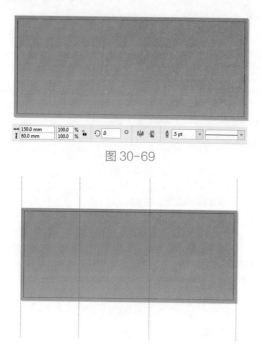

图 30-69

图 30-70

Step 15 使用"选择工具" ，按 Shift 将辅助线选中，单击属性栏中的"对齐与分布"按钮 ，打开"对齐与分布"泊坞窗，在泊坞窗中单击"水平分散排列中心"按钮 ，将辅助线分布，如图 30-71、图 30-72 所示。

图 30-71

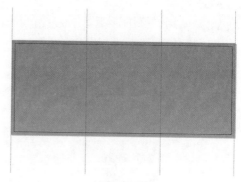

图 30-72

Step 16 使用"矩形工具" □绘制矩形，在属性栏中设置圆角的半径、轮廓的粗细，如图 30-73 所示。

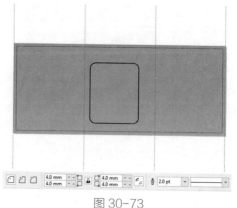

图 30-73

Step 17 按 Ctrl+Q 组合键将矩形转换为曲线，使用"形状工具" ⚏ 双击路径添加锚点，然后单击属性栏中的"断开曲线"按钮 ⚏ ，将路径断开，如图 30-74 所示。

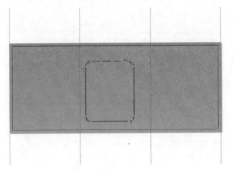

图 30-74

Step 18 使用"形状工具" ⚏ 选中锚点，删除多余的线段，如图 30-75 所示。

Step 19 执行"对象 > 将轮廓转换为对象"命令，将线转换为对象，设置对象的颜色，如图 30-76 所示。

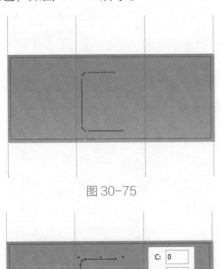

图 30-75

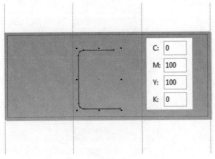

C:	0
M:	100
Y:	100
K:	0

图 30-76

Step 20 将本章素材"插图 .png"拖入到当前文档，调整其大小与位置，如图

30-77 所示。

Step 21 使用"文本工具" 字 输入文字信息，选中输入的文字，在属性栏中设置文字的字体、字号及方向，如图 30-78 所示。

图 30-77

图 30-78

Step 22 按 Shift+F11 组合键打开"编辑填充"对话框，在对话框中设置文字的填充颜色，如图 30-79 所示。

Step 23 按 F12 键，打开"轮廓笔"对话框，在对话框中设置文字的轮廓，如图 30-80 所示。

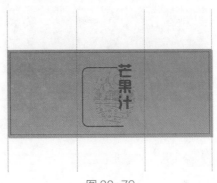

图 30-79

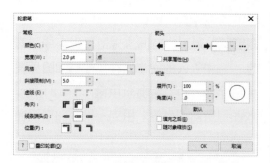

图 30-80

Step 24 继续使用"文本工具"字输入文字信息，在属性栏中设置字体、字号，如图 30-81 所示。

Step 25 使用"选择工具"双击文字，使其四周出现旋转的图标，在属性栏中设置旋转的角度，并调整字体的位置，如图 30-82 所示。

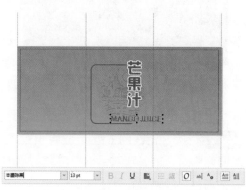

图 30-81

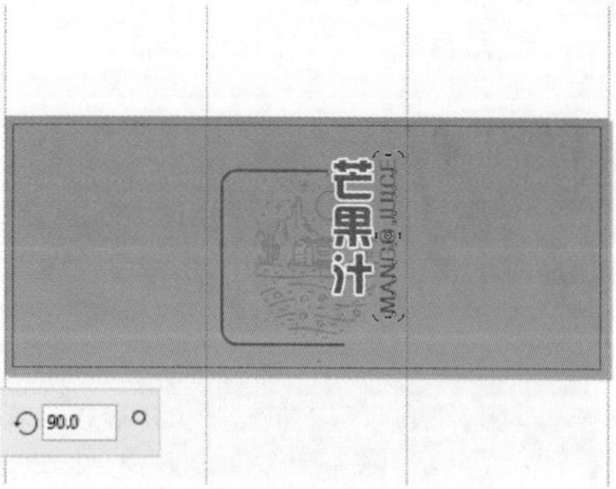

图 30-82

Step 26 使用"星形工具"绘制星形图案，在属性栏中设置其大小、点数或边数、锐度，如图 30-83 所示。

Step 27 按 Ctrl+Q 组合键将图像转换为曲线，使用"形状工具"将星形图像选中，单击"转化为曲线"按钮，然后单击"对称节点"按钮，制作出平滑的图像，如图 30-84 所示。

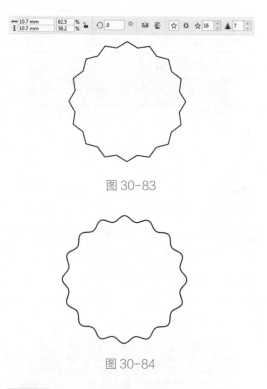

图 30-83

图 30-84

Step 28 使用"椭圆形工具"按 Ctrl 绘制正圆，如图 30-85 所示。使用"选择工具"将平滑的图像和圆选中，单击属性栏中"移除前面对象"按钮，设置其颜色，取消轮廓色，如图 30-86 所示。

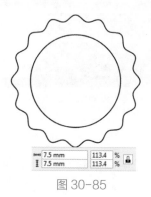

图 30-85

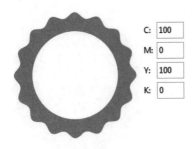

C: 100
M: 0
Y: 100
K: 0

图 30-86

Step 29 使用"椭圆形工具" ⬭ 和"贝塞尔工具" ✐ 绘制图像，为其填充颜色，取消图像的轮廓色，然后选中绘制的图像按 Ctrl+G 组合键将图像编组，如图30-87 所示。

Step 30 再次单击选中的图像，使其四周出现旋转控制图标，将旋转中点移动至花边的中心点处，如图 30-88 所示。

图 30-87

图 30-88

Step 31 执行"窗口 > 泊坞窗 > 变换"命令，打开"变换"泊坞窗，在泊坞窗中选择"旋转"，设置旋转角度和副本，单击"应用"按钮，图像将会被复制旋转，

如图 30-89、图 30-90 所示。

图 30-89

图 30-90

Step32 使用"椭圆形工具" ⬭ 按 Ctrl 键绘制正圆，设置其颜色，使用上述同样的方法复制旋转图像，如图 30-91、图 30-92 所示。

图 30-91

图 30-92

Step 33 使用"椭圆形工具"○，按 Ctrl 键在内部绘制正圆，设置轮廓色，如图 30-93 所示。

Step 34 使用"文本工具"字输入文本信息，在属性栏中设置文字的字体、字号。利用"形状工具"调整文字的字间距，如图 30-94 所示。

图 30-93

图 30-94

Step 35 使用"3 点曲线工具"按 Ctrl 键绘制曲线，如图 30-95 所示。使用"钢笔工具"连接曲线，利用"形状工具"调整锚点，设置轮廓的颜色，如图 30-96 所示。

图 30-95

图 30-96

Step 36 使用"选择工具"移动印章的位置，选中印章上白色图像和其底部的绿色花边，在属性栏上单击"移除前面对象"按钮，镂空花边，如图 30-97、图 30-98 所示。

图 30-97

图 30-98

Step 37 将印章全部选中，按 Ctrl+G 组合键将图像编组，并旋转图像，如图 30-99 所示。

Step 38 使用"文本工具"字输入文字，在属性栏中设置文字的字体、字号，如图 30-100 所示。

图 30-99

图 30-100

Step 39 执行"对象 > 插入 > 条形码"命令，打开"条码向导"对话框，在其中选择条码的类型，输入文字，如图 30-101 所示。单击"下一步"版面切换，对条形码进一步设置，如图 30-102 所示。

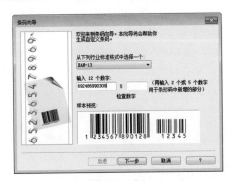

图 30-101

图 30-102

Step 40 对条形码进一步设置，如图 30-103 所示。单击"完成"按钮，软件自动生成条形码，如图 30-104 所示。

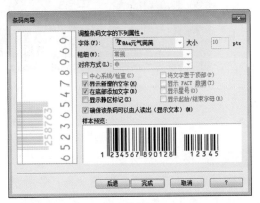

图 30-103

图 30-104

Step 41 进一步调整条形码，如图 30-105 所示。将 Photoshop 软件制作的"芒果 .png"置入当前文档中，调整其大小与位置，如图 30-106 所示。

图 30-105

图 30-106

Step 42 将本章素材"果汁标志.png""文字.1png""文字.2png"依次置入当前文档中，调整图像大小与位置，如图 30-107 所示。删除辅助线，如图 30-108 所示。

图 30-107

图 30-108

至此，完成饮料瓶身的广告制作。